数据结构与算法

SHUJU JIEGOU YU SUANFA

主编 朱晓龙

编者 何 箐 黄玉蕾

西安交通大学出版社
XI'AN JIAOTONG UNIVERSITY PRESS

内容提要

本书以数据结构基本概念、基本数据结构、数据处理常用技术为主线，系统介绍了线性表、栈、队列、字符串、数组、树、二叉树、图等抽象数据类型的定义、设计和实现，并讨论了各种查找技术和排序算法。通过引入传统文化元素，提高学生兴趣；通过大量图表，辅助学生理解复杂算法过程；提供丰富的例题、案例，并注重总结算法设计模式；设置同步训练，帮助学生消化和巩固基本理论；设置拓展训练，训练和提高学生算法设计技能。本书的算法全部采用C语言描述，并在Visual C++6.0或Dev-C++ 5.11环境下调试通过，方便学生在学中练、在练中学，力求使本书成为一本实用的"教、学、练"教材。

本书既可作为普通高等院校信息技术大类相关专业的教材，也可作为高职院校相关专业教材，还可作为信息技术爱好者的自学书籍和信息技术工程技术人员的参考书。

图书在版编目(CIP)数据

数据结构与算法 / 朱晓龙主编；何箐，黄玉蕾编.— 西安 ：西安交通大学出版社，2023.9

ISBN 978-7-5693-3238-4

Ⅰ.①数… Ⅱ.①朱… ②何… ③黄… Ⅲ.①数据结构—教材 ②算法分析—教材 Ⅳ.①TP311.12 ②TP301.6

中国国家版本馆CIP数据核字(2023)第090717号

书　　名　数据结构与算法
主　　编　朱晓龙
编　　者　何　箐　黄玉蕾
项目策划　刘雅洁　杨　璠
责任编辑　刘雅洁
责任校对　李　佳

出版发行　西安交通大学出版社
（西安市兴庆南路1号　邮政编码710048）
网　　址　http://www.xjtupress.com
电　　话　(029)82668357　82667874(市场营销中心)
(029)82668315(总编办)
传　　真　(029)82668280
印　　刷　西安五星印刷有限公司

开　　本　787 mm×1092 mm　1/16　**印张**　23.125　**字数**　517千字
版次印次　2023年9月第1版　2023年9月第1次印刷
书　　号　ISBN 978-7-5693-3238-4
定　　价　49.00元

如发现印装质量问题，请与本社市场营销中心联系。
订购热线：(029)82665248　(029)82667874
投稿热线：(029)82664954
读者信箱：85780210@qq.com

前　言

数据结构是信息技术类相关专业的一门重要专业基础课，既是信息技术类相关专业考研的必考科目，又是从事信息技术相关工作必须掌握的专业技能。

本书面向普通高等院校学生及对信息技术感兴趣的读者。数据结构课程知识丰富，内容抽象，各部分内容的技术方法较多。本书践行"以学生为中心、以成果为导向、持续改进"的新工科理念，力争做到内容不浅，表现形式不深。书中包含大量例题、习题及题解（扫描二维码可得），难度由浅到深，适合不同层次学生使用。

全书分为9章。第1章绪论，介绍了数据结构的基本概念，特别强调算法分析的方法。第2章线性表，介绍了线性表的两种存储结构——顺序表和链表，及其基本操作的实现过程。第3章栈与队列，介绍两种特殊的线性结构及运用。第4章字符串，介绍了串的概念和模式匹配算法。第5章数组，介绍了数组、稀疏矩阵的概念及相关操作实现过程。第6章树和二叉树，介绍了树和二叉树的概念，以及各种操作的实现过程，其中特别介绍了二叉树的各种递归算法。第7章图，介绍了图的概念和图的各种操作的实现过程。第8章排序，介绍了常用排序算法的实现过程。第9章查找，介绍了常用查找算法的实现过程。

本书的内容安排有以下特点：

(1)以基本概念、基本数据结构、数据处理常用技术为主线。基本概念包括数据结构和算法的基本概念，算法分析的基本方法。基本数据结构包括线性表、栈、队列、串、数组、树和图，是数据结构的核心内容。数据处理常用技术主要是排序技术和查找技术。全书内容编排系统全面、突出重点。

(2)讲练结合，边学边练。讲解每一个数据结构时都以抽象数据类型为主线，按照抽象数据类型的定义、设计和实现三个层次展开讨论。尽量采用图文配合的方式讲解问题及解题思路，并提供算法伪代码和算法的C语言描述，使读者能立即上手实践，帮助读者在实践中学习算法并体会算法思想。

(3)加强同步训练和拓展训练。同步训练主要是选择题，目的是帮助读者及时消化、理解和巩固所学的数据结构知识。拓展训练设置了算法设计题，难度由浅到深，还选取了一些全国硕士研究生招生考试计算机科学与技术学科联考数据结构部分的试题（以“真题”标识），通过边训练、边思考，帮助读者巩固所学知识、提高技能，使其获得满足感和成就感，增强其进一步学习的信心和兴趣。

（4）采用C语言作为算法实现工具。初学者关注重点应是数据结构知识，而不是算法实现语言本身，鉴于C语言应用广泛，很多数据结构初学者可能具有一定的C语言基础，因此本书算法采用C语言实现。另外，在解决一些复杂应用问题时，本书使用了已经实现的相关数据结构接口，其目的是引导读者关注应用问题的解决方案，而不是细节的处理。

（5）增加传统文化与思政内容。引入传统文化元素，以成语故事、十二生肖、二十四节等气引出主题，以纵横图、红楼梦家谱等作为数据结构的案例；以不断改进数据结构算法提高时间效率的案例宣讲大国工匠精神；以队列这种数据结构宣传文明排队的精神文明建设；运用唯物主义认识论探索和认识数据结构的内在规律；以中国邮递员问题激发人们努力学习科学文化知识，为国家建设做出更大贡献；以当代计算机文字信息处理专家王选的事迹，宣传学习王选无私奉献的精神。

为了便于教师教学和学生学习，本教材的所有程序都在Visual C++6.0和Dev-C++5.11环境下调试通过。同时为了节省篇幅，部分内容、例题源码和全部习题（500余道题）参考答案，都放在相关平台上，读者可以扫描相应位置的二维码获取资源。

本书由西安邮电大学朱晓龙、西安建筑科技大学何箐、西安培华学院黄玉蕾编写，其中朱晓龙编写第1、2、3、4、5、6、9章，何箐编写第7章，黄玉蕾编写第8章。朱晓龙对全书进行了修改和统稿，西安财经大学冯泉进行了校对整理等工作。

在本书编写过程中，作者参阅了大量的参考文献与资料，在此谨向众多学者表示衷心的感谢。由于编者水平有限，书中难免存在不足和错误之处，欢迎读者不遗余力地批评、指正，在此深表感谢。

编者

2023年8月

目　录

第 1 章　绪　论

1.1　程序设计的方法

1.1.1　为什么要学习数据结构与算法

目前，计算机系统都属于冯·诺依曼体系结构。冯·诺依曼体系结构的核心是二进制和存储程序原理。存储程序原理是指数据和程序只有存储到计算机内存中，才能执行。因此，数据的组织和存储直接决定程序的效率。

数据结构课程是研究各种数据模型在内存中的存储方法，以及在存储结构上的算法设计。具有冯·诺伊曼体系结构的计算机系统，都是以数据结构为基础的。

学习数据结构课程就是理解和掌握常用的数据结构和经典的算法，掌握其思想、方法、技术，并启迪思维，在学习过程中潜移默化地提高算法设计和计算思维能力。

较好地掌握了数据结构，就初步具备了数据抽象能力、算法设计能力和计算思维能力，能够分析实际问题，并利用程序设计语言解决实际问题。这样，我们不仅不怕写程序，而且能够较快地写出程序，更重要的是能够写出效率较高的程序，甚至在算法设计的学习和实践中，发明新算法，实现技术创新。

正因为数据结构如此重要，在信息技术相关专业研究生招生考试及知名企业的招聘考试中，数据结构一直是重要的考察内容。

1.1.2　从结绳记事和朝三暮四谈程序设计

计算机的母语是机器语言，机器语言程序是用机器指令（二进指代码表示）编写的，可以说计算机内部是二进制数字世界。人类的母语是自然语言。这就导致了人无法把自己的想法（用自然语言方式）告诉计算机，让计算机为人类服务。人类想要和计算机交流，必须通过由计算机语言编写的程序。

讨论程序设计，先从结绳记事和朝三暮四的成语开始。结绳记事是指在远古时代，由于语言已经产生，但文字还没有出现，人类用一个绳结表示一只猎物，进而逐步出现了用绳结记录事件。用绳结表示数据，表面看来似乎没有什么，但是，这是人类文明的巨大进步。将具体猎物或事件抽象为一个点(表示数据)，这是思维的一次提升与飞跃。

朝三暮四出自《庄子·齐物论》中的一个故事，据说宋国有一个养猴子的人，他对猴子说，以后每天早上给你们三个橡子，晚上给你们四个橡子，猴子们听了都大怒。这个故事讲的是猴子只知道四比三多的表象，但不会计算，进而被人愚弄、欺骗。于是他又说，那以后每天早上给你们四个橡子，晚上给你们三个橡子，猴子们都高兴了。不难想象，假如人类不会计算(处理数据)，人类将多么容易被表象蒙骗。

计算机领域有一个著名的公式：

数据结构＋算法＝程序

可见，程序是由数据结构和算法组成的。数据结构是为算法服务的，好的程序一定基于好的数据结构，并在其上设计出好的算法。数据结构是程序的基础，算法是程序的灵魂。

数据结构是对数据的表示，算法是对数据的处理，程序设计的实质是对数据的表示和数据的处理。程序设计的一般过程如图 1－1 所示。

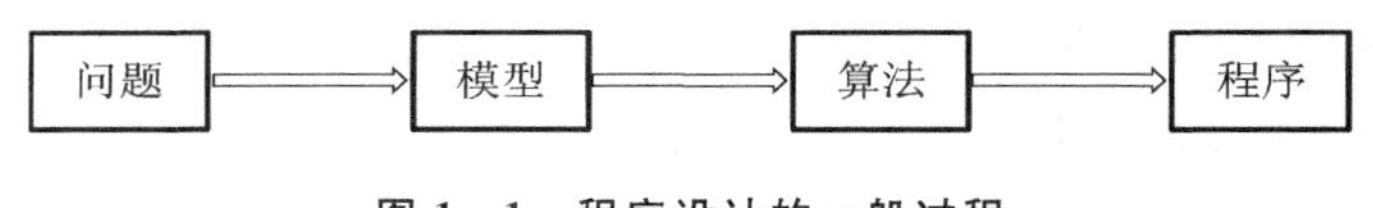

图 1－1　程序设计的一般过程

程序设计是人们面对实际问题，从分析问题到建立模型，再到设计算法，最后编写出程序的过程。这些工作都是由人完成的，计算机只会忠实地执行人类给出的指令——程序。程序设计的各个阶段都离不开数据表示和数据处理。

1. 问题到模型阶段(问题分析)

数据表示：分析问题中的数据与数据之间的关系，设计数据模型。例如，结绳记数就是最简单的一种数据模型。一堆有 100 个桃子，另一堆有 99 个桃子。如果没有记数，就无法精确地描述这两堆桃子的多少，那么之后的比较、计算就无法进行。

数据处理：根据实际问题形成问题求解的基本思路。例如，朝三暮四隐含的计算是进行求和，是最简单的一种数据处理。猴子不会求和计算，就不清楚每天发的橡子数量是多是少，被人愚弄。

从问题到模型是面向问题的，主要考虑人如何求解问题，这一阶段与计算机无关。

2. 模型到算法阶段(算法设计)

这一阶段的数据表示：数据模型(计算机外的数据表示)转换成计算机内的数据表示。例如，朝三暮四故事中早上吃的橡子数和晚上吃的橡子数怎样才能存储到计算机中？

这一阶段的数据处理：将上一个阶段得到的问题求解基本思路，设计成计算机如何一步一步地完成这个任务，即算法。例如，朝三暮四故事中，如何让计算机实现加法运算？

总之，从模型到算法主要考虑如何求解模型，包括模型的存储和求解步骤。这一阶段与计算机密切相关。

算法设计也是一种思维训练，能够提升人的逻辑思维能力和抽象思维能力。

3. 算法到程序阶段(程序编码)

这一阶段的数据表示：以计算机语言中的变量来表示数据。

这一阶段的数据处理：通常把算法定义成计算机语言中的函数或面向对象中的方法。

程序编码就是使用某种计算机语言编写程序，完成算法设计所规定的数据表示和数据处理。

计算机语言可分为低级语言和高级语言。低级语言是计算机能理解的机器语言，高级语言是更接近人类思维的编程语言。机器语言难理解、难设计、易出错，可以先用高级语言把算法描述(设计)成程序，然后将该程序转换(翻译)成机器语言程序。

1.2　数据结构

1.2.1　数据结构的概念

简单地说，数据结构＝数据＋结构。数据通常用数据元素来描述，结构就是数据元素之间的关系。

1. 数据

数据是所有能输入到计算机并能够被程序识别和处理的符号集合，包括整数、实数、图形、图像、声音、字符等。

例如，图片编辑器处理的数据是图片；视频播放器处理的数据是视频；编译处理程序处理的数据是源程序；MP3 编码器处理的数据是音频；WPS Office 文字编辑器处理的数据是字符；很多手机 APP 扫一扫处理的数据是二维码；商场收银台处理的数据是条形码。

总之，数据是程序加工处理的对象，是符号，应该满足两个条件，能够输入计算机，能被程序处理。严格来说，计算机就是数据处理机。

数据分为两大类：数值数据和非数值数据。整数、实数等数据被称为数值数据；图形、图像、声音、字符等被称为非数值数据。相应地数据处理也分为两大类，如图 1－2 所示。

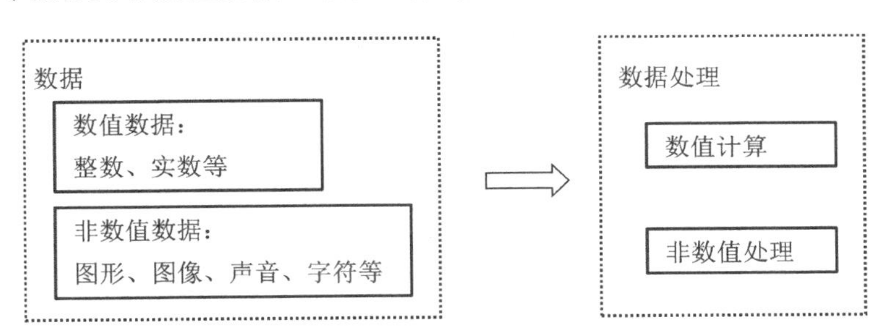

图 1－2　数据及数据处理的种类

2. 数据元素

数据的概念太大，为了更好地描述数据，本书用数据元素来描述数据。

数据元素是数据的基本单位，在程序中作为一个整体进行分析和处理。在有些情况下，数据元素也称为元素、节点、记录等。只要在程序中可以作为一个整体进行分析和处理的数据成分就是数据元素，例如，一张车票、一门课程、一场比赛、一条微信、一个学生的信息等。

3. 数据项

数据项是组成数据元素的、有独立含义的、不可分割的最小单位。通常情况下，同一种数据元素具有相同个数和类型的数据项。例如，一个班级的每个数据元素（即学生记录）是由学号、姓名、性别、出生日期、籍贯、班级等数据项组成。

一般来说，能够独立、完整地描述问题世界实体的都是数据元素。注意：数据、数据元素、数据项之间的关系是包含关系，即数据由数据元素组成，数据元素由数据项组成。

4. 数据对象

数据对象是指性质相同的数据元素的集合。

数据是数据元素的集合，数据对象是数据的子集。在数据结构中讨论的数据通常是指数据对象。

5. 数据结构

数据结构是指相互之间存在着一种或多种特定关系的数据元素的集合。换句话说，数据结构是带“结构”的数据元素的集合，“结构”就是指数据元素之间存在的关系。

这里，特定关系是指数据元素之间的关联方式或邻接关系。

下面用 3 个实例，介绍数据结构的概念，即数据元素及其关系（结构）。数据元素是数据的基本单位，因此，数据元素是讨论数据结构的着眼点。

(1)学生学籍管理问题。在学生学籍管理问题中，需要面对和处理的是一个个学生的信息。建立学籍表，每个表项记录一个学生的信息，形成学生记录。学生记录能够独立、完整地描述学生信息，因此，学生记录表项是数据元素；数据项如“陕西省西安市”只有在表项中才有意义。

结构表示数据元素之间的关系，它更为重要。在学生学籍管理问题中，数据元素之间即表项之间具有确定的相邻关系，每一个表项（除第一个和最后一个表项外）都有唯一且确定的前表项（称为前驱）和唯一且确定的后表项（称为后继）。若使用小圆圈表示数据元素，用连线表示数据元素之间的关系。这样，学籍表（数据模型）就抽象成线性关系结构，如图 1－3 所示。

学号	姓名	性别	出生日期	籍贯
211001003	张三	男	20030601	陕西省西安市
211001004	李四	女	20030308	四川省成都市
211001005	王五	男	20021226	甘肃省兰州市
…	…	…	…	…

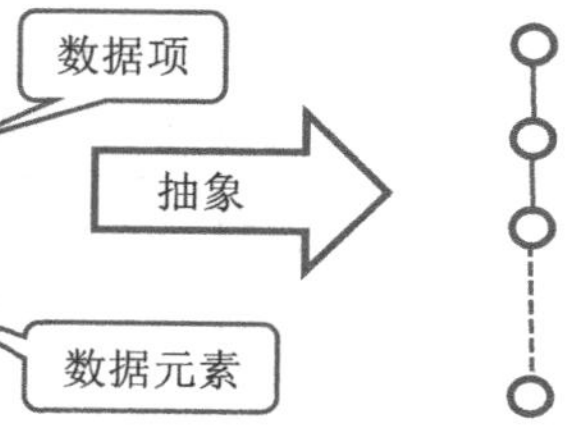

数据项

抽象

数据元素

图 1－3　学籍表中的数据元素及其相互关系

(2)人机对弈问题。在对弈过程中,需要面对和处理的是可能出现的各种棋盘状态,称为棋局。棋局能够独立、完整地描述对弈双方的对弈状态,因此,棋局是数据元素,某个数据项如棋子,只有在一个棋局中才有意义。

结构表示棋局之间的关系。一方落子后,另一方落子有多种选择,出现多种可能的棋局。这样,棋局之间就形成了一种层次关系,即每一种棋局(除开局外)都有唯一且确定的前驱,可有多个或零个的后继。同样,使用小圆圈表示棋局,用连线表示棋局之间的关系。这样,人机对弈过程(从开始到结束所有可能出现的棋局)就抽象成树形结构,如图 1-4 所示。

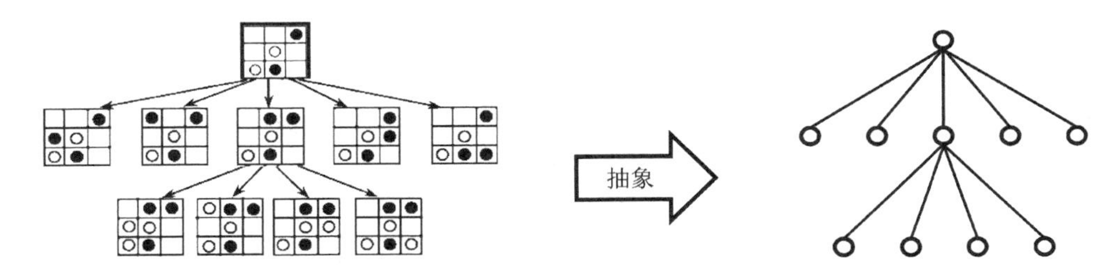

图 1-4　人机对弈中的数据元素及其相互关系

(3)柯尼斯堡七桥问题。柯尼斯堡城中有一座岛,一条河的两条支流环绕其旁,并将整个城市分成北区、东区、南区和岛区 4 个区域。全城共有 7 座桥将 4 个城区连接起来,于是,产生了一个有趣的问题:一个人是否能在一次步行中穿越全部 7 座桥后回到起点,要求每座桥只经过一次。

在该问题中,数据元素是北区、东区、南区、岛区。区域的大小、形状等属性与路径问题无关,不需考虑。

结构表示区域之间的连接关系。7 座桥将 4 个城区连接起来。同样,使用小圆圈表示区域,用连线表示区域之间的连接关系。这样,柯尼斯堡七桥问题就抽象成图形结构,如图 1-5 所示,其中 A 表示岛区,B 表示东区,C 表示北区,D 表示南区。

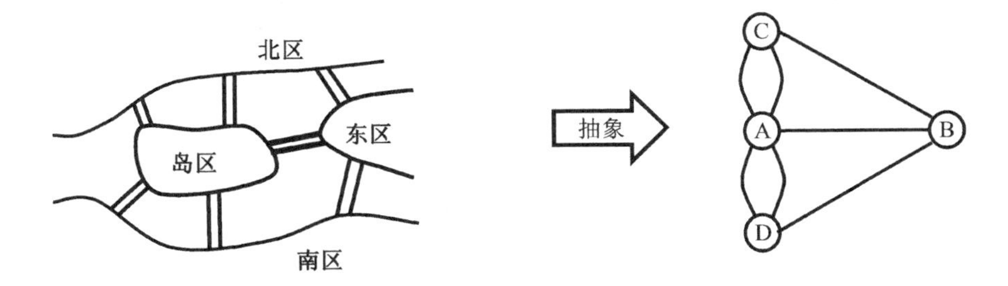

图 1-5　柯尼斯堡七桥问题中的数据元素及其相互关系

数据结构这个概念,目前尚没有公认定义。一般认为数据结构包括三个方面(三要素),一是数据的逻辑结构,二是数据的存储结构,三是对数据的操作。

1.2.2 逻辑结构

依据数据元素及其关系是否存储在计算机内存中，可将数据结构分为逻辑结构和存储结构。如果数据元素及其关系没有存储在计算机内存中，则称这种结构为数据的逻辑结构。如果数据元素及其关系存储在计算机内存中，则称这种结构为数据的存储结构或物理结构。

数据的逻辑结构是指数据元素之间的逻辑关系的整体，它与数据的存储无关，是独立于计算机的。因此，它可以看作是从具体问题抽象出来的数学模型或数据模型。

在现实世界中，数据元素的逻辑关系是多种多样的，但在数据结构中，主要讨论数据元素之间的关联方式或邻接关系。逻辑关系取决于实际问题，是问题本身固有的内在联系。例如，家庭中兄弟姐妹关系、高速公路的可达关系、学籍表中表项的相邻关系、人机对弈中棋局的层次关系、柯尼斯堡七桥问题中的连接关系等。

数据的逻辑结构可以采用多种方式表示，常见的有图表和二元组等。

图表就是采用表格或图形直接描述数据的逻辑关系，例如，学籍表可以抽象成线性关系结构图。

二元组是由两个元素构成的一个整体，数据元素之间可能存在多种逻辑关系，因此关系是一个集合，不失一般性。一个二元组在形式上可定义为

$$S = (D, R)$$

其中，D 是数据元素的有限集合，R 是 D 上关系的有限集合。

例如，下面列出有向图逻辑关系和无向图逻辑关系（如图 1－6 所示）的二元组表示。

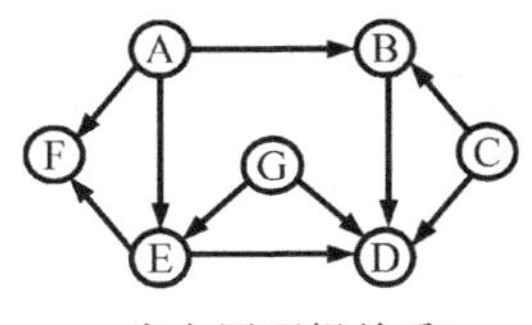

(a) 有向图逻辑关系R_1

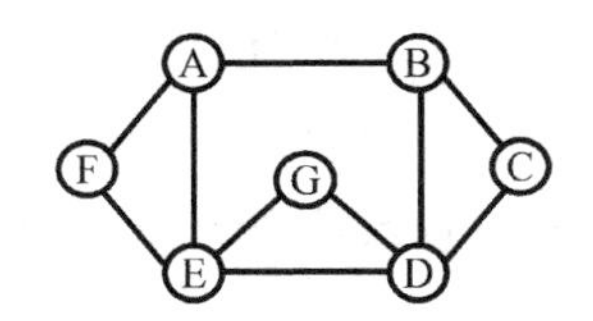

(b) 无向图逻辑关系R_2

图 1－6 有向图逻辑关系和无向图逻辑关系

（1）有向图。

$$S = (D, R)$$

其中，D = {A, B, C, D,E, F, G}；R = {R_1}，R_1 = {<A, B>, <A, E>, <A, F>,<B, D>, <C, B>, <C, D>,<E, D>, <E, F>, <G, D>, <G, E>}。

有向图的关系 R_1 是序偶的集合。序偶<A, B>表示元素 A 和元素 B 是相邻的，A 在 B 前面说明 A 是 B 的直接前驱，B 是 A 的直接后继。用带箭头的连线表示序偶<A, B>。

（2）无向图。

$$S = (D, R)$$

其中，D = {A, B, C, D,E, F, G}；R = {R_2}，R_2 = {(A, B), (A, E), (A, F), (B, C),

(B，D)，(C，D)，(D，E)，(D，G)，(E，F)，(E，G)}。

无向图的关系 R_2 是对称序偶的集合。对称序偶(A，B)表示<A，B>和<B，A>同时成立。用圆括号代替尖括号，用不带箭头的连线表示对称序偶(A，B)。

数据结构从逻辑上分为以下四类。

(1)集合：数据元素之间没有关系。

特点：数据元素之间除了“同属于一个集合的关系”外，并无其他关系。例如，确定一名学生是否为班级成员，只需将班级看作一个集合结构。该类结构在数据结构课程中基本不讨论。

(2)线性结构(1∶1)：数据元素之间是一对一的线性关系。

特点：除了开始元素和终端元素以外，其余元素都有且仅有一个直接前驱元素，有且仅有一个直接后继元素。开始元素没有直接前驱，但有直接后继；终端元素没有直接后继，但有直接前驱。例如，手机的通话记录按照其接听或拨出的时间顺序排列成一个线性结构。

(3)树形结构(1∶N)：数据元素之间是一对多的层次关系。

特点：除了开始元素以外，每个元素有且仅有一个直接前驱元素，除了终端元素以外，每个元素有一个或多个直接后继元素。开始元素没有前驱，称为根；终端元素没有后继，称为叶子。例如，大学的管理体系中，校长管理多个学院，每位院长管理多个系(部)，每位系主任管理多名教师，从而构成树形结构。

(4)图形结构(M∶N)：数据元素之间是多对多的任意关系，也称为网状结构。

特点：每个元素的直接前驱和直接后继的个数可以是任意的。例如，多位同学之间的朋友关系，任何两位同学都可以是朋友，从而构成网状结构。

数据的逻辑结构图描述数据的逻辑结构，其构造方法是将每一个数据元素看作一个节点，用圆圈表示；数据元素之间的逻辑关系用节点之间的连线表示。下面列出了四种数据结构的逻辑结构图，如图 1-7 所示。

(a) 集合　(b) 线性结构　(c) 树形结构　(d) 图形结构

图 1-7　四种基本数据结构的逻辑结构图

这四类数据结构是完备的，能够描述自然界的一切非数值问题。换言之，对非数值问题抽象而来的数据模型，一定是这四类数据结构之一、组合或变种。

注意，线性结构是树形结构的特殊情况，而树形结构又是图形结构的特殊情况。

依据数据元素是否依次排列在一个线性序列中，可将数据结构分为线性关系和非线性关系。线性关系有线性结构，非线性关系包括树形结构和图形结构。

数据结构这个概念在不同的环境中有不同的理解和指代，可以将数据的逻辑结构理解为数据模型；在某些情况下，数据结构也默认是数据模型。在谈到算法甚至具体实现时，数据结构是指数据的存储结构。

1.2.3 存储结构

讨论数据结构的目的是为了在计算机中实现对它的操作，因此，需要研究如何在计算机中表示它。

存储（物理）结构是指数据及其逻辑结构在计算机中的表示。简而言之，存储结构是针对内存而言的，不仅要存数据（数据元素），而且要存关系（逻辑结构）。

数据是指数据元素的集合，数据存储首先要将所有的数据元素存储到内存中；逻辑结构是指数据元素之间的逻辑关系，如何隐式或显式地存储数据元素之间的逻辑关系，这是实现数据存储结构的关键和难点。

存储结构通常分为顺序存储结构和链式存储结构，这是两种最基本的存储结构。此外，针对一些特殊应用，还可能会使用索引存储结构、散列存储结构，以满足一些特殊的需求。

（1）顺序存储结构：把逻辑上相邻的数据元素存储在物理位置上相邻的存储单元中，即用存储位置隐式地存储了元素的逻辑关系。顺序存储结构的优点是存储效率高，可对数据元素随机存取；缺点是对元素的插入或删除操作可能要移动数据元素，效率低。

例如，线性表（逻辑结构，存储结构，数据操作）的顺序存储示意图，如图 1－8 所示。

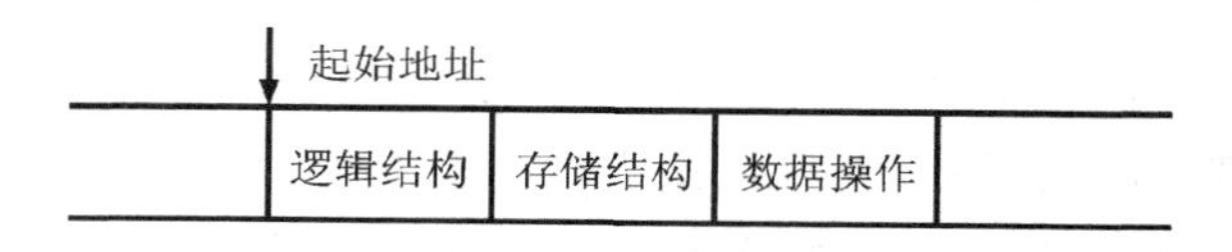

图 1－8　顺序存储示意图

顺序存储结构是一种最基本的存储方法，算法设计中常用的数组，就是用顺序存储结构来实现的。

（2）链式存储结构：对逻辑上相邻的数据元素不要求其物理位置上相邻，数据元素间的逻辑关系通过附设的指针字段值（显式）表示。链式存储结构的优点是元素的插入或删除操作不必移动数据元素，仅需修改指针域，效率高；缺点是不能对数据元素进行随机存取，由于附设了指针域，所以存储空间利用率低。

例如，线性表（逻辑结构，存储结构，数据操作）的链式存储示意图如图 1－9 所示。

链式存储结构是数据结构中常用的一种存储表示方法。大多数程序设计语言提供了地址存储机制，例如，C 语言提供了指针类型，Java 语言和 Python 语言提供了引用类型。

（3）索引存储结构：在采用上述基本方法存储数据元素的同时，还需建立一个附加的索引表，其主要目的是为了提高检索的速度和性能。索引表中的每一项称为一个索引项，索引项的一般形式是（关键字，地址），关键字是指能唯一标识数据元素的数据项。例如，新华字典的汉语拼音音节索引就是一张索引表，它的一般形式是音节、例字和正文页码。通过对索引表中的关键字（音节、例字）的搜索，可迅速找到页码，通过页码找到所需正文。索引存储结构的优点是查找效率高；缺点是需要建立索引表，增加了空间开销。

若每个数据元素在索引表中均有一个索引项，则该索引称为稠密索引，如新华字典的检字表；若一个索引项对应一组数据元素，则该索引表称为稀疏索引，如新华字典的汉语拼音音节索引。

(4)散列存储结构：依据数据元素的关键字值，采用一个事先已经设计好的散列函数计算该数据元素对应的存储地址，然后依据该地址及冲突处理办法实施对该数据元素的存储和检索，这个地址称为散列地址。显然，散列存储结构的关键在于设计一个合理的散列函数及冲突的处理办法，其优点是处理速度快。

在上述四种存储结构中，顺序、链式、索引存储结构不仅完成了数据元素的机内表示，而且完成了数据元素间逻辑关系的机内表示。散列存储方法只能存储数据元素，没有存储数据元素间的逻辑关系。

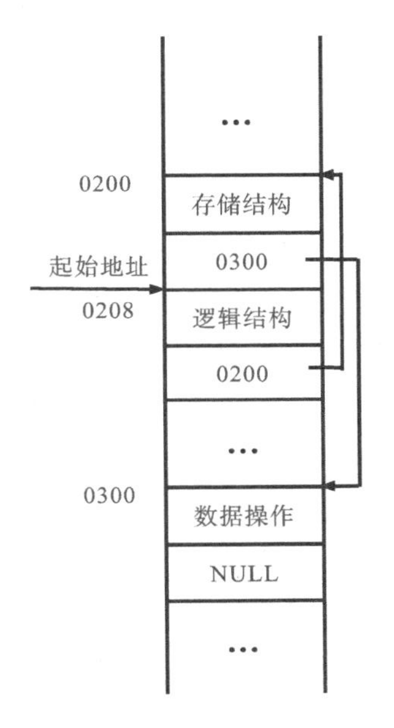

图 1-9　链式存储示意图

在实际的问题中，根据需要选择一种合适的存储结构，但是有些情况也会用几种存储结构的组合。

逻辑结构和存储结构的小结：

(1)逻辑结构是面向问题的，其主要任务是抽象出数据元素以及数据元素的逻辑关系。因此，逻辑结构是数据模型的机外表示。

(2)存储结构是面向计算机的，其基本目标是将数据及其逻辑关系存储到内存中。因此，存储结构是数据模型的机内表示。

(3)一种数据的逻辑结构可以用多种存储结构来存储。

(4)数据结构的基本操作是在逻辑结构中定义功能，在存储结构中设计实现方法。

(5)采用不同的存储结构，其数据处理的效率往往是不同的。

强调从实际问题抽象出合适的数据模型很重要，如何存储数据模型同样重要。

存储结构是针对内存而言的，外存的数据组织通常用文件结构来描述。因此，本书只讨论内存中的数据组织和处理技术。

1.2.4　数据类型和抽象数据类型

存储结构实际上是内存分配，具体实现则依赖于计算机语言。计算机语言如何实现内存分配？在高级语言程序设计中(以 C 语言为例)，在定义变量时进行内存分配。例如：

```
int  a, b;
```

定义了整型变量 a 和 b，即给变量 a 和 b 分配了内存空间，内存空间的长度决定了变量可表示的整数的范围，并且变量 a 和 b 可以进行＋、－、×、÷、%等算术运算。变量 a 和 b 是整数类型，简称整型。

可见，定义了整型变量 a 和 b，就意味着：

（1）向变量 a 和 b 赋值时不能超出 int 类型的取值范围；

（2）变量 a 和 b 之间的运算只能是 int 类型所允许的运算。

```
char  s,st;
```

定义了字符型变量 s 和 st，即给变量 s 和 st 各分配了 1 个字节的内存空间，变量 s 和 st 可表示 1 个 ASCII 码字符（共有 128 个字符），并且变量 s 和 st 可以和整数进行＋、－运算及比较大小等运算，不能进行×、÷、%等运算。变量 s 和 st 是字符类型，简称字符型。

可见，定义了字符型变量 s 和 st，就意味着：

（1）变量 s 和 st 赋值时不能超出 char 类型的取值范围；

（2）变量 s 和 st 之间的运算只能是 char 类型所允许的运算。

C 语言的其他数据类型如单精度类型、双精度类型、指针类型等，和整型、字符型一样，都有规定的该类型数据的取值范围和对这些数据所能进行的运算。

数据类型：一组值的集合及定义于这个值集上的一组操作。数据类型可以看作是程序设计语言中已经实现了的数据结构。

抽象数据类型（abstract data type，ADT）：一个数据模型及定义在该模型上的一组操作，目的是为了方便地描述现实世界。

简而言之，抽象的数据类型，其数据和数据的操作都和计算机无关，都是抽象的。数据是指数据的逻辑结构，即数据元素及其关系，都和计算机无关，是抽象的；数据的操作仅仅定义了操作的功能，没有操作的实现方法，也与计算机无关。

抽象数据类型的实现，一般需要经过 3 个阶段：定义、设计和实现，如图 1－10 所示。

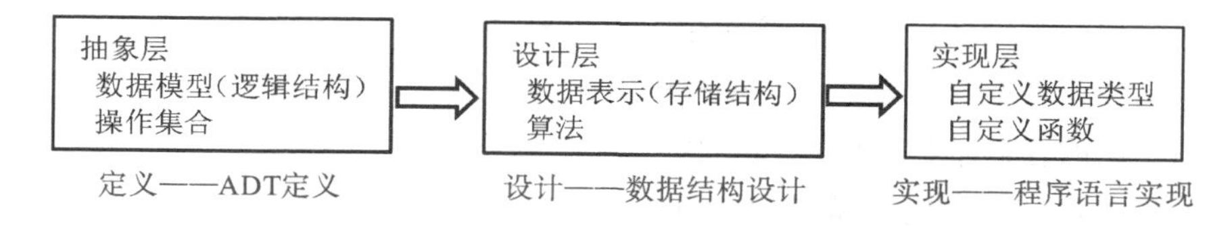

图 1－10　ADT 定义、设计和实现

设计层的数据是指数据的存储结构，数据操作是指在存储结构基础上，设计数据操作功能的实现步骤，即算法。在设计层，无论是存储结构还是算法都和计算机相关，但其具体的实现都必须依赖于计算机的程序设计语言。设计层主要是设计方法，并不是方法的具体实现，方法的具体实现依赖于程序设计语言。

实现层的数据元素在 C 语言中用变量或结构体变量来表示，关系用数组中下标或链表中指针来表示，操作在 C 语言中用函数来实现。

数据类型和 ADT 的区别：数据类型是高级程序设计语言支持的基本数据类型，而 ADT 是自定义的数据类型。

ADT 定义的一般形式：

```
ADT 抽象数据类型名称{
    数据对象:＜数据对象的定义＞
    数据关系:＜数据逻辑关系的定义＞
    基本操作集:
        操作名 1:
        ＜基本操作 1　初始条件描述＞
        ＜基本操作 1　操作结果描述＞
        …
        操作名 n:
        ＜基本操作 n　初始条件描述＞
        ＜基本操作 n　操作结果描述＞
}ADT 抽象数据类型名称
```

例 1－1　复数的抽象数据类型定义。

```
ADT Complex {
    数据对象 D:
        D={e1, e2|e1∈RealSet, e2∈RealSet }
    数据关系 R:
        R={＜e1, e2＞ | e1 是复数的实部系数,e2 是复数的虚部系数}
    基本操作集 P:
        InitComplex(&z, v1, v2)
            操作结果:构造复数 z,其实部系数和虚部系数分别赋予 v1 和 v2 的值
        GetReal(z, &Realpart)
            初始条件:复数 z 已经存在
            操作结果:用 Realpart 返回复数 z 的实部系数值
        GetImag(z, &ImagPart)
            初始条件:复数 z 已经存在
            操作结果:用 ImagPart 返回复数 z 的虚部系数值
        Add(z1, z2, &sum)
            初始条件:复数 z1 和 z2 已经存在
            操作结果:用 sum 返回两个复数 z1 与 z2 的和
        Subtract(z1, z2,&sub)
            初始条件:复数 z1 和 z2 已经存在
            操作结果:用 sub 返回两个复数 z1 与 z2 的差
        Multiply(z1, z2,&mult)
            初始条件:复数 z1 和 z2 已经存在
```

```
          操作结果:用 mult 返回两个复数 z1 与 z2 的积
      Division(z1, z2,&div)
          初始条件:复数 z1 和 z2 已经存在
          操作结果:用 div 返回两个复数 z1 与 z2 的商
} ADT Complex
```

注:“& 变量名”用来说明该变量记录操作结果。

可见,复数抽象数据类型能够方便地描述复数的特性和运算,它不涉及如何实现这些复数特性和运算。这样,复数的定义(或称使用)和复数的实现就分开了,降低了软件开发难度。

同步训练与拓展训练

一、同步训练

1. 数据结构是研究(　　)。

A. 数据的逻辑结构

B. 数据的存储结构

C. 数据的逻辑结构和存储结构

D. 数据的逻辑结构、存储结构及其在运算上的实现

2. 与数据元素本身的形式、内容、相对位置、个数无关的是数据的(　　)。

A. 存储结构　　B. 存储实现　　C. 逻辑结构　　D. 运算实现

3. 数据结构是指(　　)。

A. 数据元素的组织形式　　B. 数据类型

C. 数据存储结构　　D. 数据定义

4. 数据在计算机存储器内表示时,物理地址与逻辑地址不相同的,称之为(　　)。

A. 存储结构　　B. 逻辑结构

C. 链式存储结构　　D. 顺序存储结构

5. 数据在计算机内有链式和顺序两种存储方式,在存储空间使用的灵活性上,链式存储比顺序存储要(　　)。

A. 低　　B. 高　　C. 相同　　D. 不好说

6. 数据结构只是研究数据的逻辑结构和物理结构,这种观点(　　)。

A. 正确　　B. 错误

C. 前半句对,后半句错　　D. 前半句错,后半句对

7. 计算机内部数据处理的基本单位是(　　)。

A. 数据　　B. 数据元素　　C. 数据项　　D. 数据库

8. 以下说法正确的是(　　)。

A. 数据元素是数据的最小单位

B. 数据项是数据的基本单位

C. 数据结构是带有结构的各数据项的集合

D. 一些表面上很不相同的数据可以有相同的逻辑结构

9. 在顺序存储结构中,数据元素之间的逻辑关系是由(　　)表示的。

A. 线性结构　　B. 非线性结构　　C. 存储位置　　D. 指针

10. 在链式存储结构中,数据元素之间的逻辑关系是由(　　)表示的。

A. 线性结构　　B. 非线性结构　　C. 存储位置　　D. 指针

11. 抽象数据类型的三个组成部分分别为(　　)。

A. 数据对象、数据关系和基本操作

B. 数据元素、逻辑结构和存储结构

C. 数据项、数据元素、数据类型

D. 数据元素、数据结构和数据类型

12. 在存储数据时,通常不仅要存储各数据元素的值,而且还要存储(　　)。

A. 数据的处理方法　　B. 数据元素的类型

C. 数据元素之间的关系　　D. 数据的存储方法

二、拓展训练

1. 试举一个数据结构的例子,叙述其逻辑结构、存储结构和基本操作的含义及相互关系。

2. 描述一个集合的抽象数据类型 ASet,其中所有元素为正整数,集合的基本运算包括:

(1)由正整数数组 a[0…n−1]创建一个集合;

(2)输出一个集合的所有元素;

(3)判断一个元素是否在一个集合中;

(4)求两个集合的并集;

(5)求两个集合的差集;

(6)求两个集合的交集。

3. 描述一个矩阵的抽象数据类型 Matrix,其中所有元素为整数,矩阵由 m 行和 n 列构成。矩阵的基本运算包括:

(1)由整数数组 a[0…m−1][0…n−1]创建一个矩阵;

(2)输出一个矩阵的所有元素;

(3)删除矩阵;

(4)求矩阵转置;

(5)求两个矩阵之和;

(6)求两个矩阵之积。

4. 一般情况下一元 n 次多项式可写成：

$$P_n(x) = p_1x^{e_1} + p_2x^{e_2} + \cdots + p_mx^{e_m}$$

其中：p_i 是指数为 e_i 的项的非零系数，$0 \leqslant e_1 < e_2 < \cdots < e_m = n$，它可以用数据元素为(系数项，指数项)的线性表来表示：

$$((p_1, e_1), (p_2, e_2), \cdots, (p_m, e_m))$$

描述一个一元 n 次多项式的抽象数据类型 Polynomial，其中每个元素包含一个表示系数的实数和表示指数的整数，基本运算包括：

(1)由 m 项的系数和指数建立一元 n 次多项式 P；

(2)销毁一元 n 次多项式 P；

(3)多项式加法运算；

(4)多项式减法运算；

(5)多项式乘法运算。

同步训练与拓展训练
参考答案

1.3 算法

1.3.1 算法的概念

通俗地说，算法就是解决问题的操作步骤。例如，西红柿炒鸡蛋的菜谱如下：

(1)西红柿切成薄片；

(2)鸡蛋在碗中打散起泡后放少许盐；

(3)锅中放适量油，油热后倒入鸡蛋液翻炒，炒熟盛出；

(4)锅中放适量油，油热后加少许葱花，爆香葱花；

(5)倒入西红柿翻炒，加少许盐和一点糖；

(6)西红柿出汁后，倒入之前炒好的鸡蛋，翻炒一会，出锅。

算法(algorithm)是对特定问题求解步骤的一种描述，是指令的有限序列。其中，每一条指令表示计算机的一个或多个操作。

理解算法概念需要注意以下几点。

(1)特定问题：不存在通用算法。实际问题五花八门，解决问题的算法也是多种多样的。

(2)指令：能够被计算装置(人或机器)执行，可以是计算机指令，也可以是其他指令，如自然语言指令。

(3)序列：算法的指令在排列上有顺序关系。

算法必须满足的五大特性如下。

(1)输入：一个算法有零个或多个输入。

(2)输出:一个算法有一个或多个输出。

(3)有穷性:一个算法必须总是在执行有穷步之后结束,且每一步都在有穷时间内完成。

有穷不是纯数学意义上的概念,是在实际应用环境下可接受的时间。例如,预报第二天天气的算法,则执行该算法后预报结果不能晚于第二天,否则,预报结果出来了,但没有实际意义。又如,人脸识别、信息查询等算法,人们可以接受在 3 秒内出来的识别结果、查询结果,否则,人们就会失去耐心,觉得过程太久。

(4)确定性:算法中的每一条指令必须有确切的含义,不存在二义性。并且,在任何条件下,对于相同的输入只能得到相同的输出。

确定性意味着:算法在执行每一条指令后,下一条指令的执行都是确定的。或者说,有确定的执行路径。

(5)可行性:算法描述的操作可以通过已经实现的基本操作执行有限次来完成。

可行性意味着:算法可以转换为等价的程序,并且在计算机上可以运行。

算法将输入数据转化成输出结果,但算法不是问题的答案,而是解决问题的操作步骤,是问题解决方法的描述。西红柿炒鸡蛋的菜谱也是操作步骤,该菜谱是算法吗? 严格地说,该菜谱不是算法,因为该菜谱中有少许、适量、一会、一点等描述,这些描述都不是确定的,不满足算法的确定性要求。

下面介绍问题、算法、程序的联系与区别。

问题可当作一个函数,是输入和输出的一种联系;算法是一个能够解决问题的,有求解步骤的方法描述;程序是算法的具体实现。

程序是使用某种程序设计语言,对一个算法进行具体实现,是对算法的精确描述,可在计算机上执行。原则上,任一算法可以用任何一种程序设计语言实现。

程序不一定具备算法的五个特性。例如,Windows 操作系统不满足算法有穷性的要求。在用户没有退出,硬件和软件不出现故障及不断电的情况下,理论上,Windows 操作系统是可以永远运行下去的,所以,Windows 操作系统不是算法。

程序设计的核心是算法设计。例如,操作系统是现代计算机系统中不可缺少的系统软件,操作系统的各个任务都是一个单独的问题,每个问题由操作系统中一个子程序负责管理,而子程序是由特定的算法来实现的。

1.3.2　算法的描述

一个算法可以使用多种方法进行描述,例如,可以用自然语言描述、用流程图描述、用程序语言描述、用伪代码描述等。下面我们以辗转相除算法为例,简要介绍各种描述方法的含义及特点。

1. 自然语言

自然语言描述算法是指人们使用日常交流的语言,如汉语、英语或其他语言,对算法的操作步骤进行描述。

设两个自然数为 m 和 n，辗转相除算法以自然语言描述如下：

步骤 1：将 m 除以 n，得到余数 r；

步骤 2：若 r 等于 0，则 n 为 m 和 n 的最大公约数，算法结束；否则执行步骤 3；

步骤 3：将 n 的值赋给 m，将 r 的值赋给 n，重新执行步骤 1。

自然语言描述算法的特点如下。

优点：容易理解；

缺点：冗长、二义性；

使用方法：用语句粗略描述算法思想；

注意事项：避免写成自然段。

2. 流程图

流程图是用一些图框表示各种操作，使用这些图框对算法的操作步骤进行描述。

辗转相除算法的流程图，如图 1－11 所示。

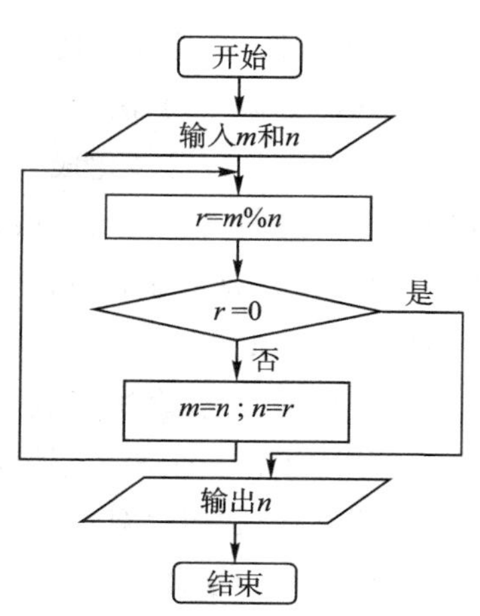

图 1－11　辗转相除算法的流程图

流程图描述算法的特点如下。

优点：流程直观；

缺点：缺少灵活性，篇幅长；

使用方法：以图形化的方式描述简单算法；

注意事项：注意抽象层次。

3. 程序设计语言

使用程序设计语言描述的算法能够被计算机直接执行，用这种描述方法需要掌握一定的编程能力和技巧。本书的大部分算法采用 C 语言描述。有些复杂的算法可先用自然语言描述，细化后再用 C 语言描述。

辗转相除算法的 C 语言描述如下：

```
#include <stdio.h>
int ComFactor(int m, int n)
{
    int  r = m % n;
    while( r ! = 0)
    {
        m = n;  n = r;
        r = m % n;
    }
    return  n;
}
int main(void)
```

```
{
    int  x = ComFactor(35, 25);
    printf("最大公约数为 %d\n", x);
    return  0;
}
```

程序设计语言描述算法的特点如下。

优点：能由计算机执行；

缺点：抽象性差，对语言要求高；

使用方法：将算法中的操作写成子函数；

注意事项：算法需要验证与测试。

4. 伪代码

伪代码：介于自然语言和程序设计语言之间的方法，它采用某种程序设计语言的基本语法，操作指令可以使用自然语言。

伪代码不是一种实际的编程语言，但在表达上类似于编程语言，同时忽略程序设计语言的技术细节。伪代码被称为“算法语言”或“第一语言”。

辗转相除算法的伪代码描述如下。

```
输入：两个自然数 m 和 n；
输出：m 和 n 的最大公约数。
    1 r = m % n;
    2 循环直到 r 等于 0：
        2.1  m = n;
        2.2  n = r;
        2.3  r = m % n;
    3 输出 n。
```

为代码描述算法的特点如下。

优点：表达能力强，抽象性强，容易理解，容易实现；

缺点：容易出现二义性，缺少严密性；

使用方法：适用任何算法，应尽可能简洁明了；

注意事项：避免使用复杂句子和冗长描述，注重可读性。

1.3.3　算法设计的目标

1. 算法设计要求

(1)设计一个容易理解、编码和调试的算法。

(2)设计一个能有效利用计算机资源的算法。

2. 评价算法质量的标准

(1)正确性(correctness):算法的执行结果应当满足预先规定的功能和性能要求。

(2)可读性(readability):一个算法应当思路清晰、层次分明、简单明了、易读易懂。

(3)稳健性(robustness):当输入不合法数据时,应能进行适当处理,不会引起严重后果。

(4)有效性(efficiency):判断依据主要是高效率和低存储量。算法的效率主要指算法的执行时间。对同一个问题,如果有多种算法可以求解,执行时间短的算法效率高。算法的存储量是指算法执行过程中所需要的最大存储空间。

1.4 算法分析

算法分析就是分析算法占用计算机资源的多少。计算机资源主要是 CPU 时间和内存空间。分析算法占用 CPU 时间的多少称为时间性能分析,分析算法占用内存空间的多少称为空间性能分析。

算法分析的目的:

(1)分析算法的时空性能,以便改进算法。

(2)当给定的问题有多种解法时,选择其中时空性能更好的算法。

随着计算机硬件性能提高,一般情况下,算法所需要的额外空间已不是关注的重点。重点关注"耗时少、速度快"这个中心,追求算法的高效率。

1.4.1 算法效率分析

通常有两种衡量算法时间性能的方法,即事后统计(定量分析)和事前分析(定性分析)。

1. 事后统计

事后统计法是编写算法对应的程序,统计其执行时间。

一个算法用计算机语言实现后,在计算机上执行所耗的时间与很多因素有关,如计算机的指令执行速度、编写程序所采用的程序设计语言、编译程序产生的机器语言代码质量、问题规模和算法选用的策略等。这些因素一定程度上会掩盖算法的优劣。

事后统计方法的缺点:

(1)必须执行程序,编写程序实现算法将花费较多的时间和精力;

(2)其他因素掩盖算法本质,所得统计结果依赖于计算机的软硬件等环境因素。

2. 事前分析

算法的事前分析,也称事前分析估算法。方法如下:

$$\text{算法的执行时间} = \text{每条语句执行时间之和} \tag{1-1}$$

$$\text{每条语句执行时间} = \text{执行次数} \times \text{执行一次的时间} \tag{1-2}$$

假设算法中有 n 条语句，每条语句执行一次的时间分别为 $S_1, S_2, S_3, \cdots, S_n$，每条语句执行的次数分别是 $C_1, C_2, C_3, \cdots, C_n$，则

$$算法的执行时间 = C_1 \times S_1 + C_2 \times S_2 + C_3 \times S_3 + \cdots + C_n \times S_n \tag{1-3}$$

语句执行一次的时间取决于指令系统、编译产生的代码质量等软硬件因素。为了抛开这些与计算机硬件、软件有关的因素，假设每条简单语句执行一次的时间都是单位时间 1，则式(1-3)变为

$$算法的执行时间 = C_1 + C_2 + C_3 + \cdots + C_n = 每条语句执行次数之和 \tag{1-4}$$

$C_1, C_2, C_3, \cdots, C_n$ 的准确值不容易获得，因此，精确计算出每条语句执行次数之和是很困难的。既然比较困难，就简化进行估算，估算的原则是抓大放小，只要结果不妨碍对算法效率的比较就行。

$C_1, C_2, C_3, \cdots, C_n$ 中有些值比较大，占语句总执行次数的比例较高，也就是其执行次数与整个算法的执行次数成正比，这些语句称为基本语句。

基本语句的执行次数与整个算法的执行次数成正比，它们对算法执行时间的贡献最大，因此，可以用基本语句的执行次数代表整个算法的执行次数。这样，式(1-4)变为

$$算法的执行时间 = 基本语句的执行次数 \tag{1-5}$$

事前分析是对算法所消耗资源的一种估算方法。这是一种事前定性分析，仅分析算法本身，选取程序中的基本语句，以该基本语句重复执行的次数作为算法的时间量度。这样，就可以不受计算机硬件、软件等有关因素的影响，进行算法比较。

多数情况下，基本语句是指最深层循环内的语句。基本语句的重复执行次数，称为语句频度。

1.4.2　算法时间复杂度分析

几乎所有的算法，对于规模更大的输入，都需要运行更长的时间。例如，需要更多的时间来对更大的数组进行排序，更大的矩阵转置需要更长的运行时间。因此，基本语句的执行次数与问题规模有关。

问题规模是指输入量的多少，一般可以从问题描述中得到。例如，对一个具有 n 个整数的数组进行排序，问题规模是 n；对一个 m 行 n 列的矩阵进行转置，则问题规模是 $m \times n$。

可见，运行算法所需要的时间 T 是问题规模 n 的函数，记作 $T(n)$。

精确表示算法运行时间函数，常常是困难的，求解函数过程非常复杂。而算法分析是一种估算方法，没有必要精确求解，一般采取数量级比较方法。

数量级比较类似于等级比较。在生活中，也常用到数量级比较。例如，俗语说的“瘦死的骆驼比马大”，说明骆驼和马在体型上不是一个数量级；还有成语“九牛一毛”，说明九头牛身上的毛和一根毛之间的数量级差距极大。

比较两个算法的运行时间函数，在数学意义上就是比较两个时间函数的大小，当然，前提

是当问题规模 n 很大时。下面对两个程序段，比较其运行时间函数，分析其时间效率。

程序段 1：

```
for(i=1; i<=n; i++)
    for(j=1; j<=1000; j++)
        x++;
```

程序段 1 的基本语句是 x++，执行次数为 $1000n$ 次，即 $T(n)=1000n$。

程序段 2：

```
sum=0;
for(i=1; i<=n; i++)
    for(j=1; j<=n; j++)
        x++;
```

程序段 2 的基本语句是 x++，执行次数为 n^2 次，即 $T(n)=n^2$。

显然，当 n 较小时，$1000n$ 比 n^2 大，但 n^2 的增长速度更快。$n=1000$ 是转折点，这时 $1000n$ 等于 n^2，当 n 大于 1000 时，n^2 要比 $1000n$ 大。

当 n 较小时，两个程序段的耗时都不会很长，这时比较两个函数的大小没有意义。当 n 很大时，比较两个函数的实质是比较两个函数的相对增长率，看谁增长得更快，这也是建立两个函数的相对等级。

用基本语句执行次数的数量级度量算法的工作量，这种数量级可称为算法的渐进时间复杂度，简称时间复杂度，通常用"O"表示。"O"是 Order 简称，指数量级，也称"阶"。

如果存在正常数 c 和 n_0，使得当 $n \geqslant n_0$ 时，$T(n) \leqslant cf(n)$，则记为 $T(n)=O(f(n))$。

曲线描述：当问题规模充分大时，函数 $T(n)$ 和 $f(n)$ 的曲线是渐进的，如图 1-12 所示。

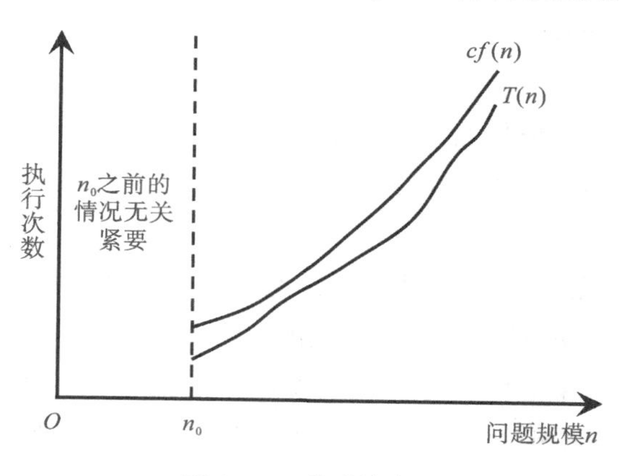

图 1-12 "O"的含义

极限描述：$\lim\limits_{n\to\infty}\dfrac{T(n)}{f(n)}=c\neq 0$，即随着问题规模 n 的增大，算法执行时间 $T(n)$ 的增长率和函数 $f(n)$ 的增长率相同，因此，算法时间复杂度分析实质上是一种时间增长趋势分析。

由算法时间复杂度的定义可知，$f(n)$ 是 $T(n)$ 的上界。显然，$T(n)$ 的上界 $f(n)$ 可能有多个,通常取最紧凑的上界,也就是只求出 $T(n)$ 的最高阶,忽略低阶项和常系数。因为当 n 很大时,面对高阶项,低阶项就如同九牛一毛。这样,既简化了 $T(n)$ 的计算,又比较客观地反映出当前 n 很大时算法的时间增长率。

通过时间复杂度的定义可以看出,计算时间复杂度需要注意以下三点:一是算法时间增长趋势,二是数量级比较,三是时间上界。

关于时间复杂度,需要掌握的一些经典增长率函数,如图 1-13 所示。

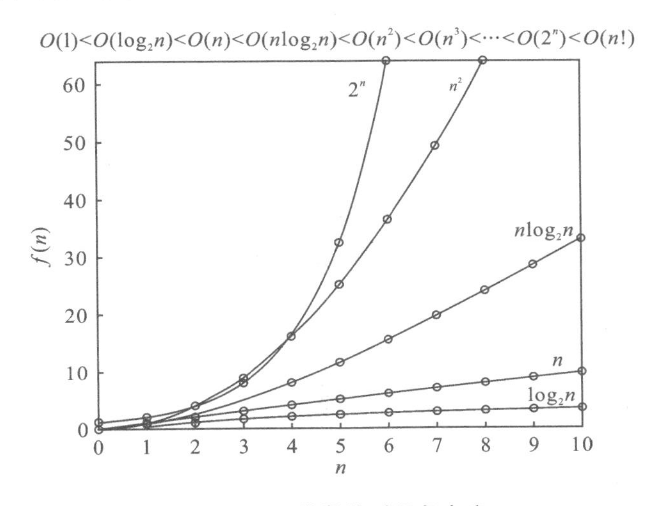

图 1-13　常见的时间复杂度

从时间复杂度角度,而不是从算法本身的难易程度,可将算法分为 P 问题和 NP 问题。

P 问题:一个问题目前可以用多项式时间复杂度的算法来求解,如 $O(1)$、$O(\log_2 n)$、$O(n)$、$O(n\log_2 n)$、$O(n^2)$、$O(n^3)$等。

NP 问题:一个问题目前只能用非多项式时间复杂度的算法求解,如用指数时间复杂度的算法来求解,$O(2^n)$、$O(n!)$。

关于时间复杂度,还需要掌握的一些法则:

(1)若 $T(n)=a_m n^m+a_{m-1}n^{m-1}+\cdots+a_1 n+a_0$ 是一个 m 次多项式,则 $T(n)=O(n^m)$。

说明:在计算算法时间复杂度时,可以忽略所有低次幂和最高次幂的系数。

(2)如果 $T_1(n)=O(f(n))$ 且 $T_2(n)=O(g(n))$,那么

$$T_1(n)+T_2(n)=\max(O(f(n)),O(g(n)))$$

$$T_1(n)\times T_2(n)=O(f(n)\times g(n)))$$

(3)对于任意常数 k,

$$\log_k n=O(n)$$

说明:对数函数增长得非常缓慢。

另外,$O(\log_2 n)=O(\log n)$,因为 $\log_2 n=\dfrac{\log n}{\log 2}$,其中 $\log 2$ 是常数。

如果问题规模相同,时间代价与输入数据有关,则需要分析最好情况、最坏情况、平均

情况。

例如,在一维整型数组 a[n]中顺序查找与给定值 k 相等的元素(假设该数组中有且仅有一个元素值为 k),顺序查找算法如下:

```
int  find(int a[], int )
{
    for(i=0; i<n; i++)
        if(a[i] == k)  break;
    return  i;
}
```

算法中比较语句为基本语句,其执行次数取决于被查找元素在数组中的位置。

最好情况:如果数组中第一个元素是 k,算法只需比较 1 次。

最差情况:如果数组中最后一个元素是 k,算法需要比较 n 次。

平均情况:如果在数组中查找不同的元素 k,假设数据是等概率分布,则平均要比较 $n/2$ 次,其平均时间复杂度为 $O(n)$。

一般来说,最好情况不能作为算法性能的代表。当最好情况出现的概率较大时,需要重点分析最好情况的时间性能。

最差情况描述了算法运行时间最坏能坏到什么程度,这一点在实时系统中尤为重要。

通常需要分析平均情况的时间性能,特别是算法要处理不同的输入时,但此种情况下要求已知输入数据是如何分布的,通常假定数据为等概率分布。

1.4.3 算法空间复杂度分析

一个算法的存储量包括输入数据所占空间、程序本身所占空间和临时变量所占空间。

(1)输入数据所占空间:取决于问题,与算法无关。

(2)程序本身所占空间:与算法相关,取决于算法长度,其大小固定。

(3)临时变量所占空间:与算法相关,体现了算法效率。

因此,在对算法进行存储空间分析时,只考察临时变量所占空间。

空间复杂度是对一个算法在运行过程中临时占用存储空间的量度,一般也作为问题规模 n 的函数,以数量级形式给出,记作:

$$S(n)=O(g(n))$$

其中,O 的含义与时间复杂度中的含义相同。

若所需临时空间相对于问题规模来说是常数,则称此算法为原地工作算法或就地工作算法。例如,求数组中最大值函数代码如下:

```
int max(int a[],int n)
{   int i,maxi=0;
```

```
    for (i=1;i<=n;i++)
        if (a[i]>a[maxi])   maxi=i;
    return a[maxi];
}
```

函数体内分配的变量空间为临时空间，不计算形参占用的空间，这里仅计算 i、maxi 变量的空间，其空间复杂度为 $O(1)$。

为什么计算空间复杂度只考虑临时空间，而不考虑形参所占空间呢？因为形参所占空间已在调用该函数的函数中计算过了。例如，以下为 maxfun 函数调用 max 函数的代码：

```
void maxfun()
{   int b[]={1,2,3,4,5},n=5;
    printf("Max=%d\n",max(b,n));
}
```

maxfun 函数中为数组 b 分配了内存空间，其空间复杂度为 $O(n)$，如果在 max 函数中再考虑形参 a 所占空间，这样，数组所占空间就重复计算了。

算法空间复杂度的分析方法与前面介绍的时间复杂度分析方法相似。

1.4.4　算法分析的典型例题

1. 分析算法时间复杂度的一般步骤

(1)分析问题规模 n，找出基本语句；

(2)求出其运行次数 $f(n)$，即求出基本语句执行次数的求和表达式。

(3)计算求和表达式的数量级，用 O 表示其阶。

2. 流程控制结构时间复杂度的计算法则

程序有顺序、分支、循环等基本结构，这些基本结构也有时间复杂度的计算法则。

法则 1　for 循环，一次 for 循环运行时间最多是该循环内语句运行时间乘迭代次数。

法则 2　嵌套 for 循环，从里向外分析这些循环，在一组嵌套循环内部的一条语句，其总的执行时间为该语句运行时间乘该组所有 for 循环大小。

法则 3　顺序语句，将各个语句的运行时间求和即可。

法则 4　if - else 语句：

```
if (Condition)
    S1
else
    S2
```

一个 if - else 语句运行时间从不超过判断时间加上 S1 和 S2 中运行时间较长者的总和。

注意：分析的基本策略是从内部(或最深层的部分)向外展开。

3. 时间复杂度的典型例题

例 1－2 常量阶时间复杂度举例：求下面程序段的语句频度和时间复杂度。

```
++x;
```

解 基本语句为++x，语句频度为1，时间复杂度为$O(1)$。

例 1－3 求下面程序段的语句频度和时间复杂度。

```
for(j=1;j<=10000;++j)
{    ++x;    s+=x;    }
```

解 基本语句为++x和s+=x，语句频度为10000，时间复杂度为$O(1)$。

例 1－4 对数阶时间复杂度举例：求下面程序段的语句频度和时间复杂度。

```
s=0;
for(j=1; j<=n; j*=2)
    s++;
```

解 基本语句为s++，假设基本语句执行时(j*=2还未执行)，$j=2^{k-1}$，$j\leqslant n$就转变为$2^{k-1}\leqslant n$，则语句频度为$\log_2 n+1$，所以，时间复杂度为$O(\log_2 n)$或$O(\log n)$。

例 1－5 线性阶时间复杂度举例：求下面程序段的语句频度和时间复杂度。

```
s=0;
for(j=1;j<=n;++j)
    s++;
```

解 基本语句为s++，语句频度为n，所以时间复杂度为$O(n)$。

例 1－6 平方阶时间复杂度举例：求下面程序段的语句频度和时间复杂度。

```
s=0;
for(j=1;j<=n;++j)
    for(k=1;k<=n;++k)
        s++;
```

解 基本语句为s++，语句频度为n^2，所以时间复杂度为$O(n^2)$。

例 1－7 立方阶时间复杂度举例：求下面程序段的语句频度和时间复杂度。

矩阵乘法：n阶方阵乘法。

```
for( i = 0; i < n; i++)                                  //(n+1)
    for( j = 0; j < n; j++)                              //n*(n+1)
    {     c[i][j] = 0;                                   //n*n
          for( k= 0; k< n; j++)                          //n*n* (n+1)
              c[i][j] = c[i][j]+a[i][k] * b[k][j];       //n*n*n
    }
```

说明：各行语句后的算式结果是该语句重复执行的次数。

解　基本语句为 c[i][j] = c[i][j]+a[i][k] * b[k][j]，语句频度为 n^3，所以时间复杂度为 $O(n^3)$。

例 1-8　求下面程序段的时间复杂度。

```
for( i = 1; i <= n; i++)
    for( j =1; j <= i; j++)
        for( k=1; k<= j; j++)
            x++;
```

解　基本语句为 x++。因为是嵌套 for 循环，使用从内部(或最深层的部分)向外展开的分析策略。最内层循环执行次数为 $\sum_{k=1}^{j}1$，中间层循环执行次数为 $\sum_{j=1}^{i}(\sum_{k=1}^{j}1)$，最外层循环执行次数为 $\sum_{i=1}^{n}(\sum_{j=1}^{i}(\sum_{k=11)}^{j}))$。所以，语句频度为

$$\sum_{i=1}^{n}\sum_{j=1}^{i}\sum_{k=1}^{j}1=\sum_{i=1}^{n}\sum_{j=1}^{i}j=\frac{\sum_{i=1}^{n}(1+i)i}{2}=\frac{1}{2}\left(\sum_{i=1}^{n}i+\sum_{i=1}^{n}i^2\right)$$
$$=\frac{1}{2}\left(\frac{n(n+1)}{2}+\frac{n(n+1)(2n+1)}{6}\right)=\frac{n(n+1)(n+2)}{6}$$

时间复杂度为 $O(n^3)$。

例 1-9　求下面程序段的时间复杂度。

```
s=0;
for(j=1;j<=n;j *=2)
    for(k=1;k<=n;++k)
      s++;
```

解　基本语句为 s++。使用从内部(或最深层的部分)向外展开的分析策略，内层循环执行次数为 $\sum_{k=1}^{n}1$，外层循环执行次数为 $\log_2 n+1$。因为是嵌套 for 循环，所以，语句频度为 $n\log_2 n+n$，时间复杂度为 $O(n\log n)$。

例 1-10　求下面程序段的时间复杂度。

```
x=n;      //n>1
y=0;
while(x>=(y+1) * (y+1))
      y++;
```

解　基本语句为 y++，设其执行次数为 $T(n)$，且判断第 $T(n)$ 次循环条件时，$y=T(n)-1$，则 $x\geqslant T(n)\times T(n)$。又因为 $x=n$，所以 $n\geqslant T(n)\times T(n)$，即 $T(n)\leqslant\sqrt{n}$。

所以语句频度为 $\sqrt{n}$，时间复杂度为 $O(\sqrt{n})$。

例 1-11　求下面程序段的时间复杂度。

```
i=0;  s=0;
while( s < n)
{i++;     s=s+i;     }
```

解 基本语句为i++和s=s+i,设其执行次数为k,且执行k次后,则$s=1+2+3+\cdots+k$,即

$$(1+k)\times\frac{k}{2}\geqslant n$$

存在一个常数C,使得

$$(1+k)\times\frac{k}{2}+C=n$$

求该一元二次方程,得

$$k=\frac{-1\pm\sqrt{8n+1-8C}}{2}$$

舍去负数,语句频度为$\frac{-1+\sqrt{8n+1-8C}}{2}$,时间复杂度为$O(\sqrt{n})$。

同步训练与拓展训练

一、同步训练

1. 算法分析的目的是(　　)。

A. 辨别数据结构的合理性　　B. 评价算法的效率

C. 研究算法中输入与输出的关系　　D. 评价算法的可读性

2. 算法分析的两个主要方面是(　　)。

A. 空间复杂度和时间复杂度　　B. 正确性和简明性

C. 可读性和文档性　　D. 数据复杂性和程序复杂性

3. 评价一个算法时间性能的主要标准是(　　)。

A. 算法易于调试　　B. 算法易于理解

C. 算法的稳定性和正确性　　D. 算法的时间复杂度

4. 一个算法耗费的时间的数量级称为该算法的(　　)。

A. 效率　　B. 难度　　C. 可实现性　　D. 时间复杂度

5. 算法的时间复杂度取决于(　　)。

A. 问题的规模　　B. 待处理数据的初态

C. 计算机的配置　　D. A 和 B

6. 一个算法的时间复杂度用$T(n)$表示,其中n的含义是(　　)。

A. 问题规模　　B. 语句条数　　C. 循环层数　　D. 函数数量

7. 对于$T(n)=O(f(n))$,关于$f(n)$的叙述错误的是(　　)。

A. $f(n)$是算法的时间耗费

B. $f(n)$是算法中某条语句的执行频度

C. $f(n)$是算法中执行频度最高的语句的执行频度

D. $f(n)$与 $T(n)$的数量级相同

8. 某程序的语句频度为 $3n+n\log_2 n+n^2+8$，其时间复杂度表示为（　　）。

A. $O(n)$　　B. $O(n\log_2 n)$　　C. $O(n^2)$　　D. $O(\log_2 n)$

9. 若一个算法中的语句频度之和为 $T(n)=2720n+4n\log_2 n$，则其时间复杂度为（　　）。

A. $O(n)$　　B. $O(n\log_2 n)$　　C. $O(n^2)$　　D. $O(\log_2 n)$

10. 若算法中的语句最大频度为 $T(n)=2022n+6n\log_2 n+89\log^2 n$，则其时间复杂度为（　　）。

A. $O(n)$　　B. $O(n\log_2 n)$　　C. $O(\log^2 n)$　　D. $O(\log_2 n)$

11. 下面程序段的时间复杂度是（　　）。

```
for( i =0; i<n; i++)
    for(j=0;j<m;j++)
      A[i][j] = 0;
```

A. $O(n)$　　B. $O(n\log_2 n)$　　C. $O(nm)$　　D. $O(\log_2 n)$

12. 下面程序段的时间复杂度是（　　）。

```
i = 1;
while(i<=n)
    i = i * 3;
```

A. $O(n)$　　B. $O(n\log_2 n)$　　C. $O(nm)$　　D. $O(\log_3 n)$

13. 对于 3 个函数 $f(n)=2008n^3+8n^2+96000$，$g(n)=8n^3+8n+2008$ 和 $h(n)=8888n\log_2 n+3n^2$，下列叙述中不成立的是（　　）。

A. $f(n)$是 $O(g(n))$　　B. $g(n)$是 $O(f(n))$

C. $h(n)$是 $O(n\log_2 n)$　　D. $h(n)$是 $O(n^2)$

14. 下列各式中，按照增长率由小到大的顺序正确排列的是（　　）。

A. $\sqrt{n}$，$n!$，2^n，$n^{3/2}$　　B. $n^{3/2}$，2^n，$n^{\log_2 n}$，2^{100}

C. 2^n，$\log_2 n$，$n\log n$，$n^{3/2}$　　D. 2^{100}，$\log n$，2^n，n^n

15. 影响算法运行时间的主要因素是问题规模，其通常是指求解问题的（　　）。

A. 大小　　B. 多少　　C. 输入量　　D. 输出量

二、拓展训练

1. 求下面程序段的时间复杂度。

```
x=90; y=100;
while(y>0)
    if(x>100)
```

```
    {   x=x-10;  y--;  }
    else   x++;
```

2.求下面程序段的语句频度和时间复杂度。

```
s=0;
for(j=1; j<=n; j++)
    for(k=1;k<=j;++k)
        s++;
```

3.求下面程序段的语句频度和时间复杂度。

```
s=1;
for(i=0; i<n; i++)
    for(j=i;j<n;++j)
        s=s*2;
```

4.求下面程序段的语句频度和时间复杂度。

```
s=0;
for(i=1;i<n; i++)
    for(j=1;j<=n-i;++j)
        s++;
```

5.(2011年真题)求下面程序段的语句频度和时间复杂度。

```
x=2;
while(x<n/2)
    x=2*x;
```

6.求下面程序段的语句频度和时间复杂度。

```
x=1;
while(x<=n)
    x=3*x;
```

7.对于含 n 个整数元素的序列,下面算法用于求该序列中前 i 个元素的最大值,分析该算法的最好、最坏和平均时间复杂度。

```
int  fun(int a[ ], int n, int i )
{     int  j, max=a[0];
      for(j=1;j<=i-1;++j)
        if( a[j] > max)  max = a[j];
      return  max
}
```

8.(2012年真题)求整数 n 阶乘的算法如下,术其时间复杂度。

```
int  fact(n)
{  if(n<=1)
       return (1);
   else
       return (n*fact(n-1));
}
```

9.(2017 年真题)求下列函数的时间复杂度。

```
in func (int n)
{
    int i=0, sum=0;
    while (sum < n) sum += ++i;
    return i;
}
```

10.(2019 年真题)设 n 是描述问题规模的非负整数,求下列程序段的时间复杂度。

```
x=0;
while ( n >= (x+1) * (x+1) )
x = x+1;
```

同步训练与拓展训练参考答案

第2章　线性表

2.1　线性表的逻辑结构

2.1.1　中华传统文化与线性表的定义

线性表是一种最基本、最常见的数据结构，在生活中随处可见。

例如，我国古代干支纪年法中的十天干、十二地支就是一种线性表。十天干，甲，乙，丙，丁，戊，己，庚，辛，壬，癸。十二地支，子，丑，寅，卯，辰，巳，午，未，申，酉，戌，亥。另外还有十二生肖，鼠，牛，虎，兔，龙，蛇，马，羊，猴，鸡，狗，猪；二十四节气，立春，雨水，惊蛰，春分，清明，谷雨，立夏，小满，芒种，夏至，小暑，大暑，立秋，处暑，白露，秋分，寒露，霜降，立冬，小雪，大雪，冬至，小寒，大寒。

程序中输入的字符串'数据结构与算法'，'数'，'据'，'结'，'构'，'与'，'算'，'法'；高等数学课的成绩表，80，78.5，88，93，…，54，65，82.5。

从数据结构的角度看，它们都是线性表。因为它们具有共同特点：在同一个表中，元素的类型相同，表的长度有限；更重要的是，除第一个元素外，每个元素都有唯一的直接前驱；除最后一个元素外，每一个元素都有唯一的直接后继。如果表不空的话，有唯一的开始和结束。例如，生肖表中以"鼠"开始，以"猪"结束，又如"马"的直接前驱一定是"蛇"，马的直接后继一定是"羊"。

在生活中，有一些表比较简单，如阿拉伯数字表、英文字母表；也有一些表比较复杂，如打电话时产生的通话详单、微信支付时产生的消费明细表、银行账户的收支明细表、学籍表、职工名单表以及各种光荣榜、黑名单等排名表。

下面以第26届中国青年五四奖章获奖者名单和中华小吃名录为例，介绍线性表。

获奖者管理问题，其处理的数据是中国青年五四奖章获奖者名单，数据元素是每个获奖者的信息——表项，元素之间的逻辑关系是线性关系，完成增、删、改、查等基本操作，如图2-1所示。

第26界中国青年五四奖章获奖者名单

姓名	性别	简 介
马瑜婷	女	苏州系统医学研究所所长助理、免疫平台主任、研究生、博士生导师
王琳	女	华中科技大学同济医学院附属协和医院检验科主任，再生医学中心主任
刘羲檬	女	哈尔滨师范大学学生
…	…	…
杨倩	女	中国射击运动员

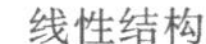

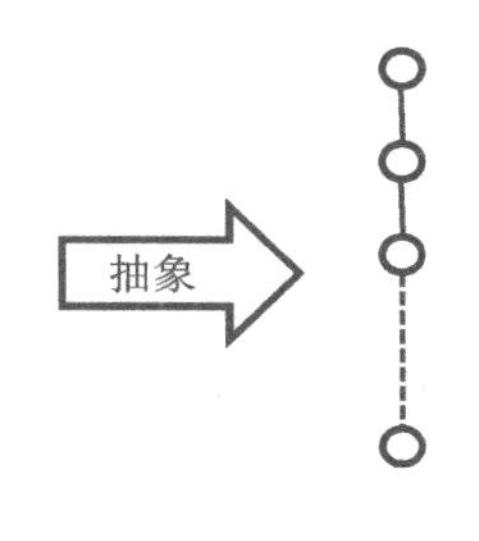

图 2－1　以第 26 届中国青年五四奖章获奖者名单抽象而得的线性结构

小吃管理问题处理的数据是中华小吃名录，数据元素是每个小吃的信息——表项，元素之间的逻辑关系是线性关系，完成增、删、改、查等基本操作，如图 2－2 所示。

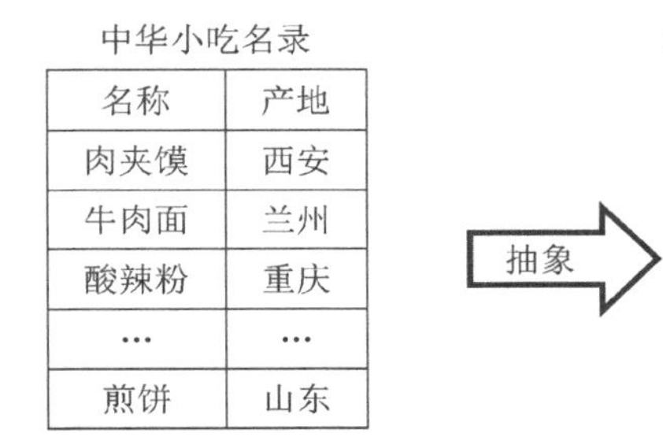
中华小吃名录

名称	产地
肉夹馍	西安
牛肉面	兰州
酸辣粉	重庆
…	…
煎饼	山东

图 2－2　中华小吃名录抽象为线性结构

中国青年五四奖章获奖者名单和中华小吃名录都是二维表，具有相同的结构特征和处理要求。它们都可以抽象为线性结构——数据模型。数据模型不考虑二维表中具体数据项的个数、类型和内容，把数据元素抽象为一个节点，用一个圆圈表示，仅考虑数据元素之间的关系——逻辑特征。根据数据模型的逻辑特征，可以得到线性表的定义：线性表是由 $n(n\geqslant 0)$ 个具有相同类型的数据元素组成的有限序列。线性表中数据元素的个数称为线性表的长度，长度等于 0 的线性表称为空表。

正确理解线性表，需要掌握以下几个关键词。

（1）序列：元素具有线性顺序，第一个元素无前驱，最后一个元素无后继，其他每个元素有且仅有一个直接前驱和一个直接后继。

（2）有限：数据元素的个数有限。

（3）相同类型：数据元素的类型相同。

（4）数据元素的类型不确定，可以是任意类型。如在 C 语言中，数据元素可以是简单的整型、单精度实数型、字符型等，也可以是复杂的结构体类型等。

为了描述方便，以后本书中提到的前驱和后继均代指直接前驱和直接后继。

2.1.2 线性表的抽象数据类型定义

线性结构（数据模型）以及对其进行的操作，都和计算机无关。因此，根据 ADT 的含义，可以得出线性表的抽象数据类型定义：

ADT List{

数据对象：$D=\{ a_i \mid a_i \in \mathrm{ElemSet}, i=1,2,3,\cdots,n, n\geq 0\}$

数据关系：$R=\{ \langle a_{i-1}, a_i \rangle \mid a_{i-1}, a_i \in D, i=1,2,3,\cdots,n \}$

基本操作集：

(1)Init_List( )：

输入：无；

功能：建一个空表，并初始化表；

输出：新建的、空的线性表。

(2)Get_Length_List(L)：

输入：线性表 L；

功能：求表的长度；

输出：表 L 中数据元素的个数。

(3)Get_List(L,i)：

输入：线性表 L，元素的序号 i；

功能：在表中取序号为 i 的数据元素；

输出：若 i 合法，返回序号为 i 的元素值或地址；否则，返回一特殊值（如－1）表示失败。

(4)Locate_List(L,x)：

输入：线性表 L，数据元素 x；

功能：在线性表中查找值等于 x 的元素；

输出：若查找成功，返回 x 在表中的序号；否则，给出查找失败信息。

(5)Insert_List(L,i,x)：

输入：线性表 L，插入位置 i，待插 x；

功能：在表的第 i 个位置处插入一个新元素 x；

输出：若插入成功，表中增加一个新元素；否则，给出失败信息。

(6)Delete_List(L,i)：

输入：线性表 L，删除位置 i；

功能：删除表中的第 i 个元素；

输出：若删除成功，表中减少一个元素；否则，给出失败信息。

}ADT List

需要说明的是：

(1)线性表的基本操作是根据实际应用而定的；

(2)复杂的操作可以通过基本操作的组合来实现；

(3)对不同的应用，操作的接口可能不同。

线性表的抽象数据类型定义，是定义线性表的逻辑结构及其操作。接下来，应该实现这个抽象数据类型，即设计存储结构及在该存储结构上的操作实现(运算)。实际上，数据结构课程中的知识内容一般都按照逻辑结构—存储结构—存储结构上的操作实现(即数据结构三要素)的次序编排。

下面介绍线性表的存储结构及其操作实现。线性表在内存中主要有两种存储结构：顺序存储结构与链式存储结构。

2.2 线性表的顺序存储结构——顺序表

2.2.1 顺序表的定义

顺序表用一段地址连续的存储单元，依次存储线性表中的数据元素。存储特点：连续单元，依次存储。线性表(a_1, a_2,…,a_{i-1}, a_i, a_{i+1},…, a_n)的顺序存储示意图如图2-3所示。

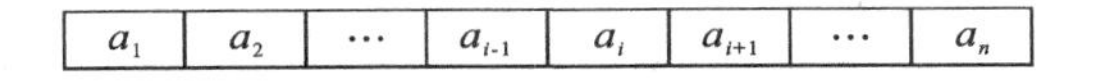

图2-3 用一段连续空间存储的线性表

由于线性表中每个数据元素的类型相同，可用C语言的一维数组来实现顺序表(例如，数组data[MAXSIZE])，也就是把线性表中相邻元素存储在数组中的相邻位置。另外，数组是预先分配固定长度的空间，由于线性表可以进行插入操作，因此，分配的数组空间要大于当前线性表的长度，如图2-4所示。

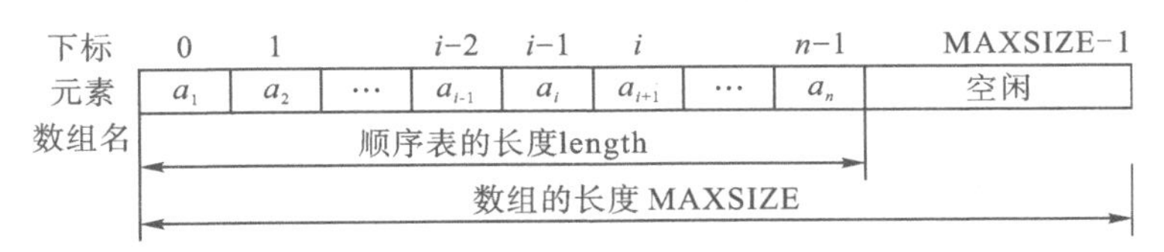

图2-4 顺序表的存储示意图

从图2-4可以看出，线性表的元素a_i存储在数组下标为$i-1$的位置上，即数据元素的序号(逻辑序号)和存放它的数组下标(地址序号)之间存在着对应关系。由图2-4还可以看出：

(1)顺序表存储空间的起始位置由数组名标识，数组数据的存储位置就是线性表存储空间的存储位置；

(2)顺序表的容量(最大长度)是数组的长度 MAXSIZE;

(3)顺序表的当前长度是顺序表中元素个数决定的。

顺序表的容量在内存分配后就固定不变了,顺序表的当前长度可随线性表的插入或删除操作发生变化。但在任何时刻,MAXSIZE≥length。

在顺序表中,任意元素的相对地址就是该元素在数组中的下标,任意元素的绝对地址如图2-5所示。相对地址是相对于数组的首地址而言的,绝对地址是内存中的地址。

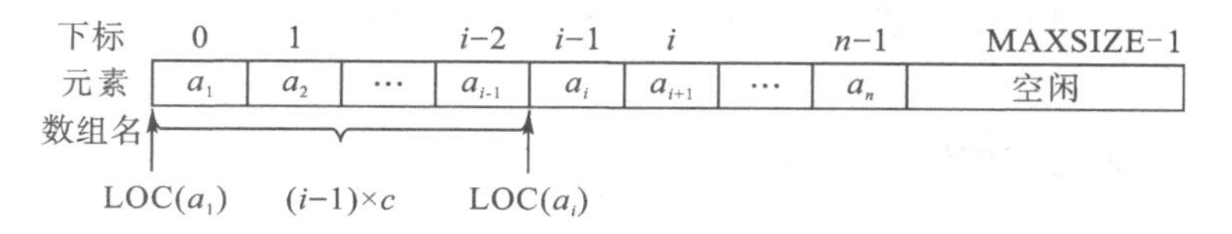

图 2-5 顺序表中任意元素的绝对地址

设顺序表中首个元素地址为 LOC(a_i),每个元素占用 c 个存储单元,则第 i 个元素的存储地址(即绝对地址)为

$$LOC(a_i) = LOC(a_1) + (i-1) \times c$$

这表明在顺序表中,计算任意元素存储地址的时间是相等的,具有这一特点的存储结构称为随机存取结构。在顺序表上进行的查找操作(按位置),其时间性能为 $O(1)$。

2.2.2 顺序表的C语言实现

用C语言的一维数组来实现顺序表,具体实现方法如下:按照C语言的语法,需要先定义顺序表类型,再定义顺序表类型的变量,然后才能使用该变量。

顺序表的C语言数据类型定义,如图2-6所示。

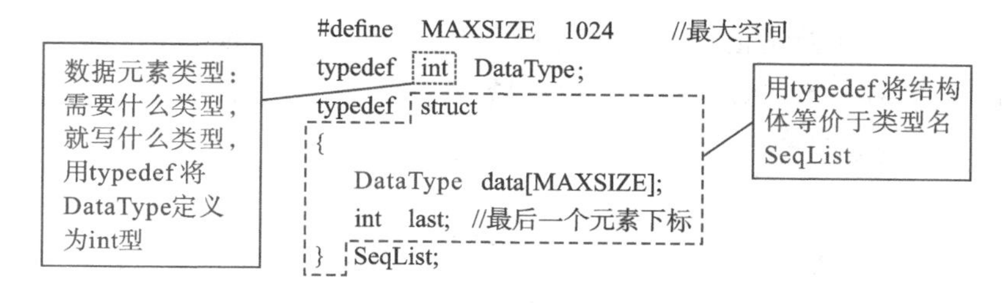

图 2-6 顺序表类型的定义和顺序表类型名 SeqList

显然,若表为空表,则 last=-1;表长为 last+1。

定义了顺序表类型 SeqList,接着定义顺序表类型的变量:

```
SeqList  L ;
```

这样,L就是一个顺序表类型的变量,它有一个数组 data[MAXSIZE]和 last 变量。此刻,数组 data[MAXSIZE]和 last 变量都没有存储任何有效数据。

现在将线性表(1,2,3,4,5,6)存入该顺序表 L 中,其C语言代码如下:

```
for( i=0; i<6; i++)  L.data[i] = i+1;
L.last = 5;
```

顺序表 L 的示意图,如图 2-7 所示。

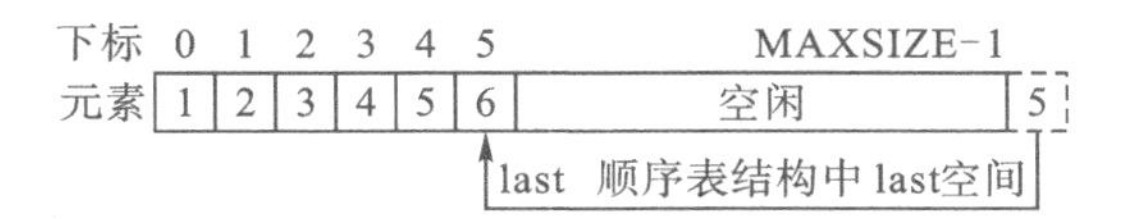

图 2-7　顺序表 L 存储结构示意图

也可以使用指向顺序表的指针变量,完成上述操作,如图 2-8 所示。

```
SeqList   L ;
SeqList * pL = &L;       //定义指向顺序表的指针变量 pL,将 L 首地址赋值给 pL
for( i=0; i<6; i++)  pL->data[i] = i+1;
pL->last = 5;
```

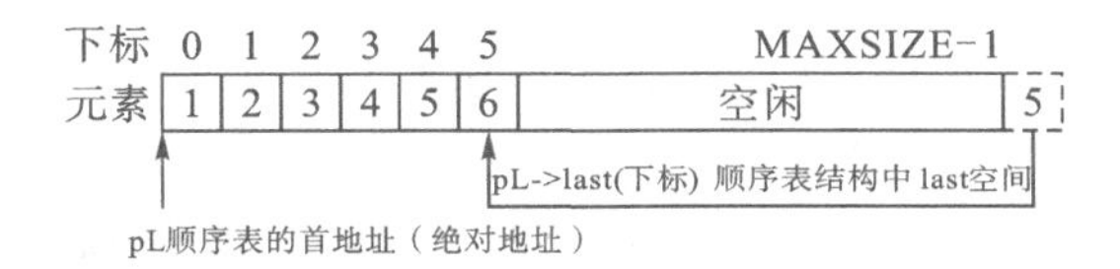

图 2-8　顺序表 pL 存储结构示意图

需要说明的是,使用 typedef 的目的不是为了提高程序的运行效率,而是为了简化比较复杂类型变量的定义。给一个复杂的结构体类型起一个名称,这样这个名称等价该结构体类型,可以使用这个名称定义变量,不使用复杂的结构体类型定义变量。另外,使用名称定义变量可以提高程序的可移植性。数据结构课程中的线性表、树、图都是比较复杂的类型,因此,存在大量使用 typedef 的情况。

2.3　顺序表基本操作的实现

下文介绍如何在顺序表上设计算法,实现线性表 ADT 定义中的基本操作。

2.3.1　顺序表的初始化和表长的计算

1. 顺序表的初始化

初始化操作在线性表 ADT 中的定义:

```
Init_List( ):
    输入:无;
    功能:建一个空表,并初始化表;
```

输出：新建的、空的线性表。

可见，顺序表的初始化就是构造一个空表，将顺序表的 last 变量置为－1，即 last＝－1，表示表中没有数据。

顺序表初始化的程序描述：

```
SeqList * initSeqList(){
    SeqList *pL;                                    //定义指向顺序表的指针变量 pL
    pL =(SeqList *)malloc(sizeof(SeqList));   //申请类型 SeqList 的空间，将其
                                                    //首地址赋给 pL
    pL->last = -1;                                  //空表，last=-1
    return pL;
}
```

程序要求输出一个新建的、空的顺序表，但函数只能返回一个值，因此，返回（输出）指向新建空顺序表的指针 pL。建一个空表就是申请一块顺序表类型 SeqList 的存储空间，并将其首地址赋给 pL。动态申请分配空间，在 C 语言中使用函数：

```
(void*)malloc(sizeof(类型名))
```

malloc()函数返回类型是 void＊，不是顺序表指针类型 SeqList＊，类型不相同，所以要强行转换成 SeqList＊类型。

顺序表中的数组下标是从 0 开始的，last 变量表示顺序表表中最后一个元素的下标，表中只有一个元素时，last＝0；空表时，last＝－1。

注意在使用函数 malloc()前，要有预处理命令＃include <stdlib. h>或＃include <malloc. h>。

使用 initSeqList()函数，创建顺序表的代码：

```
SeqList  *pL = initSeqList();
```

2. 求顺序表的表长

last 变量表示顺序表表中最后一个元素的下标，因此，表长为 last＋1。

在顺序表中，求表长操作的程序描述：

```
int getLengthList(SeqList *pL){
    return pL->last+1;
}
```

程序要求输入是一个顺序表。由于顺序表的数据较多，所以，函数形参定义为指向顺序表的指针变量。这样，函数调用实参可以是顺序表的地址，也可以是含有顺序表地址的指针变量。因此，调用方法如下：

```
getLengthList(&L)    //在执行 SeqList  L;并给顺序表赋值后，调用该函数
```

或

```
getLengthList(pL)    //pL 是 SeqList * 类型变量，并已指向一个顺序表
```

2.3.2　顺序表的查找与定位

1. 顺序表的查找

查找是在顺序表中查找序号为 $i(1 \leqslant i \leqslant n)$ 的数据元素，找到该元素返回成功，没找到返回失败。

在顺序表中，查找操作的程序描述：

```
int getList(SeqList *pL, int i, DataType *px){
    if(i>pL->last+1 || i<1)  return 0;   //i 是逻辑序号,last 是数组下标
    *px = pL->data[i-1];
    return 1;
}
```

以上程序中形参 px 记录输出数据，因为是输出数据，要改变实参，所以形参使用指针变量。形参 i 是顺序表的逻辑序号，last 是数组下标。两者的关系是序号为 i 的元素，其数组下标为 i－1。

2. 顺序表的定位

定位是在线性表中查找值等于 x 的元素，若查找成功，返回 x 在表中的序号；否则，返回一特殊值(如－1)表示定位失败。

在顺序表中，定位操作的程序描述：

```
int locateList(SeqList *pL, int x){
    int i;
    for(i=0; i<=pL->last; i++)
        if( x == pL->data[i])  return  i+1;
    return -1;
}
```

注意返回的序号是顺序表中元素的逻辑序号。

2.3.3　顺序表的插入与删除

1. 顺序表的插入

插入是在顺序表的第 $i(1 \leqslant i \leqslant n+1)$ 个位置处插入一个新元素 x。若插入成功，表中增加一个新元素；否则，给出失败信息。

分析插入前的顺序表($a_1, a_2, \cdots, a_{i-1}, a_i, a_{i+1}, \cdots, a_n$)和插入后的顺序表($a_1, a_2, \cdots, a_{i-1}, x, a_i, a_{i+1}, \cdots, a_n$)，其状态对比如图 2－9 所示。

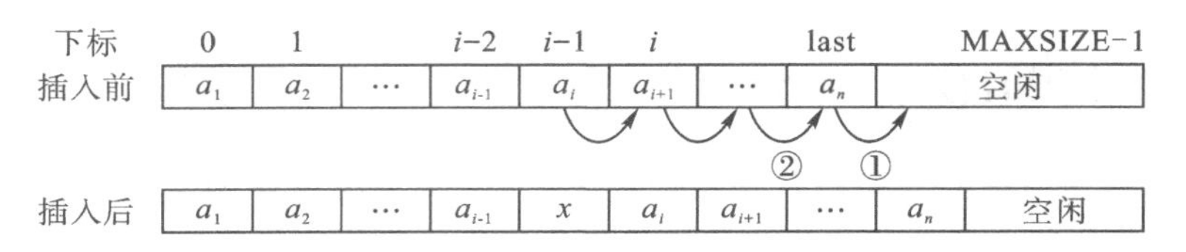

图 2-9　顺序表插入前和插入后的状态对比

从图 2-9 可以看出，在第 i 个位置插入 x 后，a_{i-1} 和 a_i 就不再相邻，a_{i-1} 和 x 相邻，x 和 a_i 相邻。由于顺序存储要求逻辑上相邻的元素，存储在数组中也要相邻，所以，应移动元素。从最后一个元素开始移动(标号为①)，直至第 i 个元素，对于这些移动元素，每个元素向后移动一个单元。

最后，分析边界条件。如果表满了，或者如果元素插入位置不合理都将出错。

顺序表的插入操作的伪代码：

1 如果表满了，则返回错误代码－1。

2 如果元素插入的位置错误，则返回错误代码 0。

3 从最后一个元素直到第 i 元素分别向后移动一个位置。

4 将元素 x 插入目标位置处。

5 表长加 1。

在顺序表中，插入操作的程序描述：

```
int insertList(SeqList *pL, int i,int x){
    int j;
    if(pL->last >= MAXSIZE-1)
    {    printf("表满");    return -1;    }
    if(i<1  || i>pL->last+2)
    {    printf("插入位置错");    return  0;    }
    for(j=pL->last; j>=i-1; j--)
        pL->data[j+1] = pL->data[j];
    pL->data[i-1] = x;
    pL->last++;
    return  1;
}
```

插入操作的时间复杂度分析：这个问题的规模是表的长度，设为 n，基本语句是 for 循环中元素后移语句，因为顺序表的插入操作时间主要消耗在数据的移动上。

最好情况：$i=n+1$ 时，在表尾插入，不需要移动元素，时间复杂度为 $O(1)$。

最坏情况：$i=1$ 时，在表头插入，需要移动全部元素，移动语句执行 n 次，时间复杂度为 $O(n)$。

平均情况：在第 i 位置插入 x，从 a_i 到 a_n 都要向后移动一个位置，共需要移动 $n-i+1$ 个元素，i 的取值范围为 $1\leqslant i\leqslant n+1$。设在第 i 位置处插入的概率为 P_i，那么平均移动数据元素的次数 $E_{\text{in}}(n)$ 为

$$E_{\text{in}}(n)=\sum_{i=1}^{n+1}P_i(n-i+1)$$

假设 $P_i=\dfrac{1}{n+1}$，即在任意位置插入元素概率均相等的情况下：

$$E_{\text{in}}(n)=\sum_{i=1}^{n+1}P_i(n-i+1)=\frac{1}{n+1}\sum_{i=1}^{n+1}(n-i+1)=\frac{n}{2}$$

这表明在顺序表上做插入操作，平均需要移动表中一半的数据元素，时间复杂度为 $O(n)$。

2. 顺序表的删除

删除顺序表中的第 $i(1\leqslant i\leqslant n)$ 个元素，若删除成功，表中减少一个元素；否则，给出失败信息。

分析删除前的顺序表 $(a_1, a_2, \cdots, a_{i-1}, a_i, a_{i+1}, \cdots, a_n)$ 和删除后的顺序表 $(a_1, a_2, \cdots, a_{i-1}, a_{i+1}, \cdots, a_n)$，其状态对比如图 2-10 所示。

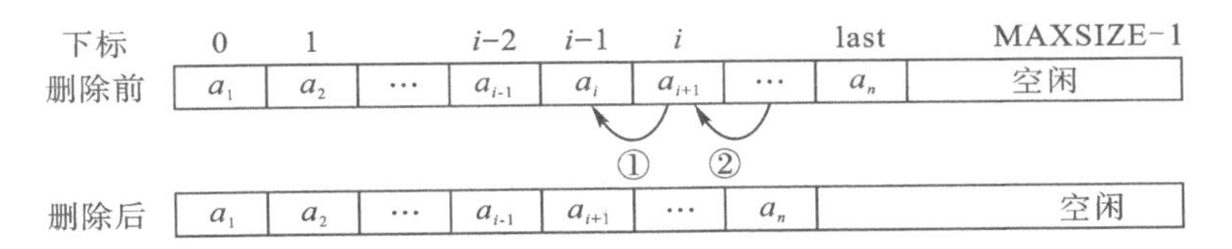

图 2-10　顺序表删除前和删除后的状态对比

从图 2-10 可以看出，删除顺序表中的第 i 个元素后，a_{i-1} 和 a_i 就不再相邻，a_{i-1} 和 a_{i+1} 相邻。由于顺序存储要求逻辑上相邻的元素，存储在数组中也要相邻，所以应移动元素。

从 $i+1$ 个元素开始移动(标号为①)，直至最后一个元素，对于这些移动元素，每个元素向前移动一个单元。

最后，分析边界条件。如果表空了，或者元素插入位置不合理都将出错。

顺序表删除操作的伪代码：

1 如果表空了，则返回错误代码－1。

2 如果元素删除的位置错误，则返回错误代码 0。

3 从第 i＋1 个元素，直到最后一个元素分别向前移动一个位置。

4 表长减 1。

顺序表删除操作的程序描述：

```
int deleteList(SeqList * pL, int i){
    int j;
    if(pl->last==-1){printf("空表");    return  -1}
    if(i<1  || i>pL->last+1)
    {    printf("删除位置错");     return  0;    }
```

```
    for(j=i; j<=pL->last; j++)
        pL->data[j-1] = pL->data[j];
    pL->last--;
    return  1;
}
```

删除操作的时间复杂度分析：这个问题规模是表的长度，设为 n，基本语句是 for 循环中元素前移语句，因为顺序表的删除操作时间主要消耗在数据的移动上。

最好情况：$i=n$ 时，删除表尾元素，不需要移动元素，时间复杂度为 $O(1)$。

最坏情况：$i=1$ 时，删除表头元素，除去第一个元素，需要移动其他全部元素，时间复杂度为$O(n)$。

平均情况：删除第 i 个元素，从 a_{i+1} 到 a_n 都要向前移动一个位置，共需要移动 $n-i$ 个元素。i 的取值范围为 $1\leqslant i\leqslant n$，设删除第 i 个元素的概率为 P_i，那么平均移动数据元素的次数 $E_{de}(n)$为

$$E_{de}(n) = \sum_{i=1}^{n} P_i(n-i)$$

假设 $P_i=\frac{1}{n}$，即在任意位置删除元素概率均相等的情况下：

$$E_{de}(n) = \sum_{i=1}^{n} P_i(n-i) = \frac{1}{n}\sum_{i=1}^{n}(n-i) = \frac{n-1}{2}$$

这表明在顺序表上做删除操作，平均需要移动表中一半的数据元素，时间复杂度为 $O(n)$。

从以上的讨论可以总结出顺序表的优缺点。优点：一是描述表中元素之间的逻辑关系不需要额外存储空间；二是可以随机存取，即可以快速存取表中任意位置的元素。但也有两个缺点：一是插入、删除操作需要移动大量元素；二是当线性表的长度变化较大时，难以确定顺序表存储空间的容量。

2.3.4 顺序表的典型例题

例 2-1 已知顺序表 A 和 B，其元素按从小到大升序排列，设计算法，将 A 和 B 合并成一个顺序表 C。要求表 C 的元素也是按从小到大升序排列。

分析与思路：依次扫描 A 和 B 中的元素，比较当前元素的值。将较小的元素赋给 C。以此类推，直到一个顺序表扫描完毕。没有扫描完的那个顺序表，其余部分赋给表 C。表 C 的容量要大于 A 和 B 的容量之和。

```
void mergeSeq(SeqList  A, SeqList  B,  SeqList  *C){
    int  i,j,k;
    i=0;j=0;k=0;
    while ( i<=A.last && j<=B.last )                //表 A 和表 B 都没有结束
```

```
        if (A.data[i]<B.data[j])
            C->data[k++]=A.data[i++];
        else
            C->data[k++]=B.data[j++];
    while (i<=A.last )                              //表A没有结束
        C->data[k++]= A.data[i++];
    while (j<=B.last )                              //表B没有结束
        C->data[k++]=B.data[j++];
    C->last=k-1;
}
```

该算法的时间复杂度是 $O(m+n)$，其中m是A的表长，n是B的表长。从例2-1可总结出2个表合并为1个表的设计模式：

```
初始化表：i=0;j=0;k=0;分别指向表A、B、C的第1个元素
while(A表未扫描结束且B表未扫描结束)
{
    A和B执行相关处理；
    A表下一个元素；
    B表下一个元素；
}
while(A表未扫描结束)    A表执行相关处理；
while(B表未扫描结束)    B表执行相关处理。
```

例2-2 设计算法，删除顺序表中所有值等于x的元素。要求算法的时间复杂度为 $O(n)$，空间复杂度为 $O(1)$。

分析与思路：以数组下标i从小到大扫描顺序表pL。用k记录顺序表中等于x的元素个数，边扫描边统计当前x的个数。当i指向元素为x时，k++；否则，非x的元素前移k个位置，即pL->data[i-k]=L->data[i]，最后修改表pL的last值。

```
void delNode(SeqList *pL, int x){
    int i,k;
    i=k=0;                              //k记录顺序表中值等于x的元素个数
    while(i <= pL->last ){              //表pL没有结束
        if(pL->data[i] == x)            //当前元素为x时,k++
            k++;
        else                            //当前元素不为x时,前移k个位置
            pL->data[i-k] = pL->data[i];
        i++;                            //下标加1,继续下一个元素
```

```
    }
    pL->last = pL->last - k;          //最后一个下标值 last - k
}
```

例 2-3 设计算法，比较两个线性表的大小。两个线性表的比较规则：设 A、B 是两个线性表，表长分别为 m 和 n。A′、B′分别为 A、B 中除去最大公共前缀的子表。

例如，A=(x,y,y,z,x,z)，B=(x,y,y,z,y,x,x,z)，两个表的最大公共前缀为(x,y,y,z)，则，A′=(x,z)，B′=(y,x,x,z)。

(1)若 A′=B′=空表，则 A=B；

(2)若 A′=空表且 B′≠空表，或 A′和 B′两者都不空且 A′首元素小于 B′首元素，则A<B；

(3)否则，A>B。

分析与思路：首先找到 A、B 的最大公共前缀，求出 A′、B′，然后按规则比较。A 大于 B，函数返回 1；A 等于 B，函数返回 0；A 小于 B，函数返回－1。算法代码如下：

```
int compare( SeqList A, SeqList B ){
    int i=0,j,m,n,ms=0,ns=0;
    SeqList  AS,BS;                                  //AS,BS 作为 A′,B′
    m = A.last+1;  n = lengthList(&B);
    while(A.data[i] == B.data[i])  i++;              //找最大共同前缀
    for (j=i;j<m;j++)
    {  AS.data[j-i] = A.data[j];  ms++;  }           //求 A′,ms 为 A′的长度
    for (j=i;j<n;j++)
    {  BS.data[j-i] = B.data[j];  ns++;  }           //求 B′,ns 为 B′的长度
    if (ms==ns && ms==0)
        return 0;
    else if (ms==0 && ns>0 || ms>0 && ns>0 && AS.data[0]<BS.data[0])
        return -1;
    else
        return 1;
}
```

表 A 和表 B 各扫描了一遍，算法的时间复杂度是 $O(m+n)$。

例 2-4 已知顺序表 L，设计算法，以第一个元素为基准，所有小于等于它的元素移到基准的前面，所有大于它的元素移到基准的后面。

分析与思路：以第一个元素为基准，下标 j 从大到小扫描查找一个小于等于基准的元素，下标 i 从小到大扫描查找一个大于基准的元素，两者交换，直到 i=j。算法伪代码如下：

1 初始化下标，i=0，j=last。

2 记录基准，pivot=data[0]。

3 循环直至 i≥j：

3.1 下标 j 从大到小扫描查找 data[j]≤pivot，并且 i<j；

3.2 下标 i 从小到大扫描查找 data[i]>pivot，并且 i<j；

3.3　data[j]与 data[i]交换。

4 若 i=j，pivot 与 data[i]交换。

下面以顺序表(33,88,26,72,12,56,33,48,66,0)为例，如图 2-11 所示，演示该算法执行过程。

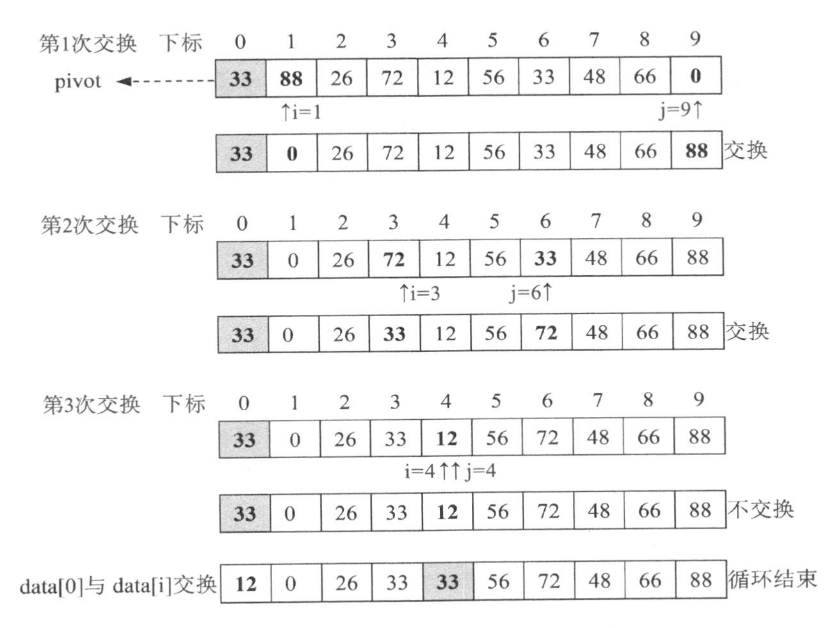

图 2-11　例 2-4 算法执行过程示意图

```
void partSeq( SeqList * pL ){
    int i,j;
    DataType  pivot,temp;
    i=0;  j=pL->last;
    pivot = pL->data[0];                //以 pL->data[0]为基准
    while(i < j)                        //从区间两端交替向中间扫描，直到 i=j
    {  // 从右向左扫描，找到小于等于 pivot 的元素
       while( i<j  &&  pL->data[j] >  pivot)  j--;
       // 从左向右扫描，找到大于 pivot 的元素
       while( i<j  &&  pL->data[i] <= pivot)  i++;
       if ( i<j ){
           temp=pL->data[j];          // pL->data[j]与 pL->data[i]交换
           pL->data[j]=pL->data[i];
```

```
            pL->data[i]=temp;
        }
    }
    temp=pL->data[i];                    // pL->data[i]与 pL->data[0]交换
    pL->data[i]=pL->data[0];
    pL->data[0]=temp;
}
```

该算法只需扫描一遍顺序表，其时间复杂度是 $O(n)$。另外，2 个数据交换需执行 3 条语句。如果交换的次数较多，也会影响效率。可改进算法，将 3 条语句改为 1 条赋值语句，同样能实现本题要求的功能。如何改进，请读者思考。

同步训练与拓展训练

一、同步训练

1. 线性表是(　　)。

A. 一个有限序列，可以为空　　B. 一个有限序列，不可以为空

C. 一个无限序列，可以为空　　D. 一个无限序列，不可以为空

2. 关于线性表 L=(a_1,a_2,…,a_n)，下列说法正确的是(　　)。

A. 每个元素都有一个直接前驱和一个直接后继

B. 线性表中至少有一个元素

C. 表中诸元素的排列必须是由小到大或由大到小

D. 除第一个和最后一个元素外，其余每个元素都有一个且仅有一个直接前驱和直接后继

3. 以下关于线性表的说法不正确的是(　　)。

A. 线性表中的数据元素可以是数字、字符、记录等不同类型

B. 线性表中包含的数据元素个数不是任意的

C. 线性表中的每个节点都有且只有一个直接前驱和直接后继

D. 存在这样的线性表：表中各节点都没有直接前驱和直接后继

4. 线性表的顺序存储结构是一种(　　)的存储结构。

A. 随机存取　　B. 顺序存取　　C. 索引存取　　D. 散列存取

5. 在顺序表中，只要知道(　　)，就可在相同时间内求出任一节点的存储地址。

A. 基地址　　B. 节点大小

C. 向量大小　　D. 基地址和节点大小

6. 一个顺序表第一个元素的存储地址是 100，每个元素的长度为 2，则第 5 个元素的存储地址是(　　)。

A. 110　　B. 108　　C. 100　　D. 120

7. 在一个长度为 n 的顺序表中插入一个新节点，正确插入位置共有(　　)个。

A. $n-1$　　B. n　　C. $n+1$　　D. 不确定

8. 在长度为 n 的顺序表中删除一个节点，正确删除位置共有(　　)个。

A. $n-1$　　B. n　　C. $n+1$　　D. 不确定

9. 在一个长度为 n 的顺序表中，在第 i 个元素($1\leqslant i\leqslant n+1$)之前插入一个新元素时须向后移动(　　)个元素。

A. $n-i$　　B. $n-i+1$　　C. $n-i-1$　　D. i

10. 在长度为 n 的顺序表中，删除第 i($1\leqslant i\leqslant n$)个元素时，需要向前移动(　　)个元素。

A. $n-i$　　B. $n-i+1$　　C. $n-i-1$　　D. i

11. 向一个有127个元素的顺序表中插入一个新元素并保持原来元素顺序不变，平均要移动的元素个数为(　　)。

A. 8　　B. 63.5　　C. 63　　D. 7

12. 在等概率情况下，顺序表的插入操作要移动(　　)节点。

A. 全部　　B. 一半　　C. 三分之一　　D. 四分之一

13. 在 n 个节点的顺序表中，算法的时间复杂度是 $O(1)$ 的操作是(　　)。

A. 访问第 i 个节点($1\leqslant i\leqslant n$)和求第 i 个节点的直接前驱($2\leqslant i\leqslant n$)

B. 在第 i 个节点后插入一个新节点($1\leqslant i\leqslant n$)

C. 删除第 i 个节点($1\leqslant i\leqslant n$)

D. 将 n 个节点从小到大排序

14. 将两个各有 n 个元素的有序表归并成一个有序表，其最少的比较次数是(　　)。

A. n　　B. $2n-1$　　C. $2n$　　D. $n-1$

15. 以下关于顺序表叙述正确的是(　　)。

A. 数据元素在顺序表中可以是不连续的

B. 顺序表是一种存储结构

C. 顺序表是一种逻辑结构

D. 对顺序表做插入或删除操作，可使顺序表中的数据元素不连续

16. 在(　　)情况下应当选择顺序表作为存储结构。

A. 对线性表的主要操作为插入操作

B. 对线性表的主要操作为插入操作和删除操作

C. 线性表的表长变化较大

D. 对线性表的主要操作为存取线性表的元素

17. 若某线性表中最常用的操作是取第 i 个元素和找第 i 个元素的前驱元素，则采用(　　)存储方式最节省时间。

A. 单链表　　B. 双链表　　C. 单向循环　　D. 顺序表

二、拓展训练

1. 设计算法，实现顺序表原地逆置。所谓“原地逆置”指辅助空间为 $O(1)$ 下将原表逆置。
2. 设计算法，在顺序表 L 中查找最后一个值最大的元素，并删除该元素。
3. 设计算法，在顺序表 L 中删除第 i 个元素开始的 k 个元素。
4. 设顺序表 L 是一个非递减有序表，设计算法，将 x 插入其后仍保持 L 的有序性。
5. 设计算法，删除整数顺序表 L 中所有值在 $[x,y]$ 范围内的元素。
6. 设计算法，在顺序表 L 中，将所有的奇数元素移到偶数元素的前面。
7. (2010 年真题)设将 $n(n>1)$ 个整数存放到一维数组 R 中，设计一个在空间和时间两方面都尽可能高效的算法，将 R 中保存的序列循环左移 $p(0<p<n)$ 个位置，即 R 中的数据由 $(x_0,x_1,x_2,\cdots,x_{n-1})$ 变换为 $(x_p,x_{p+1},\cdots,x_{n-1},x_0,x_1,\cdots,x_{p-1})$。
8. (2013 年真题)已知一个整数序列 $A=(a_1,a_2,\cdots,a_n)$，其中 $0\leqslant a_i<n(0\leqslant i<n)$。若存在 $a_{p1}=a_{p2}=\cdots=a_{pm}=x$ 且 $m>n/2$ $(0\leqslant p_k<n,1\leqslant k\leqslant m)$，则称 x 为 A 的主元素。例如，$A=(0,5,5,3,5,7,5,5)$，则 5 为 A 的主元素。又如 $A=(0,5,5,3,5,1,5,7)$，则 A 没有主元素。假设 A 中的 n 个元素保存在一个一维数组中，请设计一个尽可能高效的算法，找出 A 的主元素。若存在主元素，输出该元素，否则输出 -1。
9. (2016 年真题)已知由 $n(n\geqslant 2)$ 个正整数构成的集合 $A=\{a_k\}(0\leqslant k<n)$，将其划分为两个不相交的子集 A_1 和 A_2，元素个数分别是 n_1 和 n_2，A_1 和 A_2 中元素之和分别为 S_1 和 S_2。设计一个尽可能高效的划分算法，满足 $|n_1-n_2|$ 最小且 $|S_1-S_2|$ 最大。
10. (2018 年真题)给定一个含 $n(n>0)$ 个整数的数组，请设计一个在时间上尽可能高效的算法，找出数组中未出现的最小正整数。例如，数组 $\{-5,3,2,3\}$ 中未出现的最小正整数是 1，数组 $\{1,2,3\}$ 中未出现的最小正整数是 4。
11. (2020 年真题)定义三元组 (a,b,c)(其中 a,b,c 均为正数)的距离 $D=|a-b|+|b-c|+|c-a|$。给定 3 个非空整数集合 S_1、S_2 和 S_3，按升序分别存储在 3 个数组中。设计一个尽可能高效的算法，计算并输出所有可能的三元组 $(a,b,c)(a\in S_1,b\in S_2,c\in S_3)$ 中的最小距离。例如，$S_1=\{-1,0,9\}$，$S_2=\{-25,-10,10,11\}$，$S_3=\{2,9,17,30,41\}$，则最小距离为 2，相应的三元组为 $(9,10,9)$。要求：

    (1)给出算法的基本设计思想。

    (2)根据设计思想，采用 C 或 C++语言描述算法，关键之处给出注释。

    (3)说明你所设计算法的时间复杂度和空间复杂度。

同步训练与拓展训练参考答案

2.4　线性表的链式存储结构——链表

2.4.1　单链表的定义

从 2.3 节可知，顺序表有两大问题。一是当顺序表的长度变化较大时，难以确定其存储容量。这是因为顺序表属于静态分配，需要预分配存储空间。为了解决这个问题，就要改变预分配存储空间的方式，将静态存储分配改为动态存储分配。

静态存储分配是指在编译期间为变量分配内存，而且一经分配就始终占有，占有固定的存储空间，直到该变量退出其作用域。

动态存储分配是指在程序运行期间，根据实际需要随时申请内存单元，并在不需要时释放内存单元。在 C 语言中，动态存储分配是通过 malloc() 函数和 free() 函数实现的。

顺序表的另一大问题是插入和删除操作需要移动大量元素。这是因为顺序表中元素是依次存储的，元素存储位置具有相邻关系。在插入和删除操作中，要保证具有相邻关系的元素存储在数组的相邻位置上。为了解决这个问题，就要改变依次存储方式，不限定存储关系具有邻接关系，使用少量的额外空间存储其邻接关系。

在计算机内存中表示数据结构，不仅要存储数据元素，更重要的是要存储数据元素之间的关系。这样，存储逻辑关系的单元和存储数据元素的单元一起构成一个节点。这个节点是线性表的数据元素在计算机内存中的机内表示。

由于线性表中每个元素只有一个前驱并只有一个后继，所以采用两个指针域，一个表示前驱，一个表示后继。当然，最简单、最常用的是只设一个指针域，用于指向其后继节点。

在 C 语言中，采用指针（内存地址）来表示数据元素之间的关系。存储指针的空间，称为指针域。通过每个节点的指针域，将线性表的数据元素，按其逻辑关系连接在一起。由于每个节点只有一个指针域，故称单链表。

单链表是用一组任意的存储单元（可以是连续的，也可以是不连续的）存储线性表的元素。在单链表中，元素的逻辑次序与物理次序不一定相同。

2.4.2　单链表的 C 语言实现

在 C 语言中，可以用结构体类型来描述单链表节点，如图 2－12 所示。

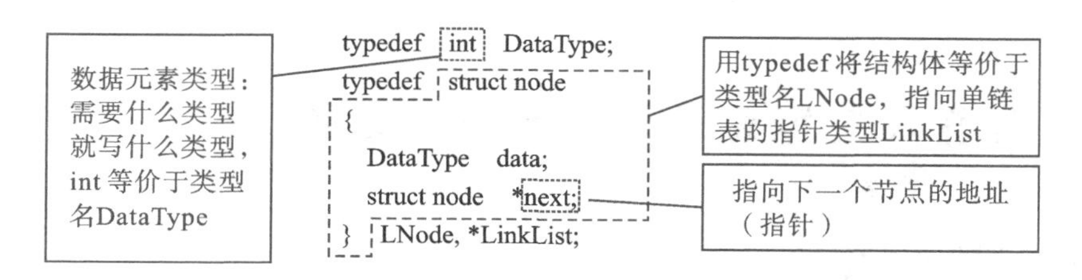

图 2-12 单链表节点类型 LNode 和指向单链表节点的指针类型 LinkList

接着定义单链表节点类型的变量：

```
LNode   a1, a2, a3 ;
```

这样，a1，a2，a3 就是三个单链表节点类型的变量，每个变量都有一个 data 变量和 next 指针变量。此刻，a1，a2，a3 变量都没有存储任何有效数据。

现在将线性表(1,2,3)存入单链表 H 中，形成如图 2-13 所示的状态。其中 head 是单链表的头指针。头指针指向第一个元素的节点(开始节点)。头指针是单链表的标志，它能标识一个单链表。结束节点的指针域为空，它标识一个单链表的结束。创建单链表 H 的 C 语言代码如下：

```
LinkList   head,p;
head = &a1;
a1.data = 1;   a1.next = &a2;
a2.data = 2;   a2.next = &a3;
a3.data = 3;   a3.next = NULL;
```

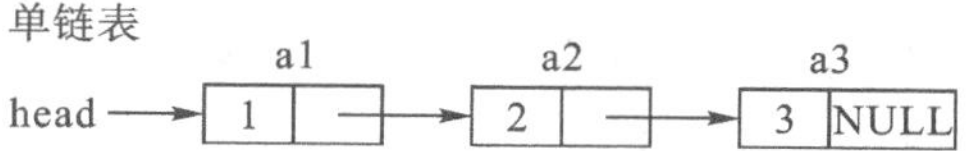

图 2-13 线性表(1,2,3)存入单链表 H 中的示意图

使用 for 语句可以将单链表 H 中元素的值打印出来，要掌握工作指针 p 的用法，代码如下：

```
for(p=head; p != NULL; p=p->next)printf("%d", p->data);
```

注意：p 等价于 p != NULL。这样，打印单链表 H 中元素的代码，可改写为

```
for(p=head; p ; p=p->next)    printf("%d", p->data);
```

还可以动态申请节点空间，建立单链表 H。其 C 语言代码如下：

```
LinkList   head;
LNode   *p1, *p2, *p3, *p;
p1 = (LNode *)malloc(sizeof(LNode));     //动态申请节点空间,p1=节点首地址
p1->data = 1;
p2 = (LNode *)malloc(sizeof(LNode));p2->data = 2;
```

```
p3 = (LNode *)malloc(sizeof(LNode));p3->data = 3;p3->next = NULL;
    //手动建立节点之间的逻辑关系
p2->next = p3;p1->next = p2;head = p1;
```

在单链表中，要正确理解指针变量、指针、指针所指向的节点和节点值这四个密切相关的概念。在已建立的单链表 H 中，以变量 p1 为例进行说明。p1 是指针变量，其内容为第一个节点的地址。变量的地址就是指针。所以，可以说，p1 是开始节点的指针，也可以说变量 p1 指向开始节点，这时，开始节点可用 * p1 或节点 p1 表示。开始节点的 data 域存储开始节点的值，用 p1->data 表示，开始节点的 next 域存储第 2 个节点的地址（指针），用 p1->next 表示，p1->next 指向第 2 个节点。

手动建立单链表的逻辑关系比较麻烦，容易出错。后面介绍单链表的创建算法，使单链表的逻辑关系能够自动建立，人们只需关注数据元素的数据输入。

2.5 单链表基本操作的实现

下面依据单链表结构设计算法，实现线性表 ADT 定义中的基本操作。

2.5.1 单链表的初始化和表长的计算

1. 单链表的初始化

单链表的初始化是创建一个空的单链表。带头节点的空链示意图，如图 2-14 所示。

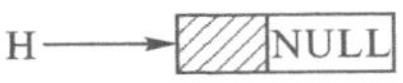

H NULL

图 2-14 带头节点的空链表

在单链表的开始节点之前附设一个类型相同的节点，称为头节点。它是为了保证空链表和非空链表操作的统一。在后面的介绍中，将体会到带头节点的益处。

带头节点的单链表，其存储示意图如图 2-15 所示。在本书中，如不做特殊声明，一般默认使用带头节点的单链表。

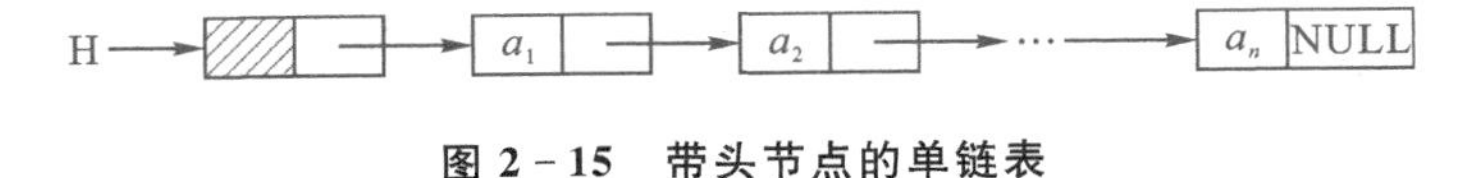

图 2-15 带头节点的单链表

带头节点的空链表，其 C 语言程序描述如下：

```
LinkList  H;
H = (LinkList)malloc(sizeof(LNode));        //生成头节点
H->next = NULL;                             //空链表
```

空链表只有头节点，并且头节点的指针域为空。无论单链表是否为空，头指针均指向头节点，它标识一个链表的开始。单链表一旦创建，头指针的值就确定了，且一般不做修改。因为头指针后移意味着删除了一个元素节点。

注意：LinkList 和 LNode * 在本质上是同一类型。但习惯上，头指针使用 LinkList 类型，指向表中节点的指针使用 LNode * 类型。

不带头节点的空链表，其程序描述如下：

```
LinkList  H=NULL;
```

2. 求链表的表长

由于单链表没有存储表长，所以，求长度时只能依次访问单链表的数据元素，同时计数器加 1，直至访问结束。这种无重复、无遗漏地访问单链表，称为遍历单链表。

单链表头指针的作用是标识单链表的开始，通常不修改头指针，所以，需要设置一个工作指针。求链表表长的伪代码如下：

```
1 工作指针 p 初始化，计数器 count=0。
2 重复执行下述操作，直到指针 p 为空：
   2.1 计数器 count+1；
   2.2 工作指针 p 后移。
```

求链表表长的程序描述：

```
int  getLengthList(LinkList H){
     int count=0;
     LNode  *p;
     p = H->next;                 //工作指针 p 初始化，通常指向开始节点
     while( p ) {                 //p 等价于 p ! = NULL
          count++;
          p = p->next;            //工作指针 p 后移
     }
     return  count;
}
```

由此可得，基于单链表结构算法的设计模式：通过工作指针的反复后移扫描链表。

```
p = H->next;                 // 或 p = H;，工作指针 p 初始化
while (p ! = NULL)           // 或 p->next ! = NULL，扫描单链表
{
    访问节点 p 进行的操作
    p = p->next;             // 工作指针后移
}
```

如果 H 是不带头节点的单链表，其求链表长度的算法如下：

```
int getLengthList(LinkList H)
{
    int count=0;
    LNode *p=H;
    if(p==NULL)    return 0;          //表空,返回0
    while(  p->next  )                //p->next 等价于 p->next != NULL
    {
        count++;
        p = p->next;                  //工作指针p后移
    }
    return count;
}
```

从上面两个算法可以看出,不带头节点的单链表,空链表情况需要单独处理;而带头节点的单链表,不需要考虑空链表情况。

2.5.2　单链表的查找与定位

1. 按序号查找

查找是在单链表中查找序号为$i(1\leqslant i\leqslant n)$的数据元素,找到返回该元素地址,没有找到返回NULL。

在顺序表中,元素序号和该元素的存储位置之间有确定的对应关系,因此,可以随机存取。而单链表没有这种对应关系,不能随机存取,只能沿单链表顺序查找,如图2-16所示。

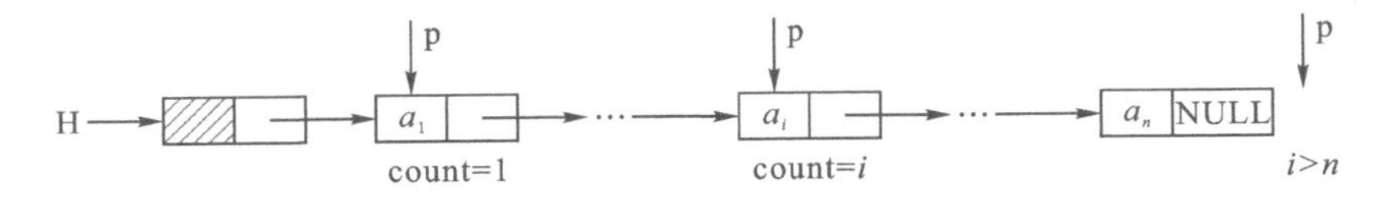

图2-16　单链表的按序号查找

按序号查找的程序描述:

```
LNode  *getLinkList(LinkList H, int i){
    LNode  *p = H->next;
    int  count=1;
    while(p != NULL  &&  count<i){
        count++;
        p = p->next;
    }
```

```
        if (count == i)  return p;
        else  return  NULL;
    }
```

循环体在执行第 i 次循环前，p 指向第 i 个节点，且 count=i。在判断"while(count<i)"为真后，执行循环体，这样，p 指向第 i+1 个节点，且 count=i+1。所以，循环判断第 2 个条件是 count<i，而不是 count<=i。

2. 单链表的定位

定位是在单链表中查找值等于 x 的元素，若查找成功，返回 x 在表中的地址；否则，返回 NULL 表示定位失败。

单链表定位的程序描述：

```
LNode  *locateLinkList(LinkList H, int x)
{
    LNode *p = H->next;
    while(p != NULL  && p->data != x)
        p = p->next;
    return  p;
}
```

2.5.3 单链表的插入与删除

1. 单链表的插入

插入是在单链表的第 $i(1\leqslant i\leqslant n+1)$个位置处插入一个新元素 x。若插入成功，表中增加一个新元素；否则，给出失败信息。

分析插入前的单链表$(a_1, a_2, \cdots, a_{i-1}, a_i, a_{i+1}, \cdots, a_n)$和插入后的单链表$(a_1, a_2, \cdots, a_{i-1}, x, a_i, a_{i+1}, \cdots, a_n)$，其状态示意图如图 2-17 所示。

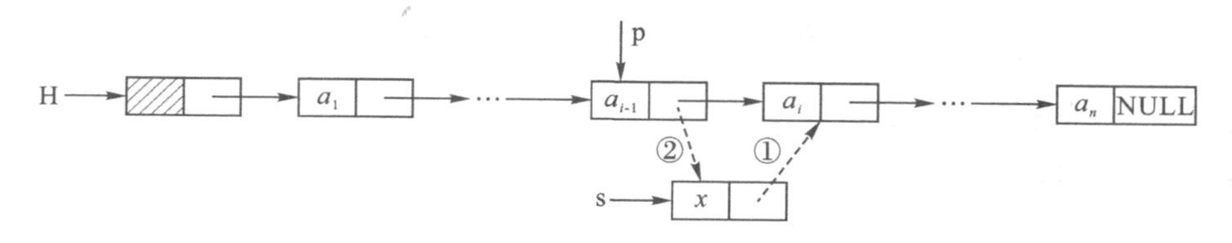

图 2-17　单链表在 *p 之后插入 *s

注意 a_{i-1}、x 和 a_i之间的逻辑关系的变化。两个指针域的地址发生了变化，即 p->next 和 s->next 发生了变化。应该先修改 s->next 域，然后再修改 p->next 域。这是因为 a_i 节点的地址没有变量记录，存储在 p->next 域中，它最容易丢失，所以，先将 a_i 节点的地址记录到s->next 中。

单链表插入操作语句如下：

s－>next ＝ p－>next;

p－>next ＝ s;

表头、表中间和表尾的插入情况如图 2－18 所示。

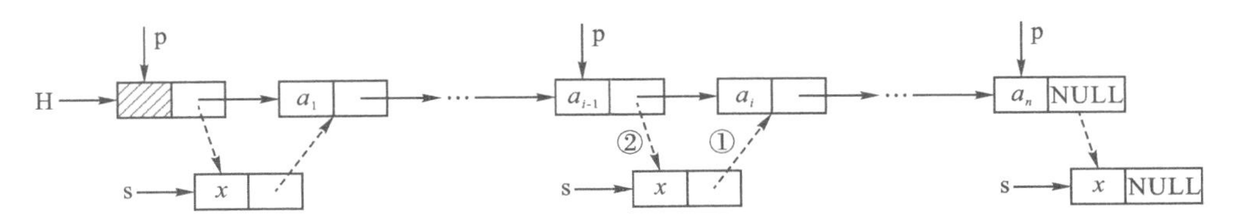

图 2－18　单链表在表头、表中间和表尾插入情况

可见，在带头节点的单链表中，表头、表中间和表尾的插入，其操作语句是一样的。

如果不带头节点的单链表，其表头插入操作语句与表中间、表尾的插入语句不一样。表头插入需要单独处理，如图 2－19 所示。

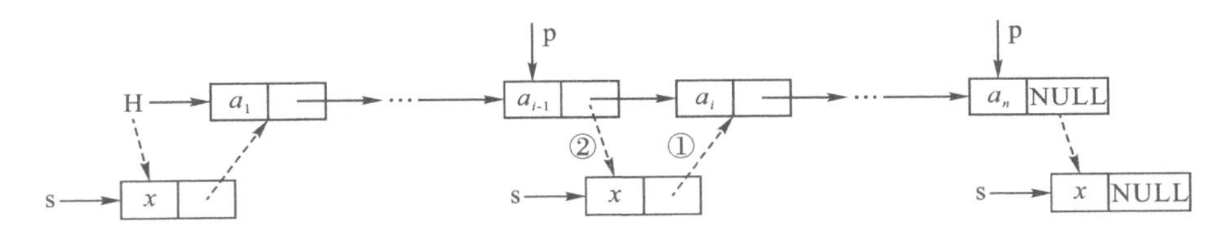

图 2－19　不带头节点的单链表，其表头、表中间和表尾的插入情况

不带头节的单链表表头插入操作语句如下：

s－>next ＝ H;

H ＝ s;

单链表插入的伪代码：

1 查找第 i－1 个节点并使工作指针 p 指向该节点。

2 若查找不成功，说明插入位置不合理，返回插入失败信息。

3 否则：

　　3.1 生成新节点 s，并给新节点 s 填装数据；

　　3.2 将节点 s 插入节点 p 之后。

单链表插入的程序描述：

```
int insertLinkList(LinkList H, int i, DataType x){
    LNode *p, *s;
    p=getLinkList(H,i-1);
    if(p == NULL)
    {     printf("Error in parameter i");     return 0;     }
    else  {
```

```
        s = (LNode * )malloc(sizeof(LNode));
        s->data = x;
        s->next = p->next;
        p->next = s;
        return 1;
    }
}
```

2. 单链表的删除

删除单链表中的第 $i(1\leqslant i\leqslant n)$个元素$(1\leqslant i\leqslant n)$，其状态示意图如图 2-20 所示。

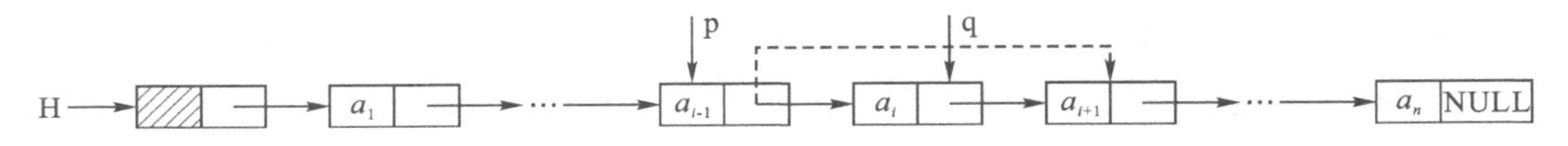

图 2-20　删除单链表中 a_i 节点的示意图

注意 a_{i-1} 和 a_{i+1} 之间的逻辑关系的变化。p->next 指针域的地址发生了变化。修改 p->next域，首先将工作指针移到 a_{i-1} 节点。由于要释放 a_i 节点，所以，需要用指针变量 q 记录 a_i 节点的地址。

单链表删除操作语句如下：

```
q = p->next;
p->next = q->next;
```

单链表表头、表中间和表尾的节点删除情况如图 2-21 所示。

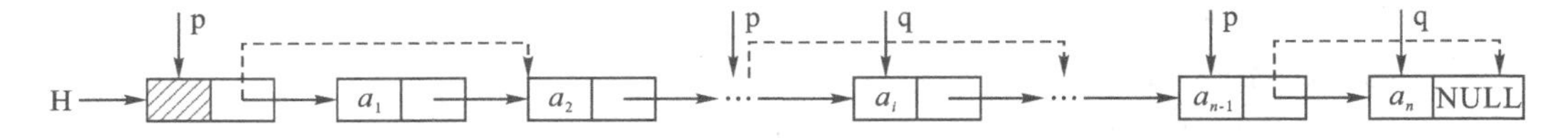

图 2-21　单链表表头、表中间和表尾的节点删除情况

从图 2-21 可以看出，单链表表头、表中间和表尾的节点删除，其删除操作语句是一样的。

单链表删除的伪代码：

1 查找第 i-1 个节点并使工作指针 p 指向该节点。

2 若查找不成功，说明删除位置不合理，返回删除失败信息。

3 否则：

　　3.1 第 i 个节点不存在，返回删除失败信息；

　　3.2 删除第 i 个节点。

单链表删除的程序描述：

```
int deleteList(LinkList H, int i){
    LNode   *p, *q;
```

```
    p=getLinkList(H,i-1);
    if(p == NULL)    return 0;              // 第 i-1 个节点不存在
    else{
        if(p->next == NULL)  return 0;      // 第 i 个节点不存在
        q = p->next;
        p->next = q->next;
        free(q);                  //不定义 q,就无法释放删除的节点
        return 1;
    }
}
```

2.5.4 单链表的建立

1. 头插法创建单链表

单链表创建有头插法和尾插法两种方法。头插法是指每次把新节点插到头节点之后，其创建的单链表和输入顺序正好相反，因此也称为逆序建表。尾插法是指每次把新节点链接到链表的尾部，其创建的单链表和输入数据顺序一致，因此称为正序建表。

依次将 1,2,3,4,5 插入链表中。先介绍头插法建表。首先建立空链表，如图 2-22 所示。语句如下：

```
LinkList  H = (LinkList)malloc(sizeof(LNode));      H->next = NULL;
```

然后依次插入新产生的节点，此操作需要修改 2 个指针域。图 2-23 表示产生新节点 1，图 2-24 表示头部插入新节点 1，图 2-25 表示头部插入新节点 2。依次重复插入直至结束，如图 2-26 所示。

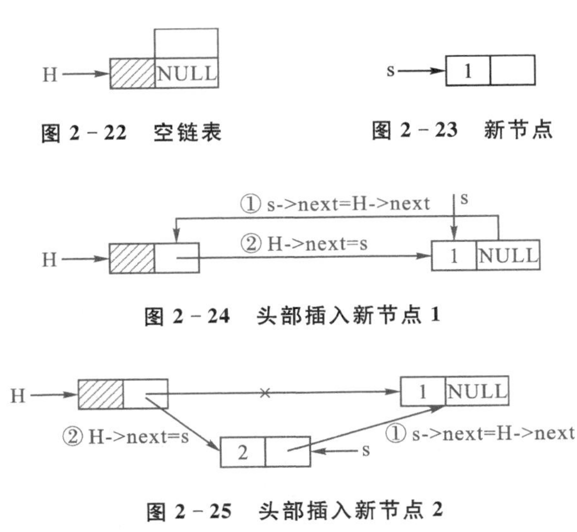

图 2-22　空链表

图 2-23　新节点

图 2-24　头部插入新节点 1

图 2-25　头部插入新节点 2

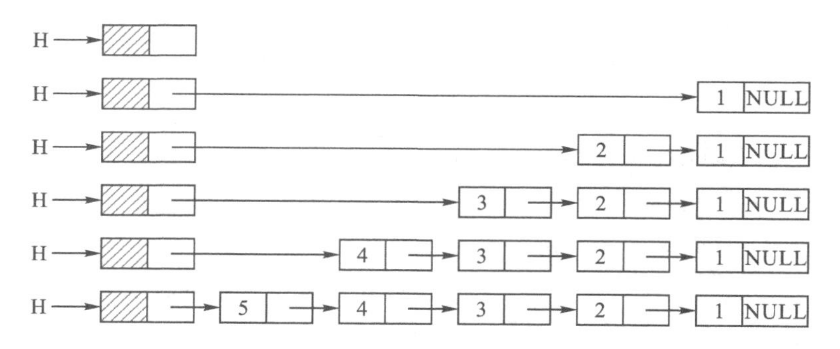

图 2-26 头插法建立单链表的过程示意图

头插法创建单链表的程序描述：

```
LinkList  creatLinkListHead(){
    LinkList  H;
    LNode  *s;
    int  x;
    H = (LinkList)malloc(sizeof(LNode));
    if (H != NULL)H->next = NULL;
    else  return  NULL;
    scanf("%d",&x);
    while(x != FLAG){        //FLAG为结束标志,一般设为问题不会出现的值
        s = (LNode *)malloc(sizeof(LNode));
        s->data = x;
        s->next = H->next;
        H->next = s;
        scanf("%d",&x);
    }
    return  H;
}
```

头插法可用在结果与给定输入顺序相反的问题中,例如,逆置单链表。

2. 尾插法创建单链表

尾插法是把新节点插在尾节点的后面,因此需要修改尾节点的指针域。为了避免每次都查找尾节点,设一个指针 r 指向尾节点。

尾插法的插入过程如下:首先建立空链表,注意空链表的指针域并没有置为 NULL,因为在插入第一个节点时,会修改头节点的指针域,如图 2-27 所示;建立新节点 1,如图 2-28 所示;在尾部插入新节点 1,如图 2-29 所示;在尾部插入第 2 个新节点 2,如图 2-30 所示。依次重复插入直至结束。最后将尾节点的指针域置为空,如图 2-31 所示。

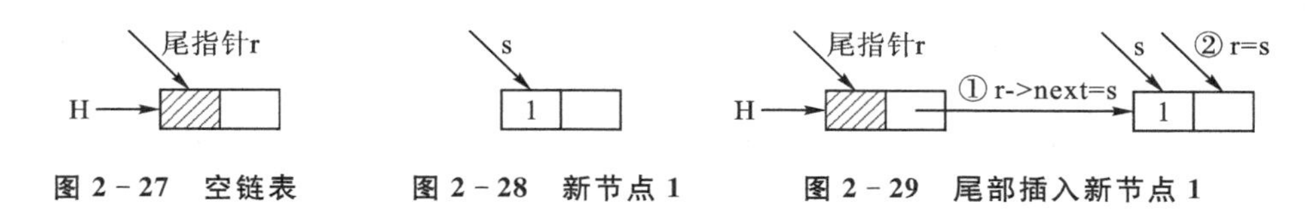

图 2-27　空链表　　图 2-28　新节点 1　　图 2-29　尾部插入新节点 1

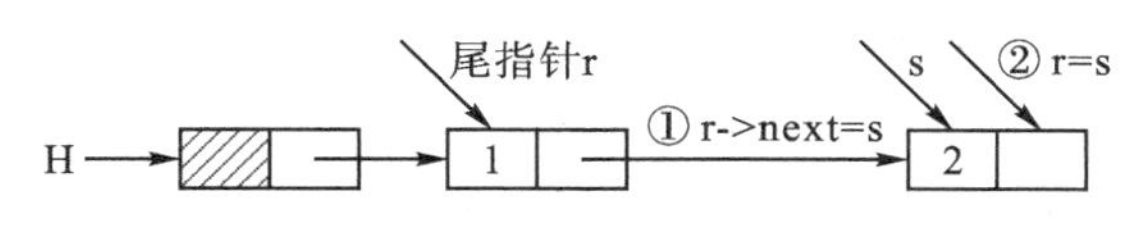

图 2-30　尾部插入新节点 2

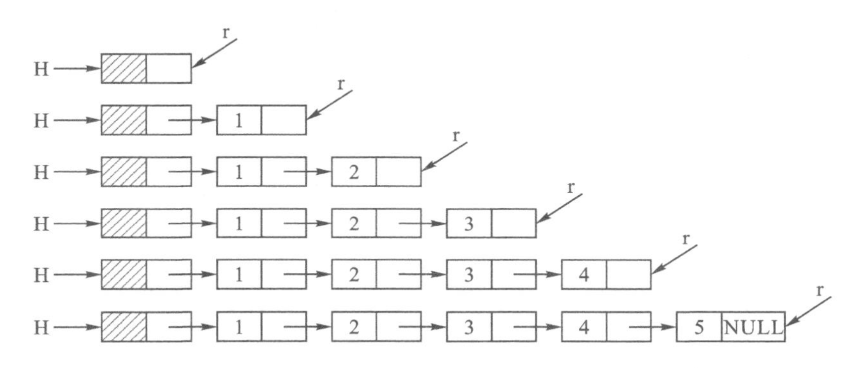

图 2-31　尾插法建立单链表的过程示意图

尾插法创建单链表的程序描述：

```
LinkList creatLinkListRear(){
    LinkList  H;
    LNode   *s, *r;
    int x;
    H = (LinkList)malloc(sizeof(LNode));
    if (H == NULL)   return NULL;
    r = H;
    scanf("%d",&x);
    while(x != FLAG){
        s = (LNode *)malloc(sizeof(LNode));
        s->data = x;
        r->next = s;
        r = s;
        scanf("%d",&x);
    }
```

```
    r->next = NULL;
    return  H;
}
```

尾插法可用在结果与给定输入顺序相同的问题中,例如,复制单链表。

2.5.5 单链表的典型例题

例 2-5 对于带头节点的单链表,设计算法,实现单链表的原地逆置。要求仅利用原表的存储空间,即要求算法的空间复杂度为 $O(1)$。

分析与思路:所求的元素次序与原单链表的元素次序相反,头插法建立的单链表,其元素次序与输入次序相反。因此,从单链表中依次读出元素,再用头插法建立单链表。

```
void reverse1(LinkList H){
    LNode *p, *q;
    p = H->next;                    // 工作指针 p 指向第 1 个节点
    H->next = NULL;                 // 空表
    while( p ){                     // 遍历单链表循环条件
        q = p;
        p = p->next;                // 工作指针 p 后移,指向下一个节点
        q->next = H->next;          // 头节点后插入节点 q
        H->next =q;
    }
}
```

该算法只是对链表顺序扫描一次就完成了逆置,因此时间复杂度为 $O(n)$。

例 2-6 设计算法,分类单链表中的元素,其中元素数据域为奇数的节点排在偶数节点的前面。

分析与思路:所求链表中的元素,奇数在前偶数在后。建立所求链表时,奇数节点在链表头部插入,偶数节点在链表尾部插入。即从单链表中依次读出元素,奇数节点使用头插法插入链表,偶数节点使用尾插法插入链表。

```
void oddEven(LinkList H){
    LNode *p, *r, *q;
    p = H->next;
    H->next = NULL;
    r = H;
    while(p){
        q = p;
```

```
        p = p->next;
        if( q->data % 2! =0 ){
            q->next = H->next;              // 奇数,头插法
            H->next = q;
            if( q->next == NULL )           // 节点 q 是第一个在开头插入的节点
                r = q;                      // 尾指针指向节点 q
        }
        else{
            r->next = q;                    // 偶数,尾插法
            r = q;
        }
    }
    r->next = NULL;
}
```

该算法只是对链表顺序扫描一次就完成了元素分类,因此时间复杂度为 $O(n)$。

例 2-7　设计算法,按非递减方式对链表中的元素进行排序。

分析与思路:采用选择排序方法。工作指针 p 指向链表第 1 个元素,建立带头节点的空链表 L,这样指针 p 相当于无头节点单链表的头指针。另设一工作指针 q,扫描一次链表 p,找到最小的元素,从链表 p 中摘下该元素,并将其尾插到新建链表 L 后。反复扫描,直到链表 p 为空停止。因为要从链表 p 中摘下最小元素,需设置最小元素的前驱指针 pre,初值为 p。

```
void sortSel(LinkList L){
    LNode *p, *q, *r, *pmin, *pre;
    int min;
    p = L->next;                        // p 指向链表第 1 个元素
    r = L;                              // 最小元素要尾插到链表中,需设尾指针 r
    while( p ){                         // p 相当于无头节点单链表的头指针
        min = p->data;
        pmin = p;
        q = p;
        while( q->next ){                   // 在一趟查找中,查找最小元素
            if(q->next->data < min){
                pre = q;
                pmin = q->next;
                min = q->next->data;
            }
```

```
            q = q->next;
        }
        r->next = pmin;
        r = pmin;                               // 最小元素尾插到链表后
        if(p == pmin)
            p = p->next;
        else
            pre->next = pmin->next;             // 在链表中摘掉最小元素
    }
    r->next = NULL;
}
```

该算法外循环执行 n 次(n 为链表元素个数),内循环扫描一次链表,因此时间复杂度为 $O(n^2)$。

例 2-8 已知一带头节点的单链表,其元素按递增顺序排列。设计算法,删除表中所有值大于 min 且小于 max 的元素(若表中存在这样的元素)。

分析与思路:分别查找第 1 个值大于 min 的节点和第 1 个值大于等于 max 的节点,再修改指针,删除值大于 min 且小于 max 的所有元素。

```
void delMinMax(LinkList H, int min, int max){
    LNode *p, *pre, *q, *t;
    p = H->next;
    pre=H;
    while( (p != NULL)  &&  p->data <= min ){   //查找第一个值大于 min 的节点 p
        pre = p;
        p = p->next;
    }
    if(p){
        while( (p != NULL)  &&  p->data < max )   // 查找第一个值大于等于
                                                   // max 的节点 p
            p = p->next;
        q = pre->next;                          // q 指向第一个值大于 min 的节点
        pre->next = p;                          // 删除,修改指针
        while( q != p){                         // 释放节点空间
            t = q;
            q = q->next;
            free(t);
```

```
        }
    } //if
}
```

该算法只是对链表顺序扫描一次就完成了元素删除，因此时间复杂度为 $O(n)$。

例 2－9　已知一带头节点的单链表，设计算法，删除表中重复节点。

分析与思路：读出链表第一个节点，扫描链表，删除与之相同的节点；读出链表第二个节点，扫描链表，删除与之相同的节点；依此类推，直至读出链表最后一个节点。

```
void delSame(LinkList H){
    LNode *p, *same, *q;
    p = H->next;                        // p指向链表的第1个节点
    while( p ){                         // 从第1个节点开始扫描链表
        q = p;
        while( q->next ){               // 从节点p后扫描链表
            if( q->next->data == p->data ){
                same = q->next;         // 找到重复节点 same
                q->next = same->next;   // 摘下节点 same
                free(same);
            }
            else q = q->next;
        }                               // while( q->next )
        p = p->next;
    }                                   // while( p->next )
}
```

该算法外循环扫描一次链表，内循环扫描一次链表，因此时间复杂度为 $O(n^2)$。

例 2－10　已知两个链表 A 和 B 分别表示两个集合，其元素递增排列。请设计算法求出 A 与 B 的交集，并存放于链表 A 中。

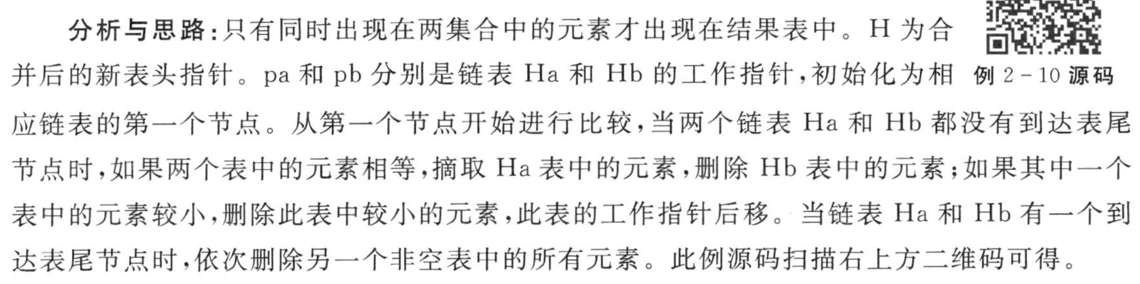

例 2－10 源码

分析与思路：只有同时出现在两集合中的元素才出现在结果表中。H 为合并后的新表头指针。pa 和 pb 分别是链表 Ha 和 Hb 的工作指针，初始化为相应链表的第一个节点。从第一个节点开始进行比较，当两个链表 Ha 和 Hb 都没有到达表尾节点时，如果两个表中的元素相等，摘取 Ha 表中的元素，删除 Hb 表中的元素；如果其中一个表中的元素较小，删除此表中较小的元素，此表的工作指针后移。当链表 Ha 和 Hb 有一个到达表尾节点时，依次删除另一个非空表中的所有元素。此例源码扫描右上方二维码可得。

该算法链表 A 和链表 B 各扫描一次，因此时间复杂度为 $O(m+n)$。

例 2－11　设计算法，合并两个递增的有序链表，产生一个递增的有序链表。要求结果链表仍使用原来两个链表的存储空间，不另外占用其他的存储空间；表中不允许有重复的数据。

分析与思路：H 为合并后的新表头指针，pa 和 pb 分别是链表 Ha 和 Hb 的工作指针，初始化为相应链表的第一个节点。从第一个节点开始进行比较，当两个链表 Ha 和 Hb 都没有到达表尾节点时，依次摘取其中较小者，尾插到 H 表后。如果两个表中的元素相等，只摘取 Ha 表中的元素，删除 Hb 表中的元素，这样确保 H 表中无重复的元素。当一个表到达表尾节点，非空表的剩余元素直接插入到 H 表的表尾。此例源码扫描右侧二维码可得。

例 2-11 源码

该算法链表 Ha 和链表 Hb 各扫描一次，因此时间复杂度为 $O(m+n)$。

例 2-12 已知一个带头节点的单链表，链表只给了头指针 H。在不改变链表的前提下，设计一个尽可能高效的算法，查找链表中倒数第 k 个位置上的节点（k 为正整数）。若查找成功，输出节点的 data 域值，并返回 1；否则返回 0。

分析与思路：设置慢指针 q 和快指针 p，初始化时，慢指针 q 指向第一个节点，快指针 p 沿链表下移到第 k+1 个节点，这样 p 和 q 所指节点的间隔距离为 k。然后 p 和 q 同时向下移动，当 p 为 NULL 时，q 所指节点就是链表倒数第 k 个节点。扫描右侧二维码即可获得本例源码。

例 2-12 源码

算法对链表 H 只扫描一次，因此，时间复杂度为 $O(n)$。设置快、慢指针是一个常见技巧，常用于查找链表的中间位置、判断两个链表是否相交、判断链表是否存在环等操作。

例 2-13 设计算法，计算两个一元 n 次多项式的和。

分析与思路：一元 n 次多项式可表示为 $A(x)=a_0+a_1x+a_2x^2+\cdots+a_nx^n$。它由 $n+1$ 个系数唯一确定，可用一个线性表 $(a_0, a_1, \cdots, a_n)$ 来表示，每一项的指数 i 隐含在其系数 a_i 的序号里。然而，对于形如 $S(x)=5+10x^{30}+90x^{100}$ 的多项式，这种表示法并不合适。因为在这种线性表中，很多项的系数为 0，白白浪费了存储空间。因此，只存储非 0 系数的项，可以用线性表((5,0),(10,30),(90,100))来表示。

设有：$A(x)=a_0+a_1x+a_2x^2+\cdots+a_nx^n$ 和 $B(x)=b_0+b_1x+b_2x^2+\cdots+b_nx^n$，计算两个一元 n 次多项式的和，实质是合并同类项。

由于不能事先确定多项式系数的个数，因此，采用链表结构存储一元 n 次多项式。每一个非零项对应单链表中的一个节点，且节点按指数递增有序排列。节点结构如图 2-32 所示。

coef	exp	next

图 2-32 一元 n 次多项式链表的节点结构

coef：系数域，存放非零项的系数；

exp：指数域，存放非零项的指数；

next：指针域，存放指向下一节点的指针。

对于一元 n 次多项式的节点结构，合并同类项就是比较两个链表节点的指数域。多项式中元素节点，按照指数由小到大的顺序存储。据此存储结构，设计一元 n 次多项式求和算法，其伪代码如下：

1 设两个工作指针 pa 和 pb，分别指向两个单链表的开始节点。

2 循环链表 pa 和链表 pb，直至一个链表为空：

2.1 若 pa－>exp<pb－>exp，则节点 pa 为结果中的一个节点，指针 pa 后移；

2.2 若 pa－>exp>pb－>exp，则节点 pb 为结果中的一个节点，pb 插入第一个单链表中节点 pa 之前，再将指针 pb 后移；

2.3 若 pa－>exp＝pb－>exp，则 pa 与 pb 所指为同类项，将 pb 的系数加到 pa 的系数上：

2.3.1 若相加结果不为 0，则指针 pa 后移，删除节点 pb；

2.3.2 若相加结果为 0，则表明结果中无此项，删除节点 pa 和节点 pb，并将指针 pa 和 pb 分别后移。

3 若链表 pb 不空，则链表 pb 接在链表 pa 后。

首先，定义一元多项式节点的类型，代码如下：

```
typedef struct Polynomial
{
    float coef;
    int   exp;
    struct Polynomial  *next;
}LNode, *LinkList;
```

其次，修改建立链表、打印链表等操作的函数。扫描右侧二维码可得一元 n 次多项式求和函数代码。

例 2－13 源码

该算法两个多项式链表各扫描一次，因此时间复杂度为 $O(m+n)$。

同步训练与拓展训练

一、同步训练

1. 链式存储结构所占存储空间（　　）。

A. 分两部分，一部分存放节点值，另一部分存放表示节点间关系的指针

B. 只有一部分，存放节点值

C. 只有一部分，存储表示节点间关系的指针

D. 分两部分，一部分存放节点值，另一部分存放节点所占单元数

2. 线性表若采用链式存储结构，要求内存中可用存储单元的地址（　　）。

A. 必须是连续的　　　　B. 部分地址必须是连续的

C. 一定是不连续的　　　　D. 连续或不连续都可以

3. 线性表 L 在（　　）情况下适用于使用链式结构实现。

A. 需经常修改 L 中的节点值　　　　B. 需不断对 L 进行删除或插入

C. L 中含有大量的节点　　　　D. L 中节点结构复杂

4. 对于单链表表示法，以下说法错误的是(　　)。

A. 数据域用于存储线性表的一个数据元素

B. 指针域或链域用于存放一个指向本节点的直接后继节点的指针

C. 所有数据通过指针的链接而组织成单链表

D. NULL 称为空指针，它不指向任何节点，只起标识作用

5. 若带头节点单链表的头指针为 head，则该链表为空的判定条件是(　　)。

A. head＝＝NULL　　　　B. head－＞next＝＝NULL

C. head！＝NULL　　　　D. head－＞next＝＝head

6. 若指定有 n 个元素的顺序表，则建立一个有序单链表的时间复杂度是(　　)。

A. $O(1)$　　B. $O(n)$　　C. $O(n^2)$　　D. $O(n\log_2 n)$

7. 在单链表中，要将 s 所指节点插入到 p 所指节点之后，其语句应为(　　)。

A. s－＞next＝p＋1；p－＞next＝s；

B. (＊p).next＝s；(＊s).next＝(＊p).next；

C. s－＞next＝p－＞next；p－＞next＝s－＞next；

D. s－＞next＝p－＞next；p－＞next＝s；

8. 从一个具有 n 个节点的单链表中查找其值等于 x 的节点时，在查找成功的情况下，需平均比较(　　)个元素节点。

A. $n/2$　　B. n　　C. $(n+1)/2$　　D. $(n-1)/2$

9. 在单链表中，指针 p 指向值为 x 的节点，能实现“删除 x 的后继”的语句是(　　)。

A. p＝p－＞next；　　　　B. p＝p－＞next－＞next；

C. p－＞next＝p；　　　　D. p－＞next＝p－＞next－＞next；

10. 在一个单链表中，已知 q 节点是 p 节点的前驱节点，若在 q 和 p 之间插入 s 节点，则须执行(　　)。

A. s－＞next＝p－＞next；　p－＞next＝s；

B. q－＞next＝s；　s－＞next＝p；

C. p－＞next＝s－＞next；　s－＞next＝p；

D. p－＞next＝s；　s－＞next＝q；

11. 在一个具有 n 个节点的有序单链表中插入一个新节点，并保持该表有序的时间复杂度是(　　)。

A. $O(1)$　　B. $O(n)$　　C. $O(n^2)$　　D. $O(\log_2 n)$

12. 访问单链表中当前节点的后继和前驱的时间复杂度分别是(　　)。

A. $O(n)$ 和 $O(1)$　　B. $O(1)$ 和 $O(1)$　　C. $O(1)$ 和 $O(n)$　　D. $O(n)$ 和 $O(n)$

13. 长度为 n 的单链表链接在长度为 m 的单链表之后，其算法的时间复杂度为(　　)。

A. $O(1)$　　B. $O(m)$　　C. $O(n)$　　D. $O(m+n)$

14.(2013 年真题)已知两个长度分别为 m 和 n 的升序链表,若将它们合并为一个长度为 $m+n$ 的降序链表,则最坏情况下算法的时间复杂度是(　　)。

A. $O(n)$　　B. $O(m\times n)$　　C. $O(\min(m,n))$　　D. $O(\max(m,n))$

15.(2016 真题)已知表头元素为 c 的单链表在内存中的存储状态,如图 2-33 所示。现将 f 存放于 1014H 处并插到单链表中,若 f 在逻辑上位于 a 和 e 之间,则 a,e,f 的"链接地址"依次是(　　)。

地址	元素	链接地址
1000H	a	1010H
1004H	b	100CH
1008H	c	1000H
100CH	d	NULL
1010H	e	1004H
1014H		

图 2-33　同步训练 15 题图

A. 1010H,1014H,1004H　　B. 1010H,1004H,1014H

C. 1014H,1010H,1004H　　D. 1014H,1004H,1010H

二、拓展训练

1. 设计算法,通过一趟遍历删除单链表中所有元素。
2. 设计算法,通过一趟遍历求出单链表中值最大的节点。
3. 设计算法,分解一个带头节点的单链表 A,产生两个具有相同结构的单链表 B、C,其中 B 表的节点为 A 表中值小于零的节点,而 C 表的节点为 A 表中值大于零的节点(链表 A 中的元素为非零整数,要求 B、C 表利用 A 表的节点)。
4. 单链表 H1 拆成两个链表,其中以 H1 为头的链表保持原来向后的链接,另一个链表的表头为 H2,其链接方向与 H1 相反;H1 包含原链表奇数序号的节点,H2 包含原链表偶数序号的节点。
5. 在一个非递减有序的线性表中,有数值相同的元素存在。若存储方式为单链表,设计算法去掉数值相同的元素,使表中不再有重复的元素。
6. 已知一带头节点的单链表,其元素是无序的。设计算法,实现删除表中所有值小于 max 但大于 min 的元素。
7. 设计算法,合并两个非递减的有序链表,产生一个非递增的有序链表。要求结果链表仍使用原来两个链表的存储空间,不另外占用其他的存储空间,表中允许有重复的数据。
8. 已知两个链表 A 和 B 分别表示两个集合,其元素递增排列。设计算法,求出两个集合 A 和 B 的差集(即仅由在 A 中出现而不在 B 中出现的元素所构成的集合),并且元素按递增排列,同时返回该集合中元素个数。

9. 设 head 是带头节点单链表的头指针,设计算法,按递增次序输出单链表中各节点的数据元素。要求不使用数组作辅助空间。

10. L1 与 L2 分别为两个单链表头节点的指针,且两个表中数据节点的数据域均为一个字母。设计算法,找出 L1 中与 L2 中数据相同的连续节点,并倒置连续节点的顺序。

11. (2012 年真题)假定采用带头节点的单链表保存单词,当两个单词有相同的后缀时,则可共享相同的后缀存储空间。例如,loading 和 being 共享 ing 存储空间。设 str1 和 str2 分别指向两个单词所在单链表的头节点,链表节点结构为(data,next)。设计一个时间上尽可能高效的算法,找出由 str1 和 str2 所指两个链表共同后缀的起始位置。

12. (2015 年真题)用单链表保存 m 个整数,节点的结构为(data,next),且 $|\text{data}| \leqslant n$($n$ 为正整数)。现要求设计一个时间上尽可能高效的算法,对链表中 data 的绝对值相等的节点,仅保留第一次出现的节点,而删除其余绝对值相等的节点。

13. (2019 年真题)设线性表 L= $(a_1,a_2,a_3,\cdots,a_{n-2},a_{n-1},a_n)$采用带头节点的单链表保存。请设计一个空间复杂度为 $O(1)$且时间上尽可能高效的算法,重新排列 L 中的各节点,得到线性表 L′=$(a_1,a_n,a_3,a_{n-1},a_3,a_{n-2},\cdots)$。

同步训练与拓展训练
参考答案

2.6 线性表的其他存储结构

2.6.1 单循环链表

在单链表中,由于每个节点只存储后继的指针,只能沿指针的指向查找后继。而尾节点存储的后继指针是空,这表明到了尾节点,后继查找就结束了。因此,从某个节点 p 出发无法找到其前驱,如图 2-34 所示。

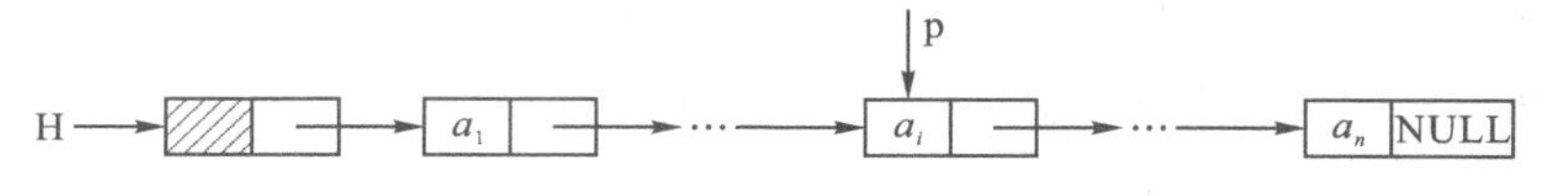

图 2-34 从单链表节点 p 出发无法找到其前驱

将单链表中尾节点的指针域指向头节点,整个单链表就形成一个环,这种首尾相接的单链表称为单循环链表,简称循环链表。它是另一种形式的链式存储结构。

为了使空表和非空表的处理一致,通常也设置一个头节点。空循环链表的存储示意图如图 2-35 所示,非空循环链表的存储示意图如图 2-36 所示。

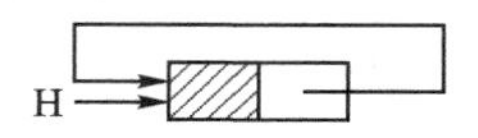

图 2-35 空循环链表

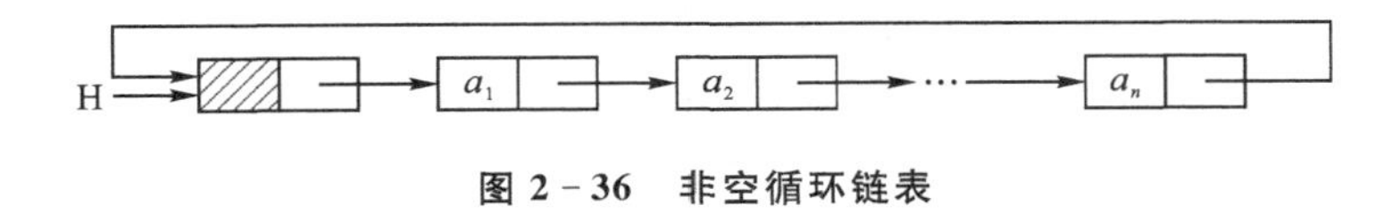

图 2-36　非空循环链表

循环链表的操作和单链表的操作基本一致，差别仅在于循环条件。

循环链表的循环条件通常是：p！＝H 或 p－＞next！＝H。

单链表的循环条件通常是：p！＝NULL 或 p－＞next！＝NULL。

在图 2-37 所示的循环链表中，开始节点由指针 H－＞next 指示，查找开始节点的时间复杂度为 $O(1)$。查找尾节点需要将单链表扫描一遍，时间复杂度为 $O(n)$。如果用指向尾节点的尾指针 rear 来表示循环链表，则查找开始节点和尾节点都很方便。它们的存储位置分别是 rear－＞next－＞next 和 rear，查找时间复杂度都为 $O(1)$。因此，多采用尾指针表示单循环链表。

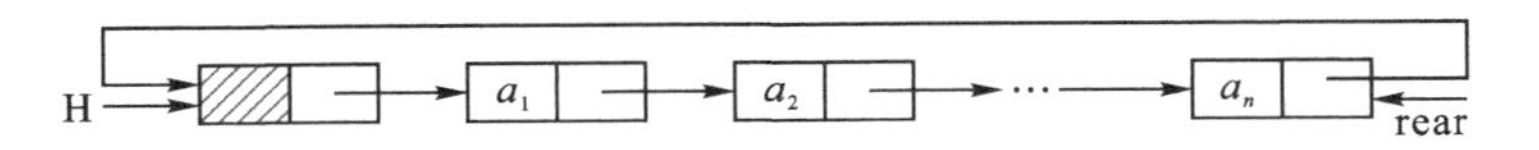

图 2-37　用尾指针表示的循环链表存储示意图

例如，两个单循环链表 H_1、H_2 的链接操作，是将 H_2 的第一个节点接到 H_1 的尾节点。如果用头指针标识，则需要找到 H_1 链表的尾节点，其时间复杂度为 $O(n)$，而链表若用尾指针 R1、R2 来标识，则时间复杂度为 $O(1)$。操作如下：

```
p = R1－>next;                    // 保存 R1 的头节点指针
R1－>next = R2－>next－>next;     // 头尾链接
free(R2－>next);                  // 释放 H2 的头节点
R2－>next = p;                    // 组成循环链表
```

两个尾指针标识的单循环链表的链接过程，如图 2-38 所示。

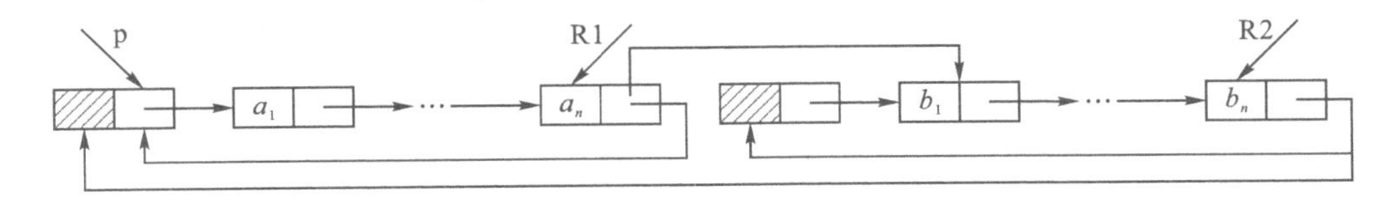

图 2-38　两个尾指针标识的单循环链表的链接示意图

2.6.2　双向链表

在单链表和单循环链表中，要查找某个节点的后继，只能沿着指针域指向向后查找。如果要查找节点的直接前驱，就要从头指针（循环链表是从尾指针）出发，遍历整个链表。换句话说，在单链表和单循环链表中，查找直接后继，执行时间为 $O(1)$；查找直接前驱，执行时间为 $O(n)$。

如果想快速确定链表中任意节点的直接前驱，可以在单链表的每个节点再设置一个指向其前驱节点的指针域，这样就形成了双向链表。双向链表的节点结构如图 2-39 所示。

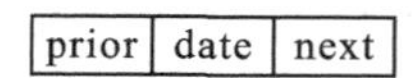

图 2-39　双向链表的节点结构

其中 date 是数据域，存放数据元素；prior 是前驱指针域，存放该节点的前驱节点地址；next 是后继指针域，存放该节点的后继节点地址。

在 C 语言中，双向链表节点的结构体描述如图 2-40 所示。

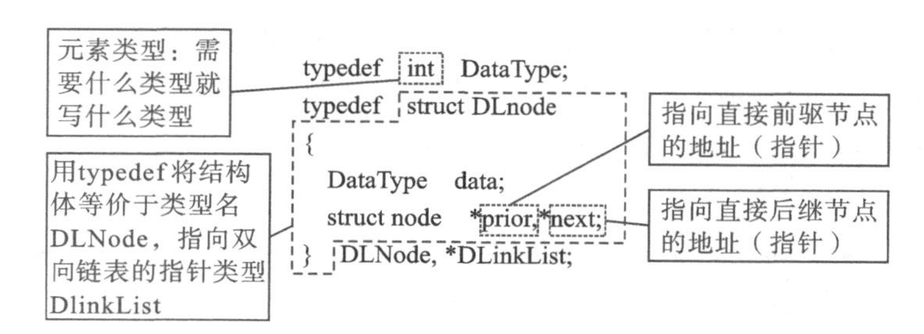

图 2-40　双向链表节点类型 DLNode **和指向双向链表指针类型** DLinkList

和单链表类似，双向链表由头指针唯一指定，附设头节点可以使双向链表的某些操作变得方便，将头节点和尾节点链接起来，构成双向循环链表。实际应用中常采用带头节点的双向循环链表。空表如图 2-41 所示，非空表如图 2-42 所示。

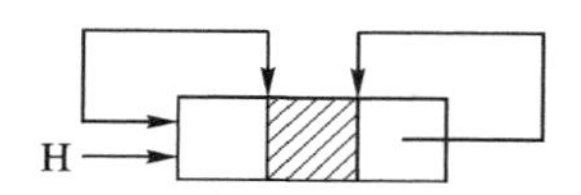

图 2-41　空双向循环链表

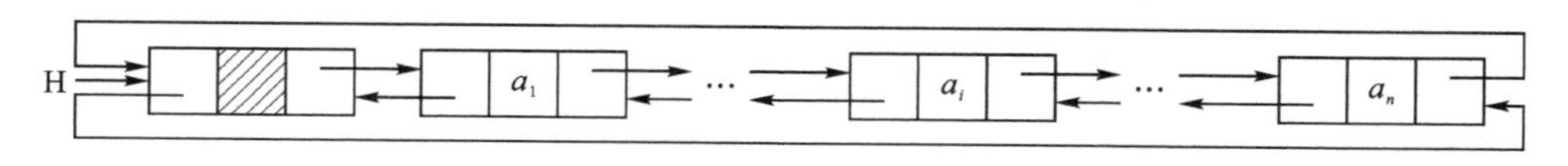

图 2-42　非空双向循环链表

设指针 p 指向双向循环链表的某一节点，则双向循环链表具有如下对称性：

(p－>prior)－>next ＝ p ＝ (p－>next)－>prior

这表明节点 p 存储地址既存放在前驱节点的后继指针域中，也存放在它的后继节点的前驱指针域中。

在节点 p 的后面插入一个新节点 s，需要修改 4 个指针域，如图 2-43 所示。

① s－>prior ＝ p；

② s－>next ＝ p－>next；

③ p－>next－>prior ＝ s；

④ p－＞next ＝ s；　　　　　　　// ②和③要在④的前面，其他语句次序没有要求

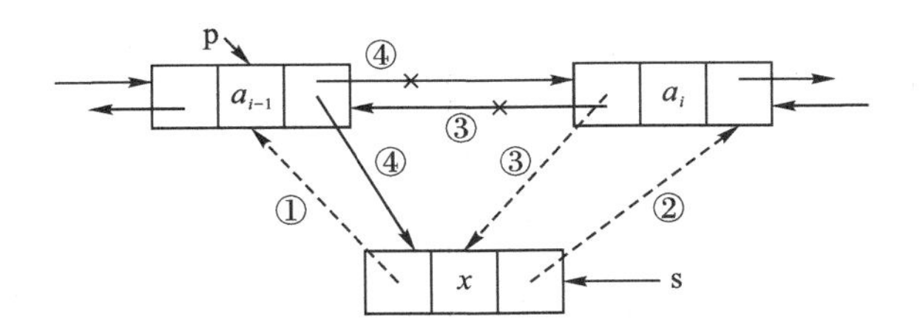

图 2－43　双向循环链表插入操作示意图

设指针 p 指向待删除节点，删除操作需要修改 2 个指针域，如图 2－44 所示。

① (p－＞prior)－＞next ＝ p－＞next；

② (p－＞next)－＞prior ＝ p－＞prior；

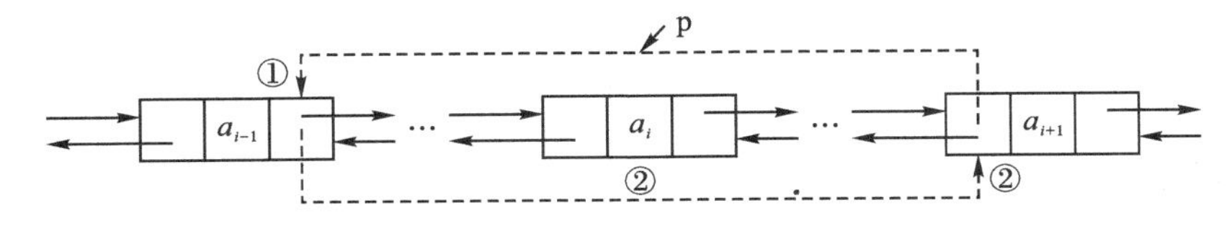

图 2－44　双向循环链表删除操作示意图

由于双向循环链表具有对称性，在某些情况下，特别是对节点 p 前后节点进行操作，会提高算法的效率。但和单链表相比，其操作更为复杂，每个节点还有更多的空间开销。

2.6.3　静态链表

静态链表用数组来描述单链表，用数组元素的下标来模拟单链表的指针。静态链表数组元素由两个域(date，next)组成。其中，data 是数据域，存储数据元素；next 是指针域，也称游标，存储该元素的后继在数组中的下标。

在 C 语言中，静态链表节点的结构体描述如图 2－45 所示。

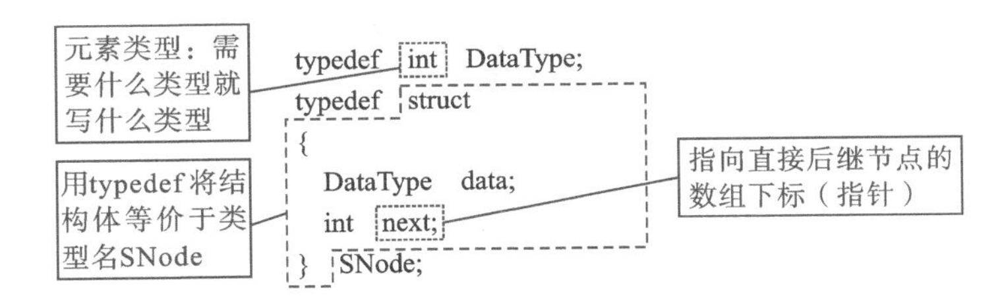

图 2－45　静态链表类型的定义和静态链表类型名 SNode

在 C 语言中，下面的变量定义就生成一个结构体数组 sd。

```
SNode  sd[MAXSIZE];
```

```
int  SH, AV;
```

数组 sd 中有两个链表，其中链表 SH 是一个带头节点的单链表，表示了线性表(a_1，a_2，a_3，a_4，a_5)，另一个单链表 AV 是当前 sd 中空闲节点组成的链表。变量 AV 表示空闲链表的头指针，变量 SH 表示静态链表的头指针，如图 2-46 所示。

		data	next
SH=0	0	▨	4
	1	a_4	5
	2	a_2	3
	3	a_3	1
	4	a_1	2
	5	a_5	−1
AV=6	6		7
	7		8
	8		9
	9		10
	10		11
	11		−1

图 2-46　静态链表

可以看出，逻辑相邻的数据元素不一定在物理位置上也相邻。这里的指针是节点的相对地址，是数组的下标，称为静态指针。SH 是用户的线性表，AV 是模拟的系统存储池中的空闲节点组成的链表。

当用户需要节点时，例如，向线性表插入一个元素，不能用系统函数 malloc 来申请。需要自己向 AV 申请。申请方法是将 AV 表(空闲链表)的第一个节点取下来，将该节点地址(数组下标)送入变量 t 中。相关申请语句如下：

```
if (AV! = -1)
{       t=AV;
        AV=sd[AV].next;
}
```

当用户不需要某个节点时，也不能调用 free 系统函数，需要把该节点插到 AV 表的头部，即将节点地址(数组下标)t 还给 AV。相关释放节点语句如下：

```
sd[t].next = AV;
AV = t;
```

静态链表的插入就是将 AV 表(空闲链表)的第一个节点取下来，并将该节点插入到静态链表中，其操作过程如图 2-47 所示。

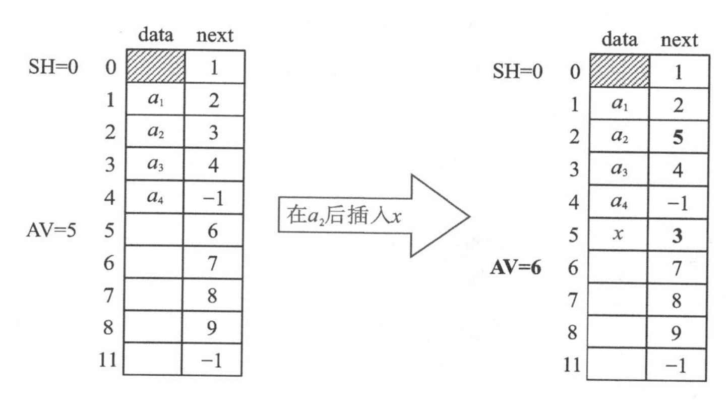

图 2-47　静态链表插入操作示意图

静态链表的删除就是将被删除节点从静态链表中取下，插入 AV 表的头部。其操作过程如图 2-48 所示。

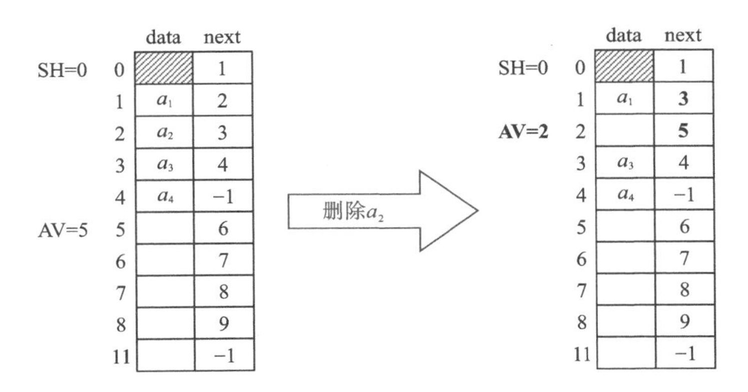

图 2-48　静态链表删除操作示意图

在带头节点的静态链表 SH 中，编写程序将值为 x 的节点插入第 i 个节点之前。设静态链表的存储区域 sd 为全局变量，代码如下：

```
int  insertSList( int  SH,  DataType x,  int i)
{   int  p,s;
    p=SH;  j=0;
    while (sd[p].next! = −1 && j<i−1)
    {  p=sd[p].next;    j++;}                  //找第 i−1 个节点
    if (j==i−1)
    {  if (AV! = −1)                           //若 AV 表还有节点可用
       {  t=AV;
          AV=sd[AV].next;                      //申请、填装新节点
          sd[t].data=x;
          sd[t].next=sd[p].next;               //插入
          sd[p].next=t;
          return 1;                            //正常插入返回
       }
       else
       { printf("存储池无节点"); return 0;}      //未申请到节点,插入失败
    }
    else
    { printf("插入的位置错误");  return −1;}      //插入位置不正确,插入失败
}
```

静态链表在插入和删除操作时只需修改游标，不需要移动元素，从而改进了数据表插入、删除需要移动大量元素的缺点。插入和删除操作，首先要确定插入和删除的节点位置，需要沿游标链扫描整个链表，因此，算法的时间复杂度仍然为 $O(n)$。

静态链表没有解决连续存储分配带来的表长难以确定问题，需要维护一个空闲列表，失去了随机存取的特征。

同步训练与拓展训练

一、同步训练

1.(　　)可以从任意节点出发，访问该链表的所有节点。

A. 不带头节点的单链表　　B. 带头节点的单链表

C. 循环链表　　D. 任意链表

2. 假设带头节点单向循环链表的头指针为 head，则该链表为空的判定条件是(　　)。

A. head＝ ＝NULL　　B. head－＞next＝ ＝NULL

C. head！ ＝NULL　　D. head－＞next＝ ＝head

3. 在一个长度为 n 的循环链表中，删除其元素值为 x 的节点的时间复杂度为(　　)。

A. $O(1)$　　B. $O(n)$　　C. $O(n\log_2 n)$　　D. $O(n^2)$

4. 若要在 $O(1)$ 时间复杂度上实现两个循环链表头尾相连，则应对两个循环链表各设置一个指针，分别指向(　　)。

A. 各自的头节点　　B. 各自的尾节点

C. 各自的第一个元素节点　　D. 一个表的头节点，另一个表的尾节点

5. 在含有 n 个节点的(　　)中访问开始节点和尾节点的时间复杂度都是 $O(1)$。

A. 不带头节点的单链表　　B. 带头节点的单链表

C. 用头指针表示的单循环链表　　D. 用尾指针表示的单循环链表

6. 在一个以 L 为头指针的单循环链表中，p 指针指向链尾的条件是(　　)。

A. p－＞next＝L；　　B. p－＞next＝NULL

C. p－＞data＝－1　　D. p－＞next－＞next＝L

7. 在单循环链表中将头指针改设为尾指针(rear)后，其首节点(即第一个元素的节点)和尾节点的存储位置分别是(　　)。

A. rear 和 rear－＞next－＞next　　B. rear－＞next 和 rear

C. rear－＞next－＞next 和 rear　　D. rear 和 rear－＞next

8. 在含有 n 个节点的双向链表中，在某个节点之前插入节点的时间复杂度为(　　)。

A. $O(1)$　　B. $O(n)$　　C. $O(n\log_2 n)$　　D. $O(n^2)$

9. 在含有 n 个节点的双向链表中，删除当前指针指向节点的时间复杂度为(　　)。

A. $O(1)$　　B. $O(n)$　　C. $O(n\log_2 n)$　　D. $O(n^2)$

10. 对双向链表进行前插操作需要修改(　　)个指针域的值。

A. 1　　B. 2　　C. 3　　D. 4

11. 对双向链表进行删除当前节点(非尾节点)操作，需要修改(　　)个指针域的值。

A. 1　　B. 2　　C. 3　　D. 4

12. 对双向链表进行删除尾节点操作,需要修改(　　)个指针域的值。

A. 1　　B. 2　　C. 3　　D. 4

13. 在双向链表存储结构中,删除 p 所指的节点时须修改指针(　　)。

A. p->next->prior=p->prior;　p->prior->next=p->next;

B. p->next=p->next->next;　p->next->prior=p;

C. p->prior->next=p;　p->prior=p->prior->prior;

D. p->prior=p->next->next;　p->next=p->prior->prior;

14. 在双向循环链表中,p 指针所指的节点后插入 q 指针所指向的新节点,其修改指针的操作是(　　)。

A. p->next=q;　q->prior=p;　p->next->prior=q;　q->next=q;

B. p->next=q;　p->next->prior=q;　q->prior=p;　q->next=p->next;

C. q->prior=p;　q->next=p->next;　p->next->prior=q;　p->next=q;

D. q->prior=p;　q->next=p->next;　p->next=q;　p->next->prior=q;

15. 在双向循环链表中,p 指针所指的节点前插入 q 指针所指向的新节点,其修改指针的操作是(　　)。

A. p->prior=q;　q->next=p;　p->prior->next=q;　q->prior=q;

B. p->prior=q;　p->prior->next=q;　q->next=p;　q->prior=p->prior;

C. q->next=p;　q->prior=p->prior;　p->prior->next=q;　p->prior=q;

D. q->prior=p->prior;　q->next=p;　p->prior=q;　p->prior->next=q;

16. 在双向循环链表中,p 指针所指节点前插入 q 指针所指向的新节点,4 个指针的操作中,不能先进行的操作是(　　)。

A. q->next=p;　　B. p->prior=q

C. q->prior=p->prior;　　D. p->prior->next=q;

17. 若线性表的插入和删除操作频繁地在表头或表尾位置进行,则更适合采用的存储结构为(　　)。

A. 无头节点的双向链表　　B. 带尾指针的循环链表

C. 无头节点的单链表　　D. 带头指针的循环链表

18. (2016 年真题)已知一个带有表头节点的双向循环链表 L,节点结构为(prev,data,next),其中 prev 和 next 分别是指向其直接前驱和直接后继节点的指针。现要删除指针 p 所指向的节点,正确的语句序列是(　　)。

A. p->next->prev=p->prev;　p->prev>next=p->prev;　free(p);

B. p->next->prev=p->next;　p->prev>next=p->next;　free(p);

C. p->next->prev=p->next;　p->prev>next=p->prev;　free(p);

D. p->next->prev=p->prev;　p->prev>next=p->next;　free(p);

19.（2021 年真题）已知头指针 h 指向一个带头节点的非空单循环链表，节点结构为(data，next)。其中 next 是指向直接后继节点的指针，p 是尾指针，q 是临时指针。现要删除该链表的第一个元素，正确的语句序列是（　　）。

A. h－> next＝ h－> next －> next；　q＝ h－> next；　free(q)；

B. q＝h－> next；　h－> next＝ h－> next －> next；　free(q)；

C. q＝h－> next；　h－> next＝q －> next；　if(p ！ ＝ q) p ＝ h；　free(q)；

D. q＝h－> next；　h－> next＝q －> next；　if(p ＝＝ q) p＝ h；　free(q)；

二、拓展训练

1. 假设某个单向循环链表的长度大于 1，且表中既无头节点也无头指针。已知 s 为指向链表中某个节点的指针，试编写算法在链表中删除指针 s 所指节点的前驱节点。
2. 已知 L 为无头节点单链表中第一个节点的指针，每个节点数据域存放一个字符，该字符可能是英文字母字符或数字字符或其他字符。设计算法，构造三个以带头节点的单循环链表表示的线性表，使每个表中只含同一类字符。（要求用最少的时间和最少的空间）
3. 假设一个单循环链表，其节点含有三个域 prior、data、next。其中 data 为数据域；prior 为指针域，它的值为空指针（NULL）；next 为指针域，它指向后继节点。设计算法，将此表改成双向循环链表。
4. 在带头节点的双向链表中，设计算法，删除节点 p 的后继节点（后继存在）。
5. 已知一带头节点双向循环链表，从第 2 个节点至表尾递增有序（设 $a_1 < x < a_n$）。设计算法，将第一个节点删除并插入表中适当位置，使整个链表递增有序。
6. 设 la 是一个双向循环链表，其表中元素递减有序。试写一算法插入元素 x，使表中元素依然递减有序。
7. 已知 p 指向双向循环链表中的一个节点，其节点结构为 data、prior、next 三个域，写出算法 change(p)，交换 p 所指向节点和它的前驱节点的顺序。
8. 假设有一个带头节点的链表，头指针为 head，每个节点含三个域：data、next 和 prior。其中 data 为整型数域，next 和 prior 均为指针域。现在所有节点已经由 next 域连接起来，试编一个算法，利用 prior 域（此域初值为 NULL）把所有节点按照其值从小到大的顺序链接起来。

同步训练与拓展训练参考答案

2.7　顺序表和链表的比较

1. 存储分配方式的比较

顺序表采用顺序存储结构，用一段连续的存储单元依次存储线性表的数据元素，数据元素之间的逻辑关系通过存储位置来实现。

单链表采用链式存储结构，用一组任意存储单元存储线性表的元素。数据元素之间的逻辑关系通过指针来实现。

2. 时间性能比较

时间性能是指实现基于某种存储结构的基本操作（即算法）的时间复杂度。

（1）按位查找。

顺序表是顺序存储结构，查找操作的时间性能为 $O(1)$。

单链表是随机存储结构，查找操作的时间性能为 $O(n)$。

（2）插入和删除。

在进行插入和删除操作时，顺序表需要平均移动表长一半的元素，时间复杂度为 $O(n)$。

链表不需要移动元素，在给出某个合适位置的指针后，插入和删除操作的时间复杂度仅为 $O(1)$。

3. 空间性能比较

空间性能是指某种存储结构所占用的存储空间的大小。

首先定义节点的存储密度：

$$存储密度=\frac{数据域占用的存储量}{整个节点占用的存储量}$$

（1）节点的存储密度。

顺序表中每个节点的存储密度为 1（只有数据元素），没有浪费空间。

单链表每个节点存储密度小于 1（数据域和指针域），有指针的结构性开销。

（2）整体结构。

顺序表需要预分配存储空间，如果预分配得过大，将造成浪费；如果预分配得过小，又将发生上溢。

单链表不需要预分配存储空间，只要有内存空间就可以分配，单链表的元素个数没有限制。

4. 总结

（1）若线性表需要频繁查找，却很少进行插入、删除操作，或其操作和元素在表中的位置密切相关时，宜采用顺序表的存储结构；若线性表需要频繁插入和删除操作时，则宜采用单链表存储结构。

（2）当线性表中元素个数变化较大或未知时，最好用单链表实现；而如果用户事先知道线性表的大致长度，使用顺序表的空间效率会更高。

总之，线性表的顺序实现和链表实现各有其优缺点，不能笼统地说哪种实现更好。根据实际情况的具体要求，并对各方面的优缺点加以综合平衡，才能最终选定比较合适的实现方法。

第3章　栈与队列

3.1　栈的概念

3.1.1　唯物认识论与栈的定义

栈是一种操作受限的线性表，是线性表的一种简化形式。栈在生活中随处可见，如家里碗橱中按大小摞在一起的碗、碟，还有教室里摞在一起的椅子。在计算机相关课程里，也常常用到栈的思想和处理方法。例如，判断给定表达式中所含括号是否正确配对；如何保证函数嵌套调用的正确执行；十进制数转换为二进制数时，采用辗转相除法，除基取余，逆序排列的转换方法。

运用唯物主义认识论原理，透过具体现象抽象出本质的思想。分析上述现象，可以抽象出它们的本质特征。比如洗盘子，第一个洗好的盘子放在最下面，最后一个洗好的盘子放在最上面。使用盘子的时候，最先使用最上面（最后洗好）的盘子，最后使用第一个盘子。又如，十进制数转换为二进制数时，使用辗转相除法，除基取余，最先得到的余数放到最末尾，而最后得到的余数放到第一位。

从这些实际问题可以分析抽象出：这些方法具有“后到数据先处理”的本质特征。从数据结构的角度看，它们都属于栈的思想和处理方法。

如果限定线性表的插入和删除的位置，就得到两种新的数据结构——栈和队列。

栈是限定插入和删除只能在表的一端进行的线性表，允许插入和删除的一端称为栈顶，另一端称为栈底。不含任何数据元素的栈称为空栈。

栈的操作特性：后进先出（last in first out，LIFO）。

栈是一种操作受限的线性表，栈的数据元素也具有线性关系，即元素有唯一前驱和唯一后继关系。

对于栈（a_1，a_2，…，a_i，…，a_n），a_1被称为栈底元素，a_n被称为栈顶元素。只能在栈顶进行插入、删除，就意味着栈的插入位置只能是$n+1$，删除的位置只能是n，而线性表的插入、删除位置是一个范围。对于线性表（a_1，a_2，…，a_i，…，a_n），可以在第i个位置插入元素，插入位置i的范围为：$1\leqslant i\leqslant n+1$；同样，在第$i$个位置删除元素，删除位置$i$的范围为$1\leqslant i\leqslant n$。这表明：线性表可以在表内进行插入、删除，而栈不可以。

栈在一端进行插入、删除，造成了栈底是固定的，栈顶随着插入、删除操作进行变化。

栈的插入也称进栈、压栈、入栈；栈的删除也称出栈、弹栈。进栈、出栈是栈最基本、最主要的操作。

输入序列(a_1, a_2,…,a_n)，依次进栈，并随时可能出栈，按照其出栈次序得到的每一个序列(a_{k1}, a_{k2},…,a_{kn})称为一个栈混洗。

例如，有三个元素(a,b,c)按 a、b、c 的顺序依次进栈，且每个元素只允许进一次栈，则可能的出栈序列(栈混洗)有多少种？表 3-1 给出了每种栈混洗的操作过程。

表 3-1　三个元素(a,b,c)所有可能的栈混洗

栈混洗	操作 1	操作 2	操作 3	操作 4	操作 5	操作 6
(a,b,c)	push(a)	pop(a)	push(b)	pop(b)	push(c)	pop(c)
(c,b,a)	push(a)	push(b)	push(c)	pop(c)	pop(b)	pop(a)
(b,a,c)	push(a)	push(b)	pop(b)	pop(a)	push(c)	pop(c)
(b,c,a)	push(a)	push(b)	pop(b)	push(c)	pop(c)	pop(a)
(a,c,b)	push(a)	pop(a)	push(b)	push(c)	pop(c)	pop(b)

从表 3-1 可以看出，总共有 5 种栈混洗。(c,a,b)必然不是栈混洗。一个长度为 n 的输入序列，每一个栈混洗一般对应由 n 次进栈(push)和 n 次出栈(pop)组成的合法序列。反之，由 n 次 push 和 n 次 pop 构成的序列，只要满足“任意一个前缀中的 push 不少于 pop”的限制，则该序列必然对应一个栈混洗。

输入序列(a_1, a_2,…,a_n)中任意 3 个元素 a_i, a_j, a_k，且 $1\leqslant i<j<k\leqslant n$，按某相对次序出现在栈混洗中，与其他元素无关。即任何 $1\leqslant i<j<k\leqslant n$，(…,$a_k$,…,$a_i$,…,$a_j$,…)必然不是栈混洗，其余为栈混洗。

一个长度为 n 的输入序列，可能得到的栈混洗总数为$(2n)!/(n+1)!/n!$。

3.1.2　栈的抽象数据类型定义

根据上节的分析，栈的抽象数据类型定义如下：

```
ADT Stack{
  数据对象：D={ ai | ai∈ElemSet,i=1,2,3,…,n,n≥0}
  数据关系：R={<ai-1, ai> | ai-1, ai∈D , i=1,2,3,…,n }约定 an端为栈顶,a1端为
栈底
  基本操作集：
    (1)initStack( ):
      输入：无;
```

功能：建一个空栈，并初始化栈；

输出：新建空栈。

(2) isEmptyStack(S)：

输入：栈 S；

功能：判断栈是否为空；

输出：如果栈为空，返回 1，否则，返回 0。

(3) getTop(S)：

输入：栈 S；

功能：如果栈不空，读取当前栈顶元素；

输出：若读取成功，返回 1，否则，返回 0。

(4) push(S,x)：

输入：栈 S，数据元素 x；

功能：在栈顶插入一个元素 x，栈增加了一个元素；

输出：若插入成功，返回 1，否则，返回一特殊值(如－1)表示插入失败。

(5) pop(S,&x)：

输入：栈 S，数据元素 x 的地址；

功能：栈顶元素赋值给 x，然后删除栈顶元素，栈少一个元素；

输出：如果删除成功，返回 1，否则返回失败信息。

}ADT Stack

3.2 栈的顺序存储结构——顺序栈

3.2.1 顺序栈的定义

栈是特殊的线性表，线性表可以顺序存储和链式存储。同样，栈也可以顺序存储和链式存储。

顺序栈是利用一组地址连续的存储单元，依次存储自栈底到栈顶的数据元素，同时附设指针 top 指示栈顶元素在顺序栈中的位置。

顺序栈本质上是顺序表的简化，唯一需要确定的是用数组的哪一端表示栈底。通常把数组下标为 0 的一端作为栈底，同时附设 top 指示栈顶元素在数组中的位置。假设一个顺序栈最多只能存储 6 个元素，那么空栈、只有 1 个元素的栈、有 3 个元素的栈和满栈的状态，如图 3－1所示。

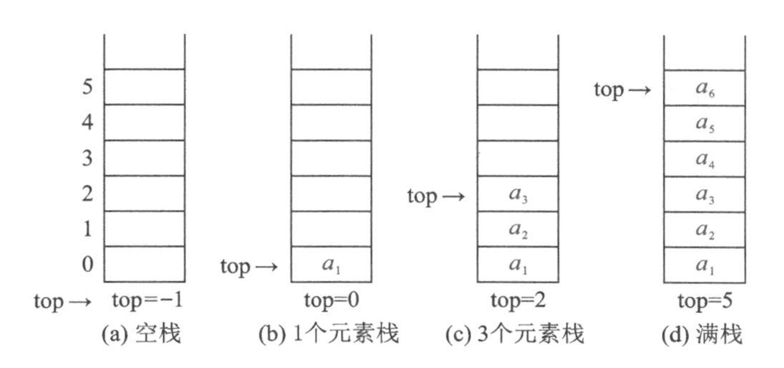

图 3－1　栈顶指针与栈中元素的关系

3.2.2　顺序栈的 C 语言实现

顺序栈的 C 语言数据类型定义如图 3－2 所示。

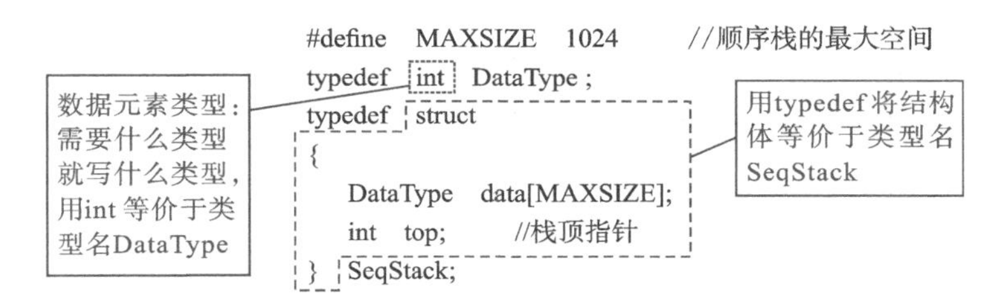

图 3－2　顺序栈类型的定义和顺序栈类型名 SeqStack

可见，顺序栈和顺序表名字不同、含义不同、操作不同，但本质一样。

定义了顺序栈类型，接着定义顺序栈类型的变量：

```
SeqStack   s ;
```

这样，s 是一个顺序栈类型的变量，它有一个数组 data[MAXSIZE]和 top 变量。此刻，数组 data[MAXSIZE]和 top 变量都没有存储任何有效数据。

这时，设置空栈语句：

```
s.top = -1;
```

还可定义指向顺序栈的指针变量：

```
SeqStack   *s;
```

这时，设置空栈语句：

```
s->top = -1;
```

3.2.3 顺序栈基本操作的实现

1. 创建空栈

首先建立栈空间，然后初始化栈顶指针。

```
SeqStack *initSeqStack()
{
    SeqStack  *s;
    s=(SeqStack *)malloc(sizeof(SeqStack));
    s->top= -1;
    return  s;
}
```

2. 判断栈空

判断栈空就是判断条件 s->top== -1 是否成立。成立为空，返回 1；否则，返回 0。

```
int isEmptySeqStack(SeqStack *s)
{    if (s->top== -1)  return 1;
    else return 0;
}
```

3. 进栈

在栈不满的条件下，首先栈顶指针加 1，然后，在该位置插入元素并返回 1，否则返回 0。

```
int pushSeqStack (SeqStack *s, DataType  x)
{    if (s->top==MAXSIZE-1)  return 0;
    else
    {
        s->top++;
        s->data[s->top]=x;
        return 1;
    }
}
```

注意，栈顶元素是栈中唯一可见的元素。只能对栈顶元素操作，不能对栈中其他元素操作。

4. 出栈

在栈不空的条件下，首先栈顶元素赋值给 x，然后栈顶指针减 1 并返回 1，否则返回 0。

```
int popSeqStack(SeqStack *s, DataType *x)
```

```
{
    if  (isEmptySeqStack ( s ) )  return 0;
    else
    {
        *x=s->data[s->top];
        s->top--;
        return 1;
    }
}
```

5. 取栈顶元素

在栈不空的条件下，栈顶元素赋值给 x，并返回 1，否则返回 0。取栈顶元素和出栈的主要区别是不修改栈顶指针。

```
int getTopSeqStack(SeqStack *s, DataType *x)
{
    if ( isEmptySeqStack ( s ) )  return 0;
    else
    {
        *x=s->data[s->top];
        return 1;
    }
}
```

注意：栈顶元素赋值给 x 并修改 x，不改变栈中栈顶元素的值。更新栈顶元素应使用“先出栈、再修改、最后入栈”的方法。

显然，栈基本操作的时间复杂度都是 $O(1)$，即以常数时间运行，而且以非常快的常数时间运行。

3.3　栈的链式存储结构——链栈

3.3.1　链栈的定义

链栈是一组任意的存储单元（可以是连续的，也可以是不连续的）存储线性表的元素，同时附设指针 top 指示栈顶元素在链栈中的位置，如图 3-3 所示。链栈与不带头节点的单链表（如图 3-4 所示）进行对比，只是将单链表的头指针变量名 H 换为链栈的栈顶指针变量名

top。H 指向线性表的第一个节点,top 指向线性表的表尾节点。

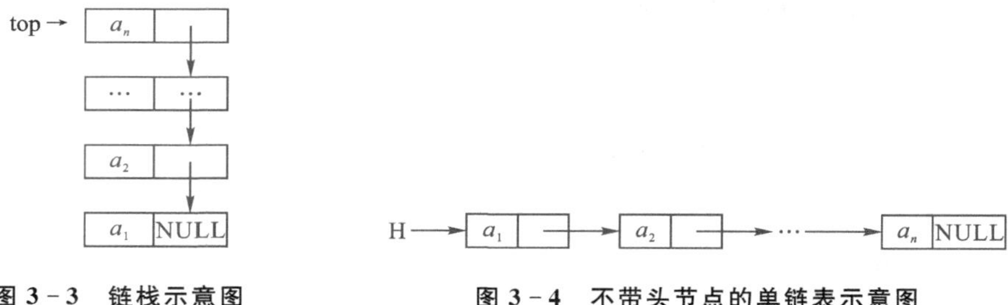

图 3-3　链栈示意图　　　　图 3-4　不带头节点的单链表示意图

可见,链栈本质上是单链表的简化。链栈和单链表名字不同、含义不同、操作不同,但本质一样。

由于出栈和进栈只在栈顶进行,不存在首节点处和其他节点处操作(插入、删除等)不同的问题。所以,链栈一般不设头节点。此外,和单链表一样,链栈也不进行判满操作,它的最大空间就是内存空间;链栈中元素的逻辑次序与物理次序不一定相同。

3.3.2　链栈的 C 语言实现

链栈的 C 语言数据类型定义如图 3-5 所示。

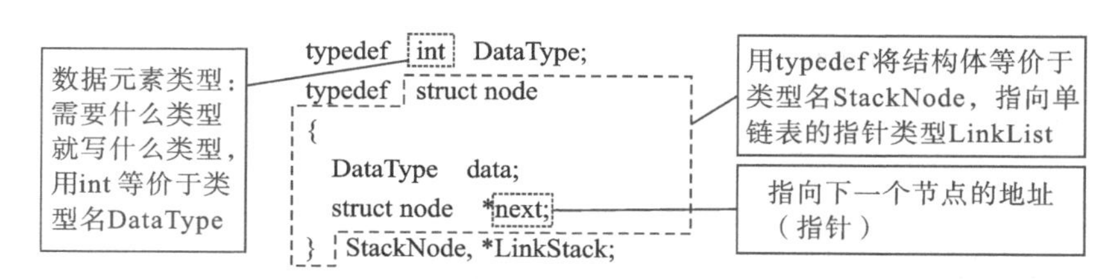

图 3-5　链栈节点类型 StackNode 和指向链栈节点的指针类型 LinkStack

定义了链栈节点类型,接着定义指向链栈的指针变量。

LinkStack top＝NULL;

然后通过进栈操作 push 向链栈输入数据,通过出栈操作 pop 从链栈提取数据。

例如,通过进栈操作(pushLinkStack)将(1,2,3,4)依次输入链栈中,如图 3-6 所示。该操作的 C 语言实现语句如下:

for(i＝1; i<＝4; i＋＋)　top = pushLinkStack (top,i);

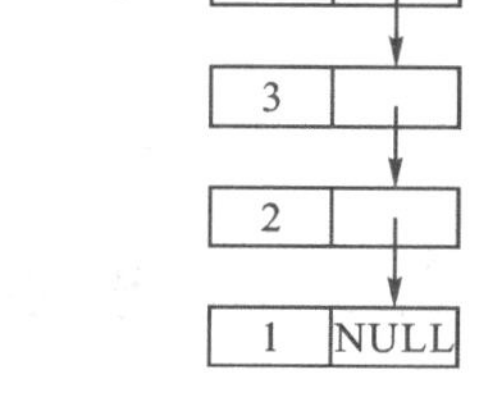

图 3-6　(1,2,3,4)入栈

然后通过出栈操作(popLinkStack)从链栈提取全部数据。该操作的 C 语言实现语句如下:

for(i＝1; i<＝4; i＋＋)　top = popLinkStack (top,&x);

3.3.3　链栈基本操作的实现

1. 创建空栈

创建一个空链栈 top,就是将 top 置为空。

```
LinkStack  initLinkStack ()
{
    return  NULL;
}
```

2. 判断栈空

判断栈空是判断 top== NULL 是否成立。

```
int  isEmptyLinkStack (LinkStack top )
{
    if (top== NULL) return 1;
    else return 0;
}
```

3. 进栈

进栈是新建一个节点,存储元素 x,然后将其插入栈顶 top 前面。

```
LinkStack pushLinkStack (LinkStack top, DataType x)
{
    StackNode *s;
    s=(StackNode *)malloc (sizeof (StackNode));
    s->data=x;
    s->next=top;
    top=s;
    return top;
}
```

4. 出栈

出栈是在栈不为空的条件下,提取栈顶元素数据域,然后删除栈顶元素。

```
LinkStack popLinkStack (LinkStack  top, DataType *x)
{
    StackNode  *p;
    if (top==NULL) return NULL;
    else
```

```
    {
        *x = top->data;
        p = top;
        top = top->next;
        free (p);
        return  top;
    }
}
```

5. 取栈顶元素

取栈顶元素是在栈不为空的条件下，提取栈顶元素数据域。

```
int getTopLinkStack(LinkStack top, DataType *x )
{
    if ( isEmptyLinkStack( top ) ) return 0;
    else
    {
        *x = top->data;
        return 1;
    }
}
```

链栈基本操作的时间复杂度都为 $O(1)$。

同步训练与拓展训练

一、同步训练

1. 若已知一个栈的进栈序列是 1,2,3,…,n,其输出序列为 $p_1, p_2, p_3, \cdots, p_n$,若 $p_1 = n$,则 p_i 为(　　)。

   A. i　　　　B. $n-i$　　　　C. $n-i+1$　　　　D. 不确定

2. 若让元素 1,2,3,4,5 依次进栈,则出栈次序不可能出现(　　)情况。

   A. 5,4,3,2,1　　　　B. 2,1,5,4,3　　　　C. 4,3,1,2,5　　　　D. 2,3,5,4,1

3. 已知有 n 个元素的顺序栈中,假定以地址低端(即下标为 0 的单元)作为栈底,top 表示栈顶元素所在下标,顺序栈的栈空条件是(　　)。

   A. top=0　　　　B. top=−1　　　　C. top=MAXSIZE　　　　D. top=MAXSIZE−1

4. 已知有 n 个元素的顺序栈中,假定以地址低端(即下标为 0 的单元)作为栈底,top 表示栈顶元素所在下标,顺序栈的栈满条件是(　　)。

   A. top=0　　　　B. top=−1　　　　C. top=MAXSIZE　　　　D. top=MAXSIZE−1

5. 当利用大小为 n 的一维数组顺序存储一个栈时，假定用 top==n 表示栈空，则向这个栈插入一个元素时，首先应执行(　　)语句修改 top 指针。

A. top++　　B. top--　　C. top=0　　D. top

6. 在一个具有 n 个单元的顺序栈中，假定以地址低端(即下标为 0 的单元)作为栈底，以 top 作为栈顶指针，当出栈时，top 的变化为(　　)。

A. 不变　　B. top=top-1　　C. top=0　　D. top=top+1

7. (2020 年真题)对空栈 S 进行 push 和 pop 操作，进栈序列为 a，b，c，d，e，经过 push，push，pop，push，pop，push，push，pop 操作后得到的出栈序列是(　　)。

A. b，a，c　　B. b，a，e　　C. b，c，a　　D. b，c，e

8. (2010 年真题)若元素 a,b,c,d,e,f 依次进栈，允许进栈、出栈操作交替进行，但不允许连续三次进行出栈工作，则不可能得到的出栈序列是(　　)。

A. d,c,e,b,f,a　　B. c,b,d,a,e,f　　C. b,c,a,e,f,d　　D. a,f,e,d,c,b

9. (2011 年真题)元素 a,b,c,d,e 依次进入初始为空的栈中，若元素进栈后可停留、可出栈，直到所有元素都出栈，则在所有可能的出栈序列中，以元素 d 开头的序列个数是(　　)。

A. 3　　B. 4　　C. 5　　D. 6

10. (2013 年真题)若已知一个栈的进栈序列是 $1,2,3,\cdots,n$，其输出序列为 $p_1,p_2,p_3,\cdots,p_n$，若 $p_2=3$，则 p_3 可能的取值个数是(　　)。

A. $n-3$　　B. $n-2$　　C. $n-1$　　D. 不确定

11. 若已知一个栈的进栈序列是 $1,2,3,\cdots,n$，其输出序列的第一个元素是 i，则第 j 个输出元素是(　　)。

A. $i-j-1$　　B. $i-j$　　C. $j-i+1$　　D. 不确定

12. (2015 年真题)已知如下程序，程序运行时，使用栈来保存调用过程的信息，自栈底到栈顶保存的信息依次对应的是(　　)。

```
int  S(int  n)
{    return  (n<=0)? 0:S(n-1)+n;     }
void  main( )
{    printf("%d=\n", S(1) );        }
```

A. main( )->S(1)->S(0)　　B. S(0)->S(1)->main( )

C. main( )->S(0)->S(1)　　D. S(1)->S(0)->main( )

13. 从栈顶指针为 top 的链栈中删除一个节点，用"x"保存被删除节点的值，则执行(　　)。

A. x=top;　top=top->next;

B. x=top->data;

C. top=top->next;　x=top->data;

D. x=top->data;　top=top->next;

14. 如果以链表作为栈的存储结构,则退栈操作时(　　)。

A. 必须判别栈是否满　　B. 对栈不做任何判别

C. 必须判别栈是否空　　D. 判别栈元素的类型

15. 向一个栈顶指针为 hs 的链栈中插入一个 s 节点时,应执行(　　)。

A. hs－＞next＝s;

B. s－＞next＝hs;　hs＝s;

C. s－＞next＝hs－＞next;　hs－＞next＝s;

D. s－＞next＝hs;　hs＝hs－＞next;

16. (2017 年真题)下列关于栈的叙述中,错误的是(　　)。

Ⅰ. 采用非递归方式重写递归程序时必须使用栈

Ⅱ. 函数调用时,系统要用栈保存必要的信息

Ⅲ. 只要确定了进栈次序,就可确定出栈次序

Ⅳ. 栈是一种受限的线性表,允许在其两端进行操作

A. 仅Ⅰ　B. Ⅰ、Ⅱ、Ⅲ　C. Ⅰ、Ⅲ、Ⅳ　D. Ⅱ、Ⅲ、Ⅳ

17. (2018 年真题)若栈 S_1 中保存整数,栈 S_2 中保存运算符,函数 F( )依次执行下述各步操作:

(1)从 S_1 中依次弹出两个操作数 a 和 b;

(2)从 S_2 中弹出一个运算符 op;

(3)执行相应的运算 b op a;

(4)将运算结果压入 S_1 中。

假定 S_1 中的操作数依次是 5,8,3,2(2 在栈顶),S_2 中的运算符依次是 *,－,＋(＋在栈顶)。调用 3 次 F( )后,S_1 栈顶保存的值是(　　)。

A. －15　B. 15　C. －20　D. 20

二、拓展训练

1. 设计算法,实现栈中的数据元素逆置。
2. 设计算法,删除栈中值为 x 的元素。
3. 设计算法,使用栈实现数组中所有的奇数元素放到偶数元素的前面。
4. 设计算法,释放链栈所占用的全部节点空间。本题的链栈不带头节点。
5. 设从键盘输入一整数序列:a_1, a_2, a_3,…,a_n,试编写算法实现:用栈结构存储输入的整数,当 $a_i \neq -1$ 时,将 a_i 进栈;当 $a_i = -1$ 时,输出栈顶整数并将其出栈。算法应对异常情况(进栈满等)给出相应的信息。
6. 回文是指正读反读均相同的字符序列,如“abba”和“abdba”均是回文,但“good”不是回文。试写一个算法判定给定的字符向量是否为回文。(提示:将一半字符入栈)

7. 火车调度站的入口处有 n 节硬座或软卧车厢（分别以 H 和 S 表示）等待调度，设计算法，输出对这 n 节车厢进行调度的操作（即入栈或出栈操作）序列，以使所有的软卧车厢都被调整到硬座车厢之前。
8. 将编号为 0 和 1 的两个栈存放于一个数组空间 V[m]中，栈底分别处于数组的两端。当 0 号栈的栈顶指针 top[0]等于－1 时该栈为空，当 1 号栈的栈顶指针 top[1]等于 m 时该栈为空。两个栈均从两端向中间增长。试编写双栈初始化，判断栈空、栈满，进栈和出栈等算法的函数。双栈数据结构的定义如下：

```
typedef struct
{
    int top[2],bot[2];              //栈顶和栈底指针
    SElemType * V;                  //栈数组
    int m;                          //栈最大可容纳元素个数
}DblStack
```

9. 假设以 I 和 O 分别表示进栈和出栈操作。栈的初态和终态均为空，进栈和出栈的操作序列可表示为仅由 I 和 O 组成的序列，称可以操作的序列为合法序列，否则称为非法序列。
(1)下面所示的序列中哪些是合法的？
A. IOIIOIOO　　B. IOOIOIIO　　C. IIIOIOIO　　D. IIIOOIOO
(2)通过对(1)的分析，写出一个算法，判定所给的操作序列是否合法。若合法，返回 1；否则，返回 0。（假定被判定的操作序列已存入一维数组中）

同步训练与拓展训练
参考答案

3.4　栈的应用

3.4.1　进制转换

进制转换是实现计算机计算的基本问题。下面介绍十进制数 N 转换成 R 进制数的算法。十进制数 N 可以用整型变量表示，R 进制数可以用字符串表示，这里，直接输出 R 进制数的每一位的数字符号。

十进制转换成其他进制数的基本原理是：$N=(N/R)\times R+N \text{ mad } R$。其转换方法是辗转相除法，即除基取余，逆序排列。现以 $N=2022$，$R=8$ 为例，转换方法如表 3－2 所示。

表 3-2　十进制数 2022 转换成八进制数

步骤	N	N/8(取商)	N mod 8(求余)	数位
1	2022	252	6	↑低 高
2	252	31	4	
3	31	3	7	
4	3	0	3	

从表 3-2 可以看出，$(2022)_{10}=(3746)_8$。八进制数 3746 的顺序与转换过程中产生的 6473 顺序正好相反，这符合栈的后进先出的特点，所以，使用栈来实现进制转换很方便。该算法的伪代码如下：

1 当 N≥0 时，执行 2，否则，N=－N，输出负号。

2 若 N≠0，重复执行 2.1，2.2：

　2.1 将 N%R 压入栈 s 中，执行 2.2；

　2.2 用 N/R 代替 N。

3 若 N=0，将栈 s 的内容依次出栈，并输出。

该算法的 C 语言实现如下：

```
void conversion(int N, int R)
{
    SeqStack  *s;
    DataType  x;
    s = initSeqStack();
    if( N < 0 ){ N = -N;  printf("-");  }
    while( N )
    {
        pushSeqStack( s, N % R );
        N = N / R;
    }
    while( ! isEmptySeqStack( s ))
    {
        popSeqStack(s, &x );
        if( x < 10 )printf(" %1d", x );
        else
            switch(x)
            {
                case 10:  printf(" %c", 'A');  break;
```

```
            case 11:  printf(" %c", 'B');   break;
            case 12:  printf(" %c", 'C');   break;
            case 13:  printf(" %c", 'D');   break;
            case 14:  printf(" %c", 'E');   break;
            case 15:  printf(" %c", 'F');   break;
            default: printf(" %d ",x);   break;
        }
    }
}
```

注:用此算法将十进制数转换十六进制数时,输出结果为人们习惯的形式。

3.4.2 括号匹配

检查表达式中的括号是否匹配是一个常见问题。假设在一个表达式中,允许有两种括号——圆括号和方括号,判断其中的括号在嵌套的情况下是否匹配。

表达式用字符数组来表示。在设计算法前,首先分析下列几个表达式的括号是否正确匹配。

([ ] ( ))　　　　左括号和右括号相等,且匹配;

[([ ] [ ])]　　　　左括号和右括号相等,且匹配;

[( ]　　　　缺少右圆括号;

[( ))　　　　最后一个右括号和第一个方括号不匹配;

[( ])　　　　右括号出现的顺序不正确。

下面考虑括号序列的匹配情况。为了更好地分析匹配情况,给括号标记了序号。

括号序列	[	(	[	]	)	]
括号序号	1	2	3	4	5	6

括号匹配分析:当第 1 个"["出现时,它期望第 6 个括号"]"出现,然而却等来了第 2 个括号"("。此时,对于表达式来说,更期望出现第 5 个括号")",即第 2 个"("的期望程度比第 1 个"["更高、更迫切,第 1 个"["只能靠后。类似地,却等来了第 3 个"["。显然,第 3 个"["比第 2 个"("更急迫,第 2 个"("只能让位于第 3 个"["。在接收了第 4 个"]"后,第 3 个"["的期待得到满足。消解之后第 2 个"("的期待就成了当前最紧迫任务……依次类推,可见,这种后读入的括号处理期望更加迫切的特点,符合栈的特点。因此,使用栈结构设计括号匹配算法。该算法的伪代码如下:

1 设置标志位,match=1。

2 顺序扫描表达式:

　2.1 凡出现左括号,进栈;

2.2 凡出现右括号,检查栈是否为空;

2.2.1 若栈空,表明右括号多了;

2.2.2 若栈不空,和栈顶元素比较:若匹配,则左括号出栈;否则,设置标志位 match=0,表示不匹配,退出。

3 检查匹配结果:若栈不空或 match=0,匹配不成功;否则,表明匹配成功。

该算法的 C 语言实现扫描右侧二维码可得。

括号匹配算法源码

注意:(1)该算法只进行了圆括号的匹配,没有进行中括号匹配。(2)算法结束时,链栈有可能不空,还占据空间,应该释放该空间。请读者进一步改进该算法。

3.4.3 表达式求值

1.后缀表达式求值

表达式求值是栈应用的一个经典实例。这里所说的表达式求值是指求一个包含加、减、乘、除、正整数和圆括号的合法算术表达式的结果。即操作数是正整数,运算符仅含+、-、*、/、(、)。

表达式采用字符数组存储,并假定表达式都是合法的算术表达式。

在中学学习的表达式是中缀表达式,运算符号在两个操作数的中间。表达式计算按照如下规则:

(1)先乘除,后加减;

(2)同级运算符,先左后右;

(3)先计算括号内的,再计算括号外的。

括号的作用就是规定先算哪一部分表达式。例如,“5+(9-2)*8”。能不能去掉这些额外的括号并且知道计算次序呢?波兰数学家发明了不需要括号的表示法——前缀表示和后缀表示的形式,举例如下:

(1)前缀表达式——波兰式:运算符在操作数的前面。

+ 5 * - 9 2 8

(2)中缀表达式:运算符在两个操作数的中间。

5 + (9 - 2) * 8

(3)后缀表达式——逆波兰式:运算符在操作数的后面。

5 9 2 - 8 * +

这三种表达式的操作数次序是一样的,区别仅仅是运算符的次序不一样。其中,前缀和后缀表达式只有操作数和运算符,没有括号。对于后缀表达式,运算符在操作数之后,先出现的运算符先计算。

后缀表达式是最便于计算机处理的表达形式。计算机从左到右扫描后缀表达式,遇到操作数暂不处理，遇到运算符，计算运算符前面的 2 个操作数，计算结果作为新的操作数，替代后缀表达式中 2 个操作数和运算符的位置。继续扫描直至最后一个运算符，计算结果成为后缀表达式的唯一操作数，也是后缀表达式的值。

使用栈结构，很容易计算后缀表达式的值。后缀表达式求值算法的伪代码如下：

1 顺序扫描后缀表达式：

　　1.1 如果是操作数压入栈中；

　　1.2 如果是操作符，从栈中弹出两个操作数进行计算，把结果再压入栈中。

2 扫描结束时，栈顶元素就是表达式的值。

后缀表达式“68□33□－2□3□＋/”的求值过程如表 3－3 所示，最后的求值结果为 7，与原表达式“(68－33)/(2＋3)”的计算结果一致。注：□代表空格，用来分隔正整数。

表 3－3　后缀表达式“68□33□－2□3□＋/”的求值过程

当前字符	栈中数据	操作说明
68	68	68 进栈
33	68,33	33 进栈
－	35	出栈 2 次，计算 68－33＝35，35 进栈
2	35,2	2 进栈
3	35,2,3	3 进栈
＋	35,5	出栈 2 次，计算 2＋3＝5，5 进栈
/	7	出栈 2 次，计算 35/5＝7，7 进栈
		字符串扫描完毕，算法结束，栈顶数值 7 即为所求

该算法的 C 语言实现扫描右侧二维码可得。

后缀表达式
求值算法源码

2. 中缀表达式转换成后缀表达式

分析一个表达式的中缀形式和后缀形式，可以看出，两种表达式正整数之间的相对次序是不变的，但运算符的相对次序可能不同，同时还去除了括号。后缀表达式运算符是按照实际执行的次序放在对应的操作数后面。所以，在将中缀表达式转换为后缀表达式时需要从左到右扫描算术表达式，遇到的正整数直接放到后缀表达式中，遇到的每一个运算符(含左括号)都暂时保存到运算符栈中，并且先执行的运算符先出栈。

中缀表达式转换成后缀表达式算法的伪代码如下：

1 依次扫描中缀表达式，读取字符(数字、运算符、左括号、右括号)：

　　1.1 如果是数字，直接输出；

　　1.2 如果是“(”，进栈；

　　1.3 如果是“)”，弹出栈顶元素并放入后缀表达式中，直到碰到“(”时为止，表明这一层括号内的操作处理完毕，左括号出栈不放入后缀表达式中；

1.4 如果是运算符,比较该运算符和运算符栈中栈顶元素的优先级;

1.4.1 如果高于栈顶元素的优先级,将它压入栈中;

1.4.2 如果低于或等于栈顶元素的优先级,取出栈顶元素并放入后缀表达式,弹出该栈顶元素,反复执行直到高于栈顶元素的优先级。

2 重复上述步骤,直到遇到中缀表达式的结束符。弹出栈中所有元素,并放入后缀表达式中。

从上述算法可以看出,在转换过程中,需要对运算符进行优先级比较。算符优先级是根据运算法则确定的。特别要注意的是:左括号“(”在栈外时,它的级别最高,进栈后,它的级别则最低。乘方运算的结合性是自右向左,所以它的栈外级别高于栈内级别。此外,为了使表达式中的第一个运算符进栈,运算符栈中预设一个最低级的运算符“#”。运算符的优先级关系如表 3-4 所示。

表 3-4 运算符的栈内优先级和栈外优先级

运算符	^	*、/、%	+、−	(	#
栈内级别	3	2	1	0	−1
栈外级别	4	2	1	4	−1

注:−1 表示优先级最低,4 表示优先级最高。

根据中缀表达式转化为后缀表达式算法,将“58 * (26−7)+20”表达式转化为后缀表达式,具体过程如表 3-5 所示。

表 3-5 中缀表达式转化为后缀表达式的转换过程

步骤	待处理的中缀表达式(头→尾)	栈(栈顶→栈底)	已输出的部分后缀表达式(头→尾)
1	58 * (26−7)+20	#	
2	* (26−7)+20	#	58
3	(26−7)+20	* ,#	58
4	26−7)+20	(, * ,#	58
5	−7)+20	(, * ,#	58, 26
6	7)+20	−, (, * ,#	58, 26
7	)+20	−, (, * ,#	58, 26, 7
8	+20	* ,#	58, 26, 7, −
9	20	+ ,#	58, 26, 7, −, *
10		+ ,#	58, 26, 7, −, * ,20
11		#	58, 26, 7, −, * ,20, +

注:运算符栈中预设“#”,这里不作为后缀表达式的结束符,所以不出栈。

该算法的 C 语言代码扫描右侧二维码可得。

中缀表达式转化为后缀表达式算法源码

思考：可以改进该算法，使它能够处理更多的运算符（如乘方运算、关系运算等）和操作数（负数、实数）。

3.4.4　栈与递归

栈的一个重要应用是在程序设计语言中实现了递归。一个直接调用自己或通过一系列调用语句间接调用自己的函数，称为递归函数。

递归的基本思想是把一个不能或不好解决的大问题转化为一个或几个小问题，再把这些小问题进一步分解成更小的小问题，直至每个小问题都可以直接解决，并确定大问题和小问题之间的递推关系。

递归是一种描述问题的基本方法，许多数学公式、数列的定义是递归的。例如 $n!$ 的定义如下：

$$n=\begin{cases}1, & n=1\\ n(n-1)!, & n>1\end{cases}$$

有些数据结构是递归的，例如，单链表就是一种递归的数据结构。其节点声明如下：

```
typedef  int  DataType;
typedef  struct node
{
    DataType  data;
    struct node  *next;
}  LNode, *LinkList;
```

其中，结构体 struct node 的声明用到了它自身，即指针域 next 是一种指向自身类型节点的指针，所以，它是一种递归数据结构。

还有一类问题，虽然问题本身没有明显的递归结构，但使用递归求解比较方便，如汉诺塔问题、八皇后问题、迷宫问题等。

递归也是一种解决问题的基本方法。当问题的定义是递归的、数据结构是递归的或问题的解法是递归的，采用递归编写算法，既方便又有效。例如，一个不带头节点的单链表 H，求它的所有数据域之和，递归算法如下：

```
int  sum( LinkList  H )
{    if( H == NULL )   return  0;
        else    return  H->data + sum( H->next );
}
```

从上文的分析，可以总结出使用递归的两大要素：

(1)递归边界条件,确定递归到何时终止,也称为递归出口、基本项;

(2)递归模式,大问题如何分解为小问题,也称为递归体、归纳项。

基本项描述了递归过程的一个或几个终止状态,即不需要继续递归就可求值的状态。归纳项描述了从当前状态向终止状态的转换,即将复杂问题化为较简单的问题。而简单问题与复杂问题的形式是一样的,每次递归都要向终止条件靠近一步,最终达到终止条件。

在高级语言程序设计中,函数在运行期间调用另一个函数时,被调用函数在调用前,需要完成以下三件事:

(1)将所有的实参、返回地址等信息传递给被调用函数,称为“保护现场”,以便以后“恢复现场”,即调用函数的运行环境没有改变。

(2)为被调用函数的局部变量分配存储空间。

(3)将控制跳转到被调用函数的入口。

从被调用函数返回调用函数之前,系统也须完成三件事:

(1)保存被调用函数的计算结果;

(2)释放被调用函数的数据区;

(3)按照被调用函数保存的返回地址将控制跳转到调用函数。

多个函数构成嵌套调用时,按照“后调用先返回”的原则,内存实行“栈式管理”。即在整个程序运行时,系统建立一个工作栈。每当一个函数被调用时,系统会为它创建一个活动记录(或称“栈帧”),将其压入栈顶。活动记录存储着调用函数的返回地址、接收的实参、局部变量及寄存器变量等。每当从一个函数退出时(即被调用的函数运行结束时),栈顶的活动记录出栈,释放它的活动记录。可见,当前运行函数的活动记录必在栈顶。

递归函数的调用类似于多个函数的嵌套调用,只是调用函数和被调用函数是同一个函数而已。这样,出现了递归函数运行的“层次”概念。假设调用递归函数的主函数为 0 层,则从主函数调用递归函数为进入 1 层;从第 i 层递归调用本函数为进入“下一层”,即第 $i+1$ 层。反之,退出第 i 层递归应返回至“上一层”,即第 $i-1$ 层。下面以求 $n!$ 的递归函数为例,如表 3-6所示,演示在递归调用中,工作栈的运行过程。特点是进入下一层时,栈帧进栈;返回上一层时,栈帧出栈。

```
1  long int fact( int n)
2  {
3      if( n == 0 )
4          return 1;
5      else return  n * fact(n-1);
6  }
7  int  main(void)
8  {
```

```
9       int num;
10      num = fact(3);
11      return 0;
12  }
```

表 3-6　递归函数运行示意表

递归层次	被调用的函数	工作栈(返回地址,实参)	函数已执行的语句行号	说　明
1	fact(3)	▶(10, 3)	2,3,5	由主函数进入第 1 层,(10,3)进栈;fact(3)执行到行号为 5 的语句,准备调用下一层 fact(2);fact(3)上一层返回地址为 10,调用函数实参 3
2	fact(2)	▶(5, 2) (10, 3)	2,3,5	由 fact(3)进入第 2 层,(5,2)进栈;fact(2)执行到行号为 5 的语句,准备调用下一层 fact(1);fact(2)上一层返回地址为 5,实参是 2
3	fact(1)	▶(5, 1) (5, 2) (10, 3)	2,3,5	由 fact(2)进入第 3 层,(5,1)进栈;fact(1)执行到行号为 5 的语句,准备调用下一层 fact(0);fact(1)上一层返回地址为 5,实参是 1
4	fact(0)	▶(5, 0) (5, 1) (5, 2) (10, 3)	2,3,4,6	由 fact(1)进入第 4 层,(5,0)进栈;fact(0)执行结束,保存 fact(0)结果 1,准备出栈,跳到上一层返回地址处,即调用函数 fact(1)行号为 5 的语句,执行 1 * fact(0)
3	fact(1)	▶(5, 1) (5, 2) (10, 3)	5,6	(5,0)出栈,由第 4 层 fact(0)返回到第 3 层 fact(1),执行 1 * fact(0);保存 fact(1)结果 1,准备出栈,跳到上一层返回地址处,即调用函数 fact(2)的行号为 5 的语句,执行 2 * fact(1)
2	fact(2)	▶(5, 2) (10, 3)	5,6	(5,1)出栈,由第 3 层 fact(1)返回到第 2 层 fact(2),执行 2 * fact(1),保存 fact(2)结果 2;准备出栈,跳到上一层返回地址处,即调用函数 fact(3)的行号为 5 的语句,执行 3 * fact(2)
1	fact(3)	▶(10, 3)	5,6	(5,2)出栈,由第 2 层 fact(2)返回到第 1 层 fact(3),执行 3 * fact(2),保存 fact(3)结果 6;准备出栈,跳到上一层返回地址处,即调用函数 main()的行号为 10 的语句

续表

递归层次	被调用的函数	工作栈（返回地址，实参）	函数已执行的语句行号	说　明
0	main()	栈空		(10,3)出栈，由第1层fact(3)返回到第0层main()，main()继续运行

递归函数的优点：递归过程结构清晰、程序易读、正确性容易证明。缺点：时间效率低、空间开销大、算法不容易优化。

对于频繁使用的算法，或不具备递归功能的程序设计语言，需要把递归算法转换为非递归算法。

(1)采用迭代算法。

```
long  int fact2(int  n)              //用迭代算法求n!
{
  long  int x=1;   int  i;
  for(i=1;i<=n;i++)        x*=i;
  return x;
}
```

(2)尾递归的消除。

```
outputList(LinkList H)              //顺序输出不带头节点的单链表节点数据
{
p=H;                                //设局部变量p=H
  while(p){
    printf(p->data);                //输出节点的值
    p=p->next;                      //向里一层修改变量值
    }
}
```

(3)利用栈消除任何递归。

利用栈可以将一个递归函数转换成非递归的形式，其步骤大致如下：

①设置一个工作栈存放递归工作记录(包括实参、返回地址及局部变量等)。

②初始化：递归调用的程序传来的实参和返回地址进栈。

③进入递归调用入口：当不满足递归结束条件时，逐层递归，实参、返回地址及局部变量进栈，这一过程可以用循环语句来实现——模拟递归分解的过程。

④递归结束条件满足：将到达递归出口的给定常数作为当前的函数值。

⑤返回处理：在栈不空的条件下，反复退出栈顶记录，根据记录中返回地址进行题意规定

的操作,即逐层计算当前函数值,直至栈为空为止——模拟递归求值过程。

例如,阶乘问题的非递归实现算法源码扫描右侧二维码可得。

阶乘问题的非递归实现算法源码

改写后的非递归算法和原来的递归算法比较起来,结构不够清晰,可读性差,有的还需要经过一系列的优化。阶乘问题的非递归实现算法,可优化为如下代码:

```
long int fact(int n)
{
    long int  t, i;
    SeqStack  s;
     s =initStack();
     i=n;
     while(i>0)  {  pushSeqStack(s,i); i--;  }
     t=1;
     while(! isEmptyStack(s)) {  popSeqStack(s,&i);  t=t * i; }
     return t;
}
```

3.4.5　迷宫

给定一个 $M\times N$ 的迷宫图,求一条从指定入口到出口的迷宫路径。假设一个迷宫图如图 3-7 所示(这里 $M=6,N=8$)。其中空白方块表示通道,有阴影方块表示障碍物。

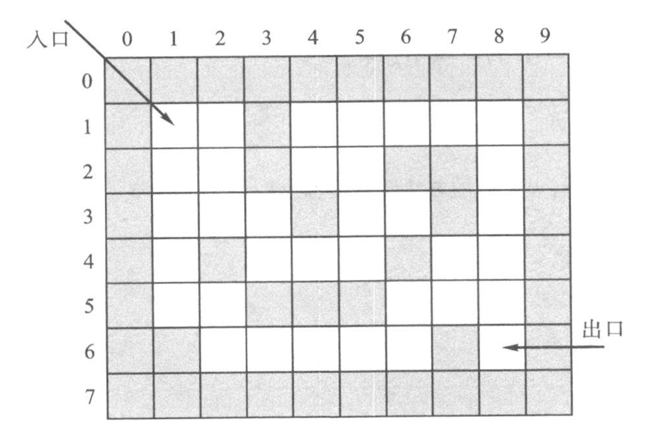

图 3-7　一个 6×8 的迷宫图

一般情况下,所求迷宫路径是简单路径,即在求得迷宫路径上不会重复出现同一方块。一个迷宫图的迷宫路径可能有多条。这些路径有长有短,这里仅考虑使用栈求出一条迷宫路径,所求出的迷宫路径,不一定是最短路径。

迷宫为 M 行 N 列，使用二维数组 maze[M][N]来表示一个迷宫。maze[i][j]=0 或 1，其中：0 表示通路，1 表示不通。当从某点向下试探时，中间点有 4 个方向可以试探，而 4 个角点有 2 个方向，其他边缘点有 3 个方向。为使问题简单化，用 maze[M+2][N+2]来表示迷宫，而迷宫四周的值全部为 1。这样，每个点的试探方向全部为 4，不用再判断当前点的试探方向有几个，同时与迷宫周围是墙壁这一实际问题相一致。

迷宫的 C 语言定义如下：

```
#define  M  6                    //迷宫的实际行
#define  N  8                    //迷宫的实际列
int maze [M+2][N+2] ;
```

假设入口坐标为(1,1)，出口坐标为(M,N)。

解决迷宫问题有两种策略：一种是深度优先策略，另一种是广度优先策略。两种策略分别使用栈和队列作为辅助数据结构。在这里采用深度优先策略。

在迷宫问题中找到路径并输出，需要解决以下三个问题。

(1)从某个方块出发，如何搜索到相邻方块。

对于迷宫中的每个方块，有上、下、左、右 4 个方块相邻，第 x 行第 y 列的当前方块位置为(x,y)，如图 3-8 所示。

规定右方方块的方位为 0，并按顺时针方向递增编号。在试探过程中，假设从方位 0 到方位 3 的方向查找下一个可走的相邻方块。为简化问题，方便求出相邻方块的坐标，从右方开始沿顺时针方向记录 4 个方向的坐标增量，并放在一个结构体数组 move 中，在数组中每个元素由两个域组成，横坐标增量 x、纵坐标增量 y，如图 3-9 所示。

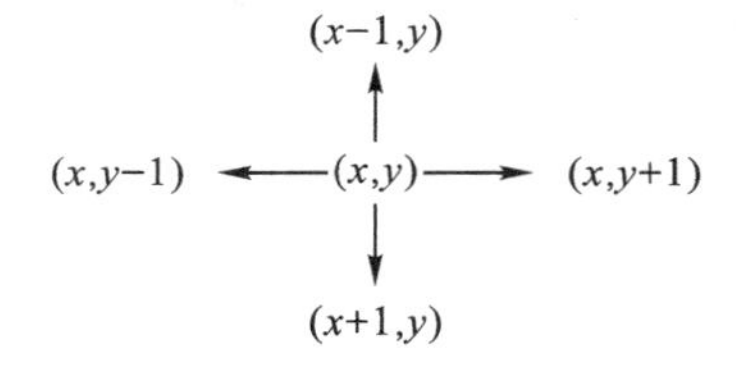

图 3-8　与(x,y)相邻的方块及其坐标

	x	y
0	0	1
1	1	0
2	0	-1
3	-1	0

图 3-9　增量数组 move

试探方向 move 数组定义如下：

```
typedef  struct
{  int x,y;
}Item ;
Item move[4] ;
```

这种设计，可以方便地求出从某点(x,y)沿某方向 v($0\leqslant v\leqslant 3$)移动，到达的相邻方块(i,j)的坐标：

```
i=x+move[v].x ;
j=y+move[v].y ;
```

(2)如何记录探索过的路径。

由于采用了回溯方法，因此，设计栈来存放路径经过的方块。当到达了某方块而无路可走时须返回前一方块，再从前一方块开始向下一个方向继续试探。因此，压入栈中的不仅有各前一方块的坐标，而且还有从前一方块去到达方块的方向。在图3-7所示迷宫中，路径经过的方块，依次进栈，其进栈次序如图3-10所示。

	top → 5,8,1
	4,8,1
	3,8,1
	2,8,1
	1,8,1
	1,7,0
	1,6,0
	1,5,0
	1,4,0
	2,4,3
	2,5,2
top → **3,5,0**	3,5,3
4,5,3	4,5,3
4,4,0	4,4,0
4,3,0	4,3,0
3,3,1	3,3,1
3,2,0	3,2,0
2,2,1	2,2,1
1,2,1	1,2,1
1,1,0	1,1,0

图3-10　栈中经过的方块

栈中每组数据是路径经过的方块坐标及该方块前进的方向。在图3-7所示迷宫中，路径为(1,1,0)→(1,2,1)→(2,2,1)→(3,2,0)→(3,3,1)→(4,3,0)→(4,4,0)→(4,5,3)→(3,5,0)。当方块从坐标(3,5)沿方向0到达方块(3,6)处。由于无路可走，就回溯(退回)到方块(3,5)处。对应的操作是出栈，沿下一个方向(即方向1)继续试探，方向1和方向2试探失败，在方向3上试探成功。因此，将(3,5,3)压入栈中，到达方块(2,5)处。

综上所述，栈中元素用三元组(x,y,d)来表示位置及方向。栈元素的设计如下：

```
typedef struct
{   int x , y , d ;                    // 横纵坐标及方向
}MazeDataType;
```

(3)如何防止重复探索某位置。

一种方法是另外设置一个标志数组mark[M][N]，数组的所有元素都初始化为0。一旦到达某个方块(i,j)之后，使mark[i][j]=1，下次再探索这个位置时就不能再走了。另一种方法是到达某个方块(i,j)后，使数组maze[i][j]=-1，以便区别没有到达过的方块。这里采用后者，防止走重复方块。

迷宫求解算法的伪代码如下：

1 初始化栈。

2 入口初始化(x=1,y=1,d=-1)，并入栈，标记进口已走过，即maze[1][1]=-1。

3 若栈不空：

　3.1 出栈，栈顶元素(x,y,d)作为当前方块；

　3.2 求出当前方块下一步要搜索方向d++；

　3.3 当前方块还有剩余搜索的方向：

　　3.3.1 获取搜索到的新方块坐标(i,j)；

　　3.3.2 若新方块位置(i,j)可走，即maze[i][j]=0：

　　　3.3.2.1 当前方块(x,y,d)进栈；

　　　3.3.2.2 新方块坐标(i,j)设置为当前方块(x,y)；

　　　3.3.2.3 修改访问标记，即maze[x][y]=-1；

3.3.2.4 若新方块(i,j)到达出口,新方块进栈,输出路径,结束算法。

3.3.3 若新方块位置(i,j)不可走,搜索下一个方向。

4 栈空,表明迷宫没有路径。

迷宫算法的C语言实现扫描右侧二维码可得。

迷宫算法源码

实际上,在使用栈求解迷宫问题时,当找到出口后输出一个迷宫路径,然后可以继续回溯搜索下一个迷宫路径。采用这种回溯方法可以找出所有的迷宫路径。

3.5 队列的概念

3.5.1 文明排队与队列的定义

在生活中,排队购物是早到的早排入队尾,早购得物品,早离开队列。生活中的许多问题也需要用排队方法来解决,例如,多个用户共享打印机,如何使用打印机?采用排队办法,先来的先打印。

排队就是讲究先来后到,遵守秩序,目的是使先来者先享受服务。在人多资源少的情况下,这是最公平的办法。

“不学礼,无以立。”公共场所有序排队,不插队、不拥挤,是基本的个人礼仪。有序排队可以让生活更有序、出行更安全,方便他人也方便自己。

自觉排队体现了一个人文明素养,同时也彰显了一座城市、一个国家的文明程度。良好的社会秩序、温馨的生活环境,离不开每个人的努力。希望我们每个人把排队变成习惯,让文明成为常态,用实际行动树立文明风貌,形成文明风气,为进一步提升我国的文明程度贡献自己的力量。

从现实生活的排队现象中,不难抽象出:先来先服务(处理)的本质特征。从数据结构的角度看,它们都属于队列的问题。

队列是也一种操作受限的线性表。队列是只允许在表的一端进行插入,在另一端进行删除的线性表。允许插入的一端称为队尾,允许删除的一端称为队头。对于队列$(a_1, a_2, \cdots, a_i, \cdots, a_n)$,则$a_1$称为队头元素,$a_n$称为队尾元素。不含任何数据元素的队列称为空队列。

队列的操作特性:先进先出(first in first out,FIFO)。队列中的元素是按照$a_1, a_2, \cdots, a_n$的次序进入队列,退出队列也只能按照这个次序依次退出。也就是说,任何时候执行出队操作的一定是最先入队的元素。对于相同的入队次序,出队的次序是唯一的。

队列只能在队尾进行插入,就意味着队列的插入位置只能是$n+1$;只能在队头进行删除,就意味着队列的删除位置只能是1。即队列不能在内部进行插入、删除。

队列是一种操作受限的线性表，队列的数据元素也具有线性关系，即元素有唯一前驱和唯一后继关系。

队列的插入也称进队、入队；队列的删除也称出队。入队、出队是队列最基本、最主要的操作。

3.5.2　队列的抽象数据类型定义

根据上节的分析，队列的抽象数据类型定义如下：

ADT Queue{

数据对象：$D=\{a_i \mid a_i \in ElemSet, i=1,2,3,\cdots,n, n \geq 0\}$

数据关系：$R=\{<a_{i-1}, a_i> \mid a_{i-1}, a_i \in D, i=1,2,3,\cdots,n\}$约定$a_n$端为队尾，$a_1$端为队头

基本操作集：

(1)initQueue( )：

输入：无；

功能：建一个空队列，并初始化栈；

输出：新建空队列。

(2)isEmptyQueue(Q)：

输入：队列Q；

功能：判断队列是否为空；

输出：如果队列为空，返回1；否则，返回0。

(3)enQueue(Q,x)：

输入：队列Q，数据元素x；

功能：在队尾插入一个元素x，队列增加了一个元素。

输出：若插入成功，返回1；否则，返回0，表示插入失败。

(4)delQueue(Q,&x)：

输入：队列Q，数据元素x的地址；

功能：删除队头元素，队头元素赋给x，队列少一个元素；

输出：如果删除成功，返回1；否则，返回0。

}ADT Queue

3.6 队列的顺序存储结构——循环队列

3.6.1 循环队列的定义

队列的顺序存储是用一组地址连续的存储单元，依次存储从队列头到队列尾的元素。例如，有一个队列(a_1，a_2，a_3，a_4，a_5，a_6)存入一维数组，其中 last 为该存储队列最后一个元素的下标，即 last 指向队尾元素，队不空时，下标 0 对应队头元素。空队时，last＝－1。在队尾插入元素 a_1，last＝0。依次插入元素 a_2，a_3，a_4，a_5，a_6后，last＝5。由于在队尾插入不需要移动数据，队尾插入操作时间复杂度为 $O(1)$。然后，在队头删除元素 a_1，需要移动其余所有数据，所以，队头操作删除时间复杂度为 $O(n)$，如图 3－11 所示。

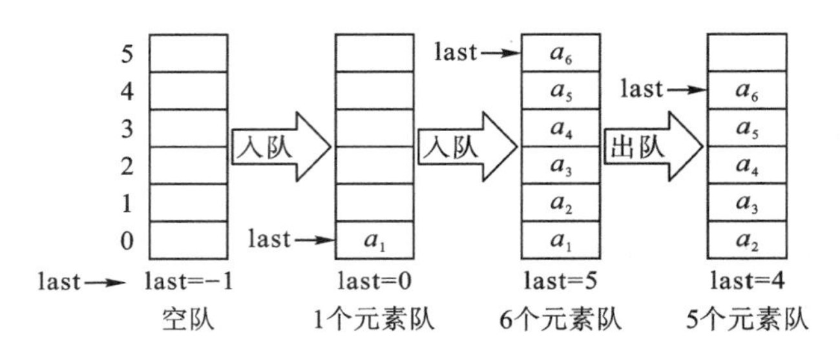

图 3－11　顺序队列的插入、删除示意图

为了提高删除效率，不再要求必须从数组下标为 0 处开始存储队列元素，而只是要求队列元素存储在数组的连续位置即可。这样，队头删除就不移动数据，删除时间复杂度为 $O(1)$。随着队头删除元素的进行，队头不断向后(下标较大方向)移动。因此，设置队头、队尾两个指针，并且约定：队头指针 front 指向队头元素的前一个位置，队尾指针 rear 指向队尾元素。此时入队和出队操作的时间复杂度都是 $O(1)$，如图 3－12 所示。

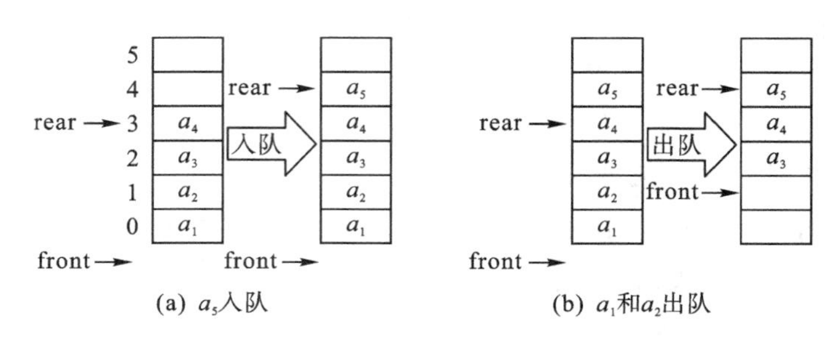

图 3－12　带队头、队尾指针的顺序队列的入队和出队操作

但是这种“队尾入队头出”的方法会产生一个新问题：随着队列入队和出队的进行，整个队列向数组中下标较大的位置移动。当队尾指针已经移到了最后(数组下标的最大值)，再有元

素入队就会产生溢出。而事实上，此时队列中的低端位置还有空间，这种现象叫“假溢出”。比如元素 a_6 入队后，元素 a_7 就无法入队，如图 3－13 所示。

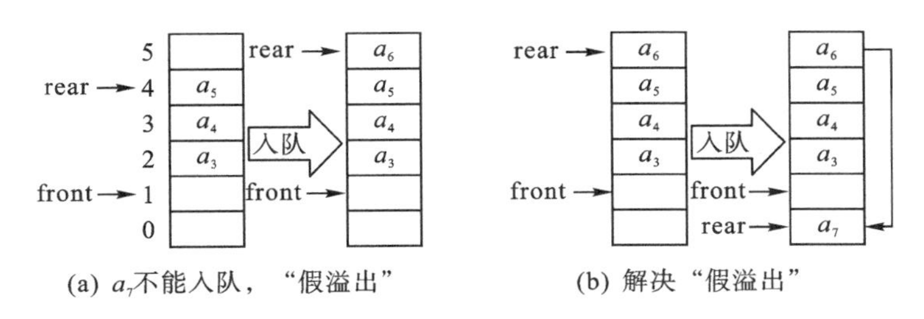

图 3－13　循环队列的“假溢出”问题

可以看出，在出现“假溢出”时，队尾指针指向数组的最大下标，另一端还有若干个空位置。解决的办法是把存储队列的数组看成头尾相连的循环结构，即允许队列直接从数组中下标最大的位置延续到下标最小的位置，这可通过下列两种方法实现。

（1）条件语句：

```
if(rear＋1＞ 5)  rear＝0;
else   rear＋＋;
```

（2）取模运算：

```
rear ＝ (rear＋1) % 6;
```

通常采用取模运算实现队列的首尾相接。队列的这种首尾相接的顺序存储结构称为循环队列。

3.6.2　循环队列的 C 语言实现

循环队列的 C 语言数据类型定义如图 3－14 所示。

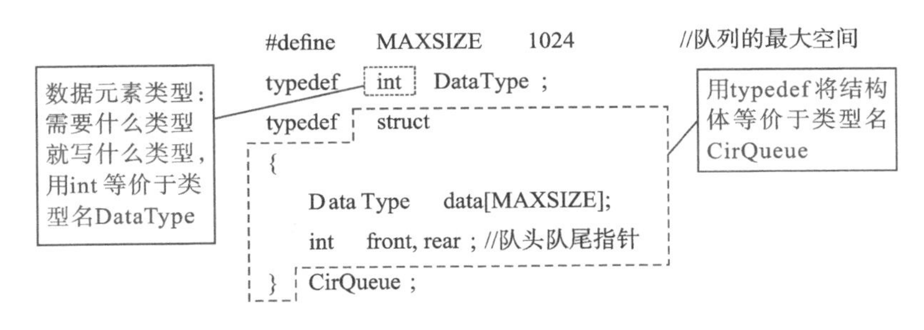

图 3－14　循环队列类型 CirQueue

定义了循环队列类型，接着定义循环队列类型的变量（或指向循环队列的指针变量）：

```
CirQueue   q ;
```

这样，q 是一个循环队列的变量，它有一个数组 data[MAXSIZE]和 front、rear 变量。此刻，数组 data[MAXSIZE]和 front、rear 变量都没有存储任何有效数据。

这时,需要初始化数组,设置空循环队列。由于数组下标在 0～MAXSIZE－1 之间,所以可将 front 和 rear 初始化为数组的某一端。设置空循环队列语句如下:

```
q.front = q.rear=MAXSIZE-1;
```

或

```
q.front = q.rear=0;
```

假设队列中只有一个元素,如图 3 - 15 所示,执行出队操作,则队头指针加 1 后与队尾指针相等,即队空的条件是 front = rear。

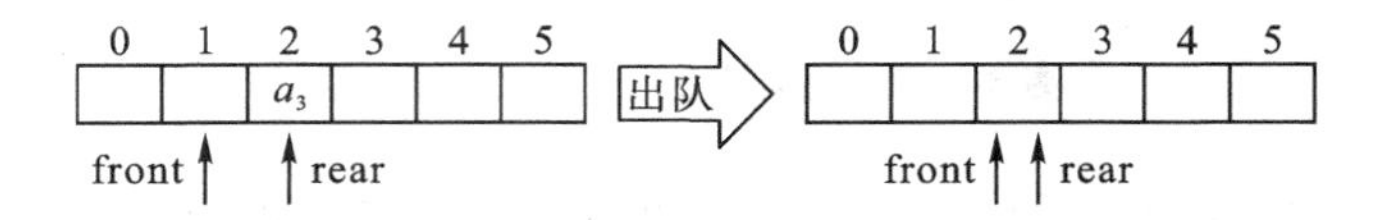

图 3 - 15　循环队列队空的判定

假设数组中只有一个空闲单元,如图 3 - 16 所示,执行入队操作,则队尾指针加 1 后与队头指针相等,则队满的条件也是 front = rear。

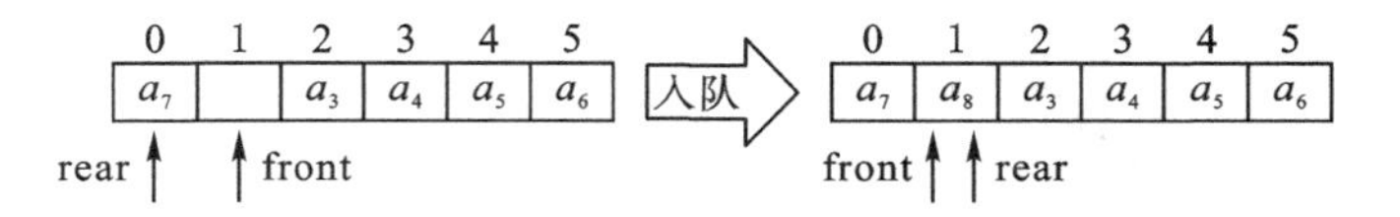

图 3 - 16　循环队列队满的判定

从上面分析可以看出,队满和队空的条件相同,都是 front = rear。这样,就无法通过这个条件来区分队空和队满。

通常有三种办法解决这个问题。第一,设置标志位 flag。当 front = rear 且 flag=0 时为队空;当 front = rear 且 flag=1 时为队满。

第二,设置一个变量 num,存储队列中元素的个数。当 num=0 时为队空;当 num=MAXSIZE 为队满。

或者,设置队列元素个数变量 num,保留队头指针 front,舍弃队尾指针 rear。队尾指针计算方法为:rear=(front+num)%MAXSIZE。同样,当 num=0 时为队空;当 num=MAX-SIZE 为队满。

第三,保留队空的条件,修改队满的条件。以(rear+1)%MAXSIZE=front 作为队满条件,也就是说尝试入队一次,若达到队头,就认为队满了,不能再入队。这样,循环队列会浪费一个元素的空间,该队列在任何时候最多只能有 MAXSIZE－1 个元素,如图 3 - 17 所示。

图 3 - 17　循环队列中(rear+1)%MAXSIZE=front 作为队满条件示意图

3.6.3　从顺序队列到循环队列谈大国工匠精神

工匠精神是一丝不苟、精益求精的精神。所谓精益求精，是指已经做得很好了，还要求做得更好，“即使做一颗螺丝钉也要做到最好”。重细节、追求完美是工匠精神的关键要素。

队列的顺序存储结构是由数组实现的，数组下标为0的一端是队头，这样的队列是能够实现队列的入队、出队等操作的。只是删除队头元素时，由于需要移动队列元素，造成删除操作的时间复杂度为$O(n)$，效率不高。

能够实现所有的操作功能，只有1个删除操作效率不理想。可以说这个算法设计完成得差不多了，即使没有实现100%满意，也达到90%了。早期算法设计工作者并不满足，没有“差不多就行了”的思想。为了提高删除操作效率，设置队头指针，使队头不固定在数组下标为0的一端。这样，提高了队列删除操作效率，使其时间复杂度为$O(1)$。

解决了效率问题，却产生了“假溢出”问题。早期算法设计工作者没有放弃，而是追求完美，提出了循环队列的解决方案。解决了“假溢出”问题，却又出现了无法区分判空和判满的情况。新问题的出现没能阻止算法设计工作者精益求精和追求极致，他们又提出了计数器、标志位、浪费1个空间等多种解决方案。

一端固定的顺序队列—顺序队列—循环队列—解决判空和判满的循环队列的探索历程，较好地体现了早期算法设计工作者追求完美和极致，对实现高效率算法的执着和追求精神。

古语云：“玉不琢，不成器。”对产品精心打造是工匠精神具体体现。学习数据结构与算法就是学习如何设计算法、分析算法、改进算法，目的是改善算法的时间复杂度和空间复杂度，即不断精心打造算法，提高算法的效率。学习数据结构与算法，不仅是数据结构与算法知识的学习，而且也是工匠精神的学习与体验。

因此，从学习数据结构与算法课程来说，同学们只有认真学习，注重细节，执着追求算法完美和极致，将一丝不苟、精益求精的工匠精神融入算法设计的每一个环节，才能设计出打动人心的高效率算法。

目前，我国制造业存在资源能源消耗大、利用效率低等问题，多少与工匠精神稀缺、“差不多精神”泛滥有关。要实现制造大国向制造强国的转变，需要培养大批拥有工匠精神的技能人才。

希望同学们顺应时代潮流，从我做起，脚踏实地，注重细节，精雕细琢，追求完美，追求极致，成为一颗颗大国工匠的种子，让工匠精神在新时代发扬光大，开花、结果，成为我们的民族气质和精神气质，为实现中华民族伟大复兴贡献自己的力量。

3.6.4 循环队列的基本操作

1. 创建空循环队列

创建一个空循环队列 q，将 front 和 rear 指针均设为初始状态，即 q－＞front＝q－＞rear＝0。

```
CirQueue * initCirQueue()
{
    CirQueue  *q;
    q=(CirQueue *)malloc(sizeof(CirQueue));
    q->front=q->rear=0;
    return q;
}
```

2. 判断循环队列是否为空

若循环队列为空返回 1，否则返回 0。

```
int isEmptyCirQueue(CirQueue *q)
{
    if (q->front== q->rear) return 1;
    else return 0;
}
```

3. 入队

在循环队列不满的条件下，先将队尾指针循环加 1，然后将元素插到该位置。

```
int enCirQueue(CirQueue *q, DataType  x)
{
    if( (q->rear+1)%MAXSIZE == q->front)  return 0;      //队满
    q->rear = (q->rear + 1)%MAXSIZE;
    q->data[q->rear]=x;
    return 1;
}
```

4. 出队

在循环队列 q 不空的条件下，将队头指针循环加 1，取出该位置的元素。

```
int delCirQueue(CirQueue *q, DataType  *x)
{
    if( q->front== q->rear )  return 0;                  //队空
```

```
    q->front = (q->front + 1) % MAXSIZE;
    *x=q->data[q->front];
    return 1;
}
```

循环队列基本操作的时间复杂度均为 $O(1)$。

3.7　队列的链式存储结构——链队列

3.7.1　链队列的定义及实现

队列中数组元素的逻辑关系是线性关系，所以队列可以采用链式存储。采用链式存储的队列称为链队列。

这里采用带头节点的单链表来实现链队列。设置队头指针和队尾指针，队头指针指向链队列的头节点，即队头指针就是单链表的头指针，队尾指针指向尾节点，如图 3－18 所示。

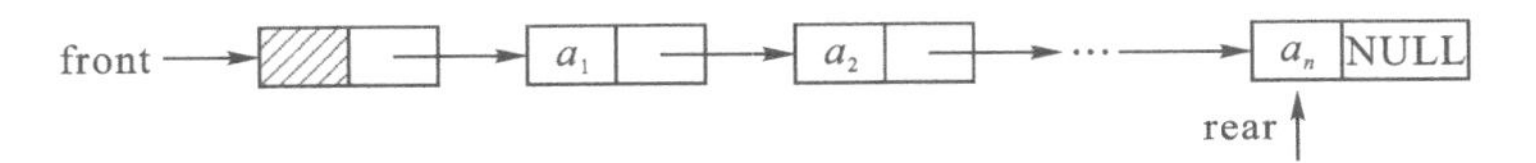

图 3－18　链队列的存储示意图

链队列的头指针 front 和尾指针 rear 是两个独立的指针变量，从结构性上考虑，通常将二者封装在一个结构中。

链队列的 C 语言数据类型定义如图 3－19 所示。

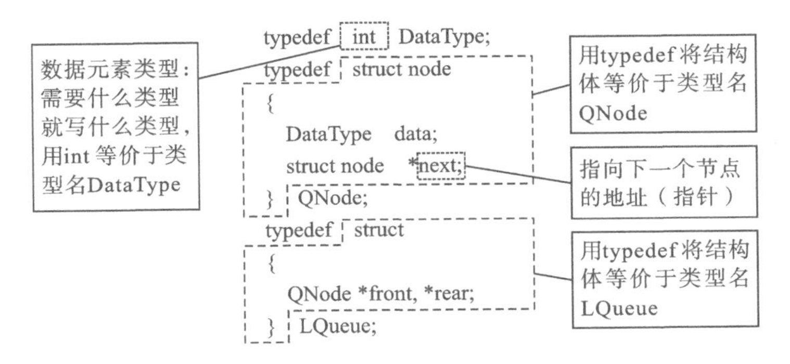

图 3－19　链队列节点类型 QNode 和链队列的链头节点类型 LQueue

带链头节点的链队列的示意图如图 3－20 所示。

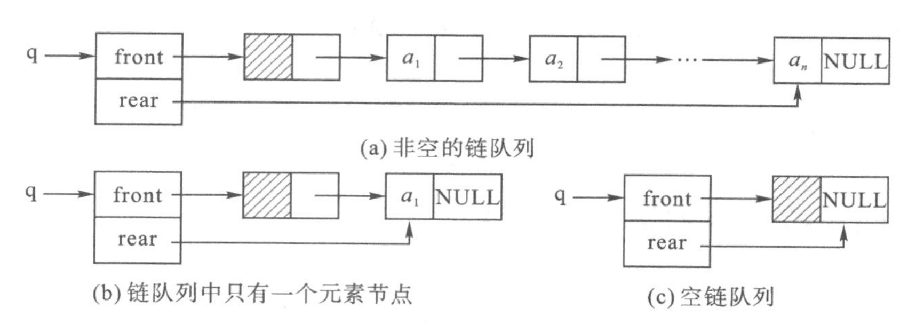

图 3-20　头尾指针封装在一起的链队列

3.7.2　链队列的基本操作

1. 创建链队列

创建一个空队，即创建一个链队列的链头节点和头节点，其中置头节点的 next 域为空，链头节点的 front 和 rear 指向头节点。

```
LQueue  * initLQueue()
{
    LQueue  * q;
    QNode  * p;
    q=(LQueue  * )malloc(sizeof(LQueue));
    p=(QNode  * )malloc(sizeof(QNode));
    p->next=NULL;
    q->front=q->rear=p;
    return q;
}
```

2. 判断链队列是否为空

链队列为空时返回 1，否则返回 0。

```
int  isEmptyLQueue( LQueue  * q)
{
    if (q->front==q->rear)   return 1;
    else  return 0;
}
```

3. 入队

创建一个新节点，插入链队列队尾后，并让 rear 指向它，如图 3-21 所示。注意，链队列不需要判断队满情况。

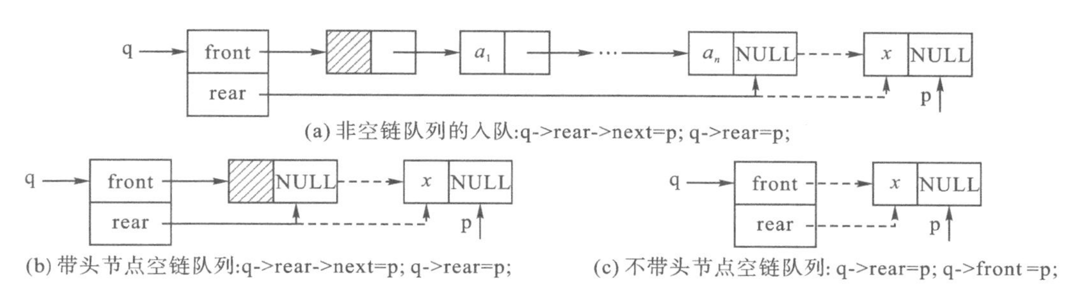

图 3－21　链队列的入队示意图

可见，为了让空链队列和非空链队列使用一样的入队操作，链队列需要带头节点。

```
void enLQueue(LQueue *q , DataType  x)
{
QNode *p;
    p=(QNode * )malloc(sizeof(QNode));
    p->data=x;
    p->next=NULL;
    q->rear->next=p;
    q->rear=p;
}
```

4. 出队

在链队列不空的情况下，将链队列中第 2 个元素的地址挂到头节点的 next 域。释放第一个节点时，如果链队列中只有一个节点（也是尾节点），需置队列为空，如图 3－22 所示。

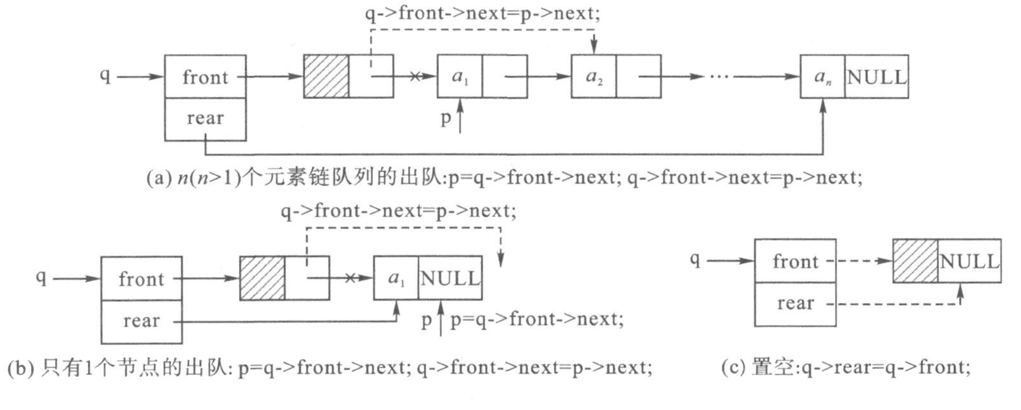

图 3－22　链队列的出队示意图，需考虑只有 1 个元素的情况

```
int delLQueue(LQueue *q , DataType  *x)
{
    QNode *p;
```

```
    if (isEmptyLQueue(q) )
    {
        printf ("The LQueue is empty");
        return 0;
    }
    p=q->front->next;
    q->front->next=p->next;
    *x=p->data;
    free(p);
    if (q->front->next==NULL)    q->rear=q->front;
    return 1;
}
```

链队列基本操作的时间复杂度都为 $O(1)$。

同步训练与拓展训练

一、同步训练

1. 队列的删除操作是在(　　)进行。

A. 队首　　B. 队尾　　C. 队前　　D. 队后

2. 栈和队列的共同点是(　　)。

A. 都是先进先出　　B. 都是先进后出

C. 只允许在端点处插入和删除元素　　D. 没有共同点

3. 当利用大小为 n 的一维数组顺序存储一个循环队列时,该队列的最大长度为(　　)。

A. $n-2$　　B. $n-1$　　C. n　　D. $n+1$

4. 数组 Q[n]用来表示一个循环队列,f 为当前队列头元素的前一位置,r 为队尾元素的位置,假定队列中元素的个数小于 n,计算队列中元素个数的公式为(　　)。

A. r−f　　B. (n+f−r)%n　　C. n+r−f　　D. (n+r−f)%n

5. 最大容量为 n 的循环队列,假定 front 和 rear 分别为队头指针和队尾指针,则判断队空的条件为(　　)。

A. rear%n= = front　　B. front+1= rear

C. rear= = front　　D. (rear+1)%n= front

6. 最大容量为 n 的循环队列,假定 front 和 rear 分别为队头指针和队尾指针,则判断队满的条件为(　　)。

A. rear%n= = front　　B. (front+1)%n= = rear

C. rear%n −1= = front　　D. (rear+1)%n= = front

7.（2009 年真题）为解决计算机主机与打印机间速度不匹配问题，通常设一个打印数据缓冲区。主机将要输出的数据依次写入该缓冲区，而打印机则依次从该缓冲区中取出数据。该缓冲区的逻辑结构应该是（　　）。

A. 队列　　B. 栈　　C. 线性表　　D. 有序表

8. 循环队列存储在数组 A[0…m]中，则入队时的操作为（　　）。

A. rear＝rear＋1　　B. rear＝(rear＋1)％(m－1)

C. rear＝(rear＋1)％m　　D. rear＝(rear＋1)％(m＋1)

9. 设栈 S 和队列 Q 的初始状态为空，元素 e1、e2、e3、e4、e5 和 e6 依次进入栈 S，一个元素出栈后即进入队列 Q，若 6 个元素出队的序列是 e2、e4、e3、e6、e5 和 e1，则栈 S 的容量至少应该是（　　）。

A. 2　　B. 3　　C. 4　　D. 6

10.（2010 年真题）设栈 S 和队列 Q 的初始状态均为空，元素 a,b,c,d,e,f,g 依次进入栈 S。若每个元素出栈后立即进入队列 Q，且 7 个元素出队的顺序是 b,d,c,f,e,a,g，则栈 S 的容量至少是（　　）。

A. 1　　B. 2　　C. 3　　D. 4

11.（2010 年真题）某队列允许在其两端进行入队操作，但仅允许在一端进行出队操作。若元素 a,b,c,d,e 依次进入此队列后再进行出队操作，则不可能得到的出队序列是（　　）。

A. b,a,c,d,e　　B. d,b,a,c,e　　C. d,b,c,a,e　　D. e,c,b,a,d

12.（2014 年真题）循环队列放在一维数组 A[0…M－1]中，end1 指向队头元素，end2 指向队尾元素的后一个位置。假设队列两端均可进行入队和出队操作，队列中最多能容纳 M－1 个元素，初始时为空。下列判断队空和队满的条件中，正确的是（　　）。

A. 队空：end1 ＝＝ end2；队满：end1 ＝＝ (end2＋1)％ M

B. 队空：end1 ＝＝ end2；队满：end2 ＝＝ (end1＋1)％ (M－1)

C. 队空：end2 ＝＝ (end1＋1)％ M；队满：end1 ＝＝ (end2＋1)％ M

D. 队空：end1 ＝＝ (end2＋1)％ M；队满：end2 ＝＝ (end1＋1)％ (M－1)

13. 若用一个大小为 6 的数组来实现循环队列，且当前 rear 和 front 的值分别为 0 和 3，当从队列中删除一个元素，再插入两个元素后，rear 和 front 的值分别为（　　）。

A. 1 和 5　　B. 2 和 4　　C. 4 和 2　　D. 5 和 1

14. 假设以数组 A[60]存放循环队列的元素，其头指针是 front＝47，当前队列有 50 个元素，则队列的尾指针值为（　　）。

A. 3　　B. 37　　C. 50　　D. 97

15. 带头节点的链队列 q 为空的条件是（　　）。

A. q－>front ＝＝ NULL　　B. q－>rear ＝＝ NULL

C. q－>front ＝＝ q－>rear　　D. q－>front ！＝ q－>rear

16.(2021 年真题)已知初始为空的队列 Q 的一端仅能进行入队操作,另外一端既能进行入队操作又能进行出队操作。若 Q 的入队序列是 1,2,3,4,5,则不能得到的出队序列是(　　)。

A. 5,4,3,1,2　　B. 5,3,1,2,4　　C. 4,2,1,3,5　　D. 4,1,3,2,5

17.(2018 年真题)现有队列 Q 与栈 S,初始时 Q 中的元素依次是 1,2,3,4,5,6(1 在队头),S 为空。若仅允许下列三种操作,①出队并输出出队元素;②出队并将出队元素入栈;③出栈并输出出栈元素。则不能得到的输出序列是(　　)。

A. 1,2,5,6,4,3　　B. 2,3,4,5,6,1　　C. 3,4,5,6,1,2　　D. 6,5,4,3,2,1

18. 用链接方式存储队列,在进行删除运算时(　　)。

A. 仅修改头指针　　B. 仅修改尾指针

C. 头、尾指针都要修改　　D. 头、尾指针可能都要修改

二、拓展训练

1. 执行下面函数调用后得到的输出结果是什么?

```
void AF(CirQueue  Q)
   {   int  x;
       CirQueue   * Q=initCirQueue( );
       int  a[4] = { 5,8,12,15 };
       for ( int  i=0;  i<4;  i++ )  QInsert(Q,a[i]);
       {   x = delCirQueue(Q,&x);   enCirQueue(Q,x);   }
       enCirQueue(Q,30);
       x = delCirQueue(Q,&x);
       enCirQueue(Q,x+10);
       while ( ! isEmptyCirQueue(Q) ){ x = delCirQueue(Q,&x);  printf(" %d",x); }
   }
```

2. 设计算法,队列(a_1, a_2, …,a_{m-1}, a_m, a_{m+1},…, a_n)左循环 m 位,即形成队列(a_m, a_{m+1}, …, a_n, a_1, a_2, …,a_{m-1})。

3. 设计算法,将队列(a_1, a_2, …,a_i, …, a_j,…, a_n)从第 i 位开始到第 j 位结束的元素截取出来,形成新队列(a_i,a_{i+1}, …,a_{j-1}, a_j)。

4. 设计算法,利用栈实现队列元素的逆置。

5. 有两个队列 Q1 和 Q2,其中 Q1 已有内容,Q2 已经初始化,设计算法,实现将 Q1 的内容复制给 Q2。

6. 假设称正读和反读都相同的字符序列为“回文”,例如,“abba”和“abcba”是回文,“abcde”和“ababab”则不是回文。试设计算法判别读入的一个以‘\0’为结束符的字符序列是否

是“回文”。要求:使用一个队列和一个栈来实现。

7. 假设以数组Q[m]存放循环队列中的元素,同时设置一个标志tag,以tag==0和tag==1来区别在队头指针(front)和队尾指针(rear)相等时,队列状态为“空”还是“满”。试编写与此结构相应的插入(enqueue)和删除(dlqueue)算法。

8. 如果允许循环队列的两端都可以进行插入和删除操作。要求:

(1)写出循环队列的类型定义;

(2)写出“从队尾删除”和“从队头插入”的算法。

9. 假设将循环队列定义为以域变量rear和length分别指示循环队列中队尾元素的位置和内含元素的个数。试给出此循环队列的队满条件,并写出相应的入队和出队算法(在出队的算法中要返回队头元素)。

10. 假设以带头节点的循环链表表示队列,并且只设一个指针指向队尾元素节点(注意不设头指针),试编写相应的置空队、判队空 、入队和出队等算法。

11. (2019年真题)请设计一个队列,要求满足:①初始时队列为空;②入队时,允许增加队列占用空间;③出队后,出队元素所占用的空间可重复使用,即整个队列所占用的空间只增不减;④入队操作和出队操作的时间复杂度始终保持为$O(1)$。请回答下列问题:

(1)该队列是应选择链式存储结构,还是应选择顺序存储结构?

(2)画出队列的初始状态,并给出判断队空和队满的条件。

(3)画出第一个元素入队后的队列状态。

(4)给出入队操作和出队操作的基本过程。

同步训练与拓展训练
参考答案

3.8　队列的应用

3.8.1　报数出圈游戏

设有编号为1,2,3,…,n的$n(n>0)$个人围成一个圈。每个人持有一个密码m,从第一个人开始报数,报到m时停止报数,报m的人出圈。再从他的下一个人开始重新报数,报到m时停止报数,报m的人出圈。如此下去,直到所有的人全部出圈。当任意给定n和m后,设计算法,求n个人出圈的次序。

这个题可以使用顺序表去求解,也可以使用循环链表去求解。这里使用循环队列数据结构进行算法设计,设计思路也比较简单直接。

n个人围成一个圈，不难抽象出循环队列数据结构，每个人的编号看成队列的一个数据元素。报数工作通过设置计数器变量来实现，出圈看成出队，进圈看成入队。

算法的伪代码如下：

1 初始化循环队列。

2 n 个人全部入队。

3 计数器 count=0。

4 若队不空：

  4.1 计数器 count++，即报数；

  4.2 出队；

  4.3 若报数不是 m，重新入队；

  4.4 若报数是 m，不再入队，输出编号，计数器置 0，即 count=0。

5 队空，算法结束。

算法的 C 语言实现如下：

```
int main()
{
    CirQueue *q;
    int i,count,m,n,x;
    q = initCirQueue();
    scanf("%d%d",&m,&n);
    if(m <= 0 || n <= 0) printf("ERROR");
    for(i=1;i<=n; i++)     enCirQueue(q, i);
    count = 0;
    while( ! isEmptyCirQueue(q) )
    {
        count++;
        delCirQueue( q, &x);
        if( count%m != 0 ) enCirQueue(q,x);
        else
        {
            printf( "%d ",x );
            count = 0;
        }
    }
```

```
    return 0;
}
```

思考：如果每个人所持密码互不相同，重新报数时使用出队人的密码 m。这样，队伍中的人不知道什么时候停止报数，游戏会更加有趣。请修改程序，实现上述功能。

3.8.2　迷宫

使用栈对迷宫进行深度优先搜索，可以找到一条从入口到出口的路径，但这条路径不一定是最短路径。而使用队列对迷宫进行广度优先搜索，则可以找到一条从入口到出口的最短路径。

广度优先搜索的基本思想：从迷宫入口点出发，向四周搜索，保存前进一步就能到达的所有坐标点。然后依次从这些点出发，再保存前进一步能到达的所有坐标点。依次类推，直至到达迷宫的出口点。然后从出口点沿着搜索路径回溯至入口，这样就找到了一条迷宫的最短路径。否则迷宫无路径。

对于如何表示迷宫的数据结构、如何搜索相邻方块、如何防止重复探索某位置等问题，使用队列时的解决方法与使用栈的方法相同，所不同的是如何存储搜索路径。在搜索过程中必须保存每一个可到达的坐标点，以便从这些点出发，继续向四周搜索。由于先到达的坐标点先进行搜索，所以设计一个先进先出队列，保存这些到达的坐标点。也就是说，利用队列先进先出的特点，一层一层向外扩展，查找可走的方块，直到找到出口为止。

假设入口方块(1,1)有两个相邻方块 $a_1(i_1, j_1)$ 和 $a_2(i_2, j_2)$，a_1 和 a_2 是入口方块的一层扩展。同样 a_1 的一层扩展是相邻方块 $a_3(i_3, j_3)$ 和 $a_4(i_4, j_4)$，a_2 的一层扩展是相邻方块 $a_5(i_5, j_5)$ 和 $a_6(i_6, j_6)$。依次类推，直至某个方块是迷宫的出口点，如图 3-23 所示，(i_n, j_n) 方块是出口方块。

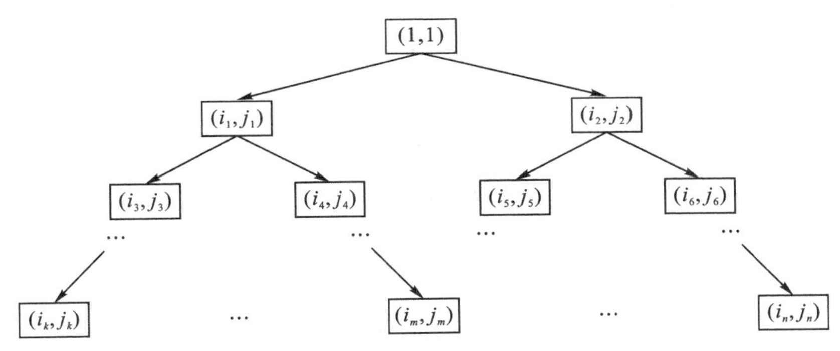

图 3-23　队列的广度优先搜索示意图

采用结构体数组存储队列，附设队头指针 front 和队尾指针 rear。由于迷宫中的每个方块至多被访问(走过)一次，所以结构体数组的大小为 $M \times N$。到达迷宫出口后，为了能够从出口沿着搜索路径回溯到入口。对于每一方块，在保存坐标点的同时，还要保存到达该点的前驱方块。因此，结构体数组的元素由三个域构成，x、y 和 pre，其中 x、y 分别为到达方块的坐标，pre 为前驱方块在数组中的下标。这样，迷宫使用队列表示的 C 语言实现如下：

```
#define  M  6                      //迷宫的实际行
#define  N8                        //迷宫的实际列
#define NUM   M*N
typedef struct
{
    int x,y;                       //到达方块在迷宫中的坐标点
    int pre;                       //前驱方块在数组中的下标
}SqNode;
SqNode  sq[NUM];                   //顺序队列
```

初始状态，队列中只有一个元素，记录的是入口的坐标，因为该坐标是出发点，因此没有前驱，pre 域设为－1。队头指针 front 和队尾指针 rear 均指向它。

```
front = rear = 0;
sq[0].x=1; sq[0].y=1; sq[0].pre=-1;
```

该迷宫算法的伪代码如下：

1 建立队列，设置队头指针 front 和队尾指针 rear 等于 0。

2 入口初始化(x=1,y=1,pre=-1)，并入队，标记入口已走过，即 maze[1][1]=-1。

3 若队列不空：

  3.1 取队头方块作为当前方块；

  3.2 当前方块沿四个方向搜索：

    3.2.1 获取搜索到的新方块坐标(i,j)；

    3.2.2 若新方块位置(i,j)可走，即 maze[i][j]=0：

      3.2.2.1 新方块(i,j)入队；

      3.2.2.2 修改新方块访问标记，即 maze[i][j]=-1。

    3.2.3 若新方块(i,j)到达出口，输出路径，结束算法。

  3.3 当前方块方向搜索结束，出队，即队头指针 front++。

4 队空，表明迷宫没有路径。

该迷宫算法的 C 语言实现扫描右侧二维码可得。

对图 3－7 所示迷宫，执行上述算法后，搜索路径和队列中的数据如图 3－24所示。

迷宫算法源码

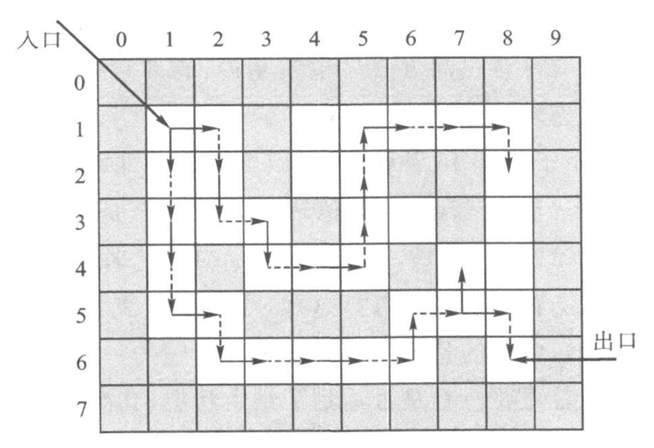

(a) 迷宫广度优先搜索（逐层向外扩展）示意图

	0	1	2	3	4	5	6	7	8	9	10	11	12	13	14	15	16
x	1	1	2	2	3	3	4	3	5	4	5	4	6	4	6	3	6
y	1	2	1	2	1	2	1	3	1	3	2	4	2	5	3	5	4
pre	−1	0	0	1	2	3	4	5	6	7	8	9	10	11	12	13	14

	17	18	19	20	21	22	23	24	25	26	27	28	29	30	31	32	…
x	3	2	6	2	1	6	1	1	5	1	5	1	5	4	2	6	
y	6	5	5	4	5	6	4	6	6	7	7	8	8	7	8	8	
pre	15	15	16	18	18	19	20	21	22	24	25	26	27	27	28	29	

(b) 执行迷宫算法后，队列中的数据

图 3－24　迷宫搜索过程中搜索路径和队列的状态示意图

运行结果：(6,8,29)<——(5,8,27)<——(5,7,25)<——(5,6,22)<——(6,6,19)<——(6,5,16)<——(6,4,14)<——(6,3,12)<——(6,2,10)<——(5,2,8)<——(5,1,6)<——(4,1,4)<——(3,1,2)<——(2,1,0)<——(1,1,−1)<—— path

注：算法所使用的队列是顺序队列，不是循环队列。队列中保存着探索到的路径序列，循环队列会把先前得到的路径序列覆盖掉。

3.8.3　农夫过河

一位农夫带着一匹狼、一只羊和一筐白菜过河，他要自己划船从河的北岸到南岸。人不在时，狼会吃羊，羊会吃白菜。只有人会划船并且每次只能带一个对象过河。问农夫怎样才能将它们安全地运到南岸？要求给出一种可行方案。

这个问题也有多种解法，这里用队列去求解。首先要建立一个模型描述这四个对象过河的场景。四个对象是否过河，取决于这四个对象位置。如果四个对象位置都在南岸，表明已经过河，否则没有过河。对象的位置只有两个，南岸或北岸，可以用 0 代表北岸，1 代表南岸。这样，用 4 位二进制数代表四个对象的位置状态。以（人狼羊菜）四元组的形式表示。例如(1111)代表都在南岸，(0000)代表都在北岸，(1010)代表人和羊在南岸而狼和菜在北岸。4 位二进制数总共有 16 种状态。

过河就是从初始状态(0000)转化为结束状态(1111)。而状态的改变是由农夫来决定的，农夫从北岸到南岸，就意味着他那一位二进制数从 0 变为 1。或者说，哪位二进制数取反了，就代表哪个对象过河了。其他对象不能单独过河，必须和农夫一起过河。这样，有 4 种过河方式。再考虑过河的方向，就有 8 种过河方式。也就是说，有 8 种过河方式能改变状态。例如，农夫带羊从北岸到南岸，状态转换用(0000)→(1010)表示。

如何记录中间状态？由于只有 16 种状态，所以可以用一维数组 status[16]表示。数组下标代表状态，一个下标代表一种状态，数组的值表示这种状态是从哪种状态转换过来的。例如，status[15]=9 代表(0101)→(1111)。数组 status 初始化时，status[j]=−1($j=0,1,2,\cdots,15$)，表示还没有哪个状态转换到本状态。这样，当到达结束状态(1111)时，可以通过数组反向回推到初始状态(0000)，中间的状态则是农夫过河问题的一个解。

每次生成一个新状态，首先要检查是否达到了结束状态，其次要检查是否是安全状态。安全状态就是不会产生狼吃羊、羊吃白菜的情况。分析 16 种状态，下列状态是不安全的。

(1)在农夫不在的情况下，狼和羊在同一侧岸上。

(2)在农夫不在的情况下，羊和白菜在同一侧岸上。

如果状态安全，没有到结束状态且没有在队列中出现过，则将该状态插入队列，否则将该状态丢弃。

农夫过河算法的伪代码如下：

1 初始状态(0000)入队。

2 当队不空且没有到达结束状态时，循环以下操作：

  2.1 队头状态出队；

  2.2 按照农夫一个人过河，农夫分别带三个对象过河(8 种方式)，循环以下操作：

    2.2.1 如果农夫和它们在同一侧岸上，则计算新状态；

    2.2.2 如果新状态是安全的，并且没有处理过的，则更新数组 status，并将新状态入队。

3 当状态为结束状态时，逆向输出数组 status；否则，无解。

农夫过河算法的 C 语言实现扫描右侧二维码可得。

农夫过河算法源码

第 4 章　字符串

4.1　字符串的概念

串(string)是由零个或多个字符组成的有限序列。一般记为：

$$S="s_1 s_2 s_3 \cdots s_n"$$

其中，S 是串名，双引号作为串的定界符，不属于串的内容；用双引号引起来的字符序列是串值。$s_i(1\leqslant i\leqslant n)$表示取自某个字符集的任意一个字符，序号 i 称为字符 s_i 在串中的位置，n 为串的长度。

串是字符类型的有限序列。根据线性表的定义可知，串是一种线性表。其数据元素——字符，除第一个和最后一个外，每个字符都有唯一的前驱和后继。

但是，串是一种特殊的线性表，其特殊性在于串的操作对象一般是字符串，不是串的数据元素——字符。另外，字符串的数据元素是字符，且取自某个字符集。因此，把字符串作为一种数据结构来研究。

根据串中存储字符的数量及特点，对特殊的串进行了规定。

空串：当 $n=0$ 时，称为空串(empty string)，记作""或∅。

空格串：只包含空格字符的串。例如 S = " "(包含 2 个空格的串)。

主串和子串：串中任意个连续的字符组成的子序列称为该串的子串(substring)，包含子串的串相应地称为主串，子串的第一个字符在主串中的序号称为子串的位置。

假设有两个串 x="abcef"和 y="ab"，串 x 中找到与串 y 完全相同的字符 ab，称串 x 是串 y 的主串，串 y 是 x 的子串。

规定：空串是任意串的子串，任意串是其自身的子串。

串相等：如果两个串的长度相等并且对应位置的字符都相等，则称这两个串相等。

串比较：给定两个串：$X="x_1 x_2 \cdots x_n"$和 $Y="y_1 y_2 \cdots y_m"$，则：

(1)当 $n=m$ 且 $x_1=y_1,\cdots,x_n=y_m$ 时，称 $X=Y$；

(2)当下列条件之一成立时，称 $X<Y$：

①$n<m$ 且 $x_i=y_i(1\leqslant i\leqslant n)$；

②存在 $k\leqslant \min(m,n)$，使得 $x_i=y_i(1\leqslant i\leqslant k-1)$且 $x_k<y_k$。

注意:(1)空格串和空串不同,空格串中含有字符,都是空格;空串则没有。

(2)在主串和子串关系中,只有串 y 整体出现在串 x 中,才能说 y 是 x 的子串,反之则不属于主串和子串关系。例如"abcdef"和"abe" 就不是主串和子串的关系。

串的抽象数据类型描述如下:

ADT String

{

数据对象:$D = \{a_i \mid a_i \in$ 字符集$, 1 \leqslant i \leqslant n, n \geqslant 0\}$

数据关系:$R = \{< a_i, a_{i+1} > \mid a_i, a_{i+1} \in D, i = 1, \cdots, n-1\}$

基本操作集:

StrAssign (s,v):

输入:字符串常量 v;

功能:将 v 的串值赋给 s;

输出:生成串值为 v 的串 s。

StrLength(s):

输入:字符串 s;

功能:求字符串 s 的长度;

输出:串 s 中字符的个数。

StrConcat(s,s1,s2):

输入:字符串 s1 和 s2;

功能:由 s1 和 s2 连接而成的新串存入 s 中。

输出:串 s(由 s1 和 s2 连接而成的新串)。

SubString(sub,s,pos,len):

输入:字符串 s、开始位置 pos 和长度 len,1≤pos≤StrLength(S) 且 0≤len≤StrLength(s)−pos+1;

功能:将串 s 的第 pos 个字符开始的长度为 len 的子串存入 sub 中;

输出:串 sub。

StrCompare(s,t):

输入:字符串 s 和 t;

功能:比较字符串 s 和 t 的大小;

输出:若 s>t,则返回值>0;若 s=t,则返回值=0;若 s<t,则返回值<0。

StrIndex(s,t,pos):

输入:字符串 s 和 t;

功能:从主串 s 第 pos 个字符开始,查找子串 t 的首次出现的位置;

输出:若 t∈s,则返回 t 在 s 中首次出现的位置,否则返回−1。

StrInsert (s,pos,t):

输入:字符串 s、t 和位置 pos,1≤pos≤StrLength(s)+1;

功能:在串 s 第 pos 个字符之前插入串 t;

输出:返回插入后的新串。

StrDelete (s, pos, len)

输入:字符串 s、长度 len 和位置 pos,1≤pos≤StrLength(S)−len+1;

功能:在串 s 中删除第 pos 个字符开始的长度为 len 的子串;

输出:返回删除后的新串。

StrReplace(s,t,r):

输入:字符串 s、t、r,且 t 是非空串;

功能:用子串 r 替换串 s 中出现的所有子串 t;

输出:返回替换后的新串。

StrCopy(s,t):

输入:字符串 s 和 t;

功能:将串 t 复制到串 s 中;

输出:返回复制后的新串。

}ADT String

在以上基本操作中,前 5 个操作是最基本的,不能使用其他操作的组合来实现,称为最小操作集。

4.2 字符串的存储结构

线性表有顺序存储结构和链式存储结构。作为特殊的线性表——串有相应的顺序存储结构和链式存储结构。此外串还有堆存储结构。

4.2.1 串的定长顺序存储结构

1. 定长顺序串的存储结构

顺序存储是指用一组地址连续的存储单元存储串值的字符序列,定长顺序串是指事先定义了字符串的最大长度并顺序存储的字符串。该结构可用定长数组描述如下:

```
#define   MAXSTRLEN   255                    // 可在255以内定义最大串长
typedef  unsigned char  SeqString[MAXSTRLEN + 1];     // 0号单元存放串的长度
```

使用定长顺序存储结构存储字符串时,用 s[0]存放串的实际长度,串值存放在 s[1]～

s[MAXSTRLEN]，字符的序号和存储位置一致，应用更为方便，如图 4－1 所示。

0	1	2	3	4	5	6	7	8	9	10	11	12	13	14	… MAXSTRLEN
14	d	a	t	a		s	t	r	u	c	t	u	r	e	空闲

图 4－1　串的定长顺序存储结构

2. 定长顺序串的基本运算

定长顺序串的插入、删除等基本操作与线性表基本相同，在此不再赘述。下面简要介绍定长顺序串的求串长、连接、求子串、串比较算法。

(1)求串的长度。

```
int StrLength(SeqString s){
    return s[0];
}
```

(2)串的连接。

```
int StrConcat(SeqString s1, SeqString s2, SeqString s){
    int i,j,len1,len2;
    i=1;
    len1 = StrLength(s1);
    len2 = StrLength(s2);
    if(len1+len2 > MAXSTRLEN)    return 0;
    j=1;
    while(s1[j] ! ='\0')
        s[i++] = s1[j++];
    j=1;
    while(s2[j] ! ='\0')
        s[i++] = s2[j++];
    s[i] = '\0';
    s[0] = len1+len2;
    return 1;
}
```

(3)求子串。

```
int StrSub(SeqString sub, SeqString s, int pos,int len){
    int slen,j;
    slen = StrLength(s);
    if(pos<1 || pos>slen || slen<=0)
```

```
    {sub[0] = 0;  sub[1] = '\0';  return 0; }
    for(j=1; j<=len; j++)
        sub[j] = s[pos+j-1];
    sub[j] = '\0';
    sub[0] = j-1;
    return 1;
}
```

(4)串比较。

```
int StrComp(SeqString s1, SeqString s2){
    int i;
    i=1;
    while(s1[i] == s2[i]  && s1[i] ! = '\0')
        i++;
    return (s1[i]-s2[i]);
}
```

(5)串赋值。

```
void StrAssign(SeqString s, unsigned char v[]){//s 是 SeqString 类型,下标从 1 开始
    int i;
    for(i=0; v[i] ! = '\0' ; i++)              //v 是 C 语言的字符串,下标从 0 开始
        s[i+1] = v[i] ;
    s[i+1]='\0';
    s[0]=i;
}
```

(6)串复制。

```
void StrCopy(SeqString s1, SeqString s2){
    int i=1;
    while(s2[i] ! = '\0')  //s2 是字符串类型 SeqString,与 C 语言中的字符串不同
    {
        s1[i]=s2[i];
        i++;
    }
    s1[i]='\0';
    s1[0]=i-1;
}
```

4.2.2 串的链式存储结构

1. 串的链式存储结构

串的链式存储结构是指用带头节点的单链表形式存储串，称为链式串或链串。链式串主要有两种形式。

(1)一个节点存储一个字符的单链表表示法。

一个节点只存储一个字符，其优点是操作方便，但存储空间利用率低，如图 4－2 所示。

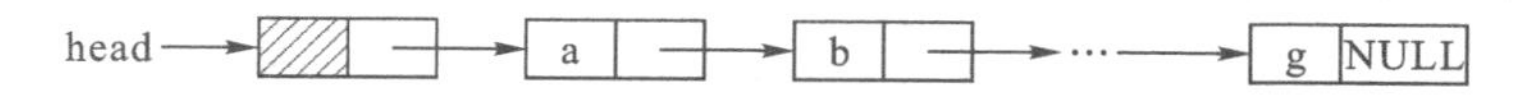

图 4－2　一个节点存储一个字符的单链表表示法

(2)一个节点存储多个字符的块链存储表示法。

一个节点存储多个字符。这种存储结构提高了存储空间的利用率，但也增加了实现基本操作的复杂性。比如改变串长的操作，可能会涉及节点的增加与删除问题，如图 4－3 所示。

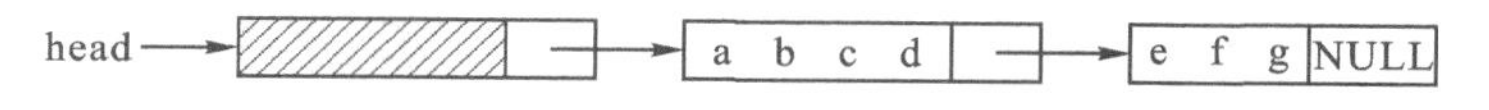

图 4－3　一个节点存储多个字符的块链存储表示

在链式串中，节点越大，存储密度越大，但一些基本操作(如插入、删除、替换等)算法复杂，且可能引起大量字符移动，因此，它适合于串很少修改的情况；节点越小(如节点大小为 1 时)，相关操作实现越方便，但存储密度下降。在本书中规定链式串节点大小均为 1。节点的类型定义如下：

```
typedef  struct  node{
    unsigned chardata;        //存放字符
    struct  node  *next;      //指针域
} LinkString;
```

2. 链式串的基本运算

(1)串的赋值。

(2)串的连接。

(3)求子串。

扫描右侧二维码可得串的赋值、连接及求子串源码。

串的赋值、连接与求子串源码

4.2.3　串的堆存储结构

1. 串的堆存储结构

串的堆分配存储，其具体实现方式是采用动态数组存储字符串。

通常，内存分为 4 个区域，分别为堆区、栈区、数据区和代码区。数据被分门别类并存储到对应的区域。与其他区域不同，堆区的内存空间需要程序员手动使用 malloc 函数申请，并且在不用后要手动通过 free 函数将其释放。

C 语言中使用 malloc 函数最多的场景是给数组分配空间，这类数组称为动态数组。例如，

```
char * a = (char * )malloc(5 * sizeof(char));
```

此行代码创建了一个动态数组 a，通过使用 malloc 申请了 5 个 char 类型数据大小的堆存储空间。

动态数组相比普通数组（静态数组）的优势是长度可变，换句话说，根据需要动态数组可额外申请更多的堆空间（使用 realloc 函数）。例如，

```
a = (char * )realloc(a, 10 * sizeof(char));
```

执行这行代码后，之前具有 5 个 char 型数据存储空间的动态数组，其容量扩大为可存储 10 个 char 型数据。

堆存储结构的基本思想：在内存中开辟一块地址连续的存储空间，作为应用程序中所有串的可利用存储空间（堆空间），并根据每个串的实际长度动态地为其申请相应大小的存储区域。

图 4－4 所示为 store[SMAX＋1]堆存储结构示意图，阴影部分是已分配的存储区域，freeAdr 为未分配部分的起始地址。当向 store 中存放一个串时，需要填上该串的索引项。

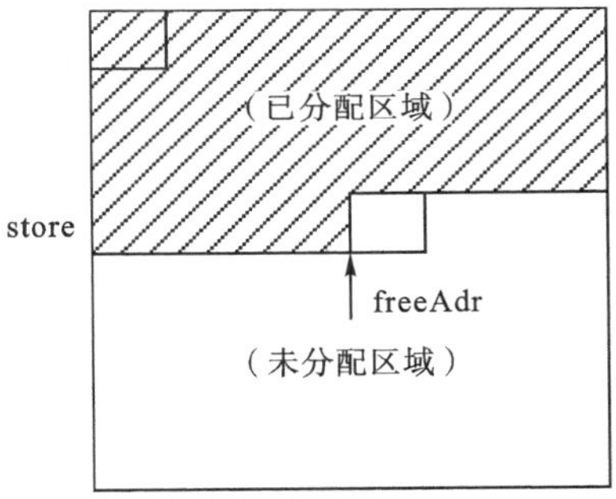

图 4－4　堆存储结构示意图

2. 堆存储结构的基本运算

设堆存储空间：

```
char store[SMAX+1];
```

未分配区域指针：

```
intfreeAdr;
```

串在堆中的位置，用下面的类型描述：

```
typedef  struct{
    int  length;          //存放字符
    int  stradr;          //指针域
```

```
}HString;
```

(1)字符串常量的赋值。

```
int StrAssign(HString *s1, char *s2)
{   //s2 中的字符串存入堆 store 中
    int i,len;
    len = StrLength(s2);
    if(len<0 || freeAdr+len-1>SMAX)
        return 0;
    for(i=0; i<len; i++)
        store[freeAdr+i] = s2[i];
    s1->stradr = freeAdr;
    s1->length = len;
    freeAdr = freeAdr + len;
    return 1;
}
```

(2)求子串。

```
int StrSub(HString *sub, HString s,int pos, int len)
{   //将串 s 的第 pos 个字符开始的长度为 len 的子串存入 sub 中
    if(pos<0 || len<0 || len > s.length-pos+1)
        return 0;
    suB->length = len;
    suB->stradr = s.stradr+pos-1;
    return 1;
}
```

(3)串的复制。

```
int StrCopy(HString *s1, HString s2)
{
    int i;
    if(freeAdr+s2.length-1 > SMAX)
        return 0;
    for(i=0; i<s2.length; i++)
        store[freeAdr+i] = store[s2.stradr+i];
    s1->length = s2.length;
    s1->stradr = freeAdr;
    freeAdr = freeAdr+s2.length;
```

```
    return 1;
}
```

(4)串的连接。

```
int StrConcat(HString s1, HString s2, HString *s)
{
    HString t;
    if(s1.length<0 || s2.length<0 || freeAdr+s1.length+s2.length-1 > SMAX)
        return 0;
    StrCopy(s,s1);
    StrCopy(&t,s2);
    s->length = s1.length + s2.length;
    return 1;
}
```

本书只介绍了堆存储结构的处理思想，还有许多问题（如废弃串的回归、自由区的管理）都没有涉及。实际上，高级程序设计语言及其开发环境中都提供了串的类型及大量的库函数，可直接使用，并且可靠、方便。在程序设计中，应尽量使用成熟的库函数。

4.3 字符串的模式匹配算法

设有两个串：S = "$s_1\ s_2 \cdots\ s_n$"和 T = "$t_1\ t_2 \cdots\ t_m$"，在主串 S 中寻找子串 T 的过程称为模式匹配。通常，S 称为目标串，T 称为模式串。如果匹配成功，返回 T 在 S 中的位置；否则返回 0。

串的模式匹配是一种非常重要的串运算，也是一个比较复杂的串运算。对于串的模式匹配，许多人提出了自己的算法，这些算法的效率各不相同。这里介绍两种算法，并假定串采取顺序存储结构，串的长度放在数组的 0 号单元，串值从 1 号单元开始存放。

4.3.1 朴素模式匹配算法

朴素模式匹配算法也称为 brute force 算法，简称 BF 算法。其基本思想如下：从主串 S 中第一个字符开始截取等于 T 串长度的子串，和模式串 T 比较，若子串与模式串相同，即返回 S 中子串的第一个字符位置作为模式串在主串 S 中的位置。

否则，再从主串 S 第二个字符开始截取等于 T 串长度的子串，和模式串 T 比较……以此类推，直到找到与模式串相同的子串或没有一个子串与模式串相同为止，前者表示模式匹配成功，后者表示模式匹配失败。

顾名思义，BF 算法就是简单粗暴地拿一个串同另一个串中的字符一一比对，得到最终结果。例如，目标串 S＝"ababcabcacbab"，模式串 T＝"abcac"，BF 算法模式匹配的过程如图 4－5所示。

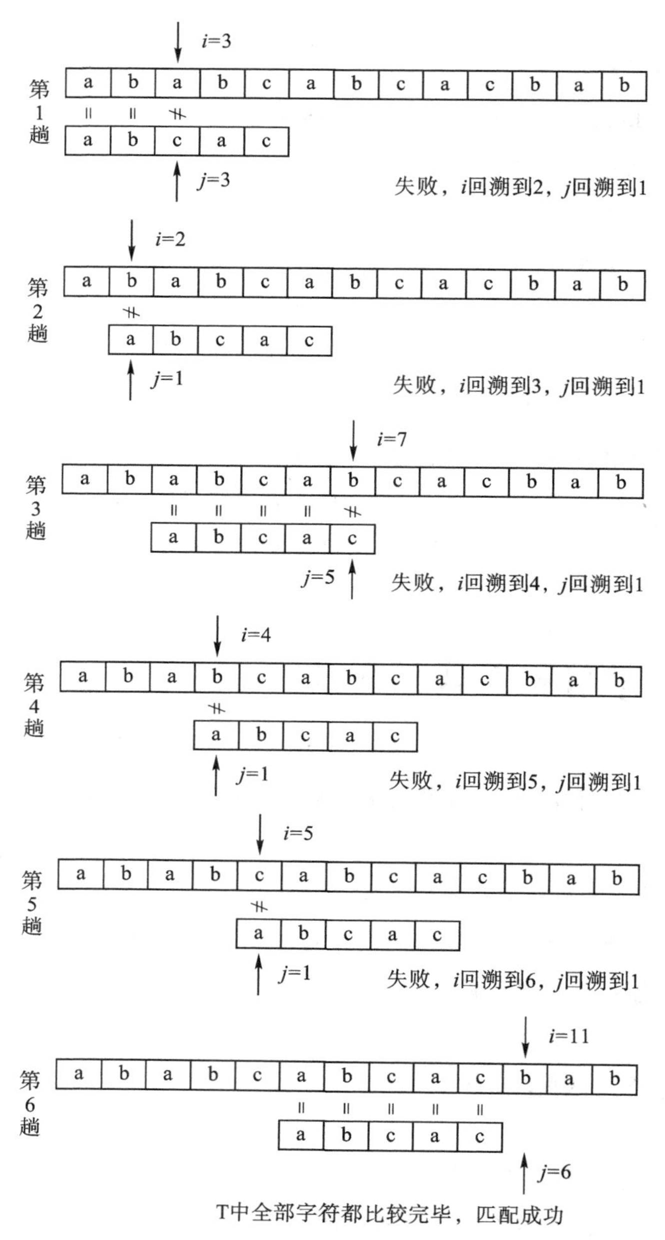

图 4－5 BF **算法模式匹配的过程示意图**

根据 BF 算法的基本思想，可写出 BF 算法的伪代码如下：

1 在串 S 和串 T 中设比较的起始下标 i 和 j。

2 循环直到S或T的所有字符均比较结束：

  2.1 如果S[i]等于S[j]，继续比较S和T的下一个字符；

  2.2 否则，将i和j回溯，准备下一趟比较。

3 如果T中所有字符均比较结束，则返回匹配的起始比较下标；否则返回0；

BF算法的C语言描述如下：

```
int  StrIndexBF(char s[], char t[])
{  //返回子串t在主串s中的位置，若t非s的子串则返回0
   int i,j;
   i=1;  j=1;                    //设置两个扫描指针，假定数组元素从下标1开始
   while(i<=s[0]  &&  j<=t[0]){
     if(s[i] == t[j]) { i++;  j++; }
     else                        //对应字符不相等时，重新比较
     {   i=i-j+2;  j=1;        }
   }
   if( j > t[0])  return i-t[0];//返回子串在主串中的位置
   else  return 0;               //子串不在主串中
}
```

下面分析BF算法的时间复杂度。假设目标串长为n，模式串长为m。朴素模式匹配算法匹配成功时，这里仅讨论最好和最坏情况。

(1)最好情况：每趟不成功的匹配都发生在模式串T的第1个字符。

例如，S = "aaaaaaaaaabc"和T = "bc"。

设匹配成功发生在s_i处，则在$i-1$趟不成功匹配中总共比较了$i-1$次，第i趟成功匹配共比较了m次，所以总共比较了$i-1+m$次。所有匹配成功的可能共有$n-m+1$种。设从s_i开始与串T匹配成功的概率为p_i，在等概率情况下，平均比较次数如下：

$$\sum_{i=1}^{n-m+1} p_i \times (i-1+m) = \sum_{i=1}^{n-m+1} \frac{1}{n-m+1} \times (i-1+m) = \frac{n+m}{2}$$

因此，最好情况下，BF算法的时间复杂度为$O(n+m)$。

(2)最坏情况：每趟不成功的匹配都发生在串T的最后一个字符。

例如，S = "aaaaaaaaaaab"和T = "aaab"。

设匹配成功发生在s_i处，则$i-1$趟不成功的匹配共比较了$(i-1)\times m$次，第i趟成功匹配共比较了m次，所以总共比较了$i\times m$次，由此平均比较的次数如下：

$$\sum_{i=1}^{n-m+1} p_i \times (i \times m) = \sum_{i=1}^{n-m+1} \frac{1}{n-m+1} \times (i \times m) = \frac{m(n-m+2)}{2}$$

一般情况下，$m \ll n$，因此最坏情况下BF算法的时间复杂度是$O(n\times m)$。

BF 算法是从 S 串中的第 1 个字符开始比较的，有时算法要求从指定位置开始比较，这时算法的参数表中要加一个位置参数 pos，即 StrIndex(char s[], int pos, char t[])，比较的初始位置定位在 pos 处，BF 算法是 pos=1 的情况。

4.3.2 KMP 算法

1. KMP 算法思想

KMP 算法是 D. E. Knuth、J. H. Morris 和 V. R. Pratt 共同提出的，称为 Knuth-Morris-Pratt 算法，简称 KMP 算法。该算法可在 $O(n+m)$ 的时间数量级上完成模式匹配运算。

BF 算法的时间性能较低，其原因在于：在每趟匹配不成功时存在大量回溯，没有利用已经部分匹配的结果。

改进 BF 算法的出发点：每趟匹配不成功时，目标串不回溯，模式串回溯尽可能地少，这样可提高模式匹配效率。

下面仍以 4.3.1 节的例子为例，目标串不回溯，模式串回溯尽可能地少（或者相对目标串位置，模式串向右滑动尽可能近）。匹配不需要进行 6 趟，只需 3 趟，如图 4-6 所示。

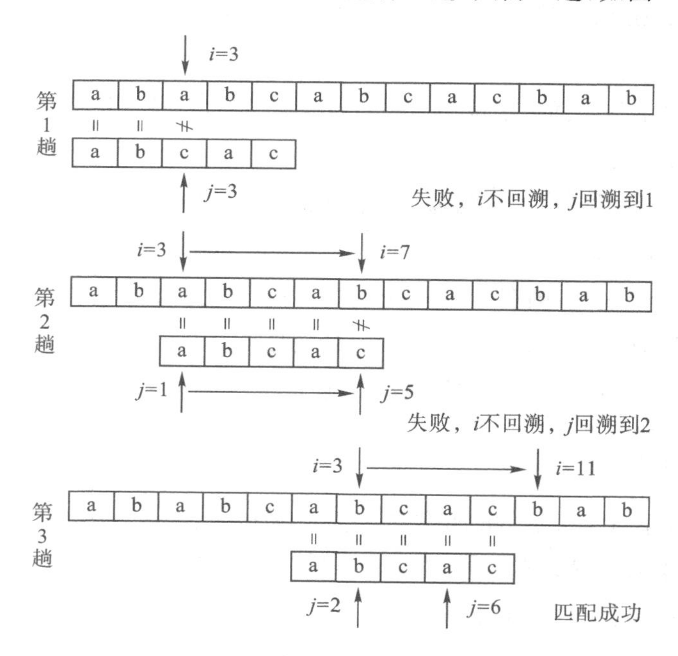

图 4-6 改进算法模式匹配过程示例

下面分析 BF 算法中，为什么有 3 趟比较（即 $i=2,j=1;i=4,j=1;i=5,j=1$）是多余的？

在 BF 算法第 1 趟中，$i=3,j=3$ 匹配失败。这时 $s_2=t_2$；$t_1\neq t_2$；可得 $t_1\neq s_2$，因此，没有必要进行第 2 趟比较，可直接进行第 3 趟比较，如图 4-7 所示。

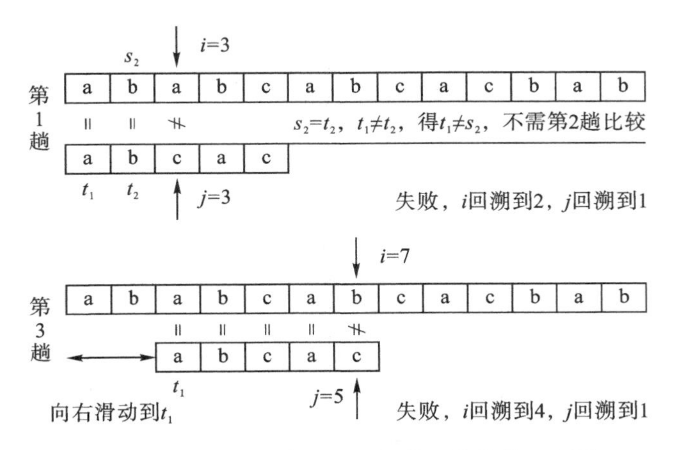

图 4-7　$t_1 \neq s_2$，没有必要进行第 2 趟比较示意图

在 BF 算法第 3 趟中，$i=7$、$j=5$ 匹配失败。这时，$s_4=t_2$，$t_1 \neq t_2$，可得 $t_1 \neq s_4$，因此，没有必要进行第 4 趟比较。同理，由于 $s_5=t_3$，$t_1 \neq t_3$，可得 $t_1 \neq s_5$，因此，没有必要进行第 5 趟比较，可直接进行第 6 趟比较，如图 4-8 所示。

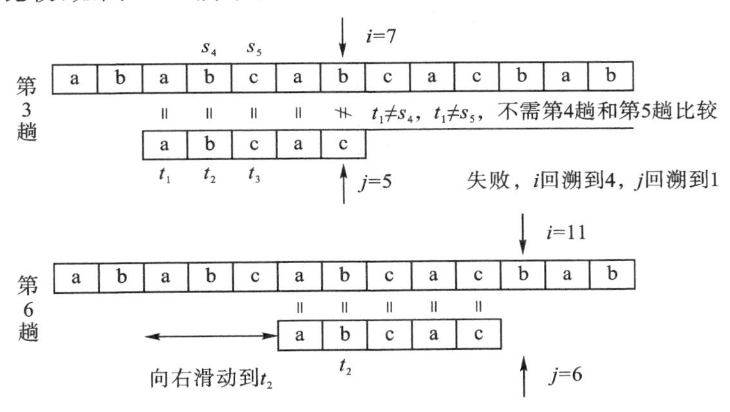

图 4-8　$t_1 \neq s_4$，$t_1 \neq s_5$，没有必要进行第 4、5 趟比较示意图

设有目标串 S = "$s_1\ s_2 \cdots\ s_n$"和模式串 T = "$t_1\ t_2 \cdots\ t_m$"，假设在某趟匹配中 s_i 和 t_j 匹配失败，目标串指针 i 不回溯，模式串 t 向右滑动到第 k 个位置，使 t_k 对准 s_i 继续向右匹配。该假设意味着式(4-1)成立，如图 4-9 所示。

$$\text{"}t_1 \cdots t_{k-1}\text{"} = \text{"}s_{i-(k-1)} \cdots s_{i-1}\text{"} \tag{4-1}$$

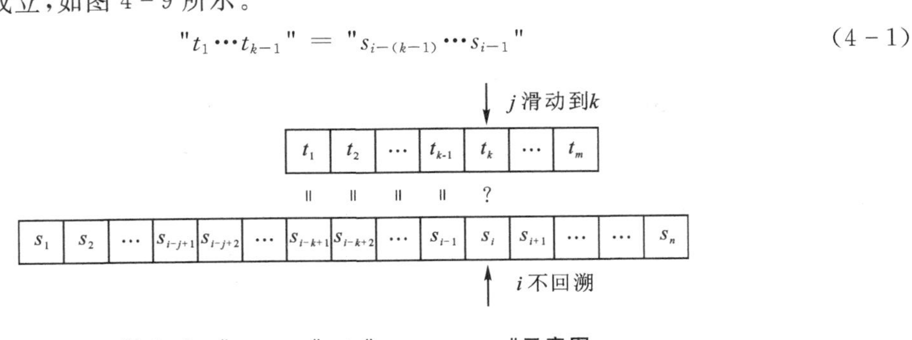

图 4-9　"$t_1 \cdots t_{k-1}$" = "$s_{i-(k-1)} \cdots s_{i-1}$"示意图

又由于 s_i 和 t_j 匹配失败，意味着"$s_{i-(j-1)}\cdots s_{i-1}$"="$t_1\cdots t_{j-1}$"。由于 $k<j$，则式(4－2)成立。

$$"s_{i-(k-1)}\cdots s_{i-1}" = "t_{j-(k-1)}\cdots t_{j-1}" \quad (4-2)$$

两式联立可得(如图 4－10 所示)：

$$"t_1\cdots t_{k-1}" = "t_{j-(k-1)}\cdots t_{j-1}" \quad (4-3)$$

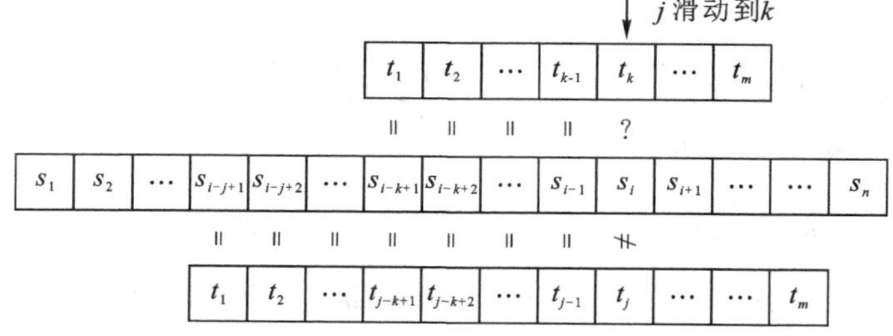

图 4－10　"$t_1\cdots t_{k-1}$" ＝ "$t_{j-(k-1)}\cdots t_{j-1}$"示意图

"$t_1\cdots t_{k-1}$" ＝ "$t_{j-(k-1)}\cdots t_{j-1}$"说明了什么：

(1)k 与 j 具有函数关系，由当前失配位置 j，可以计算出滑动位置 k(即比较的新起点)；

(2)滑动位置 k 仅与模式串 T 有关。

"$t_1\cdots t_{k-1}$" ＝ "$t_{j-(k-1)}\cdots t_{j-1}$"的物理意义是什么：

在 t_j 匹配失败时，当前子串"$t_1\ t_2\cdots\ t_{j-1}$"中存在相等的长度为 $k-1$ 的真前缀"$t_1\ t_2\cdots\ t_{k-1}$"和长度为 $k-1$ 的真后缀"$t_{j-(k-1)}\cdots t_{j-1}$"。这样，下一趟不需要从 t_1 开始比较，可以从 t_k 开始比较，如图 4－11 所示。

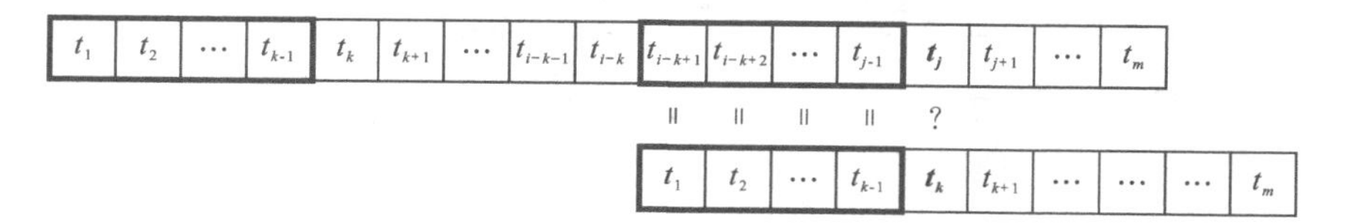

图 4－11　当前子串"$t_1\ t_2\cdots\ t_{j-1}$"的真前缀"$t_1\cdots t_{k-1}$" ＝ 真后缀"$t_{j-(k-1)}\cdots t_{j-1}$"示意图

结论：某趟在 s_i 和 t_j 匹配失败后，如果模式串中有满足关系式(4－3)的子串存在，即：模式串中的前 $k-1$ 个字符与模式串中 t_j 字符前面的 $k-1$ 个字符相等时，模式串 T 就可以向右“滑动”至 t_k 处，使 t_k 和 s_i 对准，继续向右进行比较。

由于当前子串"$t_1\ t_2\cdots\ t_{j-1}$"中前缀和后缀相等的真子串并不唯一，所以，求出长度最大的相等真子串，可减少比较次数，提高匹配效率。例如，模式串 T＝"ababac"，第 6 个字符 c 匹配失败后，真前缀"a"和真后缀"a"相等，则 $k=2$；真前缀"aba"和真后缀"aba"相等，则 $k=4$。因此取最大值 $k=4$，如图 4－12 所示。

(a) 真前缀"a"和真后缀"a"相等，则k=2　(b) 真前缀（粗方框）和真后缀（灰底纹）相等，则k=4

图 4－12　当前子串的真前缀和真后缀不唯一，取最大值示例

2. next 函数

模式串中的每一个 t_j 都对应一个 k 值。设用 next[j]表示在匹配过程中与 t_j 比较不相等时，下一个开始比较字符的位置，也就是下标 j 的回溯位置，即对应的 k 值。根据上述分析，next[j]应具有以下性质：

(1)next[j]是一个整数，且 $0 \leqslant \text{next}[j] < j$。

(2)为了使 T 在右移中不丢失任何匹配成功的可能，当存在多个满足式(4－3)的 k 值时，应取最大的，这样向右滑动的距离最短，滑动的字符为 $j-\text{next}[j]$ 个。

因此，next[j]函数定义如下：

$$\text{next}[j]=\begin{cases}0, & \text{当 } j=1 \text{ 时} \\ \max\{k \mid 1<k<j \text{ 且"} t_1 t_2 \cdots t_{k-1} \text{"="} t_{j-k+1} t_{j-k+2} \cdots t_{j-1} \text{"}\}, & \text{当此集合不空时} \\ 1, & \text{其他情况}\end{cases}$$

上述定义采用数学公式描述，严谨但不直观。下面给出一个通俗且含义直观的定义：

$$\text{next}[j]=\begin{cases}0, & \text{当 } j=1 \text{ 时} \\ \max+1, & \text{"} t_1 t_2 \cdots t_{j-1} \text{"中相等真前缀和真后缀的最大长度为 max 时} \\ 1, & \text{没有相等的真前缀和真后缀}\end{cases}$$

由此定义可计算模式串的 next 函数值。例如，计算模式串 T="abcac"的 next 函数值。

$j=1$ 时，next[1]=0

$j=2$ 时，"a"没有相等的真前缀和真后缀，所以，next[2]=1

$j=3$ 时，"ab"的真前缀"a"≠真后缀"b"，所以，next[3]=1

$j=4$ 时，"abc"的真前缀"ab"≠真后缀"bc"，"a"≠"c"，所以，next[4]=1

$j=5$ 时，"abca"的真前缀"abc"≠真后缀"bca"，"ab"≠"ca"，"a"="a"，所以，next[5]=2

求解过程可简写成下列形式：

j	1	2	3	4	5
模式串	a	b	c	a	c
next[j]	0	1	1	1	2

3. KMP 算法

在求出模式串 next 函数的基础上，可改进 BF 算法形成 KMP 算法，其伪代码如下：

1 在串 S 和串 T 中设比较的起始下标 i 和 j。

2 循环直到 S 或 T 的所有字符均比较结束：

  2.1 如果 S[i]等于[j]，继续比较 S 和 T 的下一个字符；

  2.2 否则，将 j 向右滑动到 next[j]位置，即 j=next[j]；

  2.3 若 j=0，则 i++，j++，准备下一趟比较。

3 如果 T 中所有字符均比较结束，则返回匹配的起始比较下标；否则返回 0。

KMP 算法的 C 语言描述如下：

```
int  StrIndexKMP(char s[], char t[],int pos)
{   //返回子串 t 在主串 s 中的位置,若 t 非 s 的子串则返回 0
    int i,j;
    int next[80];
    getNext(t,next);
    i=pos;  j=1;               // 设置两个扫描指针,假定数组元素从下标 1 开始
    while(i<=s[0]  &&  j<=t[0]){
      if(j==0 || s[i] == t[j]) { i++;  j++; }
      else   j=next[j];                //对应字符不相等时,重新比较


    }
    if( j > t[0])  return i-t[0];      //返回子串在主串中的位置
    else  return 0;                    //子串不在主串中
}
```

4. 求 next 函数

由于 next 函数值取决于模式串本身,和目标串无关。因此,可以从 next 函数的定义出发,使用递推的方法求出 next 函数值。

由定义知:

next[1] = 0

假设 next[j]=k,即有

$$"t_1 t_2 t_3 \cdots t_{k-2} t_{k-1}" = "t_{j-k+1} t_{j-k+2} t_{j-k+3} \cdots t_{j-2} t_{j-1}"$$

求 next[j+1],可能有以下两种情况。

(1)第一种情况:若 $t_j = t_k$,则表明在模式串中

$$"t_1 t_2 t_3 \cdots t_{k-2} t_{k-1} t_k" = "t_{j-k-1} t_{j-k+2} t_{j-k+3} \cdots t_{j-2} t_{j-1} t_j"$$

这就说明 next[j+1]=k+1,即

$$\text{next}[j+1] = k+1 = \text{next}[j]+1$$

(2)第二种情况:若 $t_j \neq t_k$,则表明在模式串中

$$"t_1 t_2 t_3 \cdots t_{k-2} t_{k-1} t_k" \neq "t_{j-k+1} t_{j-k+2} t_{j-k+3} \cdots t_{j-2} t_{j-1} t_j"$$

则需往前回溯,检查 $t_j = t_?$。

实际上,这也是一个匹配的过程,是真前缀匹配真后缀的过程,特殊之处在于真后缀(目标串)和真前缀(模式串)在同一个串。

若 next[k] = k'且 $t_j = t_{k'}$,则表明在模式串中第 $j+1$ 个字符之前存在一个最大长度为 k'子串,使得

$$"t_1 t_2 t_3 \cdots t_{k'-1} t_{k'}" = "t_{j-(k'-1)} t_{j-k'} + 2t_{j-k'+3} \cdots t_{j-2} t_{j-1} t_j"$$

所以,

$$next[j+1] = k'+1 = next[k]+1$$

若 $t_j \neq t_{k'}$，则继续往前回溯，使第 next[k']个字符和 t_j 对齐，若 $t_j = t_{next[k']}$，则 next[j+1] = next[k']+1；否则继续往前回溯；依此类推，直到 t_j 和模式串的第 k'' 个字符匹配，则 next[j+1] = k''+1，或者不存在任何 $k''(1<k''<k'<k<j)$ 满足式(4-3)，此时则有：next[j+1] = 1。

综上所述，求 next 函数的算法如下：

```
void getNext(char t[], int next[])
{
    int j=1,k=0;
    next[1]=0;
    while(j<t[0])
    {
        if(k==0 || t[j] == t[k]) { j++;  k++;  next[j]=k;  }
        else  k=next[k];
    }
}
```

5. next 函数的改进

模式串 T="aaaab"，其 next 函数值为 0,1,2,3,4，若目标串为"aaabaaabaaaab"，当 $i=4$，$j=4$ 时 $s_i \neq t_j$，由 next[j]的指示还需进行 $i=4$、$j=3$，$i=4$、$j=2$ 及 $i=4$、$j=1$ 三次比较。实际上，由于模式串中第 1、2、3 个字符和第 4 个字符都相等，因此这种比较是不必要的，可以将模式串一次向右滑动 4 个字符直接进行 $i=5$、$j=1$ 的比较。也就是说，若 next[j]=k，当 s_i 与 t_j 失配且 $t_j = t_k$，则下一步不需将主串中的 s_i 与 t_k 比较，而是直接与 $t_{next[k]}$ 进行比较。由以上思想可对 next 函数进行改进，得到 nextval 函数如下：

j	1	2	3	4	5
模式串	a	a	a	a	b
next[j]	0	1	2	3	4
nextval[j]	0	0	0	0	4

求 nextval 函数的算法描述如下：

```
void getNextval(char t[], int nextval[])
{
    int j=1,k=0;
    nextval[1]=0;
    while(j<t[0])
    {
        if(k==0 || t[j] == t[k])
```

```
            {
                j++;  k++;
                if(t[j] != t[k])  nextval[j] = k;
                else nextval[j] = nextval[k];
            }
            else k = nextval[k];
        }
    }
```

KMP 算法中只需将主串扫描一遍,扫描一遍主串的时间复杂度是 $O(n)$,求 next 数组的时间复杂度是$O(m)$,因此,KMP 算法的时间复杂度是 $O(n+m)$。

虽然朴素模式匹配算法的时间复杂度是 $O(n\times m)$,但在一般情况下,其实际的执行时间复杂度近似于 $O(n+m)$,因此至今仍被采用。

KMP 算法仅当主串与模式串间存在许多"部分匹配"的情况才显得快得多。KMP 算法的最大特点是主串指针不回溯,在整个匹配过程中,对主串从头到尾扫描一遍,对于处理存储在外存上的大文件是非常有效的。

4.4 典型例题

例 4-1 已知模式串 T="abcaabbabcab",写出每个字符对应的 next 和 nextval 函数值。

解

j	1	2	3	4	5	6	7	8	9	10	11	12
模式串	a	b	c	a	a	b	b	a	b	c	a	b
next[j]	0	1	1	1	2	2	3	1	2	3	4	5
nextval[j]	0	1	1	0	2	1	3	0	1	1	0	5

例 4-2 设计算法,在定长顺序串 s 中从后向前查找子串 t,即求 t 在 s 中最后一次出现的位置。

分析与思路:首先判断参数的合法性,如果串 s 的长度小于串 t 的长度,直接返回 0。从后往前查找子串,所以从串 s 最后一个位置开始向前查找,直到串 t 的长度位置。模式匹配的比较也是从后向前逐个字符进行比较。

```
int lastPos(SeqString s, SeqString t)
{
    int i,j,k,lenS,lenT;
    lenS = StrLength(s);
    lenT = StrLength(t);
```

```
    if( lenS-lenT <0 )   return 0;
    for(i=lenS; i>=lenT; i--)
    {
        for(j=i,k=lenT; j>=i-lenT+1 && k>=1 && s[j]==t[k]; j--,k--) ;
        if(k==0)   return j+1;
    }
    return 0;
}
```

例 4-3　设计算法，实现下面函数的功能。函数 void insert(char *s,char *t,int pos)将字符串 t 插入字符串 s 中，插入位置为 pos。假设分配给字符串 s 的空间足够让字符串 t 插入。（要求：不得使用任何库函数）

分析与思路：该算法是字符串的插入问题，要求在字符串 s 的 pos 位置插入字符串 t。首先应查找字符串 s 的 pos 位置，将第 pos 个字符到字符串 s 尾的子串向后移动字符串 t 的长度，然后将字符串 t 复制到字符串 s 的第 pos 位置后。

对插入位置 pos 要验证其合法性，小于 1 或大于串 s 的长度均为非法，因题目假设给字符串 s 的空间足够大，故对插入不必判溢出。

扫描右侧二维码可得例 4-3 源码。

例 4-3 源码

例 4-4　已知字符串 s1 中存放一段英文，写出算法 format(s1,s2,s3,n)，将其按给定的长度 n 格式化成两端对齐的字符串 s2，其多余的字符送 s3。

分析与思路：要求字符串 s2 按给定长度 n 格式化成两端对齐的字符串，即长度为 n 且首尾字符不得为空格字符。算法从左向右扫描字符串 s1，找到第一个非空格字符，将其复制到字符串 s2 中，计数并继续扫描，计数到 n，第 n 个复制到字符串 s2 的字符不得为空格，若为空格，则继续扫描，将查找到的第一个非空格字符复制到 s2 中，s2 复制结束，然后将余下字符复制到字符串 s3 中。

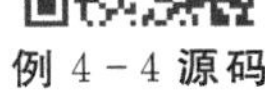

例 4-4 源码

扫描右侧二维码可得例 4-4 源码。

同步训练与拓展训练

一、同步训练

1. 串的长度是指(　　)。

A. 串中所含不同字母的个数　　B. 串中所含字符的个数

C. 串中所含不同字符的个数　　D. 串中所含非空格字符的个数

2. 空串与空格字符组成的串的区别在于(　　)。

A. 没有区别　　B. 两串的长度不相等

C. 两串的长度相等　　D. 两串包含的字符不相同

3. 下面关于串的的叙述中,(　　)是不正确的。

A. 串是字符的有限序列

B. 空串是由空格构成的串

C. 模式匹配是串的一种重要运算

D. 串既可以采用顺序存储结构,也可以采用链式存储结构

4. 一个子串在包含它的主串中的位置是指(　　)。

A. 子串的最后那个字符在主串中的位置

B. 子串的最后那个字符在主串中首次出现的位置

C. 子串的第一个字符在主串中的位置

D. 子串的第一个字符在主串中首次出现的位置

5. 下面的说法中,只有(　　)是正确的。

A. 字符串的长度是指串中包含的字母的个数

B. 字符串的长度是指串中包含的不同字符的个数

C. 若 T 包含在 S 中,则 T 一定是 S 的一个子串

D. 一个字符串不能说是其自身的一个子串

6. 两个字符串相等的条件是(　　)。

A. 两串的长度相等

B. 两串包含的字符相同

C. 两串的长度相等,并且两串包含的字符相同

D. 两串的长度相等,并且对应位置上的字符相同

7. 若 SUBSTR(S,i,k)表示求 S 中从第 i 个字符开始的连续 k 个字符组成的子串的操作,则对于 S="Beijing&Nanjing",SUBSTR(S,4,5)=(　　)。

A. "ijing"　　B. "jing&"　　C. "ingNa"　　D. "ing&N"

8. 若 INDEX(S,T)表示求 T 在 S 中的位置的操作,则对于 S="Beijing&Nanjing",T="jing",INDEX(S,T)=(　　)。

A. 2　　B. 3　　C. 4　　D. 5

9. 若 REPLACE(S,S1,S2)表示用字符串 S2 替换字符串 S 中的子串 S1 的操作,则对于 S="Beijing&Nanjing",S1="Beijing",S2="Shanghai",REPLACE(S,S1,S2)=(　　)。

A. "Nanjing&Shanghai"　　B. "Nanjing&Nanjing"

C. "ShanghaiNanjing"　　D. "Shanghai&Nanjing"

10. 在长度为 n 的字符串 S 的第 i 个位置插入另外一个字符串,i 的合法值应该是(　　)。

A. $i>0$　　B. $i\leqslant n$　　C. $1\leqslant i\leqslant n$　　D. $1\leqslant i\leqslant n+1$

11. 字符串采用节点大小为 1 的链表作为其存储结构,是指(　　)。

A. 链表的长度为 1

B. 链表中只存放 1 个字符

C. 链表的每个链节点的数据域中不仅只存放了一个字符

D. 链表的每个链节点的数据域中只存放了一个字符

12. 若串 S="software",其子串的数目(不含空串)是(　　)。

A. 8　　B. 37　　C. 36　　D. 9

13. 串“ababaaababaa”的 next 数组为(　　)。

A. 012345678999　　B. 012121111212　　C. 011234223456　　D. 0123012322345

14. 串“ababaabab”的 nextval 数组为(　　)。

A. 010104101　　B. 010102101　　C. 010100011　　D. 010101011

15. (2019 年真题)设主串 T = "abaabaabcabaabc",模式串 S = "abaabc",采用 KMP 算法进行模式匹配,到匹配成功为止,在匹配过程中进行的单个字符间的比较次数是(　　)。

A. 9　　B. 10　　C. 12　　D. 15

二、拓展训练

1. 利用定长顺序串的基本运算,设计子串定位函数 StrIndex(SeqString s, SeqString t,int pos)。

2. 利用定长顺序串的赋值、复制、求串长、求子串、串连接、串定位等基本运算,设计对串的替换函数 StrReplace(SeqString s,SeqString t,SeqString v)。

3. 设计算法在定长顺序串 s 中删去从第 i 个字符开始的长度为 j 的子串,并返回产生的结果。当参数不正确时,返回一个空串。

4. 有两个顺序串 s1 和 s2,设计一个算法求一个顺序串 s3,该串中的字符是 s1 和 s2 中公共字符(即两个串都包含的字符)。

5. 采用顺序结构存储串,设计一个实现串通配符匹配的算法 getIndex(),其中的通配符只有“?”,它可以和任一个字符匹配成功。例如,getIndex("there are","? re"),返回的结果是 3。

6. 设计一个算法,判断一个字符串 s 是否形如"序列 1@序列 2"模式的字符序列,其中序列 1 和序列 2 都不含有'@'字符,且序列 2 是序列 1 的逆序列。例如"a+b@b+a"属于该模式的字符序列,而"1+3@3-1"则不是。

7. 采用顺序结构存储串,设计一个算法求串 s 中出现的第 1 个最长重复子串的下标和长度。

8. 设 s 和 t 是表示成单链表的两个串,试编写一个找出 s 中第 1 个不在 t 中出现的字符(假定每个节点只存放 1 个字符)的算法。

9. s="$s_1 s_2 \cdots s_n$"是一个长为 n 的字符串,存放在一个数组中,设计算法将 s 改造之后输出:

(1)将 s 的所有第偶数个字符按照其原来的下标从大到小的次序放在 s 的后半部分;

(2)将 s 的所有第奇数个字符按照其原来的下标从小到大的次序放在 s 的前半部分；

10. 设一个由字母组成的字符串，编写算法对这符串中字母顺序进行调整，使输出时所有大写字母都在小写字母之前，并且同类字母之间的相对位置不变。

同步训练与拓展训练
参考答案

4.5 “当代毕昇”王选

王选(1937 年 2 月 5 日—2006 年 2 月 13 日)，出生于上海，江苏无锡人，计算机文字信息处理专家，计算机汉字激光照排技术创始人，国家最高科学技术奖获得者，中国科学院学部委员，中国工程院院士，北京大学计算机研究所原所长(见图 4-13)。

图 4-13　王选
(1937.2.5—2006.2.13)

王选于 1975 年以前，从事计算机逻辑设计、体系结构和高级语言编译系统等方面的研究。1975 年开始投入“汉字精密照排系统”项目的研究中，该系统用于书刊、报纸等正式出版物的排版。针对汉字字数多、印刷用汉字字体多、精密照排要求分辨率很高所带来的技术困难，王选发明了高分辨率字型的高倍率信息压缩和高速复原方法，并在华光Ⅳ型和方正 91 型、93 型上设计了专用超大规模集成电路实现复原算法，改善系统的性能价格比。他领导研制的华光和方正电子出版系统相继推出，并得到大规模应用。

王选主持研制的汉字激光照排系统，被公认为是毕昇发明活字印刷术后中国印刷技术的第二次革命，他被誉为“当代毕昇”。他作为北大方正集团的主要开创者和技术决策人，积极倡导技术与市场的结合，闯出了一条产学研一体化的成功道路。

王选为什么会成功？王选说：“机遇总是偏爱有准备的头脑。”成功的原因固然很多，但是最重要的一条是：爱国奉献的家国情怀。

正是这种爱国奉献的家国情怀，在大学选专业时，王选主动将自己的兴趣和祖国的需要结合在一起。

1956 年，我国提出了“向科学进军”的口号，制定出第一个科学技术发展规划，把计算技术列为未来重点发展学科。在此背景下，北京大学在数学力学系设立了计算数学专业。王选说，他当时核心的想法是：一个人一定要把他的事业，把他的前途，跟国家的前途放在一起，才有可能创造出更大的价值。为了证明自己的观点，王选去图书馆查阅报刊资料，他看到著名科学家钱学森和中国科学院数学所专家胡世华撰写的文章，都讲到计算机将在航天工业、现代国防科学技术等领域发挥越来越大的作用，计算数学是一个前景十分广阔的领域。所以，他选择了计算数学专业。

正是这种爱国奉献的家国情怀，王选听闻“汉字精密照排”项目后，便毅然决然地投入到研发中。

正是这种爱国奉献的家国情怀，才能坚持 18 年的无私奉献。从 1975 年到 1993 年这 18 年中，王选几乎放弃了所有节假日。

正是这种爱国奉献的家国情怀，才会有“中国的汉字输出问题还要靠中国人自己解决”的信念，才能不计个人得失，主动解决产业发展难题，为国家做出贡献。

1985 年起，在接连获得国家科学技术进步奖一等奖等重大奖励后，王选却有一种“负债心理”，认为如果国家的投资没有得到回报，科研成果没有推广应用，获再多奖也无济于事。这种“负债心理”促使王选不断进取，使图书、报刊的排版印刷告别“铅”与“火”，进入了“光”与“电”的时代。

第 5 章　数　组

5.1　数组的定义和顺序存储

5.1.1　数组的定义

一维数组是相同类型数据元素的有限序列，其逻辑表示如下：

$$A=(a_1,a_2,\cdots,a_i,\cdots,a_n)$$

其中，$a_i(1\leqslant i\leqslant n)$表示数组 A 的第 i 个元素。根据线性表的定义可知，一维数组是线性表。

二维数组可以看作是以一维数组为元素的数组，且元素的类型相同(即一维数组具有相同的结构)。因此，二维数组是线性表，其元素是类型相同的一维数组，也是线性表，如图 5-1 所示。

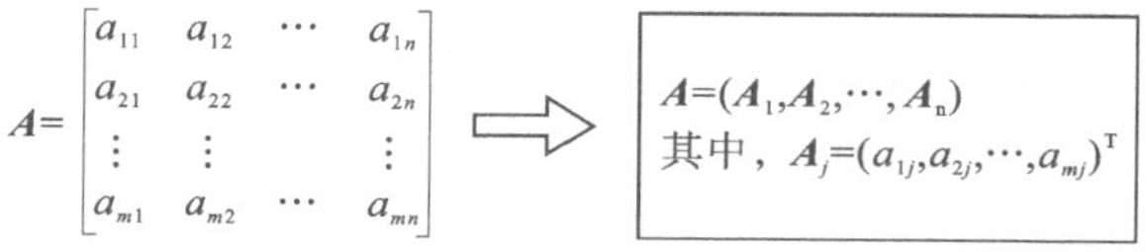

$$A=\begin{bmatrix} a_{11} & a_{12} & \cdots & a_{1n} \\ a_{21} & a_{22} & \cdots & a_{2n} \\ \vdots & \vdots & & \vdots \\ a_{m1} & a_{m2} & \cdots & a_{mn} \end{bmatrix} \Rightarrow$$

$\boldsymbol{A}=(\boldsymbol{A}_1,\boldsymbol{A}_2,\cdots,\boldsymbol{A}_n)$

其中，$\boldsymbol{A}_j=(a_{1j},a_{2j},\cdots,a_{mj})^T$

图 5-1　二维数组与线性表的关系

以此类推，多维数组都可以看作是一个线性表，且多维数组的每个数据元素，也是一个线性表。可见，数组具有以下特点：

(1)元素本身可以具有某种结构，不限定是单个的数据元素。

(2)元素具有相同的数据类型。

(3)每个元素均受 $n(n\geqslant 1)$个线性关系的约束，元素个数和元素之间的关系一般不发生变动。

因此，从逻辑上讲，数组是线性表的推广。当线性表中的数据元素的类型扩充为线性表时，此时的线性表即为数组。

n 维数组的抽象数据类型定义如下：

ADT Array{

　　数据对象：$j_i=0,\cdots,b_i-1,i=1,2,\cdots,n$

　　$D=\{a_{j_1 j_2 \cdots j_n}\mid n(>0)$称为数组的维数，$j_i$ 是数组元素第 i 维下标，b_i 是数组第 i 维的

长度，$a_{j_1 j_2 \cdots j_n} \in ElemSet$}

数据关系：$R=\{R_1, R_2, \cdots, R_n\}$

$R_i=\{<a_{j_1 \cdots j_i \cdots j_n}, a_{j_1 \cdots j_i+1 \cdots j_n}>|0 \leqslant j_k \leqslant b_k-1, 1 \leqslant k \leqslant n$ 且 $k \neq i, 0 \leqslant j_i \leqslant b_i-2,$

$a_{j_1 \cdots j_i \cdots j_n}, a_{j_1 \cdots j_i+1 \cdots j_n} \in D, i=2, \cdots, n\}$

基本操作：

ArrayInit(A,n,bound1,…,boundn)：

输入：bound1,…,boundn 为每维的上下界；

功能：若维数 n 和各维长度合法，则构造出相应的数组 A；

输出：数组 A。

ArrayValue(A,index1,…,indexn)：

输入：A 是 n 维数组，index1,…,indexn 为 n 个下标值；

功能：若各下标不超界，得到数组 A 的对应下标的元素值；

输出：返回数组 A 的对应下标的元素值。

ArrayAssign(A,e,index1,…,indexn)：

输入：A 是 n 维数组，e 为元素，index1,…,indexn 为 n 个下标值；

功能：若各下标不超界，则将变量 e 的值赋给由 n 个下标所确定的元素；

输出：无。

}ADT Array

由 n 维数组的抽象数据类型定义可知：数组一般不做插入和删除操作。因此，数组是一个具有固定格式和数量的数据集合。

数组的操作（除了初始化操作外）一般只有两类：

（1）取值操作，给定一组下标，存取相应的数据元素。

（2）赋值操作，给定一组下标，修改相应的数据元素的值。

它们本质上只对应一种操作——寻址，即根据一组下标定位相应的元素。

5.1.2　数组的顺序存储

数组没有插入和删除操作，所以，不用预留空间，适合采用顺序存储。顺序存储是将数组的所有元素依次存储在一块地址连续的内存单元中。

由于内存的地址空间是一维的，数组可能是多维的，所以，需要将多维结构转换为一维结构，即通过一个映射函数将数组元素映射到内存中。数组主要有下面两种存储方式：

（1）按行优先：先存储行号较小的元素，行号相同者先存储列号较小的元素。

（2）按列优先：先存储列号较小的元素，列号相同者先存储行号较小的元素。

因此，数组顺序存储时，必须首先确定是按行优先还是按列优先存储。下面以二维数组为例介绍数组的存储和寻址。

设 m 行 n 列的二维数组 $\mathbf{A}_{m\times n}$，存储方式为按行优先，如图 5－2 所示。

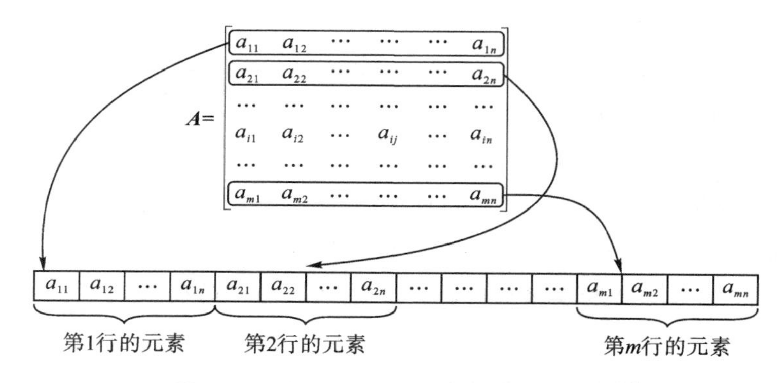

图 5－2　按行优先存储的二维数组示意图

a_{ij} 的存储位置由第 1 个元素地址、a_{ij} 前面的元素个数和数组元素所占字节数 L 共同决定，如图 5－3 所示。

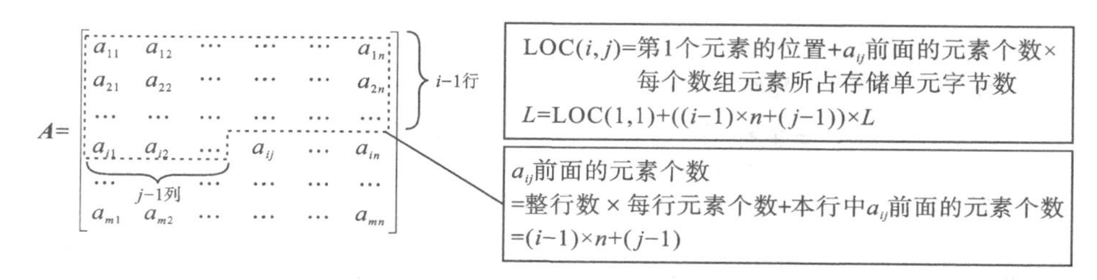

图 5－3　按行优先存储的数组寻址示意图

推广到一般情况，二维数组 A[i][j]（$c_1\leqslant i\leqslant d_1, c_2\leqslant j\leqslant d_2$）其中 c_1、c_2 和 d_1、d_2 分别为二维数组 A 下标的下界和上界，每个数组元素占 L 个存储单元，设第一个元素 A[c_1][c_2]的存储位置为 LOC(c_1, c_2)，再设数组按行优先存储，则该二维数组中任一元素 A[i][j]的存储位置可由下式确定：

$$\mathrm{LOC}(i,j)=\mathrm{LOC}(c_1,c_2)+((i-c_1)\times(d_2-c_2+1)+(j-c_2))\times L$$

同理，若按列优先存储，则公式变为

$$\mathrm{LOC}(i,j)=\mathrm{LOC}(c_1,c_2)+((j-c_2)\times(d_1-c_1+1)+(i-c_1))\times L$$

类似地，三维数组的寻址方式为

A[m][n][p]：$\mathrm{LOC}(i,j,k)=\mathrm{LOC}(1,1,1)+((i-1)\times n\times p+(j-1)\times p+k-1)\times L$

A[$c_1\cdots d_1$] [$c_2\cdots d_2$] [$c_3\cdots d_3$]（三维一般式）：

$$\mathrm{LOC}(i,j,k)=\mathrm{LOC}(c_1,c_2,c_3)+((i-c_1)\times(d_2-c_2+1)\times(d_3-c_3+1)+(j-c_2)\times(d_3-c_3+1)+(k-c_3))\times L$$

设 n 维数组为

$$\mathrm{A}[\mathrm{c}_1\cdots\mathrm{d}_1],[\mathrm{c}_2,\cdots,\mathrm{d}_2],[\cdots],[\mathrm{c}_n\cdots\mathrm{d}_n]$$

则可得此数组中的数据元素存储位置计算公式为

$$\begin{aligned}\mathrm{LOC}(j_1,j_2,\cdots,j_n)=&\mathrm{LOC}(c_1,c_2,\cdots,c_n)+\Big((j_1-c_1)\times(d_2-c_2+1)*(d_3-c_3+1)\times\cdots\\&\times(d_n-c_n+1)+(j_2-c_2)\times(d_3-c_3+1)\times\cdots\times(d_n-c_n+1)+\cdots+\\&(j_{n-1}-c_n-1)\times(d_n-c_n+1)+(j_n-c_n)\Big)\times \mathrm{L}\\=&\mathrm{LOC}(c_1,c_2,\cdots,c_n)+\left(\sum_{i=1}^{n}(j_i-c_i)\prod_{k=i+1}^{n}(d_k-c_k+1)\right)\times L\end{aligned}$$

例 5-1　给定 $m\times n$ 矩阵 A[m][n]，并设 A[i][j]≤A[i][j+1]($0\leqslant i\leqslant m-1,0\leqslant j\leqslant n-2$)和 A[i][j]≤A[i+1][j]($0\leqslant i\leqslant m-2,0\leqslant j\leqslant n-1$)。设 x 和矩阵元素类型相同，设计一个算法，判定 x 是否在 A[m][n]中，要求时间复杂度为 $O(m+n)$。

分析与思路：矩阵中元素按行和按列都已排序，要求查找时间复杂度为 $O(m+n)$，因此不能采用常规的二层循环查找法。可以先从右上角($i=0,j=n-1$)开始，将元素与 x 比较，比较结果只有三种情况：一是 A[i][j]$=x$，查找成功，结束算法；二是 A[i][j]$>x$，应 $j-1$，继续查找；三是 A[i][j]$<x$，应 $i+1$，继续查找。这样一直查到 $i=m-1$ 和 $j=0$，若仍未找到，则查找失败。

```
void search(DataType a[][5], int m, int n, DataType x)
{//m*n 矩阵 a 元素按行和按列都已有序，本算法查找 x 是否在矩阵 a 中
    int i,j,flag;
    i=0; j=n-1; flag=0;                    //flag 是成功查到 x 的标志
    while(i<=m-1 && j>=0)
        if(a[i][j]==x)
        {
            flag=1; break;
        }
        else if (a[i][j]>x)
            j--;
        else i++;
    if(flag)
        printf("A[%d][%d]=%d\n",i,j,x);     //假定 x 为整型
    else
        printf("矩阵 A 中无%d 元素\n",x);
}
```

5.2　特殊矩阵的压缩存储结构

矩阵一般用二维数组来存储。然而在实际应用中，经常出现一些阶数很高的矩阵，同时在矩阵中有很多相同的元素或很多零元素。为了合理地利用存储空间，可以对这类矩阵进行压

缩存储。

压缩存储的基本思想如下：

(1)多个值相同的元素只分配一个存储空间。

(2)零元素不分配存储空间。

适合压缩存储的矩阵如下：

(1)特殊矩阵：很多元素的值相同，且它们的分布有一定的规律。如对称矩阵、三角形矩阵、对角矩阵等。

(2)稀疏矩阵：很多零元素，并且零元素的分布没有规律。

对于稀疏矩阵，无法给出确切的概念。只要非零元素的个数远远小于矩阵元素的总数，就可以认为该矩阵是稀疏矩阵。

5.2.1 对称矩阵

一个 n 阶方阵 $\mathbf{A}_{n\times n}$ 中的元素满足 $a_{ij}=a_{ji}(1\leqslant i,j\leqslant n)$ 则称其为 n 阶对称矩阵。一般情况下，一个 n 阶方阵的所有元素可以分为三个部分，即主对角线部分(含 n 个元素)、上三角形部分、下三角形部分。

对称矩阵中的元素是按主对角线对称的，即上三角形部分和下三角形部分的对应元素相等，因此，在存储时可以只存储主对角线和上三角形部分的元素，或者主对角线和下三角形部分的元素，让对称的两个元素共享一个存储空间。

不失一般性，采用按行优先顺序存储对称矩阵，可将主对角线和下三角形部分的元素存储到一维数组 B 中。主对角线和下三角形部分共有 $n\times(n+1)/2$ 个元素，因此，存储对称矩阵一维数组的长度设为 $n\times(n+1)/2$，如图 5-4 所示。

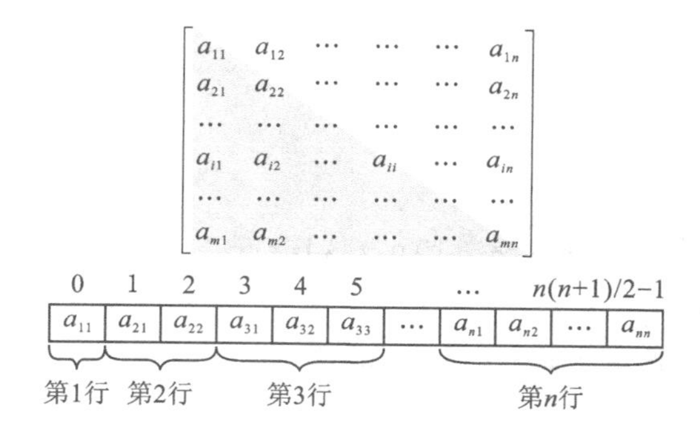

图 5-4 对称矩阵压缩存储示意图

对于矩阵下三角形部分中的元素，其特点是 $i\geqslant j$ 且 $1\leqslant i\leqslant n$，存储到 B 中后，根据存储原则，a_{ij} 前面有 $i-1$ 行，共有 $1+2+\cdots+i-1=i\times(i-1)/2$ 个元素，而 a_{ij} 又是其所在行中的第 j 个，所以在上面的排列顺序中，a_{ij} 是第 $i\times(i-1)/2+j$ 个元素，因此，a_{ij} 在数组 B 中的下标 k 与 i、j 的关系为

$$k=i\times(i-1)/2+j-1,\quad 0\leqslant k<n\times(n+1)/2$$

若 $i<j$，则 a_{ij} 是矩阵上三角形部分中的元素，因为 $a_{ij}=a_{ji}$，这样，访问矩阵上三角形中的元素 a_{ij} 时去访问和它对应的下三角形部分中的 a_{ji} 即可。因此，将上式中的行列下标交换就是矩阵上三角形部分中元素在 B 中下标的对应关系：

$$k=j\times(j-1)/2+i-1\quad ,\quad 0\leqslant k<n\times(n+1)/2$$

综上所述，数组元素 B[k]和矩阵中的元素 a_{ij} 之间存在着一一对应关系：

$$k=\begin{cases}\dfrac{i\times(i-1)}{2}+j-1 & ,\quad i\geqslant j\\[2ex] \dfrac{j\times(j-1)}{2}+i-1 & ,\quad i<j\end{cases}$$

5.2.2　三角形矩阵

三角形矩阵分为上三角形矩阵和下三角形矩阵。上三角形矩阵是指矩阵下三角形部分中的元素均为常数 c 的 n 阶方阵。同样，下三角形矩阵是指矩阵上三角形部分中的元素均为常数 c 的 n 阶方阵。

1. 下三角形矩阵

采用以行为主顺序存储下三角形矩阵，其压缩存储方法是存储主对角线元素和下三角形部分元素，另外用一个元素存储上三角形部分中的常数，并且将压缩结果存放到一维数组 B 中。显然，B 中元素个数为 $n\times(n+1)/2+1$，即用 B[0…n×(n+1)/2]存放矩阵 **A** 中的元素，如图 5-5 所示。

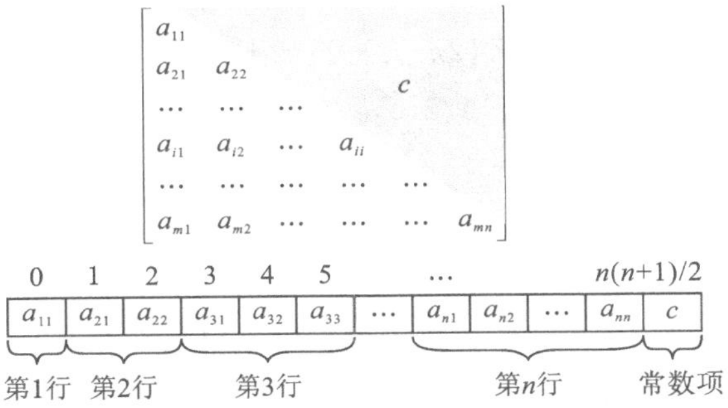

$$\begin{bmatrix} a_{11} & & & & & \\ a_{21} & a_{22} & & & c & \\ \cdots & \cdots & \cdots & & & \\ a_{i1} & a_{i2} & \cdots & a_{ii} & & \\ \cdots & \cdots & \cdots & \cdots & \cdots & \\ a_{m1} & a_{m2} & \cdots & \cdots & \cdots & a_{mn} \end{bmatrix}$$

0	1	2	3	4	5		…			$n(n+1)/2$
a_{11}	a_{21}	a_{22}	a_{31}	a_{32}	a_{33}	…	a_{n1}	a_{n2}	…	a_{nn}	c

第1行　第2行　第3行　第n行　常数项

图 5-5　下三角形矩阵压缩存储示意图

从图 5-5 可以看出，下三角形矩阵与对称矩阵的压缩存储类似，不同之处在于存储对角线和下三角形部分中元素之后，紧接着存储对角线上方的常量，因为这些常量是同一个常数，所以存一个即可。B[k]和下三角形矩阵中的元素 a_{ij} 之间对应关系为

$$k=\begin{cases}\dfrac{i\times(i-1)}{2}+j-1 & ,\quad i\geqslant j\\[2ex] n\times(n+1)/2 & ,\quad i<j\end{cases}$$

2. 上三角形矩阵

采用以行为主顺序存储上三角形矩阵，其压缩存储方法是存储主对角线元素和三角形部分元素，另外用一个元素存储下三角形部分中的常数，并且将压缩结果存放到一维数组 B 中。显然，B 中元素个数为 $n\times(n+1)/2+1$，即用 B[0…n×(n+1)/2]存放 **A** 中的元素，如图 5－6 所示。

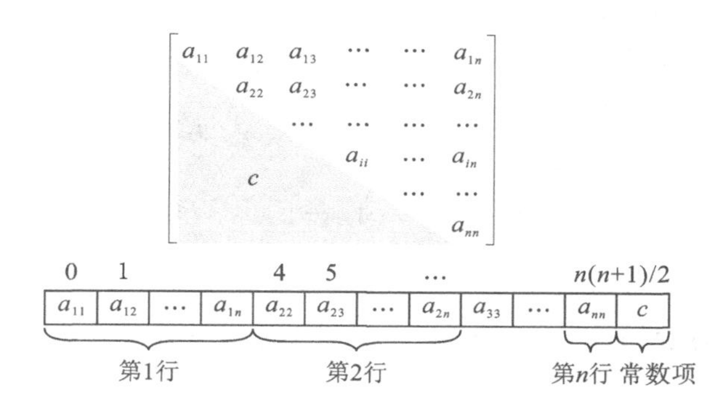

图 5－6　上三角形矩阵压缩存储示意图

正如图 5－6 所示，第 1 行存储 n 个元素，第 2 行存储$(n-1)$个元素，…，第 p 行存储$(n-p+1)$个元素，a_{ij} 前面有 $i-1$ 行，共存储 $n+(n-1)+\cdots+(n-(i-1)+1)=\sum_{p=1}^{i-1}(n-p+1)=(i-1)\times(2n-i+2)/2$ 个元素，a_{ij} 是所在行中要存储的第$(j-i+1)$个元素，所以，它是上三角形矩阵顺序存储中第$(i-1)\times(2n-i+2)/2+(j-i+1)$个元素，因此它在数组 B 中的下标为

$$k=(i-1)\times(2n-i+2)/2+j-i$$

综上所述，B[k]和上三角形矩阵中的元素 a_{ij} 之间存在着一一对应关系：

$$k=\begin{cases}(i-1)\times(2n-i+2)/2+j-i\quad, & i\leqslant j\\ n\times(n+1)/2\quad, & i>j\end{cases}$$

5.2.3　对角矩阵

对角矩阵又称带状矩阵，是指 n 阶方阵中的非零元素集中在主对角线及其两侧，即位于 w(奇数)条对角线的带状区域内，称为 w 对角矩阵。此外，非带状区域为同一个常数，也称为 w 对角矩阵，如图 5－7 所示。

$$\boldsymbol{A}=\begin{bmatrix}a_{11} & a_{12} & 0 & 0 & 0\\ a_{21} & a_{22} & a_{23} & 0 & 0\\ 0 & a_{32} & a_{33} & a_{34} & 0\\ 0 & 0 & a_{43} & a_{44} & a_{45}\\ 0 & 0 & 0 & a_{54} & a_{55}\end{bmatrix}$$

(a) 三对角矩阵（非带状区域为0）

$$\boldsymbol{A}=\begin{bmatrix}a_{11} & a_{12} & c & c & c\\ a_{21} & a_{22} & a_{23} & c & c\\ c & a_{32} & a_{33} & a_{34} & c\\ c & c & a_{43} & a_{44} & a_{45}\\ c & c & c & a_{54} & a_{55}\end{bmatrix}$$

(b) 三对角矩阵（非带状区域为常数）

图 5－7　三对角矩阵

显然 w 对角矩阵的带宽为 w，半带宽为 $d=(w-1)/2$。如果一个 n 阶方阵，存在最小正整数 m，当 $|i-j|<m$ 时，$a_{ij}\neq 0$，即非零元素在对角矩阵的带状区域内；当 $|i-j|\geqslant m$ 时，$a_{ij}=0$，即零元素在对角矩阵带状区域之外。那么，带宽 $w=2m-1$。例如，图 5－7 所示三对角矩阵 $m=2$。

压缩存储对角矩阵一般采用两种方法。一种方法是将对角矩阵压缩到一个 n 行 w 列的二维数组 B 中，如图 5－8 所示，当某行非零元素的个数小于带宽 w 时，先存放非零元素后补零，那么 a_{ij} 映射为 $b_{i'j'}$，映射关系为

$$i'=i$$

$$j'=\begin{cases} j, & i\leqslant m \\ j-i+m, & i>m \end{cases}$$

另一种方法是将对角矩阵压缩到一维数组里，以行为主顺序存储其非零元素。按其压缩规律，找到相应的映射函数。

例如，在三对角矩阵中，非零元素共有 $3\times 5-2=13$ 个，所以，一维数组的长度为 13。a_{ij} 前面非零元素个数为

$$w\times(i-1)+j-i=3\times(i-1)+j-i$$

所以，三对角矩阵压缩到一维数组的映射函数为 $k=2\times i+j-3$，k 为 a_{ij} 在数组中下标，如图 5－8 所示。

$$\boldsymbol{A}=\begin{bmatrix} a_{11} & a_{12} & 0 & 0 & 0 \\ a_{21} & a_{22} & a_{23} & 0 & 0 \\ 0 & a_{32} & a_{33} & a_{34} & 0 \\ 0 & 0 & a_{43} & a_{44} & a_{45} \\ 0 & 0 & 0 & a_{54} & a_{55} \end{bmatrix}$$

(a) w=3的5阶对角矩阵

$$\boldsymbol{B}=\begin{bmatrix} a_{11} & a_{12} & 0 \\ a_{21} & a_{22} & a_{23} \\ a_{32} & a_{33} & a_{34} \\ a_{43} & a_{44} & a_{45} \\ a_{54} & a_{55} & 0 \end{bmatrix}$$

(b) 压缩为5×3二维矩阵

0	1	2	3	4	5	6	7	8	9	10	11	12
a_{11}	a_{12}	a_{21}	a_{22}	a_{23}	a_{32}	a_{33}	a_{34}	a_{43}	a_{44}	a_{45}	a_{54}	a_{55}

(c) 压缩为一维数组

图 5－8　对角矩阵及其压缩存储示意图

5.2.4　稀疏矩阵

设 $m\times n$ 矩阵中有 t 个非零元素，$t\ll m\times n$，且非零元素没有规律，这样的矩阵称为稀疏矩阵。一般认为非零元素小于矩阵总元素个数的 5%，该矩阵就属于稀疏矩阵。这也不是绝对标准，只要非零元素个数远小于矩阵元素个数就认为其是稀疏矩阵，如图 5－9 所示。对于稀疏矩阵，如果在内存中依次顺序存储矩阵所有元素，会存储大量无用的零元素，造成内存空间严重浪费。

$$\boldsymbol{A}=\begin{bmatrix} 23 & 0 & 0 & 37 & 0 & -21 \\ 0 & 15 & 4 & 0 & 0 & 0 \\ 0 & 0 & 0 & 5 & 0 & 0 \\ 0 & 0 & 0 & 0 & 0 & 0 \\ 98 & 0 & 0 & 0 & 0 & 0 \\ 0 & 0 & 0 & 0 & 0 & 0 \end{bmatrix}$$

图 5－9　稀疏矩阵 A

因此，为了节省空间，提出仅仅存放非零元素，并且将顺序存储和链式存储相结合，产生了三元组表和十字链表两种压缩存储方式。

1. 三元组表

每个非零元素的值及其行、列组成一个三元组(i,j,v)，然后将三元组按行优先的顺序、同一行中列号从小到大的规律，排列成一个线性表，称为三元组表，采用顺序存储的方法存储该表，如图 5-10 所示。

矩阵 ***B*** 的三元组表和矩阵 ***A*** 的三元组表一样（如图 5-11 所示），可见，三元组表不能唯一地表示稀疏矩阵。

	i	j	v
1	1	1	23
2	1	4	37
3	1	6	-21
4	2	2	15
5	2	3	4
6	3	4	5
7	5	1	98

图 5-10　稀疏矩阵 *A* 的三元组表

$$\boldsymbol{B}=\begin{bmatrix} 23 & 0 & 0 & 37 & 0 & -21 & 0 \\ 0 & 15 & 4 & 0 & 0 & 0 & 0 \\ 0 & 0 & 0 & 5 & 0 & 0 & 0 \\ 0 & 0 & 0 & 0 & 0 & 0 & 0 \\ 98 & 0 & 0 & 0 & 0 & 0 & 0 \\ 0 & 0 & 0 & 0 & 0 & 0 & 0 \end{bmatrix}$$

图 5-11　稀疏矩阵 B

显然，要唯一地表示一个稀疏矩阵，不仅存储矩阵的三元组表，而且存储该矩阵的行数和列数。为了方便运算，矩阵非零元素的个数也要存储。虽然稀疏矩阵没有插入和删除操作，但是，稀疏矩阵的修改操作对应三元组表的插入或删除操作，因此，三元组顺序表需要为稀疏矩阵的修改操作预留存储空间。综上所述，稀疏矩阵可描述如下：

```
#define MaxSize   1024
typedef int DataType;
typedef  struct{
    int r, c;                    //非零元素的行、列
    DataType  v;                 //非零元素值
}TupNode;                        //三元组类型
typedef  struct{
    int rows,cols,nums;          //矩阵的行数、列数及非零元素的个数
    TupNode  data[MaxSize];      //三元组表
}TupMatrix;                      //三元组表的存储类型
```

这种存储方法节约了存储空间，缺点是稀疏矩阵运算的算法设计可能变得复杂。

稀疏矩阵的操作包括转置、加法、减法和乘法等。这里仅介绍稀疏矩阵的转置，其他操作算法，可参考其他相关文献资料。

设一个 m 行 n 列含有 t 个非零元素的稀疏矩阵 ***A***，以三元组表方式存储，矩阵 ***A*** 转置为矩阵 ***B*** 的方法如下：

(1)将矩阵 ***A*** 的行、列值转化为矩阵 ***B*** 的列、行值；

(2)在矩阵 ***A*** 的三元组表中，按第 1 列，第 2 列，…，最后一列的次序，将每列中三元组的

行、列值互换后顺序存储到矩阵 ***B*** 中。

```
TupMatrix *TransM1(TupMatrix *A){
    TupMatrix *B;
    int p,q,col;
    B = (TupMatrix *)malloc(sizeof(TupMatrix));      //申请存储空间
    B->rows=A->cols;  B->cols=A->rows;  B->nums=A->nums;
    //稀疏矩阵的行数、列数、元素个数
    if(B->nums>0){                                   //有非零元素则转换
        q=1;
        for(col=1; col<=(A->cols); col++)            //按 A 的列序转换
            for(p=1; p<=(A->nums); p++)              //扫描整个三元组表
                if(A->data[p].c==col){
                    B->data[q].r = A->data[p].c;
                    B->data[q].c = A->data[p].r ;
                    B->data[q].v = A->data[p].v;
                    q++;
                }
    }
    return B;                                        //返回的是转置矩阵的指针
}
```

算法分析:其时间主要消耗在嵌套的 for 循环上,时间复杂度为 $O(cols \times nums)$。而不压缩存储方式下矩阵 ***A*** 转置为 ***T*** 的算法如下:

```
for(col=1;  col <= A->cols;  col++)
    for(row=1;  row <= A->rows;  row++)
        T[col][row] = A[row][col];
```

其时间复杂度为 $O(cols \times rows)$。当非零元素 nums>rows 时,三元组表算法的时间性能更差一些,或者,当非零元素 nums 与 cols×rows 数量级相同时(例如,100×500 的矩阵有 10000 个非零元素),三元组表算法的时间复杂度为 $O(cols^2 \times rows)$。虽然节约了一些存储空间,但是算法的时间复杂度提高了。所以,三元组表转置算法仅适用于 $nums \ll cols \times rows$ 的情况。

这种算法低效的原因是要从三元组顺序表 A 中依次寻找第 1 列,第 2 列,…,最后一列的三元组,需要反复扫描 A 表。

如果对表 A 只扫描一次,就能直接确定表 A 中每个三元组在表 B 中的位置,那么就能提高算法效率。这样,问题的关键是:从表 A 中取出的三元组,如何确定其在表 B 中的位置?

由于矩阵 ***A*** 中第 1 列的第 1 个非零元素一定存储在矩阵 ***B*** 中下标为 1 的位置上,该列中其他非零元素因存放在 ***B*** 中后续连续的位置上,那么第 2 列的第 1 个非零元素在 ***B*** 中的位置等于第 1 列的第 1 个非零元素在 ***B*** 中的位置加上第 1 列的非零元素个数;其他以此类推。为此，引入两个数组作为辅助数据结构。

num[cols]：表示矩阵 **A** 中某列的非零元素个数；

cpot[cols]：表示矩阵 **A** 中某列的非零元素在矩阵 ***B*** 中的位置。

并有如下递推关系：

cpot[1] = 1

cpot[cols] = cpot[cols−1] + num[cols−1]，　　$2 \leqslant \text{cols} \leqslant n$

例如对于图 5-8 的矩阵 ***A***，其 num[cols]和 cpot[cols]的值如表 5-1 所示。

表 5-1　图 5-8 矩阵 *A* 的对应 num[cols]及 cpot[cols]值

cols	1	2	3	4	5	6
num[cols]	2	1	1	2	0	1
cpot[cols]	1	3	4	5	7	7

在求出 cpot[cols] 后只需扫描一遍表 A，当扫描到一个 cols 列的元素时，直接将其存放在表 B 中下标为 cpot[cols]的位置上，然后将 cpot[cols]加 1，即 cpot[cols]始终只是 cols 列下一个元素在表 B 中的位置。转置算法 C 语言描述扫描右侧二维码可得。

矩阵转置算法源码

在这个算法中有四个循环，分别执行 cols 次、nums 次、cols−1 次和 nums 次，因此，算法的时间复杂度是 $O(\text{cols}+\text{nums})$。当非零元素数 nums 与 cols×rows 数量级相同时，算法时间复杂度为 $O(\text{cols}\times\text{rows})$，与不压缩存储方式的时间复杂度相同。在空间方面，该算法需要的存储空间比前一个算法多了两个数组。同时，算法本身也较复杂一些。

2. 十字链表

三元组表用于稀疏矩阵顺序存储，但是在进行一些操作时，如加法、乘法，表中非零元素的个数及位置会发生变化，这时这种表示方法十分不便。下面介绍稀疏矩阵的链式存储结构——十字链表，它同样具备链式存储的特点，适合非零元素的个数及位置发生变化的情况。因此，在某些情况下采用十字链表表示稀疏矩阵是很方便的。

十字链表表示稀疏矩阵的基本思想是将每个非零元素存储为一个节点，节点由 5 个域组成，其结构如图 5-12 所示。其中，row 域存储非零元素的行号，col 域存储非零元素的列号，v 域存储本元素的值，right 和 down 是两个指针域。

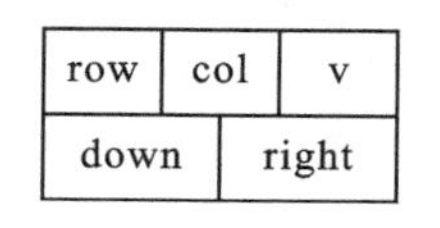

图 5-12　十字链表节点结构

存储稀疏矩阵的具体方法如下：

(1)每一行的非零元素节点按其列号从小到大顺序由 right 域链成一个带头节点的循环链表。

(2)每一列的非零元素按其行号从小到大顺序由 down 域链接成一个带头节点的循环链表。

这样，每个非零元素 a_{ij}，既是第 i 行循环链表中的节点，又是第 j 列循环链表中的节点。行链表、列链表的头节点的 row 域和 col 域置 0；每行链表表头节点的 right 域指向该行链表的第一个元素节点；每列链表表头节点的 down 域指向该列链表的第 1 个元素节点。

(3)由于各行、列链表头节点的 row 域、col 域和 v 域均为 0，行链表头节点只用 right 指针域；列链表头节点只用 down 指针域，故这两组表头节点可以合用，也就是说，第 i 行的链表和第 i 列的链表可以共用同一个头节点。

(4)为了方便地找到每一行或每一列，将每行(列)的这些表头节点链接起来，因为头节点的值域空闲，所以将头节点的值域作为链接各头节点的链域，即第 i 行(列)头节点的值域指向第 $i+1$ 行(列)的头节点，依此类推，形成一个循环链表。这样的循环表又有一个头节点，这就是最后的总头节点，指针 HA 指向它。总头节点的 row 域和 col 域存储原矩阵的行数和列数。

采用上述方法创建稀疏矩阵 $\boldsymbol{A}$ 的十字链表，如图 5－13 所示。每个元素好像处在一个十字路口，因此称为十字链表。

$$\boldsymbol{A}=\begin{bmatrix}3 & 0 & 0 & 7 & 0\\0 & 0 & -1 & 0 & 0\\2 & 0 & 0 & 0 & 0\\0 & 0 & 0 & 0 & 0\\0 & 0 & 0 & 0 & -8\end{bmatrix}$$

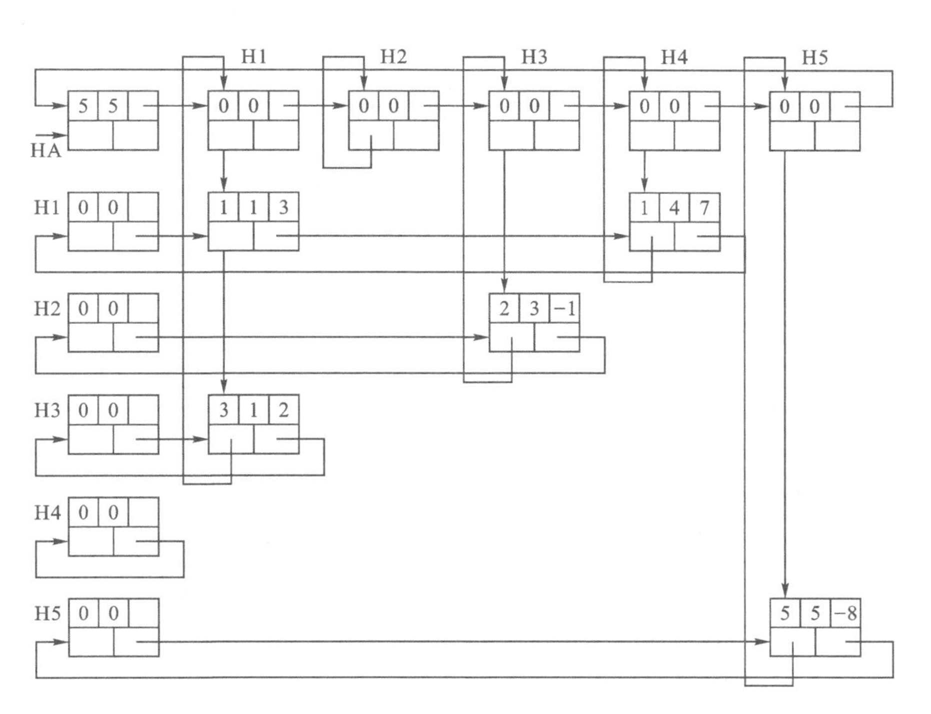

图 5－13　稀疏矩阵 A 的十字链表

因为非零元素节点的值域是 DataType 类型，在表头节点中需要一个指针类型。为了使整个结构的节点一致，规定表头节点和其他节点有同样的结构，因此该域用一个联合结构来表示。改进后的十字链表节点结构如图5－14 所示。

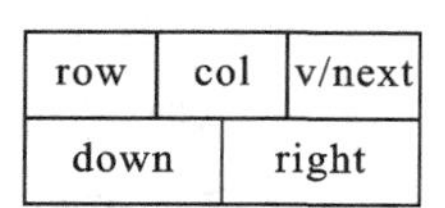

图 5－14　改进后的十字链表节点结构

综上所述，节点的结构定义如下：

```
typedef int DataType;
typedef struct OLNode{
    int row,col;
    struct OLNode *down, *right;
    union  {
        DataType  v;
        struct OLNode *next;
    }v_next;
}OLNode, *OLink;
```

十字链表的建立算法分如下两步：

(1)建立表头节点的循环链表；

(2)依次读入非零元的三元组(row,col,v)，生成一个节点，然后将其插入到第 row 行的行链表及第 col 列的列链表的正确位置上。

该算法的 C 语言描述扫描右侧二维码可得。

十字链表的其他操作算法，感兴趣的同学可参考相关文献资料。

十字链表建立算法源码

同步训练与拓展训练

一、同步训练

1. 数组就是矩阵，矩阵就是数组，这种说法(　　)。

A. 正确　　B. 错误　　C. 前句对，后句错　　D. 后句对

2. 通常对数组进行的两种基本操作是(　　)。

A. 建立与删除　　B. 索引和修改　　C. 查找和修改　　D. 查找与索引

3. (2017 年真题)适用于压缩存储稀疏矩阵的两种存储结构是(　　)。

A. 三元组表和十字链表　　B. 三元组表和邻接矩阵

C. 十字链表和二叉链表　　D. 邻接矩阵和十字链表

4. 假设以行序为主序存储二维数组 A=array[1…100,1…100]，设每个数据元素占 2 个存储单元，基地址为 10，则 LOC[5,5]=(　　)。

A. 808　　B. 818　　C. 1010　　D. 1020

5. 设有数组 A[i,j]，数组的每个元素长度为3字节，i 的值为1到8，j 的值为1到10，数组从内存首地址 BA 开始顺序存放，当用以列为主顺序存放时，元素 A[5,8]的存储首地址为(　　)。

A. BA+141　　B. BA+180　　C. BA+222　　D. BA+225

6. 设有一个10阶的对称矩阵 **A**，采用压缩存储方式，以行序为主顺序存储，a_{11} 为第1个元素，其存储地址为1，每个元素占一个地址空间，则 a_{85} 的地址为(　　)。

A. 13　　B. 32　　C. 33　　D. 40

7. 若对 n 阶对称矩阵 **A** 以行序为主序方式将其下三角形部分中的元素(包括主对角线上所有元素)依次存放于一维数组 B[1…(n(n+1))/2]中，则在 B 中确定 a_{ij} $(i<j)$ 的位置 k 的关系式为(　　)。

A. $i\times(i-1)/2+j$　　B. $j\times(j-1)/2+i$

C. $i\times(i+1)/2+j$　　D. $j\times(j+1)/2+i$

8. 二维数组 A 的每个元素是由10个字符组成的串，其行下标 $i=0,1,\cdots,8$，列下标 $j=1,2,\cdots,10$。若 A 按行优先存储，元素 A[8,5]的起始地址与当 A 按列优先存储时的元素(　　)的起始地址相同(设每个字符占一个字节)。

A. A[8,5]　　B. A[3,10]　　C. A[5,8]　　D. A[0,9]

9. 设二维数组 A[1…m,1…n](即 m 行 n 列)按行优先存储在数组 B[1…m×n]中，则二维数组元素 A[i,j]在一维数组 B 中的下标为(　　)。

A. $(i-1)\times n+j$　　B. $(i-1)\times n+j-1$

C. $i\times(j-1)$　　D. $j\times m+i-1$

10. 数组 A[0…4,−1…−3,5…7]中含有元素的个数为(　　)。

A. 55　　B. 45　　C. 36　　D. 16

11. 将三对角阵矩阵 A[1…100, 1…100]按行优先存入一维数组 B[1…298]中，A 中元素 A[66,65]在 B 中的位置 k 为(　　)。

A. 198　　B. 195　　C. 197　　D. 199

12. 二维数组 A 的元素都是6个字符组成的串，行下标 i 的范围从0到8，列下标 j 的范围从1到10，从供选择的答案中分别选出正确答案：

(1)存放 A 至少需要(　　)个字节；

(2)A 的第8列和第5行共占(　　)个字节。

供选择的答案：

(1)A. 90　　B. 180　　C. 270　　D. 540

(2)A. 108　　B. 114　　C. 54　　D. 60

13. 多维数组之所以有行优先顺序和列优先顺序两种存储方式，是因为(　　)。

A. 数组的元素处在行和列两个关系中

B. 数组的元素必须从左到右顺序排列

C. 数组的元素之间存在依次关系

D. 数组是多维结构，内存是一维结构

14. 对特殊矩阵采取压缩存储的主要目的是(　　)。

A. 使表达式变得简单　　B. 对矩阵元素的存取变得简单

C. 去掉矩阵中多余的元素　　D. 减少不必要的存储空间

15. 对 n 阶对称矩阵压缩存储时，需要表长为(　　)的顺序表。

A. $n/2$　　B. $n^2/2$　　C. $n(n+1)/2$　　D. $n(n-1)/2$

16. 设有一个 $n\times n$ 的对称矩阵 $\boldsymbol{A}$，将其下三角形部分按行存放在一维数组 B 中，而 A[0][0] 存放于 B[0]中，那么，第 i 行对角线元素 A[i][i]存放于 B 中(　　)处。

A. $(i+3)i/2$　　B. $(i+1)i/2$　　C. $(2n-i+1)i/2$　　D. $(2n-i-1)i/2$

17. (2016 年真题)有一个 100 阶的三对角矩阵 $\boldsymbol{M}$，其元素 $m_{i,j}$ 按行优先次序压缩存入下标从 0 开始的一维数组 N 中，元素 $m_{30,30}$ 在 N 中的下标是(　　)。

A. 86　　B. 87　　C. 88　　D. 89

18. (2018 年真题)设有一个 12×12 的对称矩阵 $\boldsymbol{M}$，将其上三角形部分的元素 $m_{i,j}$ $(1\leqslant i\leqslant j\leqslant 12)$ 按行优先存入 C 语言的一维数组 N 中，元素 $m_{6,6}$ 在 N 中的下标是(　　)。

A. 50　　B. 51　　C. 55　　D. 66

19. (2020 年真题)将一个 10×10 对称矩阵 $\boldsymbol{M}$ 的上三角形部分的元素 $m_{i,j}$ $(1\leqslant i\leqslant j\leqslant 10)$ 按列优先存入 C 语言的一维数组 N 中，元素 $m_{7,2}$ 在 N 中的下标是(　　)。

A. 15　　B. 16　　C. 22　　D. 23

20. 已知二维数组 A 按行优先方式存储，每个元素占用 1 个存储单元。若元素 A[0][0]的存储地址是 100，A[3][3]的存储地址是 220，则元素 A[5][5]的存储地址是(　　)。

A. 295　　B. 300　　C. 301　　D. 306

二、拓展训练

1. 数组 A 中，每个元素 A[i,j]的长度均为 32 个二进制位，行下标从 −1 到 9，列下标从 1 到 11，从首地址 S 开始连续存放主存储器中，主存储器字长为 16 位。求：

(1)存放该数组所需单元；

(2)存放数组第 4 列所有元素至少所需单元；

(3)数组按行存放时，元素 A[7,4]的起始地址；

(4)数组按列存放时，元素 A[4,7]的起始地址。

2. 写一个算法统计在输入字符串中各个不同字符出现的频度并将结果存入文件(字符串中的合法字符为 A～Z 这 26 个大写字母和 0～9 这 10 个数字)。

3. 若矩阵 $\boldsymbol{A}_{m\times n}$ 中存在某个元素 a_{ij} 满足：a_{ij} 是第 i 行中最小值且是第 j 列中的最大值，则称该元素为矩阵 $\boldsymbol{A}$ 的一个鞍点。试编写一个算法，找出 $\boldsymbol{A}$ 中的所有鞍点。

4. 设二维数组 a[1…m，1…n] 含有 $m \times n$ 个整数：

(1)写一个算法判断 a 中所有元素是否互不相同，并输出相关信息(yes/no)；

(2)试分析算法的时间复杂度。

5. 算法设计，计算一个三元组表表示的稀疏矩阵的对角线元素之和。

6. 设 $\boldsymbol{A}$ 和 $\boldsymbol{B}$ 是稀疏矩阵，都以三元组作为存储结构，请写出矩阵相加的算法 $\boldsymbol{C}=\boldsymbol{A}+\boldsymbol{B}$。

同步训练与拓展训练
参考答案

5.3　纵横图

纵横图也称幻方，将从 1 至 $N \times N$ 的自然数排成纵横各有 N 个数，且每一行、列或对角线上 N 个数的和均为 $N \times (1+N \times N)/2$ 的正方形数表，这样的数表就是纵横图。最小的纵横图是九宫图，九宫图来源于洛书。

河图上，排列成数阵的黑点和白点，蕴藏着许多神奇的奥秘，等待人们去挖掘；洛书上，纵、横、斜三条线上的三个数字，其和皆等于 15，如图 5-15 所示。洛书可画成九宫图形式，如图 5-16 所示。

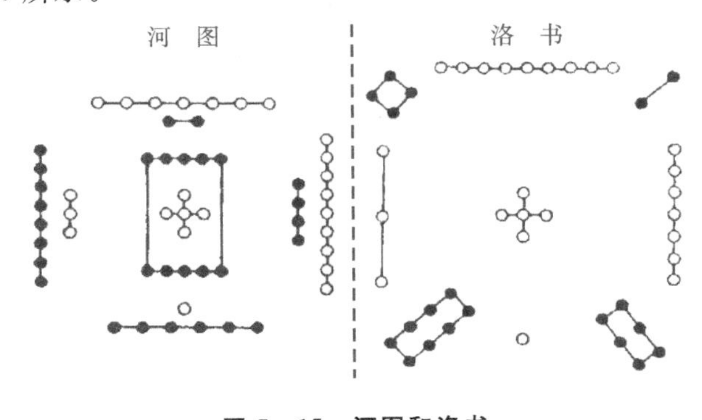

图 5-15　河图和洛书

4	9	2
3	5	7
8	1	6

图 5-16　九宫图

1957 年，在陕西省西安市元代安西王府遗址出土了幻方铁板。现收藏于陕西历史博物馆，如图 5-17 所示。

28	4	3	31	35	10
36	18	21	24	11	1
7	23	12	17	22	30
8	13	26	19	16	29
5	20	15	14	25	32
27	33	34	6	2	9

图 5-17　幻方铁板及其对应的数字

元代幻方铁板是一个六阶幻方，每一横向、纵向和对角线上的数字加起来都是111，这是它最基本的特征。横着看，幻方中第一行和第六行6个数的平方和是相等的，即：

$$28^2+4^2+3^2+31^2+35^2+10^2=3095$$

$$27^2+33^2+34^2+6^2+2^2+9^2=3095$$

竖着看，幻方第一列和第六列6个数的平方和也是相等的，即：

$$28^2+36^2+7^2+8^2+5^2+27^2=2947$$

$$10^2+1^2+30^2+29^2+32^2+9^2=2947$$

而一般的幻方并不具有这个特性。

幻方铁板还是一个回整幻方。所谓回整幻方，即去掉最外面一层，中间剩下的部分仍然是一个四阶幻方。这个四阶幻方由16个数字组成，其每行、每列及两条对角线上的4个数之和都是74，如图5-18所示。

18	21	24	11
23	12	17	22
13	26	19	16
20	15	14	25

图5-18　幻方铁板去掉最外层后的幻方

更为神奇的是，这个四阶幻方还是一个完美幻方。完美幻方是指一个四阶幻方各条泛对角线上的4个数之和是相等的。

泛对角线是指任一“延伸”的对角线，其上四个数的和也等于74。如图5-19所示。

18	21	24	11	18	21	24	11
23	12	17	22	23	12	17	22
13	26	19	16	13	26	19	16
20	15	14	25	20	15	14	25

图5-19　泛对角线示意图

$$\begin{aligned}&21+17+16+20\\=&24+22+13+15\\=&11+23+26+14=18+22+19+15\\=&21+23+16+14=24+12+13+25=74\end{aligned}$$

纵横图的构造分为三种情况：

(1)奇数阶纵横图，即阶数n为奇数，$n=3,5,7,\cdots,n=2k+1(k=1,2,3,\cdots)$。

奇数阶纵横图的构造方法主要有杨辉法(斜排法)、罗伯法(楼梯法)等。

(2)双偶阶纵横图，即阶数n为偶数，且能被4整除，$n=4,8,12,\cdots,n=4k(k=1,2,3,\cdots)$。双偶阶幻方的构造方法主要有对称交换法。

(3)单偶阶纵横图，即阶数n为偶数，且不能被4整除，$n=6,10,14,\cdots,n=4k+2(k=1,2,3,\cdots)$。

上述三种情况的纵横图具体的构造方法及其设计代码扫描右侧二维码可见。

纵横图构造方法源码

这里介绍我国数学家杨辉的斜排法。

杨辉的斜排法：“九子斜排，上下对易，左右相更，四维挺出。”后就形成“戴九履一，左三右七，二四为肩，六八为足”的三阶纵横图口诀，如图5-20所示。

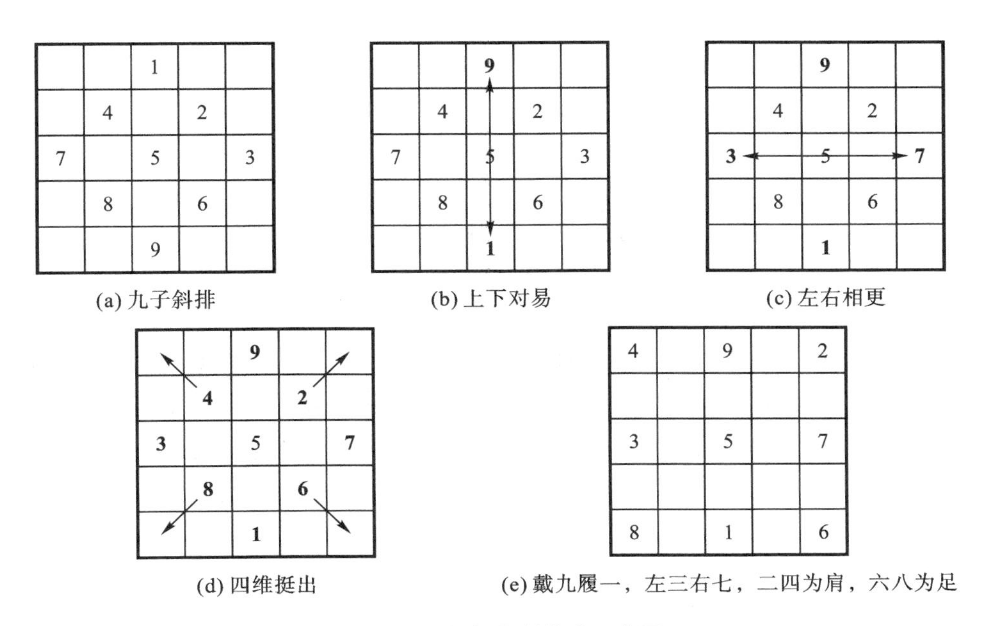

(a) 九子斜排　(b) 上下对易　(c) 左右相更

(d) 四维挺出　(e) 戴九履一，左三右七，二四为肩，六八为足

图 5-20　杨辉的斜排法示意图

感兴趣的同学，可探索其他构造方法并编写程序，完成 n 阶纵横图的构造。

第 6 章　树和二叉树

前面几章讨论的数据结构都属于线性结构。线性结构中的数据元素具有唯一的前驱和后继的数据关系，逻辑结构简单，易于进行查找、插入和删除操作。而非线性结构是指在该结构上至少存在一个数据元素，有两个或两个以上的直接前驱或直接后继元素。树和图就是十分重要的非线性结构，可以用来描述客观世界中广泛存在的层次结构和网状结构的关系。

6.1　树的基本概念

在计算机系统和日常生活中，常常会遇到使用树的实例。例如，操作系统中的文件目录结构是用树结构组织文件夹和文件的，不同文件夹下可以有同名文件；计算机中的菜单与其下拉菜单也是一种树结构；右键弹出的菜单也是树结构；一个行政区域的组织机构，是以省、市、区(县)、街道办事处等组织的，这也是一种树结构；一本书的目录由章、节和小节构成，章和章之间、节和节之间、小节和小节之间是并列递进的关系，章、节、小节之间是包含关系。

这些问题都具有层次关系或包含关系。可见，树结构通常用来描述具有包含关系或层次关系的数据模型。

6.1.1　树的定义和基本术语

1. 树(tree)的定义

树是 $n(n\geqslant 0)$ 个节点的有限集合。当 $n=0$ 时，称为空树；任意一棵非空树满足以下条件：

(1)有且仅有一个特定的节点称为根(root)；

(2)当 $n>1$ 时，除根节点之外的其余节点被分成 $m(m>0)$ 个互不相交的有限集合 T_1，T_2，…，T_m，其中每个集合又是一棵树，并称为这个根节点的子树(subtree)。

显然，树的定义是采用递归方法，递归是树的固有特性。

树是集合，线性表是序列。树的逻辑关系是一对多的层次关系，如图 6－1 所示；线性表是一对一的逻辑关系。

树的根节点只能有一个，子树个数没有限制。但子树不能相交，一个节点不能属于多个子树；子树之间不能有关系，如图 6－2 所示。

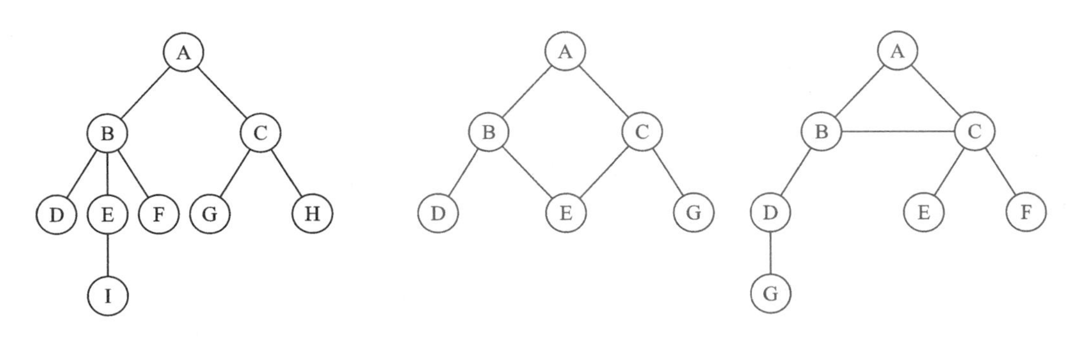

图 6－1　树结构示意图　　　　图 6－2　非树结构示意图

树具有下面两个特点：树的根节点没有前驱节点，其余节点有且只有一个前驱节点；树中所有节点可以有零个或多个后继节点。

2. 树的基本术语

节点的度：节点拥有的子树的数目。如图 6－1 所示，该树中节点 A 的度是 2，节点 B 的度是 3。

树的度：树中各节点度的最大值。如图 6－1 所示，该树的度是 3。

叶节点(终端节点)：度为 0 的节点。如图 6－1 所示，该树的叶节点是 D、I、F、G 和 H。

分支节点(非终端节点)：度不为 0 的节点；除根节点外，也称内部节点。一棵树的节点除叶节点外，其余的都是分支节点。

孩子，双亲，兄弟，堂兄：节点的子树的根称为该节点的孩子；该节点称为孩子的双亲；同一个双亲的孩子之间互称兄弟；其双亲节点是兄弟的节点互称堂兄。

路径：节点序列 n_1，n_2，…，n_k 称为一条 n_1 至 n_k 的路径，当且仅当满足如下关系，节点 n_i 是 n_{i+1} 的双亲($1\leqslant i<k$)。

路径长度：路径上经过的边的个数。

祖先、子孙：如果有一条路径从节点 x 到节点 y，则 x 称为 y 的祖先，而 y 称为 x 的子孙。

在树结构中，路径是唯一的。

节点所在层数：根节点的层数为 1；对其余节点，若某节点在第 k 层，则其孩子节点在第 $k+1$ 层。

树的深度(高度)：树中所有节点的最大层数。

树的宽度：树中每一层节点个数的最大值。

有序树：节点的子树在树中的位置固定，不能互换，称有序树。

无序树：子树在树中的位置可以互换。通常，数据结构中讨论的是有序树。

森林：$m(m\geqslant 0)$ 棵互不相交的树的集合。在数据结构中，树和森林只有很小的差别，任何一棵树删去根节点就变成了森林。反之，森林加一个公共的根节点就成了一棵树。

同构：对两棵树，若通过对节点适当地重命名，就可以使这两棵树完全相等(节点对应相等，节点对应关系也相等)，则称这两棵树同构。

6.1.2 树的抽象数据类型

树的应用很广泛，在不同的实际应用中，树的基本操作不尽相同。下面给出一个树的抽象数据类型定义：

ADT Tree{

数据对象 D：具有相同特性数据元素的有限集合。

数据关系 R：若 D=∅，则为空树；若 D={root}，则为仅有一个根节点的树，R=∅，否则，R={H}，H 满足如下二元关系：

D 中存在唯一的在关系 H 中无前驱数据的元素，称为根 root；

若 D－{root}≠∅，则 D－{root}={D_1，D_2，… ，D_m}(m>0)，且 $D_i \cap D_j = \varnothing$(i≠j，1≤i，j≤m)；

除 root 外，D 中每个元素在关系 H 中有且仅有一个前驱。

基本操作集：

Initiate(T)：初始化一棵空树 T。

Root(x)：求节点 x 所在树的根节点。

Parent(T,x)：求树 T 中节点 x 的双亲节点。

Child(T,x,i)：求树 T 中节点 x 的第 i 个孩子节点。

RightSibling(T,x)：求树 T 中节点 x 的第一个右边兄弟节点。

Insert(T,x,i,s)：把以 s 为根节点的树插入到树 T 中，作为节点 x 的第 i 棵子树。

Delete(T,x,i)：在树 T 中删除节点 x 的第 i 棵子树。

Tranverse(T)：树的遍历操作，即按某种方式访问树 T 中的每个节点，且使每个节点只被访问一次。

}ADT Tree

注：为了节约篇幅，以后不再列出每个操作的输入和输出。

6.1.3 树的遍历操作

树的遍历是树的一种非常重要的运算。树的遍历是指从根节点出发，按照某种次序访问树中所有节点，使得每个节点被访问一次且仅被访问一次。简言之，遍历是对数据集合进行没有遗漏、没有重复的访问。

其中，访问是一种抽象操作，可以是对节点进行的各种处理，这里简化为输出节点的数据。

树结构是非线性结构，节点之间不存在唯一的前驱后继关系。在访问一个节点后，下一个被访问的节点面临不同选择。由树的定义可知，一棵树由根节点和 m 棵子树构成，因此只要依次遍历根节点和 m 棵子树，就可以遍历整棵树。

可见，遍历的实质是将树中节点的非线性结构转换为线性序列。

树的遍历分为深度优先遍历和广度优先遍历。深度优先遍历又分为前序(根)遍历、后序(根)遍历;广度优先遍历又称为层次遍历。注意,树没有中序遍历。

1. 前序遍历

树的前序遍历操作定义如下:

若树为空,则空操作返回;否则:

(1)访问根节点;

(2)按照从左到右的顺序前序遍历根节点的每一棵子树。

对图 6-1 所示的树,其前序遍历序列是 ABDEIFCGH。

2. 后序遍历

树的后序遍历操作定义如下:

若树为空,则空操作返回;否则:

(1)按照从左到右的顺序后序遍历根节点的每一棵子树;

(2)访问根节点。

对图 6-1 所示的树,其后序遍历序列是 DIEFBGHCA。

3. 层次遍历

树的层次遍历操作定义如下:

从树的第一层(根节点)开始,自上而下逐层遍历,在同一层中,按从左到右的顺序对节点逐个访问。

对图 6-1 所示的树,其层次遍历序列是 ABCDEFGHI。

6.2　二叉树的基本概念

树和二叉树之间存在一一对应关系,可以将树转换为二叉树,从而利用二叉树解决树的有关问题。

6.2.1　二叉树的定义

二叉树:$n(n\geqslant 0)$个节点的有限集合,该集合或者为空集(称为空二叉树),或者由一个根节点和两棵互不相交的、分别称为根节点的左子树和右子树的子树组成,且这两棵子树也是二叉树。

图 6-3 给出一棵二叉树示例。

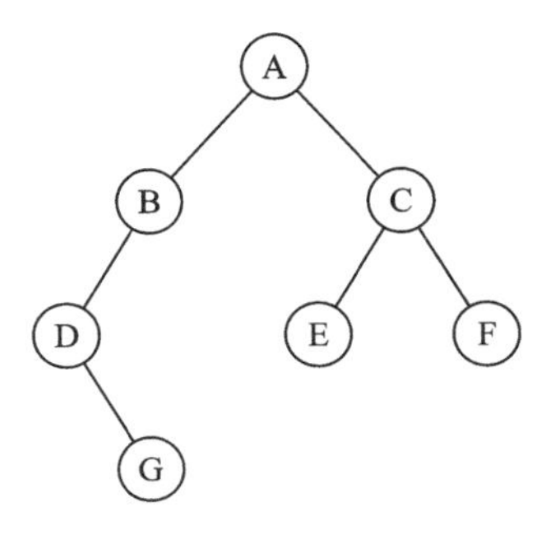

图 6-3　二叉树示例

二叉树中每个节点最多有两棵子树,所以,二叉树中不存在度大于 2 的节点。二叉树的左子树和右子树不仅有次序,不能任意颠倒,而且还有确定的位置,即使树中某个节点只有一棵子树,也要区分它是左子树还是右子树。所以,二叉树和树是两种结构,如图 6-4 所示。

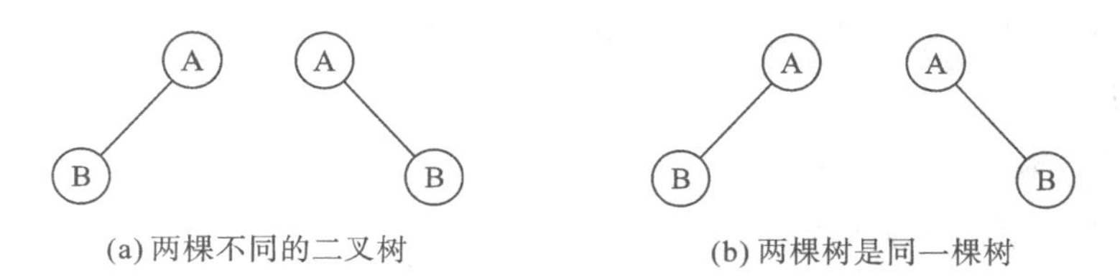

(a) 两棵不同的二叉树　　(b) 两棵树是同一棵树

图 6-4　二叉树和树的区别

二叉树具有五种基本形态:空二叉树;只有一个根节点;根节点只有左子树;根节点只有右子树;根节点既有左子树又有右子树,如图 6-5 所示。

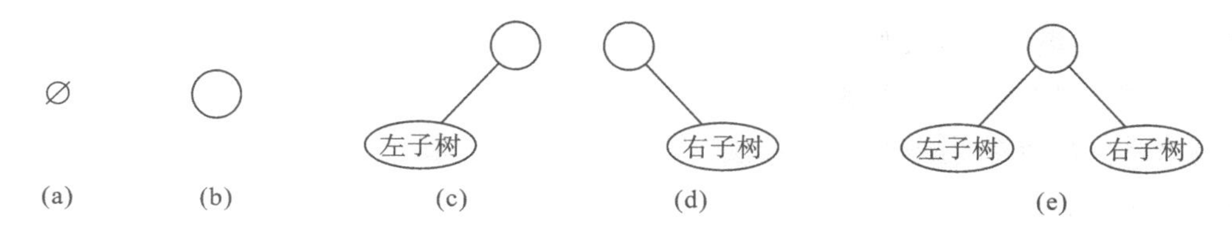

图 6-5　二叉树的五种基本形态

下面介绍一些特殊的二叉树。

1. 斜树

(1)所有节点都只有左子树的二叉树称为左斜树;

(2)所有节点都只有右子树的二叉树称为右斜树;

(3)左斜树和右斜树统称为斜树,如图 6-6 所示。

斜树的特点:

(1)在斜树中,每一层只有一个节点;

(2)斜树的节点个数与其深度相同。

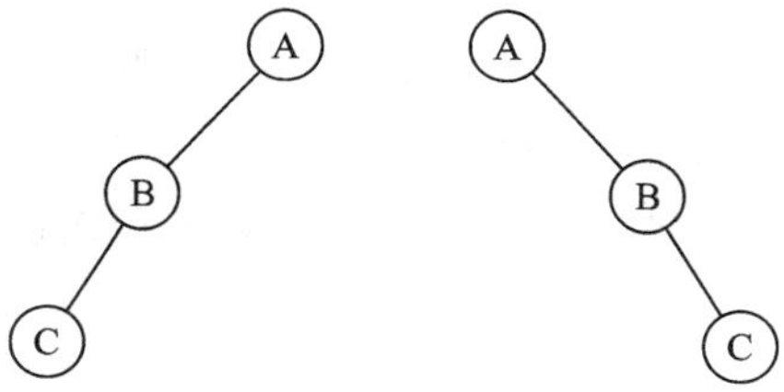

(a) 左斜树　　(b) 右斜树

图 6-6　斜树

2. 满二叉树

在一棵二叉树中,如果所有分支节点都存在左子树和右子树,并且所有叶节点都在同一层上,如图 6-7(a)所示,则称其为满二叉树。

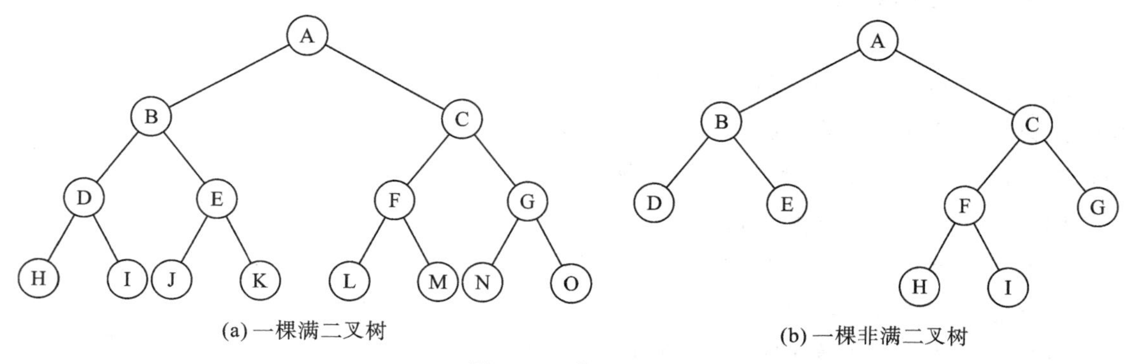

(a) 一棵满二叉树　　(b) 一棵非满二叉树

图 6-7　满二叉树

满二叉树的特点：

(1)叶节点只能出现在最下一层；

(2)只有度为 0 和度为 2 的节点。

(3)满二叉树在同样深度的二叉树中节点个数最多。

3. 完全二叉树

对一棵具有 n 个节点的二叉树按层序编号，如果编号为 $i(1\leqslant i\leqslant n)$ 的节点与同样深度的满二叉树中编号为 i 的节点，在二叉树中的位置完全相同，如图 6－8 所示，则称其为完全二叉树。

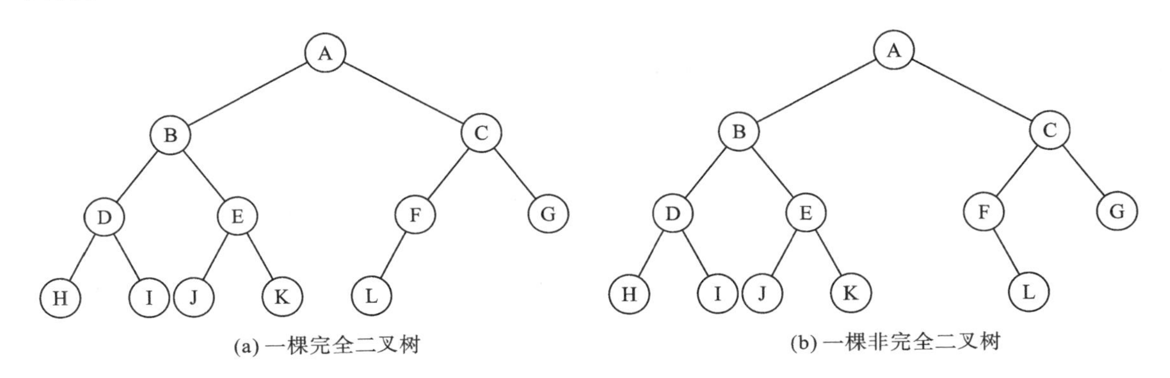

(a) 一棵完全二叉树　　(b) 一棵非完全二叉树

图 6－8　完全二叉树

完全二叉树的特点：

(1)叶节点只能出现在最下两层，且最下层的叶节点都集中在二叉树的左部；

(2)完全二叉树中如果有度为 1 的节点，只可能有一个，且该节点只有左孩子。

(3)深度为 k 的完全二叉树在 $k-1$ 层上一定是满二叉树。

(4)在节点个数相同的二叉树中，完全二叉树的深度最小。

6.2.2　二叉树的抽象数据类型定义

二叉树的抽象数据类型定义如下：

ADT Binary_Tree{

数据对象 D:具有相同特性数据元素的有限集合。

数据关系 R:若 D＝∅，则 R＝∅，Binary_Tree 为空二叉树；若 D≠∅，则 R＝{H}，且 H 满足如下二元关系：

D 中存在唯一的在关系 H 中无前驱数据元素，称为根 root；

若 D－{root}≠∅，则 D－{root}＝{D_l, D_r}，且 $D_l\cap D_r=\varnothing$(D_l，D_r分别是左右子树数

据对象)；

除 root 外,D 中每个元素在关系 H 中有且仅有一个前驱。

基本操作：

CreateBinTree(bt)：由输入节点序列建立一棵二叉树。

Create(x,lbt,rbt)：生成一棵以 x 为根节点的数据域信息，以 lbt 和 rbt 为左子树和右子树的二叉树。

InsertL(bt,x,parent)：将数据域信息为 x 的节点插入二叉树 bt 中，作为节点 parent 的左孩子节点。如果节点 parent 原来有左孩子节点，则将节点 parent 原来的左孩子节点作为节点 x 的左孩子节点。

InsertR(bt,x,parent)：将数据域信息为 x 的节点插入二叉树 bt 中，作为节点 parent 的右孩子节点。如果节点 parent 原来有右孩子节点，则将节点 parent 原来的右孩子节点作为节点 x 的右孩子节点。

DeleteL(bt,parent)：在二叉树 bt 中删除节点 parent 的左子树。

DeleteR(bt,parent)：在二叉树 bt 中删除节点 parent 的右子树。

Search(bt,x)：在二叉树 bt 中查找数据元素 x。

Traverse(bt)：按某种方式遍历二叉树 bt 的全部节点。

}ADT Binary_Tree

6.2.3 二叉树的性质

性质 1 一个非空二叉树的第 i 层上至多有 2^{i-1} 个节点($i \geqslant 1$)。

证明 采用数学归纳法证明。

当 $i=1$ 时，只有一个根节点，而 $2^{i-1}=2^0=1$，结论显然成立。

假定 $i=k$ 时，结论成立，即第 k 层上最多有 2^{k-1} 个节点。

那么，当 $i=k+1$ 时，由于第 $k+1$ 层上的节点是第 k 层上节点的孩子，而二叉树中每个节点最多有两个孩子，故第 $k+1$ 层最多有 $2 \times 2^{k-1}=2^k$ 个节点。结论成立。

性质 2 深度为 k 的二叉树至多有 2^k-1 个节点($k \geqslant 1$)。

证明 设深度为 k 的二叉树最多节点个数为 S，由性质 1 可知，

$$S=2^0+2^1+2^2+2^3+\cdots+2^{k-1}$$

两边同乘 2，得

$$2S=2 \times (1+2^1+2^2+2^3+\cdots+2^{k-1})$$

整理得

$$2S=2^1+2^2+2^3+\cdots+2^{k-1}+2^k-1+1$$

即

$$S=2^k-1$$

根据满二叉树的定义可知，深度为 k 且具有 2^k-1 个节点的二叉树一定是满二叉树。

深度为 k 且具有 k 个节点的二叉树不一定是斜树。

性质 3　任何一棵二叉树中，若叶节点数为 n_0，度为 2 的节点个数为 n_2，则 $n_0=n_2+1$。

证明　设 n 为二叉树的节点总数，n_1 为二叉树中度为 1 的节点数，则有：

$$n=n_0+n_1+n_2 \tag{6-1}$$

在二叉树中，除了根节点外，其余节点都有唯一的一个分枝进入（唯一的双亲），由于这些分枝是由度为 1 和度为 2 的节点射出的，一个度为 1 的节点射出一个分枝，一个度为 2 的节点射出两个分枝，所以有：

$$n=\text{分支数}+1=n_1+2\times n_2+1 \tag{6-2}$$

综合式(6-1)和式(6-2)，可以得到：

$$n_0=n_2+1$$

性质 4　具有 n 个节点的完全二叉树的深度为 $\lfloor \log_2 n \rfloor+1$。

证明　假设具有 n 个节点的完全二叉树的深度为 k，根据完全二叉树的定义和性质 2，有下式成立：

$$2^{k-1}\leqslant n < 2^k$$

对不等式取对数，有：

$$k-1\leqslant \log_2 n<k$$

即：

$$\log_2 n<k\leqslant \log_2 n+1$$

由于 k 是整数，故必有 $k=\lfloor \log_2 n \rfloor+1$。

性质 5　如果对一棵有 n 个节点的完全二叉树的节点按层次自上而下（每层自左而右）从 1 到 n 进行编号，则对任意一个节点 $i(1\leqslant i\leqslant n)$ 有：

(1)若 $i=1$，则节点 i 为根，无双亲；若 $i>1$，则节点 i 的双亲节点的编号是 $\lfloor i/2 \rfloor$；

(2)若 $2i\leqslant n$，则 i 的左孩子的编号是 $2i$，否则 i 无左孩子；

(3)若 $2i+1\leqslant n$，则 i 的右孩子的编号是 $2i+1$，否则 i 无右孩子。

证明　因为(1)可以由(2)和(3)导出，所以，只需证明(2)和(3)。

当 $i=1$ 时，由完全二叉树的定义可知，其左孩子节点编号为 2，若 $2>n$，则不存在节点 2，此时节点 i 无左孩子。节点 i 的右孩子也只能是节点 3，若节点 3 不存在，即 $3>n$，此时节点 i 无右孩子。

对于 $i>1$，可分两种情况讨论：

①当编号为 i 的节点是第 $j(1\leqslant j\leqslant \lfloor \log_2 n \rfloor)$ 层第 1 个节点时，由二叉树的定义和性质 2 可知，$i=2^{j-1}$。那么，节点 i 的左孩子必为 $j+1$ 层的第 1 个节点，其编号为 $2^j=2\times 2^{j-1}=2i$，若 $2i>n$，节点 i 则无左孩子，其右孩子必为 $j+1$ 层的第 2 个节点，其编号为 $2i+1$，若 $2i+1>$

n，则节点 i 无右孩子。

②当编号为 i 的节点是第 $j\,(1\leqslant j\leqslant\lfloor\log_2 n\rfloor)$ 层的某个节点（$2^{j-1}\leqslant i\leqslant 2^j-1$）时，假设命题成立，即若 $2i<n$，则其左孩子编号为 $2i$，若 $2i+1<n$，则其右孩子编号为 $2i+1$。那么，编号为 $i+1$ 的节点，或者是节点 i 的右兄弟或堂兄弟，或者是第 $j+1$ 层的第一个节点，其左孩子编号为 $2i+2=2(i+1)$，右孩子的编号为 $2i+3=2(i+1)+1$。结论成立。

若对二叉树的根节点从 0 开始编号，则相应的 i 号节点的双亲节点的编号为 $(i-1)/2$，左孩子的编号为 $2i+1$，右孩子的编号为 $2i+2$。

6.3 二叉树的存储结构

6.3.1 二叉树的顺序存储结构

顺序存储结构的要求：用一组连续的存储单元依次存储数据元素，由存储位置表示元素之间的逻辑关系。

二叉树的顺序存储结构就是用一维数组存储二叉树中的节点，并且节点的存储位置（下标）应能体现节点之间的逻辑关系——父子关系。

如何利用数组下标来反映节点之间的逻辑关系？

二叉树一般按照从上到下、从左到右的顺序给节点编号，并依次存储在数组中。这样，对于任意一棵二叉树，其节点在存储位置上的前驱、后继关系并不一定就是它们在逻辑上的连接关系，存储位置不能反映二叉树中节点之间的父子关系。因此，这种存储没有意义。

依据二叉树的性质，完全二叉树和满二叉树中节点的编号可以唯一地反映节点之间的逻辑关系。

因此，完全二叉树和满二叉树比较适合顺序存储。这样既能够最大限度地节约存储空间，又可以利用节点的存储位置，确定节点在二叉树的位置及节点之间的关系。

图 6－8(a)所示的完全二叉树，其顺序存储状态如图 6－9 所示。

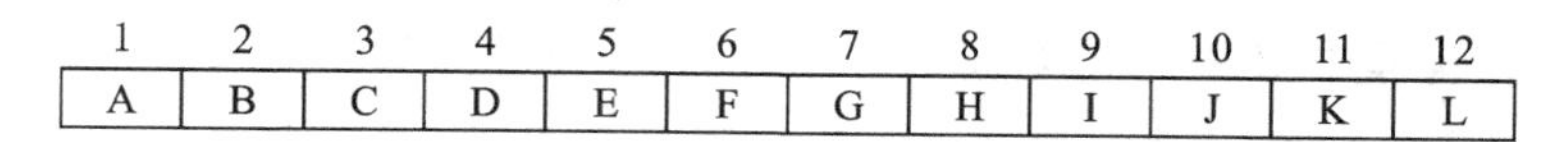

图 6－9 完全二叉树的顺序存储示意图

对于一般的二叉树，如果按从上到下、从左到右的顺序，将树中的节点顺序存储在一维数组中，则通过存储位置不能反映二叉树中节点之间的逻辑关系。只有添加一些并不存在的空节点，使之成为一棵完全二叉树形式（称此过程为完全化），然后再顺序存储。

一棵非完全二叉树完全化后，其顺序存储状态如图 6－10 所示。

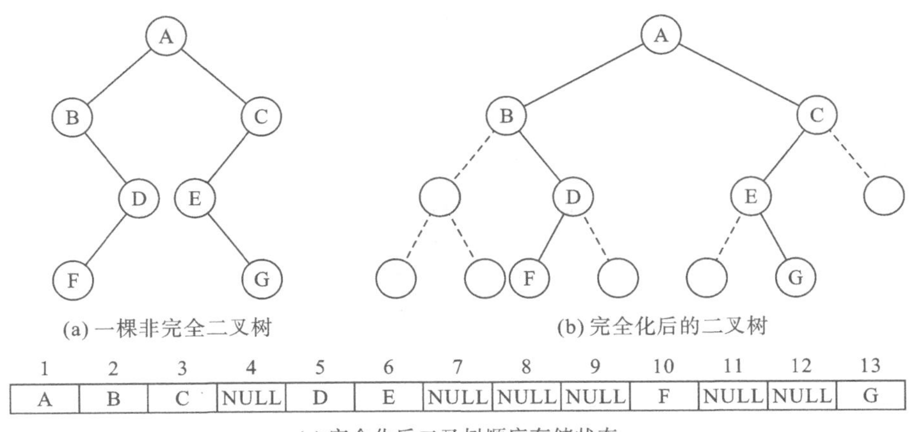

(c) 完全化后二叉树顺序存储状态

图 6-10　一般二叉树及其顺序存储示意图

显然，对一棵非完全二叉树进行完全化时，可能需要增加一些空节点，因此，这种存储方式对于非完全二叉树而言可能会造成空间上的大量浪费。这时，不宜使用顺序结构存储。最坏情况是退化树的情况（如右单支树），一颗深度为 k 的右单支树只有 k 个节点，却分配了 2^k-1 个存储单元，如图 6-11 所示。

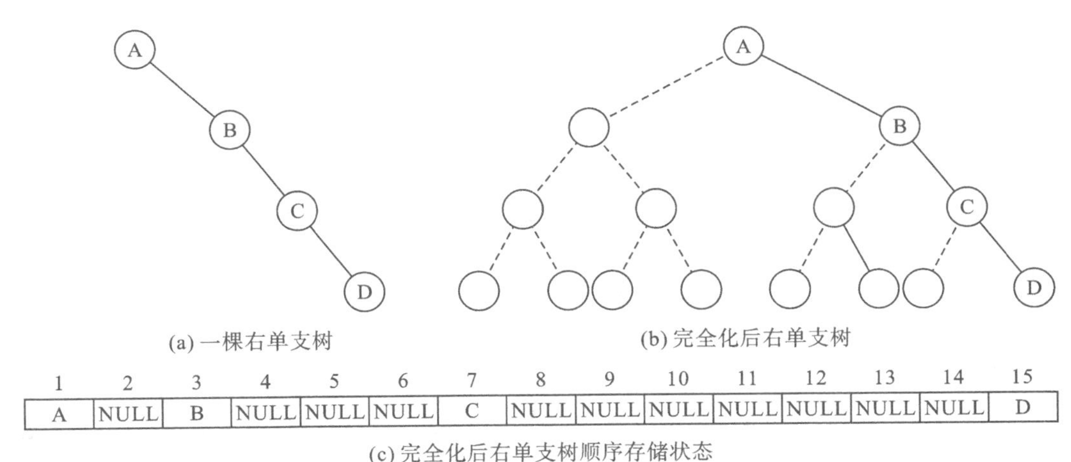

(c) 完全化后右单支树顺序存储状态

图 6-11　右单支树及其顺序存储示意图

6.3.2　二叉树的链式存储结构

所谓二叉树的链式存储结构是指用链表来表示一棵二叉树，链表中一个节点表示二叉树的一个节点，存放二叉树节点有关的数据信息，节点还要设置指针域表示元素之间的逻辑关系——父子关系。

基本思想：在单链表中每个元素最多有一个后继，所以单链表节点设置一个指针域来表示后继；线性表中，如果想同时表示前驱和后继，设置 2 个指针域，形成双向链表。二叉树的节点最多有左、右 2 个孩子和 1 个双亲，因此，需要设置相应的指针域表示左、右孩子及双亲，通常有以下两种形式。

1. 二叉链表

链表中每个节点由 3 个域组成，除了数据域外，还有两个指针域，分别用来指出该节点的左孩子和右孩子在链表中的存储地址。节点的存储结构如图 6－12 所示。

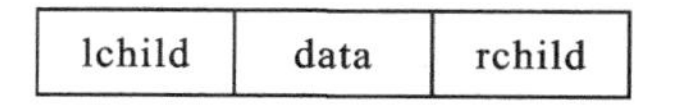

图 6－12　二叉链表节点结构

其中，data 域存放节点的数据信息；lchild 和 rchild 分别存放指向左孩子和右孩子的指针，当左孩子或右孩子不存在时，相应指针域值为空。

图 6－3 所示二叉树，其二叉链表表示如图 6－13 所示。二叉树也可以用带头节点的二叉链表方式存放，如图 6－14 所示。

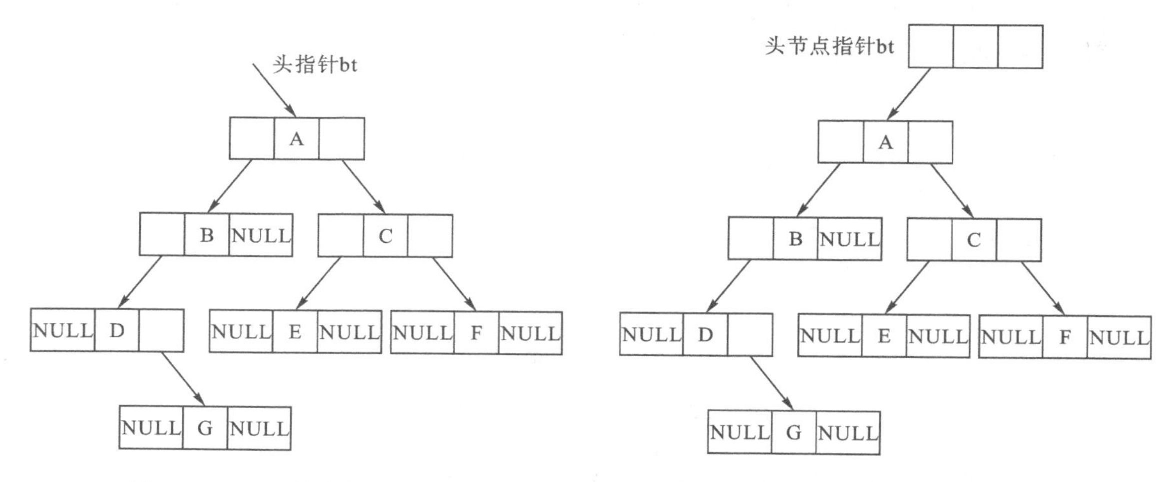

图 6－13　二叉链表存储示意图

图 6－14　带头节点的二叉链表存储示意图

二叉树的二叉链表存储方式的 C 语言描述如下：

```
typedef   char DataType;
typedef struct BiTNode
{
    DataType data;
    struct BiTNode * lchild, * rchild;      /* 左右孩子指针 */
}BiTNode, * BiTree;
```

即将 BiTree 定义为指向二叉链表节点结构的指针类型。

2. 三叉链表

三叉链表的每个节点由 4 个域组成，具体结构如图 6－15 所示。

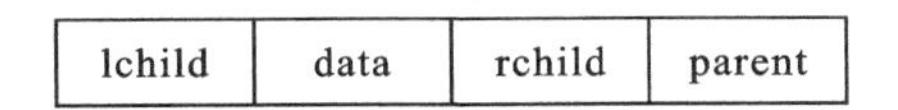

图 6－15　三叉链表节点结构

其中 data、lchild 和 rchild 3 个域的含义与二叉链表中的相同；parent 域为指向该节点双亲节点的指针。这种存储结构既便于查找孩子节点，又便于查找双亲节点。但是相对二叉链表存储结构而言，它增加了空间开销。

图 6－3 所示二叉树，其三叉链表表示如图 6－16 所示。

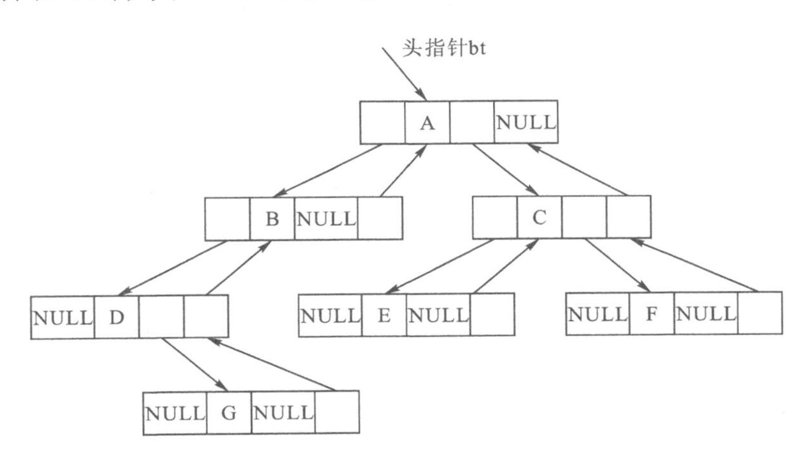

图 6－16　三叉链表存储示意图

尽管在二叉链表中无法由节点直接找到其双亲，但由于二叉链表结构灵活，操作方便，对于一般情况的二叉树，甚至比顺序存储结构还节省空间。因此，二叉链表是一种最常用的二叉树存储形式。在本书中如不加特殊说明，二叉树的链式存储都采用二叉链表结构。

同步训练与拓展训练

一、同步训练

1. 下面叙述正确的是（　　）。

A. 二叉树是特殊的树　　　　B. 二叉树等价于度为 2 的树

C. 完全二叉树必为满二叉树　　　　D. 二叉树的左右子树有次序之分

2. 具有 100 个节点的完全二叉树的深度为（　　）。

A. 6　　　　B. 7　　　　C. 8　　　　D. 9

3. 具有 100 个节点的完全二叉树，其中含有(　　)个度为 1 的节点。

A. 1　　B. 0　　C. 2　　D. 不确定

4. 假设在一棵二叉树中，双分支节点数为 15，单分支节点数为 30，则叶节点数为(　　)。

A. 15　　B. 16　　C. 17　　D. 47

5. 已知一棵完全二叉树的节点总数为 9，则最后一层的节点数为(　　)。

A. 1　　B. 2　　C. 3　　D. 4

6. 已知一棵含 50 个节点的二叉树中只有一个叶节点，则该树中度为 1 的节点个数为(　　)。

A. 0　　B. 1　　C. 48　　D. 49

7. 一棵完全二叉树上有 1001 个节点，其中叶节点的个数是(　　)。

A. 250　　B. 500　　C. 254　　D. 501

8. 一个具有 1025 个节点的二叉树的高 h 为(　　)。

A. 11　　B. 10

C. 11 至 1025 之间　　D. 10 至 1024 之间

9. 深度为 h 的满 m 叉树的第 k 层有(　　)个节点。($1 \leqslant k \leqslant h$)

A. m^{k-1}　　B. m^k-1　　C. m^{h-1}　　D. m^h-1

10. (2009 年真题)已知一棵完全二叉树的第 6 层(设根为第 1 层)有 8 个叶节点，则该完全二叉树的节点个数最多是(　　)。

A. 39　　B. 52　　C. 111　　D. 119

11. (2010 年真题)在一棵度为 4 的树 T 中，有 20 个度为 4 的节点，10 个度为 3 的节点，1 个度为 2 的节点，10 个度为 1 的节点，则树 T 的叶节点个数是(　　)。

A. 41　　B. 82　　C. 113　　D. 122

12. (2011 年真题)若一棵完全二叉树有 768 个节点，则该完全二叉树中叶节点的个数是(　　)。

A. 257　　B. 258　　C. 384　　D. 385

13. (2018 年真题)设一棵非空完全二叉树 T 的所有叶节点均位于同一层，且每个非叶节点都有 2 个子节点，若 T 有 k 个叶节点，则 T 的节点总数是(　　)。

A. $2k-1$　　B. $2k$　　C. k^2　　D. 2^k-1

14. (2020 年真题)对于任意一棵高度为 5 且有 10 个节点的二叉树，若采用顺序存储结构保存，每个节点占 1 个存储单元(仅存放节点的数据信息)，则存放该二叉树需要的存储单元数量至少是(　　)。

A. 31　　B. 16　　C. 15　　D. 10

二、拓展训练

1. 写出如图 6 - 17 所示树的叶节点、非终端节点、每个节点的度及树深度。

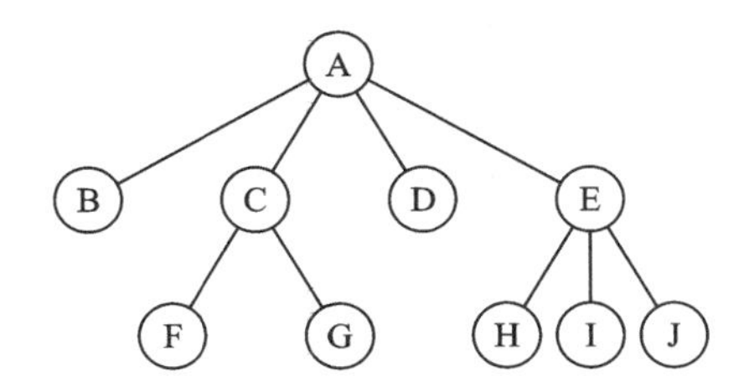

图 6 - 17　树的示例

2. 一棵度为 2 的树与一棵二叉树有什么区别?
3. 树与二叉树有什么区别?
4. 分别画出具有 3 个节点的树和 3 个节点的二叉树的所有不同形态。
5. 在一棵度为 m 树中,度为 1 的节点数为 n_1,度为 2 的节点数为 n_2,…,度为 m 的节点数为 n_m,则该树中含有多少个叶节点,有多少个非终端节点?
6. 一棵含有 n 个节点的 k 叉树,可能达到的最大深度和最小深度各为多少?
7. 证明任何一棵满二叉树 T 中的分支数 B 满足 $B=2(n_0-1)$(其中 n_0 为叶节点数)。
8. 如图 6 - 18 所示的二叉树,试分别写出它的顺序存储表示和链式存储表示(二叉链表)。

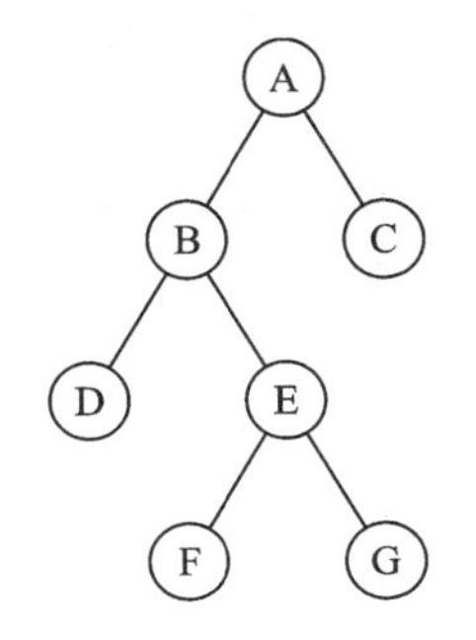

图 6 - 18　二叉树示例

同步训练与拓展训练
参考答案

6.4　二叉树的遍历

6.4.1　二叉树的递归遍历

在二叉树的一些应用中,常常要求在树中查找具有某种特征的节点,对满足条件的节点进行处理,或者对树中全部节点逐一进行某种处理。这就提出了一个遍历二叉树的问题。

二叉树的遍历是指按照某种顺序访问二叉树中的每个节点，使每个节点被访问一次且仅被访问一次。

遍历可使二叉树的节点由非线性排列变为某种意义上的线性序列，也就是说遍历操作使非线性结构线性化，使每个节点在这种遍历中有唯一前驱和后继关系。

由二叉树的定义可知，一棵二叉树由根节点、根节点的左子树和根节点的右子树三部分构成，因此，只要依次遍历这三部分，就可以遍历整个二叉树。假如以 L、D、R 分别表示遍历左子树、访问根节点和遍历右子树，则有 DLR、LDR、LRD、DRL、RDL、RLD 六种遍历二叉树的方案。若限定先左后右，则只有前三种情况，分别称为前序（根）遍历、中序（根）遍历和后序（根）遍历。

1. 前序遍历

前序遍历的递归过程如下：若二叉树为空，遍历结束；否则，

(1)访问根节点；

(2)前序遍历根节点的左子树；

(3)前序遍历根节点的右子树。

先序遍历二叉树的递归算法如下：

```
void PreOrder(BiTree bt)
{   /* 前序遍历二叉树 bt */
    if (bt==NULL) return;          /* 递归调用的结束条件 */
    Visite(bt->data);              /* 访问节点的数据域 */
    PreOrder(bt->lchild);          /* 前序递归遍历 bt 的左子树 */
    PreOrder(bt->rchild);          /* 前序递归遍历 bt 的右子树 */
}
```

图 6-3 所示的二叉树，其前序遍历序列为 ABDGCEF。

2. 中序遍历

中序遍历的递归过程如下：若二叉树为空，遍历结束；否则，

(1)中序遍历根节点的左子树；

(2)访问根节点；

(3)中序遍历根节点的右子树。

中序遍历二叉树的递归算法如下：

```
void InOrder(BiTree bt)
{   /* 中序遍历二叉树 bt */
    if (bt==NULL) return;          /* 递归调用的结束条件 */
    InOrder(bt->lchild);           /* 中序递归遍历 bt 的左子树 */
    Visite(bt->data);              /* 访问节点的数据域 */
```

```
    InOrder(bt－＞rchild);         /＊中序递归遍历 bt 的右子树＊/
}
```

图 6－3 所示的二叉树，中序遍历序列为 DGBAECF。

3. 后序遍历

后序遍历的递归过程如下：若二叉树为空，遍历结束；否则，

(1)后序遍历根节点的左子树；

(2)后序遍历根节点的右子树；

(3)访问根节点。

后序遍历二叉树的递归算法如下：

```
void PostOrder(BiTree bt)
{   /＊后序遍历二叉树 bt＊/
    if (bt==NULL) return;          /＊递归调用的结束条件＊/
    PostOrder(bt－＞lchild);       /＊后序递归遍历 bt 的左子树＊/
    PostOrder(bt－＞rchild);       /＊后序递归遍历 bt 的右子树＊/
    Visite(bt－＞data);            /＊访问节点的数据域＊/
}
```

图 6－3 所示的二叉树，后序遍历序列为 GDBEFCA。

由二叉树遍历可得到的一些重要性质：

已知二叉树的前序遍历序列和中序遍历序列，可以唯一确定一棵二叉树。

已知二叉树的后序遍历序列和中序遍历序列，可以唯一确定一棵二叉树。

已知二叉树的前序遍历序列和后序遍历序列，不能唯一确定一棵二叉树。

6.4.2　二叉树的非递归遍历

前面给出的二叉树前序、中序和后序三种遍历算法都是递归算法。当给出二叉树的链式存储结构以后，用具有递归功能的程序设计语言能很方便地实现上述算法。然而，并非所有的程序设计语言都允许递归；另一方面，递归程序虽然简洁，但可读性一般不好，执行效率也不高。因此，存在如何把一个递归算法转化为非递归算法的问题。通过对三种遍历过程的分析，可以解决这个问题。

在图 6－19 所示的二叉树中，其前序、中序和后序遍历都是从根节点 A 开始的，并且在遍历过程中经过节点的路线也是一样的，只是访问的时机不同而已。图 6－19 所示的从根节点的左外侧开始，到根节点的右外侧结束的曲线称为包路线，这是二叉树遍历时的路线。沿着该路线按标记 △ 读得的序列为前序遍历序列，按标记 ＊ 读得的序列为中序遍历序列，按标记⊕读得的序列为后序遍历序列。

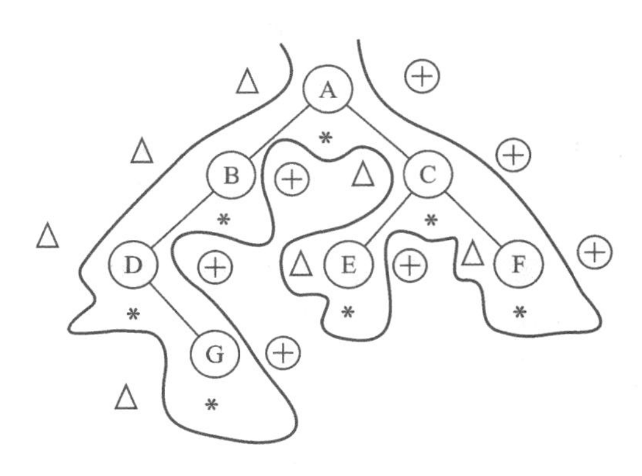

图 6-19　遍历图 6-3 中二叉树的路线示意图

这一路线正是从根节点开始，沿左子树深入下去，当深入到最左端，无法再深入下去时，则返回。再逐一进入刚才深入时遇到节点的右子树，再进行如此深入和返回，直到最后从根节点的右子树返回到根节点为止。先序遍历是在深入时遇到节点就访问，中序遍历是在从左子树返回时遇到节点就访问，后序遍历是从右子树返回时遇到节点就访问。

在这一过程中，返回节点的顺序与深入节点的顺序相反，即后深入先返回，正好符合栈结构后进先出的特点。因此，可以使用栈来实现这一遍历路线。

在沿左子树深入时，深入一个节点，入栈一个节点。若为前序遍历，则在入栈前访问；当沿左分支深入不下去时，则返回，即从堆栈中弹出前面压入的节点。

(1)前序遍历：进入弹出节点的右子树，继续深入。

(2)中序遍历：访问弹出节点，然后从该节点的右子树继续深入。

(3)后序遍历：因为需要后序遍历弹出节点的右子树，之后再访问该节点，因此，弹出节点再次入栈，然后从该节点的右子树继续深入，与前面一样，仍然要深入一个节点，入栈一个节点，深入不下去，再返回，直到第二次从栈里弹出该节点，即从右子树返回时，才访问它。

1. 前序遍历的非递归实现

二叉树前序遍历的非递归算法的关键：在前序遍历过某节点的整个左子树后，如何找到该节点的右子树的根指针。

解决办法：在访问完根节点后，将根节点的指针保存在栈中，以便以后能通过它找到根节点的右子树。

在前序遍历中，设要遍历二叉树的根指针为 bt，则有以下两种可能：

(1)若 bt！=NULL，则表明当前二叉树不空。此时，应输出根节点 bt 的值，并将 bt 保存到栈中，继续遍历左子树。

(2)若 bt=NULL，则表明以 bt 为根指针的二叉树遍历完毕，并且 bt 是栈顶指针所指节点的左子树。

若栈不空，则根据栈顶指针所指节点，找到待遍历右子树的根指针，并赋予 bt 以便继续遍历下去；若栈空，则表明整个二叉树遍历完毕，应结束。所以，循环结束条件是 bt 为空，并且栈也为空。

前序遍历非递归算法的伪代码如下：

1.栈 s 初始化。

2.循环直到 bt 为空且栈 st 为空：

　2.1 当 bt 不空时循环：

　　　2.1.1 输出 bt－＞data；

　　　2.1.2 将指针 bt 的值保存到栈中；

　　　2.1.3 继续遍历 bt 的左子树。

　2.2 如果栈 st 不空，则：

　　　2.2.1 将栈顶元素弹出至 bt；

　　　2.2.2 准备遍历 bt 的右子树。

前序遍历非递归算法的 C 语言实现如下：

```
void NRPreOrder(BiTree bt){             /* 前序遍历二叉树 bt */
    SeqStack  *st;
    st=initSeqStack();
    while(bt!=NULL || !isEmptySeqStack(st)){
        while(bt!=NULL){
            printf("%3c",bt->data);          /* 访问节点的数据域 */
            pushSeqStack(st,bt);
            bt = bt->lchild;
        }
        if(!isEmptySeqStack(st)){
            popSeqStack(st,&bt);
            bt = bt->rchild;
        }
    }
}
```

2. 中序遍历的非递归实现

中序遍历的非递归算法实现，只需将前序遍历非递归算法中的语句 printf("%3c",bt－＞data)移到 popSeqStack(st,&bt)和 bt = bt－＞rchild 之间即可。

非递归实现有多种方法，这里介绍一种方法，即遍历左子树不用 while 语句，而使用 if 语句进行流程控制，其 while 语句的功能由外循环的 while 语句承担。代码如下：

```
void NRInOrderOut(BiTree bt){              //* 中序遍历输出二叉树 T 的节点值
    SeqStack  *st;
    st=initSeqStack();
```

```
    while(bt! =NULL  ||  ! isEmptySeqStack(st)){
        if(bt! =NULL){
            pushSeqStack(st,bt);
            bt = bt->lchild;
        }
        else {
            popSeqStack(st,&bt);
            printf(" %3c",bt->data);          //* 访问节点的数据域
            bt = bt->rchild;
        }
    }
}
```

3. 后序遍历的非递归实现

由前面的讨论可知，后序遍历与前序遍历、中序遍历不同。在后序遍历中，节点第一次出栈是在它的左子树后序遍历完毕之后，遍历顺序转向出栈节点的右子树。因为还没有访问该节点，故还需再次入栈。当该节点的右子树后序遍历完毕之后，此时访问该节点，该节点真正出栈，为了区别同一节点指针的两次出栈，设置一个标志 flag，令：

flag={1，第一次出栈，节点不能访问；
　　2，第二次出栈，节点可以访问}

当节点指针进栈、出栈时，其标志 flag 也同时进栈、出栈。因此，可将栈中元素的数据类型定义为指针和标志 flag 合并的结构体类型，定义如下：

```
typedef struct{
    BiTree  link;
    int  flag;
}stacktype;
```

后序遍历的非递归算法如下。在算法中，指针变量 bt 指向当前要处理的节点，整型变量 sign 为节点 bt 的标志量。

```
void NRPostOrder(BiTree  bt){                //非递归后序遍历二叉树 bt
    SeqStack  *st;
    stacktype stNode;
    int sign;
    st=initSeqStack();
    while (bt! =NULL ||  ! isEmptySeqStack(st)){
        if(bt! =NULL){                        //节点第一次进栈
            stNode.link=bt;
```

```
            stNode.flag=1;
            pushSeqStack(st,stNode);
            bt = bt->lchild;                    //找该节点的左孩子
        }
        else{
            popSeqStack(st,&stNode);            //出栈
            bt=stNode.link;
            sign=stNode.flag;
            if (sign==1){                       //节点第二次进栈
                stNode.link=bt;
                stNode.flag=2;                  //标记第二次出栈
                pushSeqStack(st,stNode);
                bt=bt->rchild;
            }
            else{
                printf("%3c",bt->data);  //访问该节点数据域值
                bt=NULL;
            }
        }
    }
}
```

还有一种常用的后序遍历非递归方法：判断栈顶节点 bt 的右子树是否为空，右子树是否是刚访问过的节点。若为空，说明没有右子树，应该是栈；若是刚访问过的节点，也应退栈，bt 赋给 pre(pre 始终记录刚访问过的节点)，bt 置空(可避免再次进入该树)。如果不是空，则进入 bt 的右子树。代码如下：

```
void NRPostOrder(BiTree bt){                    //非递归后序遍历二叉树 bt
    SeqStack  *st;
    BiTree pre;
    st=initSeqStack();
    pre=NULL;                                   //pre 始终记录刚访问过的节点
    while(bt!=NULL || !isEmptySeqStack(st)){
        if(bt!=NULL){
            pushSeqStack(st,bt);
            bt = bt->lchild;
        }
```

```
        else{
            getTopSeqStack(st,&bt);
            if(bt->rchild==NULL || bt->rchild==pre){
              //右子树空或刚访问过
                popSeqStack(st,&bt);
                printf(" %3c",bt->data); //访问节点的数据域
                pre = bt;
                bt = NULL;                  //避免再次进入该树
            }
            else
                bt = bt->rchild;
        }
    }
}
```

非递归算法的时间复杂度分析：非递归遍历二叉树算法，每个节点进栈一次，出栈一次，访问一次。对于 n 个节点的二叉树，假设每个节点访问的时间是常量级的，则非递归遍历二叉树算法的时间复杂度均为 $O(n)$。

6.4.3 二叉树的层次遍历

所谓二叉树的层次遍历就是广度优先遍历，是指从二叉树的第一层（根节点）开始，从上至下逐层遍历，在同一层中，则按从左到右的顺序对节点逐个访问。

图 6-3 所示二叉树，其层次遍历序列为 ABCDEFG。

已知二叉树的层次遍历序列和中序遍历序列，可以唯一确定一棵二叉树。

下面讨论层次遍历算法。

由层次遍历的定义可以推知，在进行层次遍历时，对一层节点访问完后，再按照它们的访问次序对各个节点的左孩子和右孩子顺序访问，这样一层一层进行，先遇到的节点先访问，这与队列的操作原则比较吻合。因此，在进行层次遍历时，可设置一个队列结构，遍历从二叉树的根节点开始，首先将根节点指针入队列，然后从队头取出一个元素，每取一个元素执行下面两个操作：

(1)访问该元素所指节点。

(2)若该元素所指节点的左、右孩子节点非空，则将该元素所指节点的左孩子指针和右孩子指针顺序入队。

重复(1)和(2)，当队列为空时，二叉树的层次遍历结束。

在下面的层次遍历算法中，二叉树以二叉链表存放，一维数组 queue[MAXNODE]用来实

现队列，变量 front 和 rear 分别表示当前队首元素和队尾元素在数组中的位置。

```
void LevelOrder(BiTree bt){
    BiTree queue[MAXNODE];
    int front, rear;
    if(bt==NULL)  return;
    front=-1;
    rear=0;
    queue[rear]=bt;
    while(front!=rear) {
        front++;
        printf("%3c",queue[front]->data);  /*访问队首节点的数据域*/
        if(queue[front]->lchild != NULL){  /*将队首节点的左孩子节点入队列*/
            rear++;
            queue[rear]=queue[front]->lchild;
        }
        if(queue[front]->rchild != NULL){  /*将队首节点的右孩子节点入队列*/
            rear++;
            queue[rear]=queue[front]->rchild;
        }
    }
}
```

6.5　二叉树的其他基本运算

6.5.1　二叉树的其他基本运算

1. 二叉树的建立

只有建立了二叉树，才能对二叉树进行各种操作，如遍历、插入、删除等。这里介绍一种由二叉树扩展遍历序列创建二叉树的方法。

由于前序遍历、中序遍历和后序遍历序列中的任何一种序列，都不能唯一确定一棵二叉树，其原因是不能确定其左、右子树的情况，没有表示空子树，就意味着无法区分叶节点和非叶节点，建立二叉树时就无法控制何时子树结束。因此，做如下处理：将二叉树中每个节点的空指针引出一个虚节点，其值为特定值如 0，以表示其为空，这样处理后的二叉树称为原二叉树的扩展二叉树。

扩展二叉树的前序遍历、后序遍历或层次遍历序列，能唯一确定一棵二叉树。如图 6－3 所示的扩展二叉树的前序遍历序列为 ABD0G000CE00F00。

根据扩展二叉树前序遍历序列(由键盘输入)建立二叉树，采用递归算法，其算法思想和二叉树前序遍历相同，算法如下(为简化问题，数据元素类型设为字符型)：

```
void CreateBinTree(BiTree  * bt){   /* 以加入节点的前序遍历序列输入构造二叉链表 */
  char ch;
    scanf(" % c",&ch);              /* 读入输入序列中的字符 */
    if (ch=='0')   * bt=NULL;    /* 读入 0 时，将相应节点置空 */
    else{
        * bt=(BiTNode * )malloc(sizeof(BiTNode));    /* 生成节点空间 */
        ( * bt)->data=ch;
        CreateBinTree(&( * bt)->lchild);         /* 构造二叉树的左子树 */
        CreateBinTree(&( * bt)->rchild);         /* 构造二叉树的右子树 */
    }
}
```

2. 在二叉树中查找数据元素值为 x 的节点

在二叉树中查找数据元素值为 x 的节点，查找成功时，返回指向该节点的指针；查找失败时，返回空。

在遍历过程中进行查找。一棵二叉树由根节点、左子树和右子树三部分构成。查找就是在根节点和左、右子树中进行查找。又由于可以直接判断根节点是否是所找的节点，即根节点可以直接处理，而子树不能直接处理，所以需要递归。

首先判断根节点是否是所找的节点，然后在左、右子树中查找。这种先处理根节点，再处理子树的方法，是基于前序遍历的思路。

```
BiTNode *  Search(BiTree bt, DataType x)
{    /* 在以 bt 为根节点指针的二叉树中查找数据元素 x */
    BiTNode   * p;
    if(bt == NULL)   return NULL;               /* 查找失败返回 */
    if(bt->data==x) return bt;            /* 查找成功返回 */
  /* 在 bt->lchild 为根节点指针的二叉树中查找元素 x */
    p = Search(bt->lchild,x);
    if( p ! = NULL) return  p;
    /* 左子树中没有找到，在 bt->rchild 为根节点指针的二叉树中查找数据元素 x */
    return(Search(bt->rchild,x));
}
```

3. 销毁二叉树

销毁二叉树就是释放二叉树所占用的节点空间。必须先销毁左子树和右子树，然后才能删除根节点。这种必须先处理子树，再处理根节点的方法，是基于后序遍历的思路。

```
void DestroyBinTree(BiTree bt)      /* 删除以 bt 为根的二叉链表，释放所有空间 */
{
    if(! bt)   return;
    DestroyBinTree(bt->lchild);          /* 删除以 bt 为根的左子树 */
    DestroyBinTree(bt->rchild);          /* 删除以 bt 为根的右子树 */
    free(bt);                            /* 删除根节点 bt */
}
```

4. 在二叉树中插入节点

```
BiTree InsertL(BiTree bt, DataType x, BiTree parent)
{    /* 在二叉树 bt 中将数据元素 x 插入节点 parent 的左孩子处 */
    BiTree   p;
    if (parent==NULL)
    {  printf("\n 插入出错");          return NULL;     }
    if ((p=(BiTNode *)malloc(sizeof(BiTNode)))==NULL) return NULL;
    p->data=x;     p->lchild=NULL;     p->rchild=NULL;
    if (parent->lchild==NULL) parent->lchild=p;
    else{
        p->lchild=parent->lchild;
        parent->lchild=p;
    }
    return bt;
}
```

5. 在二叉树中删除节点的左子树

```
BiTree   DeleteL(BiTree bt, BiTree parent)
{    /* 在二叉树 bt 中删除节点 parent 的左子树 */
    BiTree   p;
    if (parent==NULL || parent->lchild==NULL)
    {  printf("\n 删除出错");          return NULL;     }
    p=parent->lchild;
    parent->lchild=NULL;
    DestroyBinTree(p);      /* 当 p 为非叶节点时，释放节点 p 左子树中全部节点 */
```

```
    return bt;
}
```

6.5.2　二叉树的典型例题

例 6-1　设二叉树采用二叉链表存储。设计算法，统计一棵二叉树的所有节点个数。

分析与思路：由于处理子树和处理根节点没有先后次序关系，所以，本例中的遍历可以采用三种遍历方式中的任何一种。既可以采用前序遍历，也可以采用后序遍历的思路来求解。

```
int NodeNum(BiTree bt)
{
    if (bt==NULL) return 0;
    return 1+NodeNum(bt->lchild)+NodeNum(bt->rchild);
}
```

最后一句执行过程是首先根节点加1，然后扫描左子树，最后扫描右子树。所以，本算法采用的是前序遍历思路。由于加1可以放在返回表达式的不同位置，对应不同的遍历思想，可见，三种递归遍历思路都可以解决本问题。

例 6-2　设二叉树采用二叉链表存储。设计算法，统计一棵二叉树中第 k 层节点的个数。

分析与思路：采用基于前序遍历的思路设计，注意函数形参 h 表示 bt 所指节点的层次。

```
void LNodeNum(BiTNode *b,int h,int k,int *pn){
    if(b==NULL)     return;
    if(h==k) (*pn)++;               //当前节点在第 k 层时
    else if(h<k){                   //当前节点层次 h<k 层时，递归处理左右子树
        LNodeNum(B->lchild, h+1, k, pn);
        LNodeNum(B->rchild, h+1, k, pn);
    }
}
```

例 6-3　设二叉树采用二叉链表存储。设计算法，交换二叉树各节点的左右子树。

分析与思路：采用基于后序遍历的思路设计，先交换左子树，再交换右子树，最后交换根节点的左右指针。

```
void exchange(BiTree *bt)
{
    BiTNode *p;
    if(*bt)
    {
```

```
            exchange(&( * bt)->lchild);
            exchange(&( * bt)->rchild);
            p = ( * bt)->lchild;
            ( * bt)->lchild = ( * bt)->rchild;
            ( * bt)->rchild = p;
        }
    }
```

例 6-4　设二叉树采用二叉链表存储。设计算法,判断 2 棵二叉树是否相似。

分析与思路:所谓二叉树 t1 和 t2 相似,是指 t1 和 t2 都是空的二叉树;或者 t1 和 t2 的根节点是相似的,以及 t1 的左子树和 t2 的左子树是相似的,t1 的右子树和 t2 的右子树是相似的。

采用基于前序遍历的思路设计,首先处理当前节点,再处理左右子树。

```
int BiTreeLike(BiTree t1,BiTree t2){
    int like1,like2;
    if(t1==NULL  && t2==NULL)
        return 1;
    else if(t1==NULL  || t2==NULL)
        return 0;
    else {
        like1=BiTreeLike(t1->lchild,t2->lchild);
        like2=BiTreeLike(t1->rchild,t2->rchild);
        return (like1 && like2);
    }
}
```

例 6-5　设二叉树采用二叉链表存储。设计算法,输出值为 x 的所有祖先。

分析与思路:由二叉树祖先的定义可知,若节点 p 的左孩子或右孩子是节点 q,则节点 p 是节点 q 的祖先,若节点 p 的左孩子或右孩子是节点 q 的祖先,则 p 也是节点 q 的祖先。

```
int ancestor(BiTree bt,DataType x){
    if(bt==NULL)
        return 0;
    if( bt->lchild ! = NULL  &&  bt->lchild->data == x  ||
bt->rchild ! = NULL  &&  bt->rchild->data == x )
    {
        printf(" %c ",bt->data);
        return 1;
```

```
    }
    if( ancestor(bt->lchild,x)  ||  ancestor(bt->rchild,x) ){
        printf(" %c ",bt->data);
        return 1;
    }
    return 0;
}
```

例 6-6 假设二叉树的前序遍历序列和中序遍历序列分别存放在一维数组中，并假设二叉树各节点的数据值均不相同。设计算法，由前序遍历序列和中序遍历序列重建该二叉树，并输出该二叉树的后序遍历序列。

分析与思路：首先，根据前序遍历序列的第一个元素建立根节点；然后在中序遍历序列中找出该元素，确定根节点的左子树、右子树的中序遍历序列；再在前序遍历序列中确定左、右子树的前序遍历序列；最后由左子树的前序遍历序列与中序遍历序列建立左子树，由右子树的前序遍历序列和中序遍历序列建立右子树。假设二叉树的前序遍历序列和中序遍历序列分别存放在一维数组 preod[ ]和 inod[ ]中，代码如下：

```
void PreInOd(char preod[],char inod[],int i,int j,int k,int h, BiTree *t){
    int m;
    *t = (BiTNode *)malloc(sizeof(BiTNode));
    (*t)->data = preod[i];
    m=k;
    while(inod[m] != preod[i])
        m++;
    if(m == k)
        (*t)->lchild = NULL;
    else
        PreInOd(preod,inod,i+1,i+m-k,k,m-1,&((*t)->lchild));
    if(m == h)
        (*t)->rchild = NULL;
    else
        PreInOd(preod,inod,i+m-k+1,j,m+1,h,&((*t)->rchild));
}
```

例 6-7 设计算法，将二叉树的顺序存储结构转换成二叉链表存储结构。

分析与思路：顺序存储的二叉树是以完全二叉树或满二叉树的形式存储在数组中。由二叉树性质 5 可知，如果数组下标从 1 开始，元素 i 的左孩子为 $2i$，右孩子为 $2i+1$。例如，数组中的序列为：ABCD0EF0G0000000000，将创建一个如图 6-3 所示的二叉树，则此二叉树的二叉链表存储结构创建代码如下：

```
BiTNode *transToBiTr(DataType a[],int i){
    BiTNode *bt;
    if(i > MAXSIZE)
        return  NULL;
    if(a[i] == '0')
        return NULL;
    bt = (BiTNode *)malloc(sizeof(BiTNode));    //创建根节点
    if(! bt)  return NULL;
    bt->data = a[i];
    bt->lchild = transToBiTr(a,2 * i);          //递归创建左子树
    bt->rchild = transToBiTr(a,2 * i+1);        //递归创建右子树
    return bt;
}
```

例 6-8　设二叉树采用二叉链表结构存储。设计算法，输出从根节点到每个叶节点路径的逆序列。要求分别采用前序遍历递归算法和后序遍历非递归算法实现。

例 6-8 源码

分析与思路：在非递归后序遍历中，当后序遍历访问到叶节点 p 时，此时栈中所有节点均为节点 p 的祖先。这些祖先便构成了一条从根节点到叶节点的路径。利用这种特点，将其中的访问节点改为判断该节点是否是叶节点，若是，输出栈中所有节点值。扫描右侧二维码可得到例 6-8 源码。

同步训练与拓展训练

一、同步训练

1. 一棵二叉树的前序遍历序列为 ABCDEFG，它的中序遍历序列可能是（　　）。

A. CABDEFG　　B. BCDAEFG　　C. DACEFBG　　D. ADBCFG

2. 如果某二叉树的前序遍历序列、中序遍历序列和后序遍历序列中，节点 a 都在节点 b 的前面，则（　　）。

A. a 和 b 是兄弟　　B. a 是 b 的双亲

C. a 是 b 的左孩子　　D. a 是 b 的右孩子

3. 对二叉树的节点从 1 开始进行连续编号，要求每个节点的编号大于其左、右孩子的编号，同一节点的左右孩子中，其左孩子的编号小于其右孩子的编号，可采用（　　）遍历实现。

A. 前序　　B. 中序

C. 后序　　D. 从根开始按层次遍历

4. 任何一棵二叉树的叶节点在前序、中序和后序遍历序列中的相对次序(　　)。

A. 不发生改变　　B. 发生改变　　C. 不能确定　　D. 以上都不对

5. 根据前序遍历序列 ABDC 和中序遍历序列 DBAC 确定对应的二叉树,该二叉树(　　)。

A. 是完全二叉树　　B. 不是完全二叉树

C. 是满二叉树　　D. 不是满二叉树

6. 设 n、m 为一棵二叉树上的两个节点,在中序遍历序列中 n 在 m 前的条件是(　　)。

A. n 在 m 右方　　B. n 在 m 左方　　C. n 是 m 的祖先　　D. n 是 m 的子孙

7. 一棵非空的二叉树的前序遍历序列和后序遍历序列正好相反,则该二叉树一定满足(　　)。

A. 所有的节点均无左孩子　　B. 所有的节点均无右孩子

C. 只有一个叶节点　　D. 是任意一棵二叉树

8. 若二叉树采用二叉链表存储结构,要交换其所有分支节点左、右子树的位置,利用(　　)遍历方法最合适。

A. 前序　　B. 中序　　C. 后序　　D. 层次

9. (2011 年真题)若一棵二叉树前序遍历序列和后序遍历序列,分别为 1234 和 4321,则该二叉树的中序遍历序列不会是(　　)。

A. 1234　　B. 2341　　C. 3241　　D. 4321

10. (2012 年真题)若一棵二叉树前序遍历序列为 aebdc,后序遍历序列为 bcdea,则根节点的孩子节点(　　)。

A. 只有 e　　B. 有 e,b　　C. 有 e,c　　D. 无法确定

11. (2015 年真题)前序遍历序列为 abcd 的不同二叉树的个数是(　　)。

A. 13　　B. 14　　C. 15　　D. 16

二、拓展训练

1. 试找出满足下列条件的所有二叉树:

(1)前序遍历序列和中序遍历序列相同;

(2)中序遍历序列和后序遍历序列相同;

(3)前序遍历序列和后序遍历序列相同。

(4)中序遍历序列与层次遍历序列相同。

2. 一棵具有 n 个节点的完全二叉树以一维数组作为存储结构。设计算法,实现前序遍历该完全二叉树。

3. 设二叉树采用二叉链表结构存储。设计算法,计算有左右 2 个孩子的节点个数。

4. 设二叉树采用二叉链表结构存储。设计算法,计算二叉树的深度。

5. 设二叉树采用二叉链表结构存储。设计算法,求一棵二叉树中值为 x 的节点所在层次。

6. 设二叉树采用二叉链表结构存储。设计算法，求一棵二叉树中第 k 层上的叶节点个数。

7. 设二叉树采用二叉链表结构存储。设计算法，复制二叉树。

8. 设二叉树采用二叉链表结构存储。设计算法，求二叉树中某节点的双亲。

9. 设二叉树采用二叉链表结构存储。设计算法，计算二叉树最大的宽度（二叉树的最大宽度是指二叉树所有层中节点个数的最大值）。

10. 设二叉树采用二叉链表结构存储。设计算法，判断一棵二叉树是否为完全二叉树。

同步训练与拓展训练
参考答案

6.6　线索二叉树

6.6.1　线索二叉树的定义

按照某种遍历方式对二叉树进行遍历，可以把二叉树中所有节点排成一个线性序列。在该序列中，除第一个节点外，每个节点有且仅有一个直接前驱节点；除最后一个节点外，每个节点有且仅有一个直接后继节点。但是二叉树中每个节点，在这个序列中的直接前驱节点和直接后继节点是什么？这些信息只能在二叉树遍历的动态过程中得到，无法在二叉树的存储结构中反映出来。

为了保留节点在某种遍历序列中直接前驱和直接后继的位置信息，可以利用二叉树的二叉链表存储结构中的某些空指针域，存放直接前驱和直接后继的地址。

这些指向直接前驱和直接后继的指针被称为线索(thread)，加了线索的二叉树称为线索二叉树。线索二叉树将为二叉树的遍历提供许多便利。

一个具有 n 个节点的二叉树若采用二叉链表存储结构，共有 $2n$ 个指针域。其中只有 $n-1$ 个指针域存储了孩子节点的地址，其余 $n+1$ 个指针域为空。因此，可以利用这些空指针域存放线索。当节点的左孩子为空时，用左指针域存放该节点在某种遍历序列中的直接前驱节点的存储地址；当节点右孩子为空时，用右指针域存放该节点在某种遍历序列中直接后继节点的存储地址；对于那些非空的指针域，则仍然存放指向该节点左、右孩子的指针，这样就得到了一棵线索二叉树。

因为有四种二叉树的遍历方式，所以有四种遍历意义下的前驱和后继，相应地有四种线索二叉树。通常使用前序线索二叉树、中序线索二叉树和后序线索二叉树。

把二叉树改造成线索二叉树的过程称为线索化。例如，对一个二叉树进行线索化，得到了前序线索二叉树、中序线索二叉树和后序线索二叉树，如图 6-20 所示，图中实线表示指针，虚线表示线索。

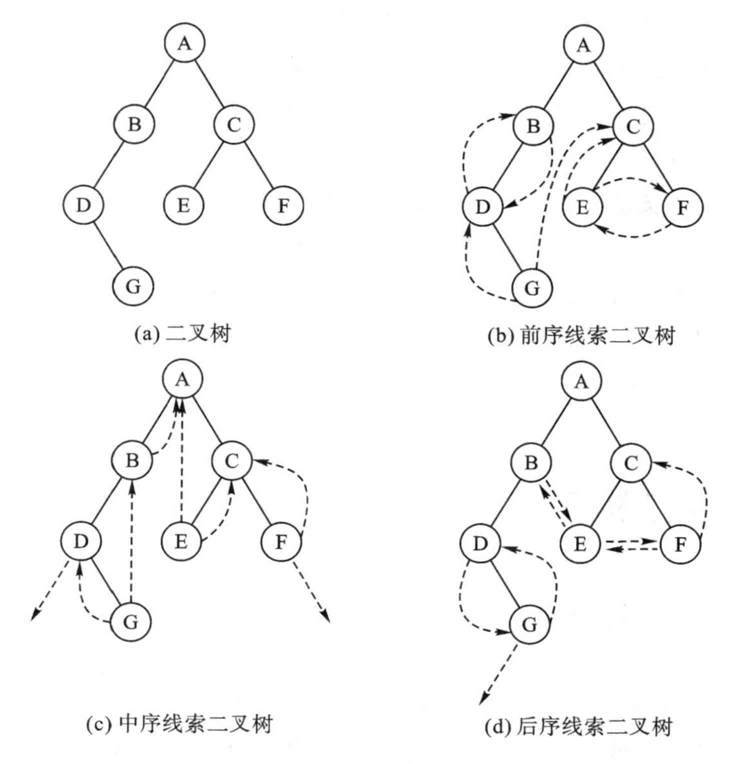

(a) 二叉树　(b) 前序线索二叉树
(c) 中序线索二叉树　(d) 后序线索二叉树

图 6-20　二叉树和线索二叉树

在节点的指针域中，无论是指向孩子节点还是线索，都是节点地址。在程序中如何区别某节点的指针域内存放的是其孩子节点的指针还是线索？通常采用下列两种方法来实现。

(1)改变原二叉链表的节点结构，为每个节点增加两个标志位域 ltag 和 rtag，令

$$\text{ltag}=\begin{cases}0 & ,\quad \text{lchild 指向节点的左孩子} \\ 1 & ,\quad \text{lchild 指向节点的前驱节点}\end{cases}$$

$$\text{rtag}=\begin{cases}0 & ,\quad \text{rchild 指向节点的右孩子} \\ 1 & ,\quad \text{rchild 指向节点的后继节点}\end{cases}$$

每个标志位只需占一个 bit 位置，这样就只增加很少的存储空间，节点结构如图 6-21 所示。

ltag	lchild	data	rchild	rtag

图 6-21　线索二叉树节点结构

在线索二叉树中，节点的结构可以定义为如下形式：

```
typedef char DataType;
typedef struct BiThrNode {
    DataType data;
```

```
    struct BiThrNode *lchild;
    struct BiThrNode *rchild;
    unsigned ltag:1;
    unsigned rtag:1;
}BiThrNodeType, *BiThrTree;
```

(2)不改变原二叉链表节点结构,仅在作为线索的地址前面加一个负号,即负的地址表示线索,正的地址是其孩子节点的指针。这种方法没有增加存储的开销,但在操作时需要对得到的地址进行判断,才知道是线索还是指针。

下面以第一种方法介绍线索二叉树的存储结构。为了操作便利,有时在存储线索二叉树时增设一个头节点。其结构与其他线索二叉树的节点结构一样。只是数据域不存放信息,头节点的左指针域指向二叉树的根节点,右指针域指向自己或指向按照相应序列遍历的最后一个节点。而遍历序列中第一个节点的前驱线索和最后一个节点的后继线索都指向该头节点,形成一个封闭的结构。中序线索二叉链表存储结构如图 6-22 所示。

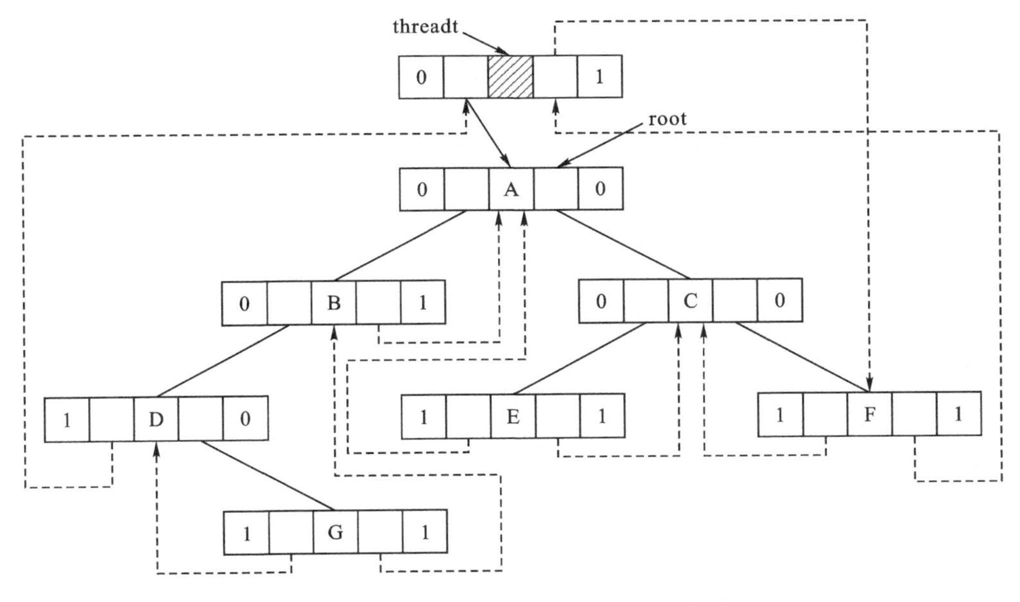

图 6-22　中序线索二叉树的存储示意图

6.6.2　线索二叉树的建立

建立线索二叉树实质上就是将二叉链表中的空指针改为指向前驱或后继的线索,而前驱或后继的信息只有在遍历该二叉树时才能得到。因此,建立线索二叉树的过程就是遍历一棵二叉树,在遍历过程中,访问节点的操作如下:

(1)检查当前节点 p 左、右指针域是否为空,若为空,则将相应标志置 1。

(2)由于当前节点 p 的前驱节点刚刚被访问过,所以若 p 的左指针域为空,则令左指针域指向前驱节点;由于 p 的后继尚未访问,所以 p 的右指针域为空时,右指针域不能建立,线索要等到下次访问才能建立。

为了实现这一过程,设置 pre 指针,使其始终指向刚刚访问过的节点,若指针 p 指向当前节点,则 pre 指向 p 的前驱节点。

(3)令 pre=p,即令 pre 指向刚刚访问过的节点。

此外,线索化一棵二叉树时,一般首先申请一个头节点,建立头节点与二叉树根节点的指向关系。对二叉树线索化后,还需建立最后一个节点与头节点之间的线索。建立中序线索二叉树的伪代码如下:

1 建立头节点。

2 建立头节点与二叉树根节点的指向关系。

3 遍历二叉树,建立相应的线索:

  3.1 如果当前二叉子树 p 为空,则空操作返回;

  3.2 对二叉子树 p 的左子树建立线索;

  3.3 对当前二叉子树的根节点 p 建立线索;

    3.3.1 如果 p 没有左孩子,则为 p 的左指针域加上前驱线索;

    3.3.2 如果 pre 没有右孩子,则将 pre 右标志置为 1,pre 的右指针域加上后继线索;

    3.3.3 令 pre 指向刚刚访问的节点。

  3.4 对二叉子树 p 的右子树建立线索。

4 最后一个节点线索化。

建立中序线索二叉树的 C 语言描述如下:

```
BiThrNodeType *pre;
void InTreading(BiThrTree p){      /*进行中序线索化*/
    if (p){
        InTreading(p->lchild);          /*左子树线索化*/
        if(! p->lchild){                 /*前驱线索*/
            p->ltag=1;   p->lchild=pre;
        }
        if(! pre->rchild){               /*后继线索*/
            pre->rtag=1;   pre->rchild=p;
        }
        pre=p;
        InTreading(p->rchild);                /*右子树线索化*/
    }
```

```
}
int  InOrderThr(BiThrTree *head,BiThrTree T)
{   /* 中序遍历二叉树 T,并将其中序线索化,*head 指向头节点。 */
    if (! (*head =(BiThrNodeType *)malloc(sizeof(BiThrNodeType))))
        return 0;
    (*head)->ltag=0;   (*head)->rtag=1;      /* 建立头节点 */
    (*head)->rchild= *head;                  /* 右指针回指 */
    if(! T){
        (*head)->ltag=1;
        (*head)->lchild = *head;        /* 若二叉树为空,则左指针回指 */
    }
    else{
        (*head)->lchild=T;  pre= *head;
        InTreading(T);                       /* 中序遍历进行中序线索化 */
        pre->rchild= *head;  pre->rtag=1;   /* 最后一个节点线索化 */
        (*head)->rchild=pre;
    }
    return 1;
}
```

6.6.3　线索二叉树的遍历

1. 在中序线索二叉树上查找任意节点的后继节点

对于中序线索二叉树的任意节点 p,其后继节点有如下两种情况:

(1)如果节点 p 的右标志为 1,表明节点 p 的右指针是线索,则 p 的右指针所指向的节点便是节点 p 的后继节点。

(2)如果节点 p 的右标志为 0,表明节点 p 有右孩子,无法直接找到其后继节点。然而,根据中序遍历操作的定义,节点 p 的后继节点应该是遍历其右子树时第一个访问的节点,即右子树的最左下节点。这只需要沿着节点 p 右孩子的左指针向左查找,当某节点的左标志为 1 时,就是所要找的后继节点。

在中序线索二叉树上查找节点 p 的后继节点,其算法的 C 语言描述如下:

```
BiThrTree InPostNode(BiThrTree p){
    BiThrTree post;
    post = p->rchild;
    if(p->rtag != 1)
```

```
        while(post->ltag == 0)  post = post->lchild;
    return post;
}
```

2.在中序线索二叉树上查找任意节点的的前驱节点

对于中序线索二叉树的任意节点p,其前驱节点有如下两种情况:

(1)如果节点p的左标志为1,表明节点p的左指针是线索,那么p的左指针所指向的节点便是它的前驱。

(2)如果节点p的左标志为0,表明节点p有左孩子,无法直接找到其前驱节点。然而,根据中序遍历操作的定义,节点p的前驱节点应该是遍历其左子树时最后一个访问的节点,即左子树的最右下节点。这只需要沿着节点p左孩子的右指针向右查找,当某节点的右标志为1时,就是所要找的前驱节点。

在中序线索二叉树上查找节点p的前驱节点,其算法的C语言描述如下:

```
BiThrTree InPreNode(BiThrTree p){
    BiThrTree pre;
    pre = p->lchild;
    if(p->ltag ! = 1)
        while(pre->rtag == 0)  pre = pre->rchild;
    return pre;
}
```

3.在中序线索二叉树上进行遍历

在中序线索二叉树上进行遍历,有如下两种方法:

(1)通过查找后继节点遍历线索二叉树:从线索二叉树头节点出发,沿头节点的左孩子找到线索二叉树的根节点,然后依次查找每个节点的后继节点并访问,直到头节点为止。

(2)通过查找前驱节点遍历线索二叉树:从线索二叉树头节点出发,沿头节点的右孩子找到线索二叉树某种遍历序列的最后一个节点,然后依次查找每个节点的前驱节点并访问,直到头节点为止。

以查找后继节点遍历线索二叉树为例,遍历算法的C语言描述如下:

```
void InOrderNext(BiThrTree T){
    BiThrNodeType *p;
    p = T->lchild;                    //指向根节点
    if(! p){
        printf("empty tree\n");
        return;
    }
```

```
    while(p->ltag == 0)                //找中序遍历的第一个节点
        p = p->lchild;
    printf(" %c ",p->data);
    while(p->rchild != T){             //若 p 存在后继节点,则依次访问后继节点
        p = InPostNode(p);             //InPostNode 函数的功能是查找后继节点
        printf(" %c ",p->data);
    }
}
```

在中序线索二叉树上进行遍历,需要在线索树上扫描一遍,时间复杂度为 $O(n)$。此方法与基于二叉链表的二叉树遍历算法相比较,虽然时间复杂度都为 $O(n)$,但常数因子比二叉链表上进行遍历算法要小,且不需要设工作栈。因此在实际问题中,如果所用的二叉树需要经常遍历或查找节点在某种遍历序列中的前驱节点和后继节点,则应采用线索表作为存储结构。

6.7　二叉树的应用——最优二叉树

最优二叉树是二叉树的典型应用,下面通过一个百分制成绩转换成五分制成绩的例子,引出最优二叉树的概念,并重点介绍其在哈夫曼编码中的应用。

6.7.1　最优二叉树的定义

先来看一个例子,将一个百分制成绩转换成五分制成绩的程序如下:

```
if(s < 60)  printf("fail");
else if( s < 70)  printf("pass");
else if( s < 80)  printf("good");
else if( s < 90)  printf("very good");
else  printf("excellent");
```

这个判定过程可以用图 6-23(a)所示的判定树来表示。如果上述程序需要反复使用,而且每次数量很大时,则需要考虑该程序的执行效率,即其操作所需时间。因为在实际生活中,学生成绩在五个等级上的分布是不均匀的。假设其分布规律如表 6-1 所示,则 80%以上的数据需要进行三次或三次以上比较才能得出结果。

表 6-1　学生成绩分布情况

分数	0～59	60～69	70～79	80～89	90～100
比例	0.05	0.15	0.40	0.30	0.10

假如按图 6－23(b)所示的判定过程进行判定，则大部分数据经过较少的比较次数就能得到结果。但由于每个判定框都有两次比较，将这两次比较分开，得到图 6－23(c)所示的判定树，按此判定树可以写出相应的程序。假设有 10000 个成绩，分布情况如表 6－1 所示。若按图 6－23(a)的判定树进行比较，总共需要进行 31500 次比较，若按图 6－23(c)的判定树进行操作，则总共需要进行 22000 次比较。

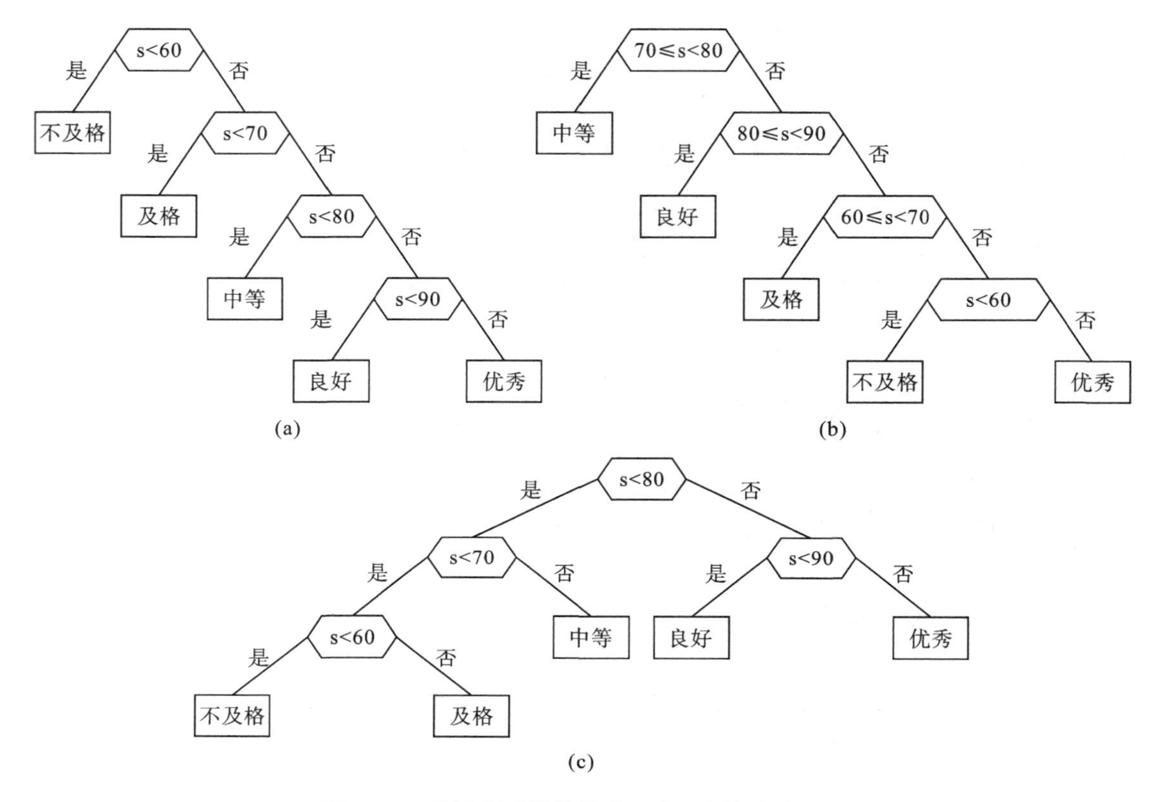

图 6－23　百分制成绩转换成五分制成绩的判定树

可见，同一个问题，采用不同的判定树，处理效率是不一样的。如何使概率高的数据能够更快地被处理，这就是最优二叉树要解决的问题。

下面介绍最优二叉树的相关概念。

(1)叶节点的权值。

在实际问题中，二叉树的每个叶节点经常对应一个有意义的数据，如不及格节点对应 0.05，及格节点对应 0.15，中等节点对应 0.4，良好节点对应 0.3，优秀节点对应 0.1，这个数据称为该节点的权值。

可见，对叶节点赋予的一个有意义的数值量就是叶节点的权值，而数值的意义取决于具体问题。

(2)带权路径长度。

6.1.1 节介绍了路径和节点路径长度的概念，而二叉树路径长度是指由根节点到叶节点所经过路径长度之和。如果二叉树叶节点都有一定的权值，则可将这个概念加以推广。

设二叉树具有 n 个带权值的叶节点，从根节点到各个叶节点的路径长度与相应叶节点权值的乘积之和，记为

$$W_{PL}=\sum_{k=1}^{n}W_k\times L_k$$

其中，W_k 为第 k 个叶节点的权值；L_k 为第 k 个叶节点的路径长度。

给定一组具有确定权值的叶节点，可以构造出不同的带权二叉树。例如，给出 4 个叶节点，设其值分别为 1、3、5、7，可以构造出形状不同的多棵二叉树。这些形状不同二叉树的带权路径长度各不相同。图 6-24 给出了其中 5 棵不同形状的二叉树，这 5 棵二叉树带权路径长度（weighted path length，WPL）分别如下：

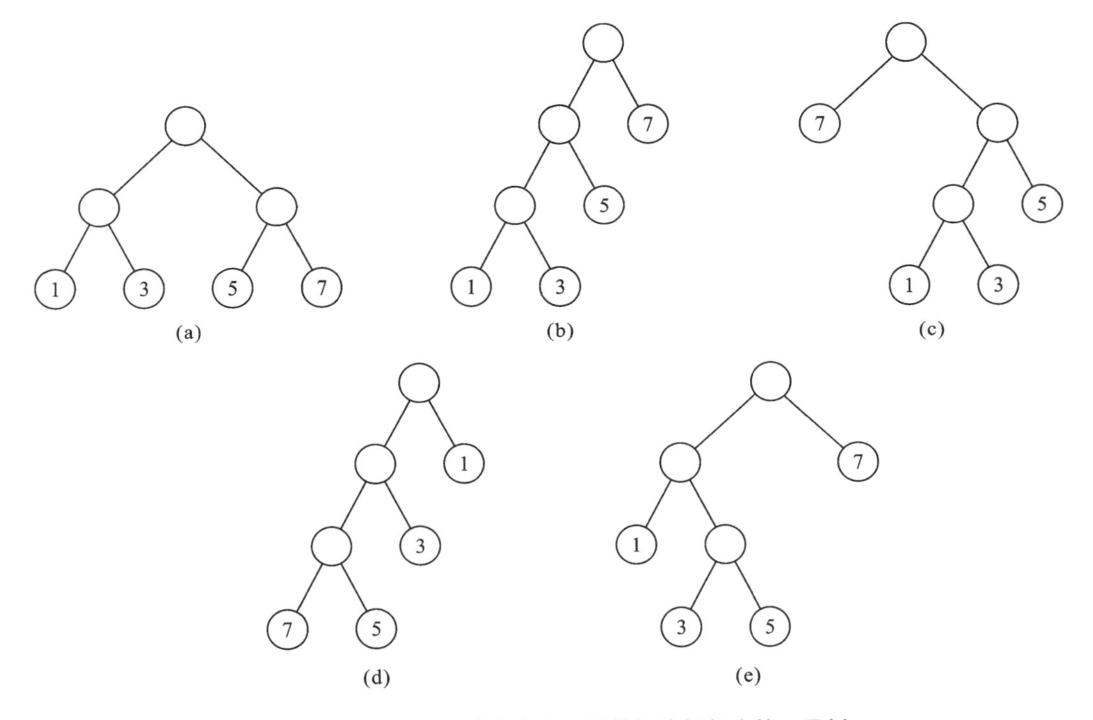

图 6-24　具有相同叶节点和不同带权路径长度的二叉树

图 6-24(a)$W_{PL}=1\times2+3\times2+5\times2+7\times2=32$

图 6-24(b)$W_{PL}=1\times3+3\times3+5\times2+7\times1=29$

图 6-24(c)$W_{PL}=7\times1+5\times2+3\times3+1\times3=29$

图 6-24(d)$W_{PL}=1\times1+3\times2+5\times3+7\times3=43$

图 6-24(e)$W_{PL}=1\times2+3\times3+5\times3+7\times1=33$

可见，具有相同权值的一组叶节点所构成的二叉树有不同的形态和不同的带权路径长度。如何使二叉树的带权路径长度最小，即形成最优二叉树，哈夫曼提出了一种生成方法。

6.7.2 最优二叉树的构造算法

最优二叉树，也称哈夫曼(Haffman)树，是指对于一组带有确定权值的叶节点，构造的具有最小带权路径长度的二叉树。

如何生成带权路径长度最小的二叉树，即最优二叉树呢？根据最优二叉树的定义，要使一棵二叉树的带权路径长度最小，必须使权值越大的叶节点越靠近根节点，而权值越小的节点越远离根节点。哈夫曼根据这一特点提出了一种方法，其基本思想如下：

(1)初始化：由给定的 n 个权值 $\{w_1, w_2, \cdots, w_n\}$ 构造 n 棵只有一个根节点的二叉树，从而得到一个二叉树集合 $F=\{T_1, T_2, \cdots, T_n\}$。

(2)选取与合并：在 F 中选取根节点权值最小的两棵二叉树分别作为左、右子树构造一棵新的二叉树，这棵新二叉树的根节点的权值为其左、右子树根节点的权值之和。

(3)删除与加入：在 F 中删除作为左、右子树的两棵二叉树，并将新建立的二叉树加入 F 中。

(4)重复(2)、(3)两步，当集合 F 中只剩下一棵二叉树时，这棵二叉树便是最优二叉树。

图 6－25 给出了前面提到的叶节点权值集合为 $W=\{1,3,5,7\}$ 的最优二叉树的构造过程，其带权路径长度为 29。

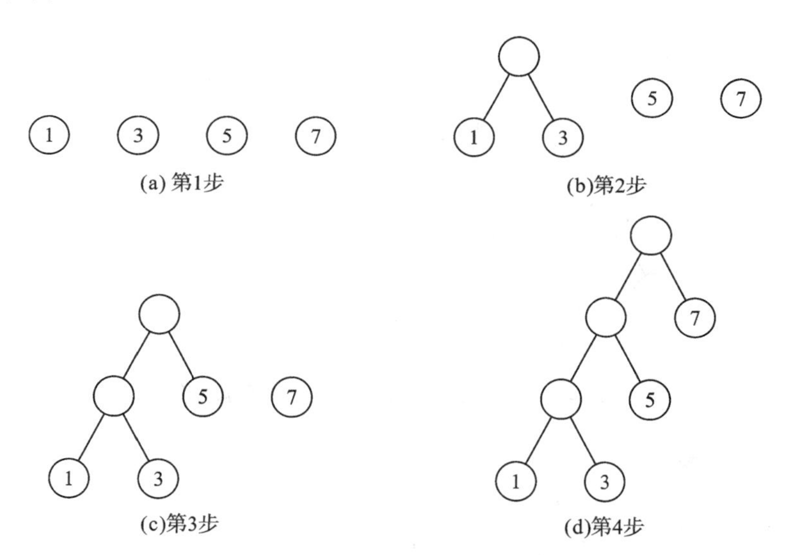

图 6－25　最优二叉树的建造过程

由最优二叉树构造过程不难发现：

(1)给定 n 个权值的最优二叉树中有 n 个叶节点，共需合并 $n-1$ 次。每合并一次产生一个分支节点，经过 $n-1$ 次合并后得到 $n-1$ 个分支节点，所以，最优二叉树中共有 $2n-1$ 个节点。

(2)在最优二叉树中,只有度为0(叶节点)和度为2(分支节点)的节点,不存在度为1的节点,因为每次合并得到的分支节点都有左子树和右子树。

(3)算法要求选取根节点权值最小的两棵二叉树作为左、右子树构造一棵新的二叉树,但没有要求哪一棵作左子树,哪一棵作右子树,所以,最优二叉树左、右子树的顺序是任意的。

(4)同一组给定节点所构成的最优二叉树的形状可以不同,但其带权路径长度相同,且一定是最小的。这个最小权值作为根节点的值。

由于最优二叉树构造过程中需要快速存取双亲、左孩子和右孩子的信息,所以应有存储这些信息的结构。

n个叶节点的最优二叉树共有$2n-1$个节点,所以,设置一个数组HuffTree[2n－1]保存最优二叉树中各点的信息,该数组元素的节点结构如图6-26所示。

weight	lchild	rchild	parent

图6-26　最优二叉树节点结构

其中:weight为权值域,保存该节点的权值;lchild为指针域,存储该节点的左孩子节点在数组中的下标;rchild为指针域,存储该节点的右孩子节点在数组中的下标;parent为指针域,存储该节点的双亲节点在数组中的下标。

该节点结构的C语言实现如下:

```
typedef   struct{
    int weight;
    int parent,  lchild,  rchild;
}HNodeType;
```

n个叶节点构造最优二叉树,首先将n个叶节点存放在数组HuffTree的前n个分量中,然后根据前面介绍的最优二叉树构造思想,不断将两棵较小的子树合并为一棵较大的子树,每次构成新子树的根节点则顺序存放到数组HuffTree中的前n个分量的后面。例如,叶节点的权值集合为$W=\{1,3,5,7\}$。最优二叉树的构造过程中存储空间的状态变化如图6-27所示。

	weight	parent	lchild	rchild
0	1	−1	−1	−1
1	3	−1	−1	−1
2	5	−1	−1	−1
3	7	−1	−1	−1
4		−1	−1	−1
5		−1	−1	−1
6		−1	−1	−1

(a) 初始状态

	weight	parent	lchild	rchild
0	1	4	−1	−1
1	3	4	−1	−1
2	5	−1	−1	−1
3	7	−1	−1	−1
4	**4**	−1	**0**	**1**
5		−1	−1	−1
6		−1	−1	−1

(b) 第1次合并后的状态

	weight	parent	lchild	rchild
0	1	4	−1	−1
1	3	4	−1	−1
2	5	5	−1	−1
3	7	−1	−1	−1
4	4	5	0	1
5	**9**	−1	**4**	**2**
6		−1	−1	−1

(c) 第2次合并后的状态

	weight	parent	lchild	rchild
0	1	4	−1	−1
1	3	4	−1	−1
2	5	5	−1	−1
3	7	6	−1	−1
4	4	5	0	1
5	9	6	4	2
6	**16**	**−1**	**3**	**5**

(d) 第3次合并后的状态

图 6－27　最优二叉树建造过程中数组 HuffTree 的状态变化

构造最优二叉树的伪代码如下：

1 数组 HuffTree 初始化，所有元素节点的双亲，左、右孩子都置为－1；

2 数组 HuffTree 的前 n 个元素的权值置给定值 w[n]；

3 进行 n—1 次合并：

  3.1 在二叉树集合中选取两个权值最小的根节点，

    其下标分别为 i1，i2；

  3.2 将二叉树 i1、i2 合并为一棵新的二叉树 k。

最优二叉树构造算法的 C 语言描述扫描右侧二维码可得。

最优二叉树构造算法源码

6.7.3　哈夫曼编码

最优二叉树被广泛地运用于数据压缩、信息检索、加密解密等领域，其中最典型的应用就是哈夫曼编码。利用最优二叉树可以得到平均长度最短的编码，下面以数据通信中电文传送为例来分析说明。

在数据通信中，经常需要将传送的文字转换成由二进制字符 0 和 1 组成的二进制串，称其为编码。例如，要传送电文为 ABACCDA，电文中只含有 A、B、C、D 四种字符。若这四种字符采用如图 6－28(a)所示的编码，则电文代码为 000010000100100111000，长度为 21。在传送电文时，总是希望传送时间尽可能短，这就要求电文代码尽可能短。显然，这种编码方案产生的电文代码不够短。如图 6－28(b)所示为另一种编码方案，用此方案对上述电文进行编码，所建立的代码为 00010010101100，长度为 14。在这种编码方案中，四种不同字符均为 2 位，是一种等长编码。如果在编码时考虑字符出现的频率，让出现频率高的字符采用尽可能短的编码，出现频率低的字符采用稍长的编码，构造一种不等长编码，则电文代码就可能更短。如当字符 A、B、C、D 采用如图 6－28(c)所示的编码方案时，上述电文编码为 0110010101110，长度仅为 13。

字符	编码
A	000
B	010
C	100
D	111

(a)

字符	编码
A	00
B	01
C	10
D	11

(b)

字符	编码
A	0
B	110
C	10
D	111

(c)

字符	编码
A	01
B	010
C	001
D	10

(d)

图 6－28　字符的四种不同编码方案

最优二叉树可用于构造电文编码总长最短的编码方案。其具体做法如下：

设需要编码的字符集合为$\{d_1,d_2,\cdots,d_n\}$，它们在电文中出现的次数或频率集合为$\{w_1,w_2,\cdots,w_n\}$。首先以$\{d_1,d_2,\cdots,d_n\}$为叶节点，$\{w_1,w_2,\cdots,w_n\}$为它们的权值，构造一棵最优二叉树。规定最优二叉树的左分支代表 0，右分支代表 1，则从根节点到每个叶节点所经过的路径分支组成的 0 和 1 的序列，就是该节点对应字符的编码，称为哈夫曼编码。

例如，对图 6－25 所得到的最优二叉树进行编码，其编码过程如图6－29所示，其中权值为 7 的字符编码为 1；权值为 5 的字符编码为 01；权值为 3 的字符编码为 001；权值为 1 的字符编码为 000。可以看出，权值越大，编码长度越短；权值越小，编码长度越长。

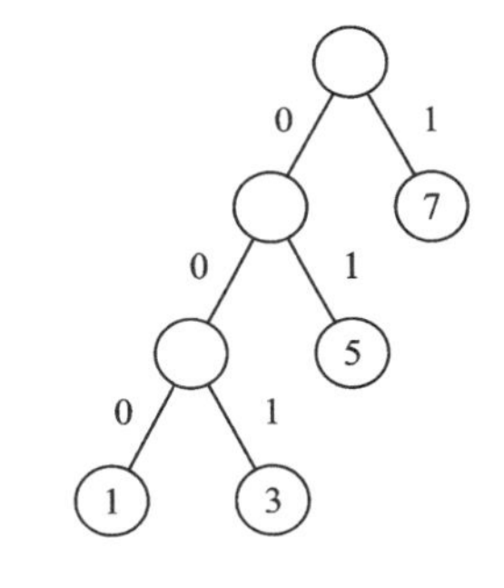

图 6－29　根据最优二叉树进行编码

在最优二叉树中，树的带权路径长度的含义是各个字符的码长与其出现次数或频率的乘积之和，也就是电文代码总长或平均码长。所以采用最优二叉树构造的编码是一种能使电文代码总长最短的不等长编码。

在建立不等长编码时，必须使任何一个字符的编码都不是另外一个字符编码的前缀，这样才能保证译码的唯一性。例如，图 6－28(d)的编码方案，字符 A 的编码 01 是字符 B 的编码 010 的前缀部分。这样对于代码串 0101001，既是 AAC 的代码，也是 ABA 和 BDA 的代码，因此，这样的编码不能保证译码的唯一性，称之为具有二义性的译码。显然，这样的编码不可用。

由于最优二叉树的每个字符节点都是叶节点，它们不可能在根节点到其他字符节点的路径上，所以一个字符的哈夫曼编码不可能是另一个字符哈夫曼编码的前缀，从而保证了译码的唯一性。

实现哈夫曼编码的算法可分为两大部分：

(1)构造最优二叉树；

(2)在最优二叉树上求叶节点编码。

在求哈夫曼编码时，就是在最优二叉树上，求从叶节点出发，从叶节点走到根节点的路径。即从叶节点开始，沿节点的双亲链域退回到根节点，每退回一步就得到一位哈夫曼码值，直到根节点为止。这样得到的编码序列与所求哈夫曼编码正相反。因此，先求到的哈夫曼码值

(1位)存放到所求编码的低码位,后得到哈夫曼码值(1位)存放到所求编码的高码位。

设置结构数组 HuffCode,用来存放各字符哈夫曼编码信息,其数组元素的结构如图 6-30 所示。

bit	start

图 6-30 Huffcade 数组元素结构

其中,bit 分量为一维数组,用来保存字符的哈夫曼编码;start 表示该编码在数组中的开始位置。所以,对于第 i 字符,它的哈夫曼编码存放在 HuffCode[i]. bit 中,从 HuffCode[i]. start 到 $n-1$ 的分量上。如图 6-29 所示的各个字符哈夫曼编码,在 HuffCode 中的存储情况如图 6-31 所示。

HuffCode	bit				start
	0	1	2	3	
0				1	3
1			0	1	2
2		0	0	1	1
3		0	0	0	0

图 6-31 哈夫曼编码在 HuffCode 中的存储示意图

哈夫曼编码算法的 C 语言描述扫描右侧二维码可得。

由于最优二叉树不唯一,自然会导致哈曼编码的不唯一。解决这个问题,只需增加一个选择左、右子树的约定,如权值大的在左子树,权值小的在右子树。

哈夫曼编码算法源码

同步训练与拓展训练

一、同步训练

1. 引入二叉线索树的目的是( )。

A. 加快查找节点的前驱或后继的速度

B. 为了能在二叉树中方便地进行插入与删除

C. 为了能方便地找到双亲

D. 使二叉树的遍历结果唯一

2. 若 X 是二叉中序线索树中一个有左孩子的节点,且 X 不为根,则 X 的前驱为( )。

A. X 的双亲　　B. X 的右子树中最左的叶节点

C. X 的左子树中最左叶节点　　D. X 的左子树中最右叶节点

3.线索二叉树中，节点 p 没有左子树的充要条件是(　　)。

A. p－＞lc＝NULL　　B. p－＞ltag＝1

C. p－＞ltag＝1 且 p－＞lc＝NULL　　D. 以上都不对

4.设最优二叉树中有 199 个节点，则该最优二叉树中有(　　)个叶节点。

A. 99　　B. 100　　C. 101　　D. 102

5.有 m 个叶节点的最优二叉树，其节点总数是(　　)。

A. $2m-1$　　B. $2m$　　C. $2m+1$　　D. $2(m+1)$

6.(2010 年真题)$n(n\geqslant 2)$个权值均不相同的字符构成哈夫曼树，关于该树的叙述中错误的是(　　)。

A. 该树一定是一棵完全二叉树

B. 树中一定没有度为 1 的节点

C. 树中两个权值最小的节点一定是兄弟节点

D. 树中任一非叶节点的权值一定不小于下一层任一节点的权值

7.(2013 年真题)若 X 是后序线索二叉树中的叶节点，且 X 存在左兄弟节点 Y，则 X 的右线索指向(　　)。

A. X 的双亲节点　　B. 以 Y 为根的子树的最左下节点

C. X 的左兄弟节点 Y　　D. 以 Y 为根的子树的最右下节点

8.(2013 年真题)已知三叉树 T 中 6 个叶节点的权分别是 2、3、4、5、6、7，T 的带权(外部)路径长度最小是(　　)。

A. 27　　B. 46　　C. 54　　D. 56

9.(2014 年真题)5 个字符有如下四种编码方案，不是前缀编码的是(　　)。

A. 01,0000,0001,001,1　　B. 011,000,001,010,1

C. 000,001,010,011,100　　D. 0,100,110,1110,1100

10.(2015 年真题)下列选项给出的是从根分别到达两个叶节点路径上的权值序列，能属于同一棵哈夫曼树的是(　　)。

A. 24,10,5 和 24,10,7　　B. 24,10,5 和 24,12,7

C. 24,10,10 和 24,14,11　　D. 24,10,5 和 24,14,6

11.(2018 年真题)已知字符集{a,b,c,d,e,f}，若各字符出现的次数分别为 6,3,8,2,10,4，则对应字符集中各字符的哈夫曼编码可能是(　　)。

A. 00,1011,01,1010,11,100　　B. 00,100,110,000,0010,01

C. 10,1011, 11,0011,00,010　　D. 0011,10,11,0010,01,000

12.(2019 年真题)对 n 个互不相同的符号进行哈夫曼编码，若生成的哈夫曼树共有 115 个节点，则 n 的值是(　　)。

A. 56　　B. 57　　C. 58　　D. 60

13.(2021 年真题)某二叉树有 5 个叶节点，其权值分别为 10、12、16、21、30，则其最小的带权路径长度是(　　)。

A. 89　　B. 200　　C. 208　　D. 289

二、拓展训练

1. 在中序线索二叉树中，设计查找值为 x 的算法。查找成功，返回指向 x 节点的指针，否则返回 NULL。
2. 在中序线索二叉树中，设计在节点 p 的右子树中插入一个节点 s 的算法。
3. 假定用于通信的电文由 8 个字母 A、B、C、D、E、F、G、H 组成，各字母在电文中出现的概率为 5%、25%、4%、7%、9%、12%、30%、8%，试为这 8 个字母设计哈夫曼编码。
4. (2012 年真题)设有 6 个有序表 A、B、C、D、E、F，分别含有 10、35、40、50、60 和 200 个数据元素，各表中元素按升序排列。要求通过 5 次两两合并，将 6 个表最终合并成一个升序表，并在最坏情况下比较的总次数达到最小。请回答下列问题：

(1)给出完整的合并过程，并求出最坏情况下比较的总次数；

(2)根据你的合并过程，描述 $n(n\geqslant 2)$ 个不等长升序表合并策略，并说明理由。

5. (2014 年真题)二叉树的带权路径长度(WPL)是二叉树中所有叶节点带权路径长度之和。给定一棵二叉树 T，采用二叉链表存储，节点结构为(left，weight，right)，其中叶节点的 weight 域保存该节点的非负权值。设 root 为指向 T 的根节点的指针，请设计求 T 的 WPL 的算法。要求：

(1)给出算法的基本设计思想；

(2)使用 C 或 C++语言，给出二叉树节点的数据类型定义；

(3)根据设计思想，采用 C 或 C++语言描述算法，关键之处给出注释。

6. (2020 年真题)若任一个字符的编码都不是其他字符编码的前缀，则称这种编码具有前缀特性。现有某字符集(字符个数>2)的不等长编码，每个字符的编码均为二进制的 0、1 序列，最长为 L 位，且具有前缀特性。请回答下列问题：

(1)哪种数据结构适宜保存上述具有前缀特性的不等长编码；

(2)基于你所设计的数据结构，简述从 0/1 串到字符串的译码过程；

(3)简述判定某字符集的不等长编码是否具有前缀特性的过程。

同步训练与拓展训练
参考答案

6.8　树、森林和二叉树

6.8.1　树的存储结构

树既可以采用顺序存储结构，也可以采用链式存储结构，但无论采用何种存储方式，除了准确存储各节点本身的数据信息外，还要反映树中各节点之间的逻辑关系。常见的树的存储表示方法如下。

1. 双亲表示法(逆存储)

基本思想：由于树中每个节点都有且仅有一个双亲节点，根据这一特性，常用一维数组来存储树的各个节点(一般按层序存储)，数组中的一个元素对应树中的一个节点，包括节点的数据信息以及该节点的双亲在数组中的下标，如图 6－32 所示。

data	parent

图 6－32　双亲表示法的树节点结构

其中，data 存储树中节点的数据信息；parent 存储该节点的双亲在数组中的下标。

图 6－1 所示的树，其双亲表示法的存储示意图如图 6－33 所示。

下标	data	parent
0	A	-1
1	B	0
2	C	0
3	D	1
4	E	1
5	F	1
6	G	2
7	H	2
8	I	4

图 6－33　一棵树的双亲表示法存储示意图

可见，树的双亲表示法实质上是一种静态链表表示法。

双亲表示法查找双亲节点和根节点非常方便，时间性能为 $O(1)$。但查找孩子节点，需要遍历整个数组，时间性能为 $O(n)$。这种存储结构没有反映兄弟关系，所以，查找兄弟节点比较困难。如需查找孩子节点和兄弟节点，可在存储结构中增设第一个孩子的域和第一个兄弟的域。

```
#define MAX_NODE   64              //用户定义最大节点数
typedef struct Ptnode{             //树的双亲表示法存储表示
    DataType  data;                //数据域
    int   parent;                  //双亲指示域
} Ptnode;
typedef struct{
    Ptnode  nodes[MAX_NODE];
    int n;                         //树中的节点个数
}Ptree;
```

2. 孩子（链表）表示法（标准存储）

这是一种基于链表的存储方法，首先需要确定节点结构，主要形式有如下两种。

（1）多重链表表示法——节点中的每个指针域指向一个孩子。

链表中的每个节点包括一个数据域和多个指针域，每个指针域指向该节点的一个孩子节点。

方案一：指针域的个数等于树的度，节点结构如图 6－34 所示。

图 6－34　多重链表表示法方案一节点结构

图 6－1 所示的树，其多重链表表示法的存储示意图（方案一）如图 6－35 所示。

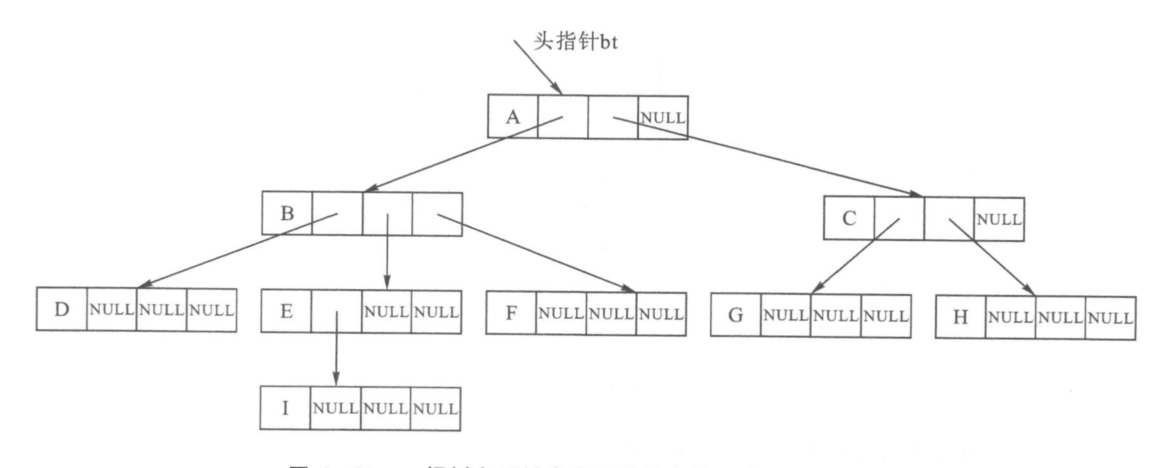

图 6－35　一棵树多重链表表示法的存储示意图（方案一）

缺点：浪费空间。n 个节点度为 k 的树中有 $n\times(k-1)+1$ 个空链域。

方案二：指针域的个数等于该节点的度，节点结构如图 6－36 所示。

data	degree	child1	child2	…	child*n*	

图 6－36　多重链表表示法方案二节点结构

图 6－1 所示的树，其多重链表表示法的存储示意图（方案二）如图 6－37 所示。

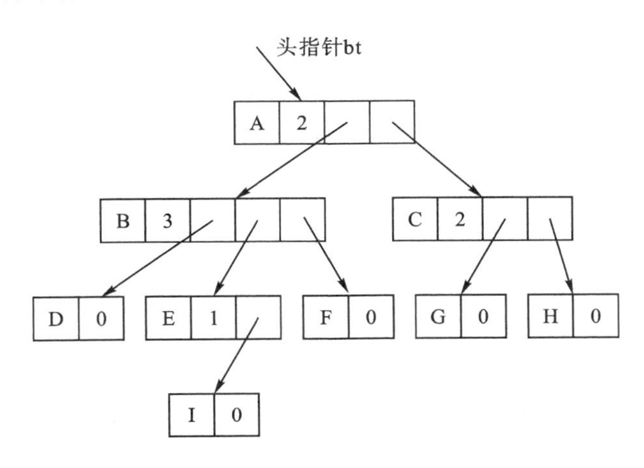

图 6－37　一棵树多重链表表示法的存储示意图（方案二）

缺点：节点结构不一致，数据及算法处理复杂。

（2）孩子链表表示法——指向第一个孩子。

为了减少空指针浪费的空间，并使节点结构相同，可以把某节点所有孩子排列起来形成一个线性表。由于每个节点孩子的个数相差较大，所以，使用单链表存储该线性表，称为该节点的孩子链表。

n 个节点有 *n* 个孩子链表，可将这些孩子链表的头指针组成一个线性表。为了使孩子链表的头指针能随机存取，采用顺序存储方式，使用一维数组存储。另外，树的节点也可使用一维数组存储。这样，将存放 *n* 个头指针的一维数组和存放 *n* 个节点的一维数组结合起来，构成表头数组。

在孩子链表表示法中存在两类节点：孩子链表中的孩子节点和表头数组中的表头节点。孩子节点结构如图 6－38 所示，表头节点结构如图 6－39 所示。

child	next

图 6－38　孩子链表表示法中孩子节点结构

data	firstchild

图 6－39　孩子链表表示法中表头节点结构

其中，child 为数据域，存储孩子节点在表头数组中的下标；next 存储指向下一个孩子节点的指针；firstchild 为头指针域，存储该节点的孩子链表的头指针。

图 6－1 所示的树，其孩子链表表示法的存储示意图如图 6－40 所示。

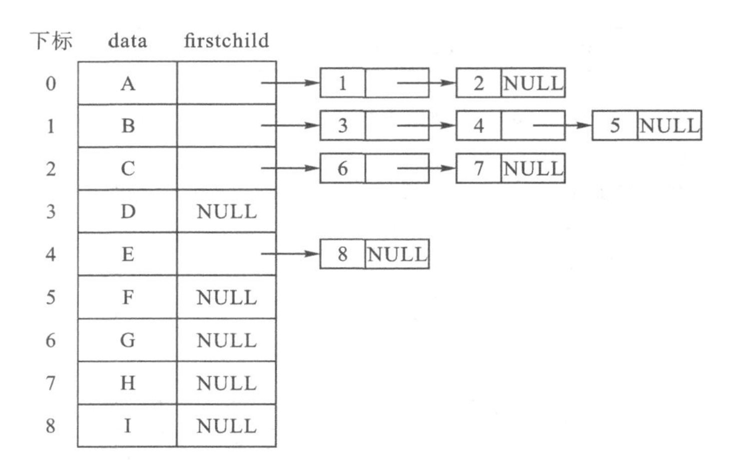

图 6－40　一棵树孩子链表表示法的存储示意图

3. 孩子兄弟表示法——左孩子右兄弟表示法

在一棵树中，节点的第一个孩子是唯一的，并且节点的右兄弟是唯一的。因此，可以设置两个分别指向该节点的第一个孩子和右兄弟的指针，称为孩子兄弟表示法。这是树的一种常用存储结构，其节点结构如图 6－41 所示。

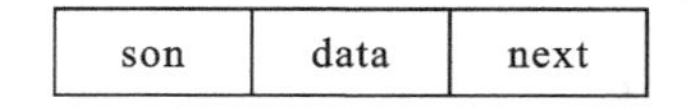

图 6－41　孩子兄弟表示法中节点结构

其中，data 表示数据域，存储该节点的数据信息；son 表示指针域，指向该节点第一个孩子；next 表示指针域，指向该节点的右兄弟节点。

该节点结构的 C 语言实现如下：

```
typedef struct TreeNode {
    DataType data;
    struct TreeNode  * son;
    struct TreeNode  * next;
}NodeType;
```

如图 6－42(a)所示的树，其孩子兄弟表示法的存储示意图如图 6－42(b)所示。不难看出，该存储结构和图 6－42(c)所示二叉树的二叉链表完全一样。

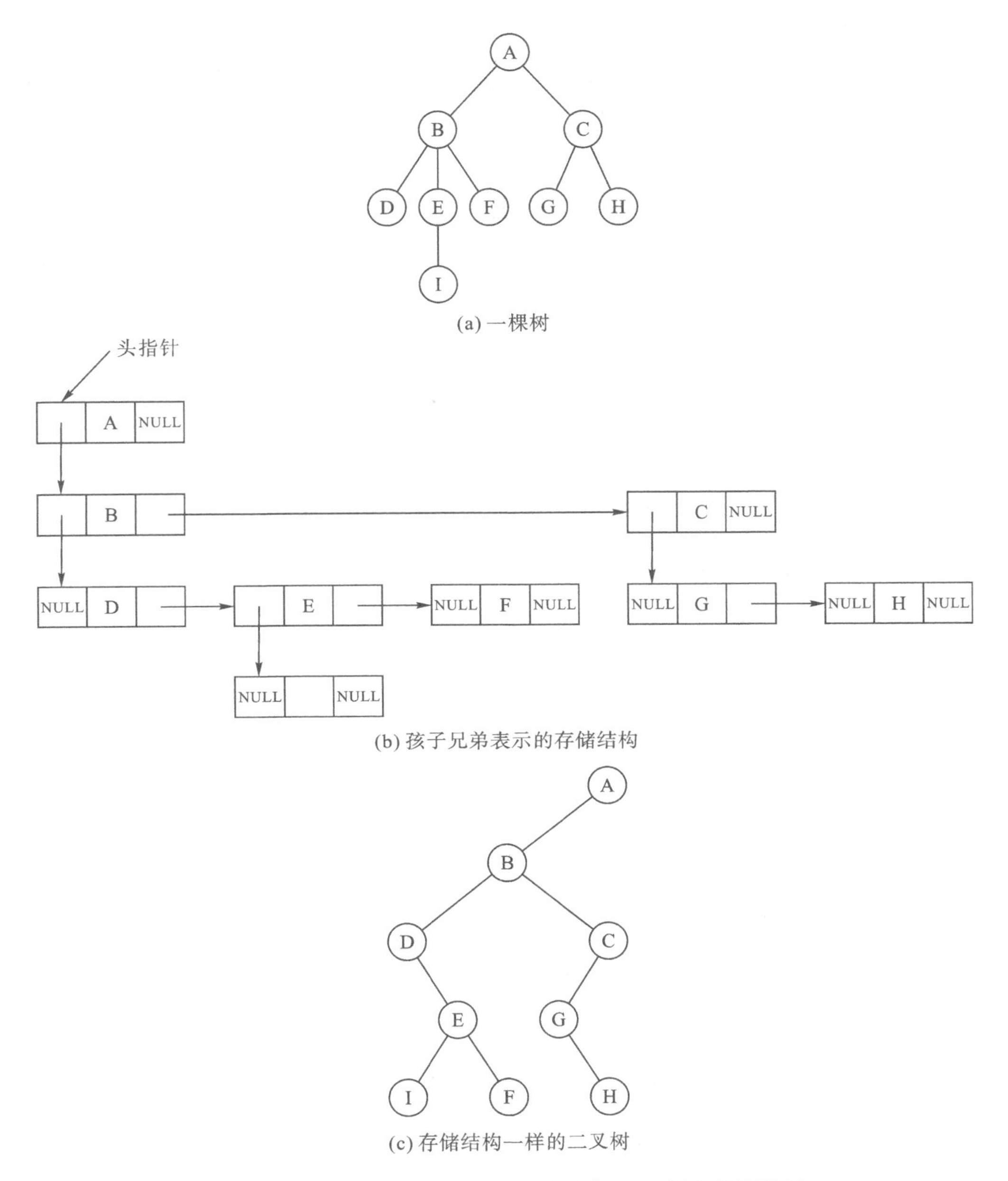

(a) 一棵树

(b) 孩子兄弟表示的存储结构

(c) 存储结构一样的二叉树

图 6－42　一棵树、孩子兄弟的存储结构、二叉树之间的联系

可见，孩子兄弟表示法本质上是二叉链表表示法。

6.8.2　树、森林和二叉树的转换

1. 树转换为二叉树

分析树的孩子兄弟表示法和二叉树的二叉链表表示法，可知树和二叉树的存储结构本质

上是一致的，两者都是用二叉链表作为其存储结构，只是解释不同而已，所以通过二叉链表可以导出树和二叉树之间的对应关系。对于一棵有序树，通过树的孩子兄弟表示法可以得到其对应的二叉树结构，这样对树的操作就可借助二叉树来实现。

树转换为二叉树的方法如下：

(1)连线：在所有兄弟节点之间加一条连线。

(2)切线：对于每个节点，保留与其最左孩子的连线，去掉该节点与其他孩子之间的连线。

(3)旋转：将按(1)、(2)的方法形成的二叉树，沿顺时针方向旋转适当角度，就可以得到一棵形式上更为清楚的二叉树。

可以证明，树的这种转换形成的二叉树是唯一的。图 6－43 给出了树转换为二叉树的转换过程示意图。

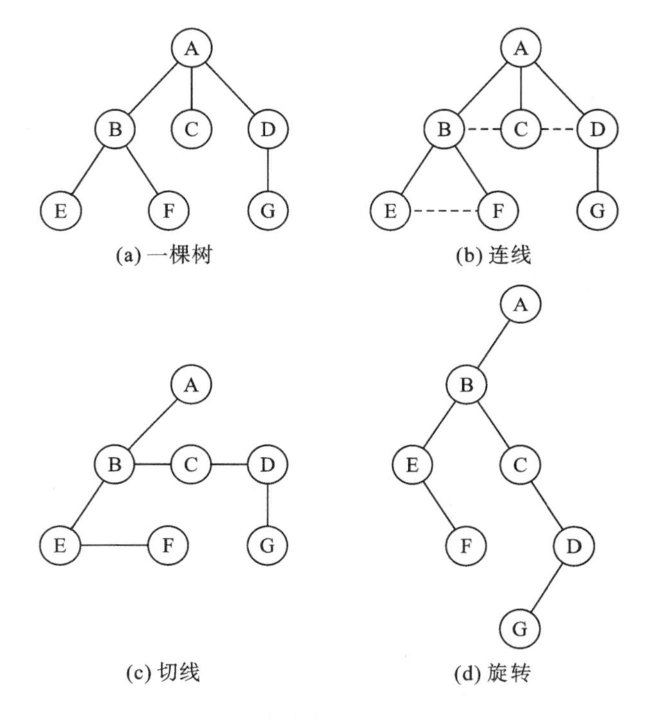

图 6－43　树转换为二叉树的过程

由上面的转换可以看出，在二叉树中左分支上的各节点在树中是父子关系，而右分支上的各节点在树中是兄弟关系。由于树的根节点没有兄弟，所以，转换后的二叉树，其根节点的右孩子必为空。

根据树与二叉树转换关系以及树与二叉树遍历的操作定义可知，树的遍历序列与由树转换成二叉树的遍历序列之间有如下的对应关系：

(1)树的前序遍历等价于二叉树的前序遍历；

(2)树的后序遍历等价于二叉树的中序遍历。

例如,图 6-43(a)的前序遍历序列是 ABEFCDG,后序遍历序列是 EFBCGDA;图 6-43(d)的前序遍历序列是 ABEFCDG,中序遍历序列是 EFBCGDA。

树的层次遍历与二叉树的层次遍历一般不具备对应的等价关系,且层次遍历非常用遍历方式。

2. 森林转换为二叉树

森林是若干树的集合,可以将森林中各棵树的根视为兄弟,每棵树又可以用二叉树表示,这样森林同样也可以用二叉树表示。

森林转换为二叉树的方法如下:

(1)任一棵树,都可以找到唯一的一棵二叉树和它对应,而且该二叉树没有右子树。因此一棵二叉树,不一定保证能转换为森林。

(2)若把森林中的第二棵树的根节点,看成是第一棵树的根节点的兄弟节点,则这两棵树可以转换为一棵二叉树,该二叉树的根节点的右孩子没有右子树。

(3)依次类推,可以认为森林和二叉树是一一对应的,从而得到二叉树和森林的转换规则。

图 6-44 给出了森林转换为二叉树的转换过程示意图。

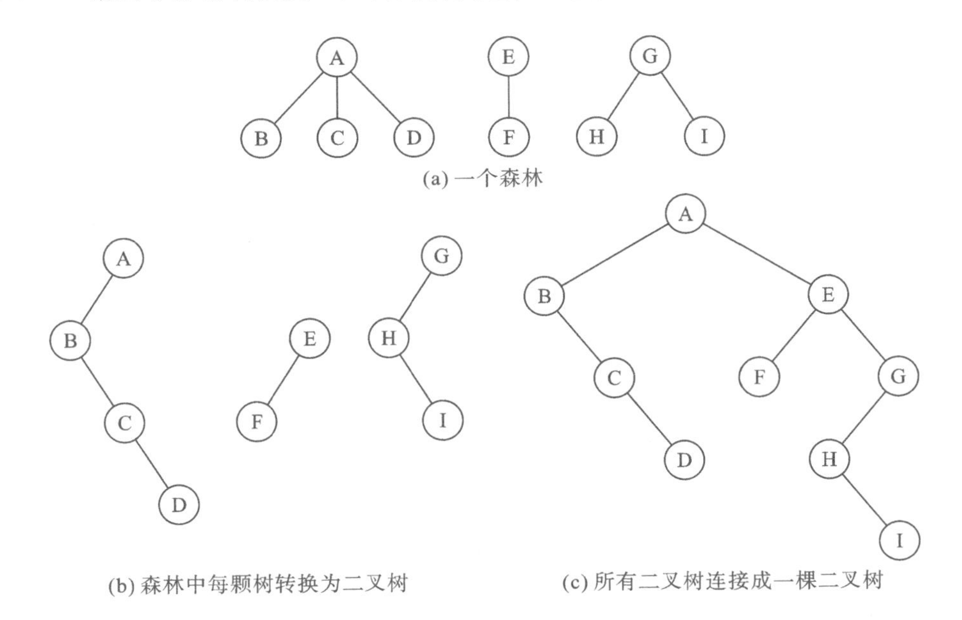

图 6-44　森林转换为二叉树的过程

3. 二叉树转换为树和森林

树和森林都可以转换为二叉树,二者不同的是:树转换为二叉树,其根节点无右分支;而森林转换为二叉树,其根节点有右分支。显然这一过程是可逆的,即可以依据二叉树根节点有无右分支,将一棵二叉树还原为树或森林,转换方法如下。

(1)加线:若某节点是双亲的左孩子,则把该节点的右孩子、右孩子的右孩子……都与该节点双亲用线连起来。

(2)去线:删去原二叉树中所有双亲节点与右孩子节点的连线。

(3)层次调整:整理由(1)、(2)两步所得的树或森林,使之结构层次分明。

图 6-45 给出了一棵二叉树还原为森林的过程。

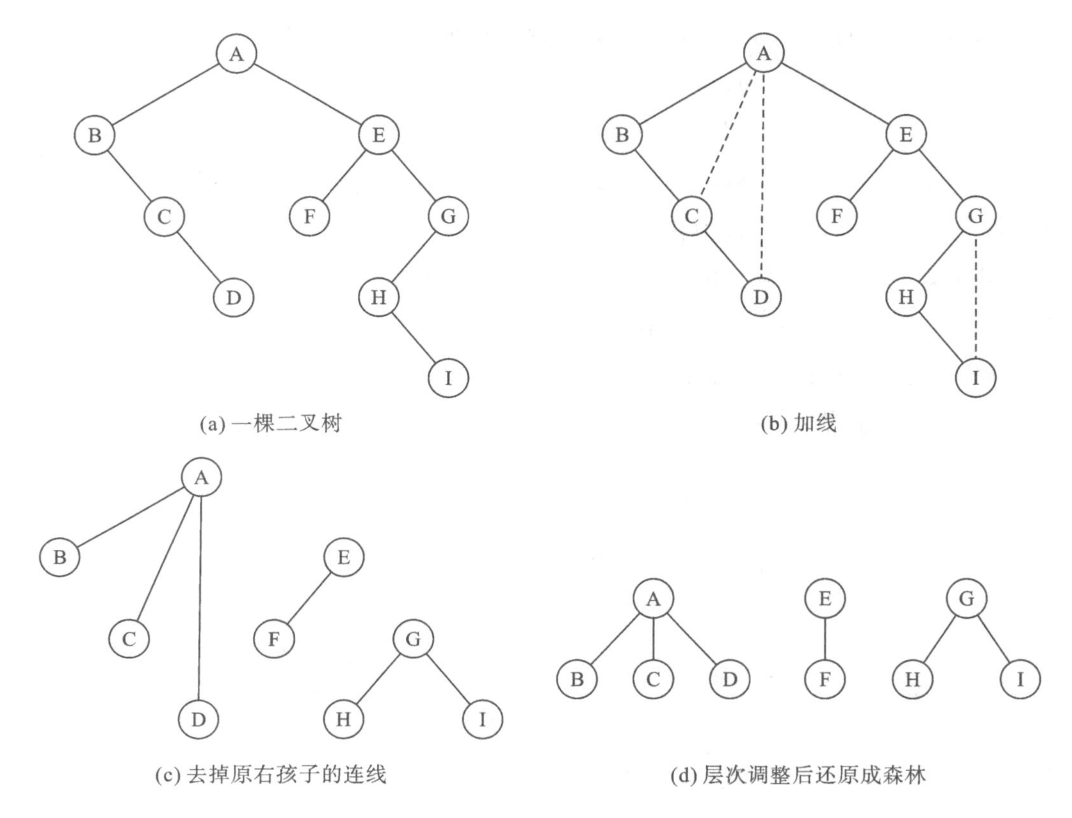

图 6-45　二叉树还原为森林的过程

6.8.3　森林的遍历

森林的遍历有前序遍历和后序遍历两种。

1. 前序遍历森林的规则

若森林为空,返回;否则:

(1)访问森林中第一棵树的根节点;

(2)前序遍历第一棵树的子树;

(3)前序遍历其他树组成的森林。

对于图 6-44(a)所示的森林，前序遍历的序列为 ABCDEFGHI

2. 后序遍历森林的规则

若森林为空，返回；否则：

(1)后序遍历第一棵树的子树；

(2)访问第一棵树的根节点；

(3)后序遍历除第一棵树外其他树组成的森林。

对于图 6-44(a)所示的森林，后序遍历的序列为 BCDAFEHIG。

根据森林与二叉树转换关系以及森林与二叉树遍历的操作定义可知，森林的遍历序列与由森林转换成二叉树的遍历序列之间有如下的对应关系：

(1)森林的前序遍历序列与其对应的二叉树的前序遍历序列相同；

(2)森林的后序遍历序列与其对应的二叉树的中序遍历序列相同。

同步训练与拓展训练

一、同步训练

1. 在下列存储形式中，(　　)不是树的存储形式。

A. 双亲表示法　　B. 孩子链表表示法

C. 孩子兄弟表示法　　D. 顺序存储表示法

2. 利用二叉链表存储树，则根节点的右指针(　　)。

A. 指向最左孩子　　B. 指向最右孩子

C. 空　　D. 非空

3. 把一棵树转换为二叉树后，这棵二叉树的形态是(　　)。

A. 唯一的　　B. 有多种

C. 有多种，但根节点都没有左孩子　　D. 有多种，但根节点都没有右孩子

4. 树的后根遍历与其转换的相应二叉树的(　　)遍历的结果序列相同。

A. 前序　　B. 中序　　C. 后序　　D. 层次遍历

5. 如果 F 是由有序树 T 转换而来的二叉树，那么 T 中节点的前序遍历序列就是 F 中节点的(　　)遍历序列。

A. 中序　　B. 前序　　C. 后序　　D. 层次

6. 某二叉树节点的中序遍历序列为 BDAECF，后序遍历序列为 DBEFCA，则该二叉树对应的森林包括(　　)棵树。

A. 1　　B. 2　　C. 3　　D. 4

7. 设 F 是一个森林，B 是由 F 变换得到的二叉树。若 F 中有 n 个非终端节点，则 B 中右指针域为空的节点有(　　)个。

A. $n-1$　　B. n　　C. $n+1$　　D. $n+2$

8.(2009 年真题)将森林转换为对应的二叉树,若在二叉树中,节点 u 是节点 v 的双亲节点的双亲节点,则在原来的森林中,u 和 v 可能具有的关系是(　　)。

Ⅰ. 父子关系;Ⅱ. 兄弟关系;Ⅲ. u 的双亲节点与 v 的双亲节点是兄弟关系

A. 只有Ⅱ　　B. Ⅰ和Ⅱ　　C. Ⅰ和Ⅲ　　D. Ⅰ、Ⅱ和Ⅲ

9.(2011 年真题)已知一棵树有 2011 个节点,其叶节点个数为 116,该树对应的二叉树中无右孩子的节点个数是(　　)。

A. 115　　B. 116　　C. 1895　　D. 1896

10.(2014 年真题)将森林 F 转换为对应的二叉树 T,F 中叶节点的个数等于(　　)。

A. T 中叶节点的个数　　B. T 中度为 1 的节点的个数

C. T 中左孩子指针为空的节点个数　　D. T 中右孩子指针为空的节点个数

11.(2016 年真题)若森林 F 有 15 条边,25 个节点,则 F 包含树的个数是(　　)。

A. 8　　B. 9　　C. 10　　D. 11

12.(2019 年真题)若将一棵树 T 转化为对应的二叉树 BT,则下列对 BT 的遍历中,其遍历序列与 T 的后序遍历序列相同的是(　　)。

A. 前序遍历　　B. 中序遍历　　C. 后序遍历　　D. 按层遍历

13.(2020 年真题)已知森林 F 及与之对应的二叉树 T,若 F 的前序遍历序列是 a,b,c,d,e,f,中序遍历序列是 b,a,d,f,e,c,则 T 的后序遍历序列是(　　)。

A. b,a,d,f,e,c　　B. b,d,f,e,c,a

C. b,f,e,d,c,a　　D. f,e,d,c,b,a

14.(2021 年真题)某森林 F 对应的二叉树为 T,若 T 的前序遍历序列是 a,b,d,c,e,g,f,中序遍历序列是 b,d,a,e,g,c,f,则 F 中树的棵数是(　　)。

A. 1　　B. 2　　C. 3　　D. 4

二、拓展训练

1. 将图 6-46 所示的树转换为二叉树。

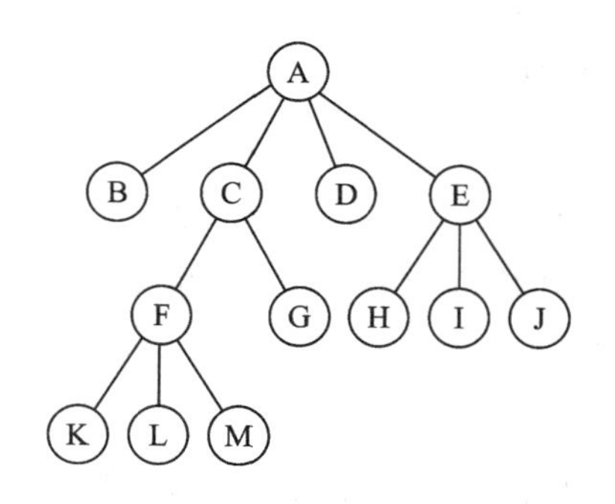

图 6-46　树转换为二叉树

2. 将图 6－47 所示的二叉树转换为树。

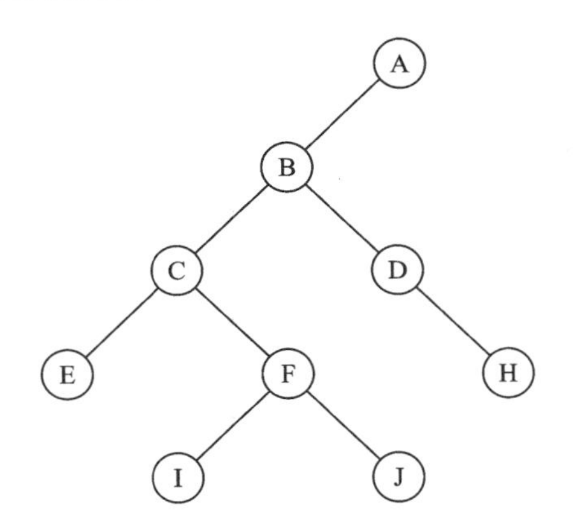

图 6－47　二叉树转换为树

3. 将图 6－48 所示的森林转换为二叉树。

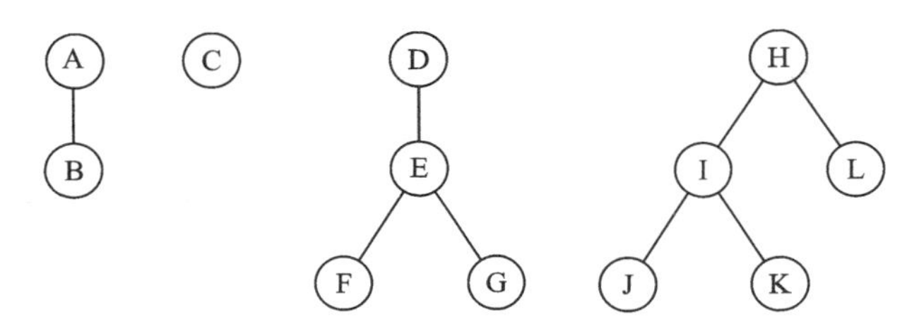

图 6－48　森林转换为二叉树

4. (2016 **年真题**)如果一棵非空 $k(k\geqslant 2)$ 叉树 T 中的每个非叶节点都有 k 个孩子，则称 T 为正则后 k 树。请回答下列问题，并给出推导过程。

(1)若 T 有 m 个非叶节点，则 T 中的叶节点有多少个？

(2)若 T 的高度为 h(单节点的树 $h=1$)，则 T 的节点数最多为多少，最少为多少？

同步训练与拓展训练
参考答案

6.9　《红楼梦》中贾家的家谱

《红楼梦》是中国文学史上一部伟大的小说，无论是思想内容上还是艺术技巧上都取得了非凡的成就。

《红楼梦》以贾宝玉、林黛玉、薛宝钗之间的恋爱和婚姻悲剧为中心，写出了当时具有代表性的贾、王、史、薛四大家族的兴衰。其中，又以贾府为中心，揭露了封建社会后期的种种黑暗和罪恶，以及其不可克服的内在矛盾，全面而深刻地反映了封建社会盛极而衰的时代特征。

《红楼梦》突出的艺术成就，就是“它像生活和自然本身那样丰富、复杂，而且天然浑成”，作者把生活写得逼真而有味道。

《红楼梦》中人物众多，书中大小人物二三百人，其中又以贾府的成员为主要人物。这里用树与二叉树的相关知识表示贾府的家谱关系，并实现各种查找功能。

家谱是由若干家谱记录构成。在封建社会中，妇女地位低下，女儿一般不能进入家谱。

在封建社会的贵族家庭中，生活十分腐朽，实行一夫一妻多妾制，妾生儿子是可以进入家谱的。因此，家谱记录由丈夫、妻妾、儿子组成，其中名字是关键字，如图 6-49 所示。

丈夫	妻妾	儿子

图 6-49　家谱记录结构

以下为家谱记录结构的 C 语言实现：

```
typedef struct fnode
{
    char father[NAMELENGTH];
    char wife[NAMELENGTH];
    char son[NAMELENGTH];
}FamType;
```

一个丈夫有三个儿子就有三条家谱记录。由于正妻所生儿子和妾室所生儿子地位不同，所以，像《红楼梦》中金陵十二钗分正册和副册那样，正妻及其所生儿子构成一个记录队列（正册），妾室及其所生儿子构成另一个记录队列（副册）。但是，记录结构是一样的，都是（丈夫，妻妾，儿子）。

另外，书中邢夫人、尤氏等不是原配，虽然是正妻身份，但为了与原配及其儿子区分，将她们归入副册。

```
FamType fam[MAXSIZE];                    //正册
FamType fam2[MAXSIZE];                   //副册
```

由于一个家谱是一棵树结构，不是一棵二叉树。所以，在存储时要将其转换成二叉树的形式。这里规定：一个丈夫节点的左孩子节点表示正妻节点，丈夫节点无右孩子节点，正妻节点的右子树表示她所生的所有儿子，正妻节点的左子树表示其丈夫所有的妾室。这种存储结构设计可以反映夫妻、父子、妻妾和兄弟四种关系，如图 6-50 所示。

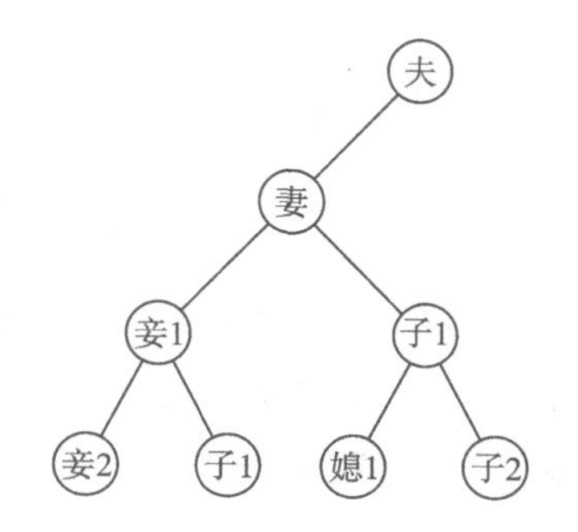

图 6-50　二叉树表示家谱的基本结构

该二叉树描述了贾政家庭的主要人物关系。丈夫贾政的妻子是王夫人，王夫人是贾珠和贾宝玉的生母，赵姨娘和周姨娘是贾政的妾室，赵姨娘是贾环的生母，周姨娘没有子女，贾珠的妻子是李纨，贾宝玉、贾环没有结婚，仅仅没有画出李纨是贾兰生母的情况。以下为家谱节点 C 语言实现 ：

```
typedef struct tnode
{
    char name[NAMELENGTH];
    struct tnode *lchild, *rchild;
}BTree;
```

本家谱算法具体实现以下功能：家谱记录的输入；家谱二叉树的输出；查找某人所有的儿子；查找某人所有的祖先；将家谱存盘等。其中，输入家谱记录是按祖先到子孙的顺序输入，第一个家谱记录的父亲域是所有人的祖先。假设贾家祖先记录为(贾家，妻某某，贾演)，如果家庭没有儿子，儿子项记作为“无”，如(贾琏，妻王熙凤，无)。继室和妾的人名前需加“妾”字，如(贾赦，妾邢夫人，无)，(贾政，妾赵姨娘，贾环)。

贾家家谱的主要成员如图 6－51 所示，书中没有出现的妻妾人物，在图中没有列出。

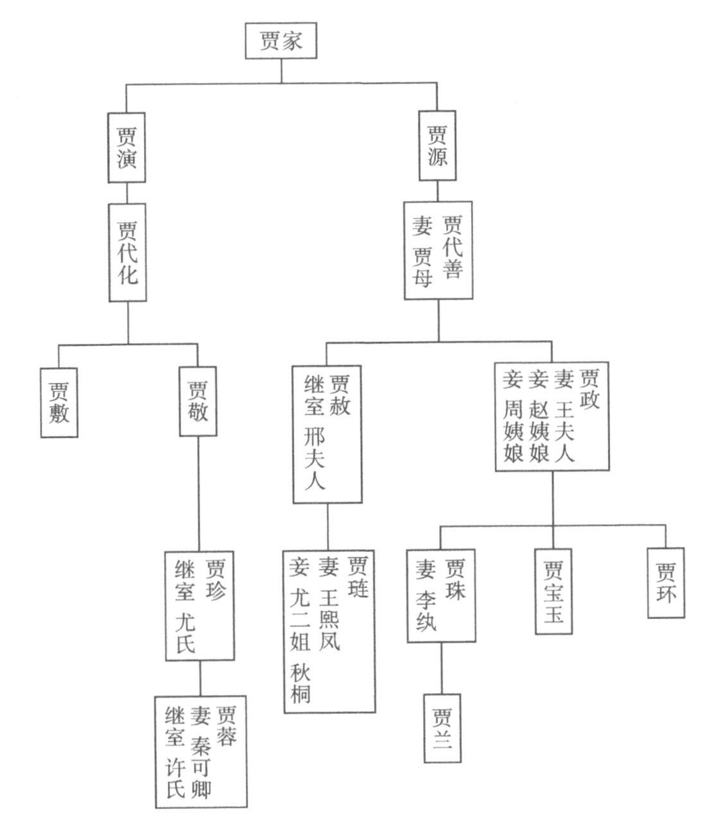

图 6－51　贾家家谱中主要成员

家谱算法

建立家谱二叉树函数为 BTree * createBTree(char * root)，具体实现代码扫描右侧二维码可得。

无论是查找哪个人的儿子，还是查找哪个人的祖先，都需要确定其在二叉树中的位置。因此，首先设计一个函数，确定这个人在二叉树中的位置。在6.5.1节二叉树的其他基本运算中介绍过相关内容，在此不再赘述。

查找某人的所有儿子，不仅要找妻生儿子，而且还要找妾生儿子，即被查找人左子树中的所有右分支。该算法的C语言函数为 void findSon(BTree * f)，具体实现代码扫描本页二维码可得。

查找某人的所有儿子，相当于从二叉树的某个节点开始，从上向下查找。类似地，可实现查找某人所有妻妾，查找母亲所生所有儿子等功能。

查找某人的祖先，采用二叉树非递归后序遍历的方法。遍历到被查找人时，栈中所有节点是被查找人节点到根节点的一条路径，即为其所有可能的祖先。在这条路径上的祖先有妈妈辈、奶奶辈及更上辈的妻妾，也有爸爸辈、爷爷辈及更上辈的兄弟们。这些长辈妻妾、兄弟不属于祖先，需要删除。在6.4.2节二叉树的非递归遍历和6.5.2节中介绍过相关内容，在此也不再赘述。家谱算法其余功能及完整代码扫描本页二维码可得。

查找某人的祖先，相当于从二叉树的某个节点开始，从下向上查找。类似地，可实现查找某人的爸爸、爷爷、伯伯叔叔，查找某人的亲生母亲，查找同母的兄弟，查找同父异母的兄弟，查找堂兄弟等功能。

第 7 章　图

图(graph)是一种复杂的数据结构。在图结构中,数据元素之间的关系可以是任意的,图中任意两个数据元素之间都可能相关。因此,图的应用范围很广。“图论”已应用于许多科学技术领域,诸如电子线路分析、系统工程、寻找最短路径、化学成分的分析、统计力学、遗传学、控制论等学科。由于这些技术领域把图结构作为解决问题的手段之一,因此数据结构需要研究图的结构。

7.1　图的基本概念

图是极其重要的非线性结构,它是线性结构和树形结构的拓展,结构中的元素之间具有非常复杂的关系。这一节介绍图的基本知识。

7.1.1　图的定义

在图结构中,数据元素之间的关系不再受线性表与树形结构当中那些约束的限制,也就是说,一个数据元素可以有多个直接后继,也可以有多个直接前驱。参看图 7-1,我们用圆圈代表数据元素,圆圈之间的连线代表数据元素之间的关系。在图中,数据元素称为顶点。

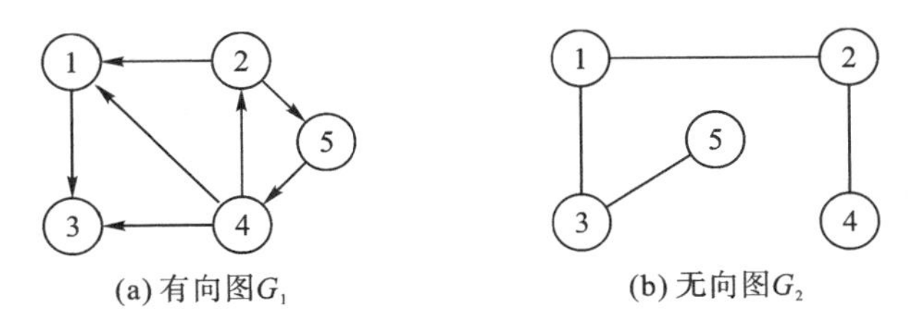

图 7-1　图的示例

图 G 由顶点(vertex)集合 V 和边(edge)集合 E 组成,记为 $G=(V, E)$。顶点集合是数据元素的有穷非空集合,边集合是顶点偶对的有穷集合,表示数据元素之间的联系,如图 7-1 所示。

注意,图中顶点个数不能为零,边集可以为空,此时图中只有顶点没有边。

下面给出图结构的形式化定义。

$$G=(V,E)$$

其中，$V=\{x|x\in D,D$ 是具有相同特性的数据元素的集合$\}$；$E=\{<x,y>|P(x,y)\wedge(x,y\in V)$，谓词 $P(x,y)$定义了弧$<x,y>$上的意义或信息$\}$。

在有向图中，$<x,y>$有序，则$<x,y>$表示从 x 到 y 的一条有向边或者弧，且称 x 为弧尾或始点，称 y 为弧头或终点。若$<x,y>\in E$ 必有$<y,x>\in E$，则以无序对(x,y)代替这两个有序对，表示 x 和 y 之间的一条边，此时的图称为无向图。如图 7-1(a)中的 G_1是有向图，图 7-1(b)中的 G_2是无向图。其中：

有向图 $G_1=(V_1,E_1)$，$V_1=\{v_1,v_2,v_3,v_4,v_5\}$，$E_1=\{<v_1,v_3>,<v_2,v_1>,<v_2,v_5>,<v_4,v_1>,<v_4,v_2>,<v_4,v_3>,<v_5,v_4>\}$

无向图 $G_2=(V_2,E_2)$，$V_2=\{v_1,v_2,v_3,v_4,v_5\}$，$E_2=\{(v_1,v_2),(v_1,v_3),(v_2,v_4),(v_3,v_5)\}$。

7.1.2 图的基本术语

在下面的讨论中，我们不考虑顶点到其自身的边，即若$<v_i,v_j>\in E$(或$(v_j,v_i)\in E$)，则 $v_i\neq v_j$；也不考虑同一条边重复出现，即$(v_i,v_j)\in E$ 重复出现。

在无向图 $G=(V,E)$中，如果边$(v,v')\in E$，则称顶点 v 和 v'互为邻接点，即 v 和 v'相邻接；边(v,v')依附于顶点 v 和 v'或者说边(v,v')和顶点 v 和 v'相关联。例如，在无向图 G_2中，顶点 1 和顶点 2 相邻接；边(1,2)依附于顶点 1 和顶点 2。

在有向图 $G=(V,E)$中，如果弧$<v,v'>\in E$，则称顶点 v 邻接到顶点 v'，顶点 v'邻接自顶点 v。弧$<v,v'>$和顶点 v、v'相关联。例如，在有向图 G_1中，顶点 1 邻接自顶点 2，顶点 2 邻接到顶点 1；弧<2,1>和顶点 1、顶点 2 相关联。

在无向图 $G=(V,E)$中，顶点 v 的度是和 v 相关联的边的数目，记为 $D_T(v)$。例如：G_2中顶点 v_3的度是 2。

在有向图 $G=(V,E)$中，以顶点 v 为头的数目称为 v 的入度，记为 $D_I(v)$；以 v 为尾的弧的数目称为 v 的出度，记为 $D_O(v)$；顶点 v 的度为 $D_T(v)=D_I(v)+D_O(v)$。例如，图 G_1中顶点 v_1的入度 $D_I(v_1)=2$，出度 $D_O(v_1)=1$，度 $D_T(v_1)=D_I(v_1)+D_O(v_1)=3$。

一般地，如果把顶点 v_i的度记为 $D_T(v_i)$，那么一个有 n 个顶点、e 条边的无向图，满足关系：

$$2e=\sum_{i=1}^{n}D_T(v_i)$$

在 n 个顶点，e 条弧的有向图中，有下列关系：

$$e=\sum_{i=1}^{n}D_I(v_i)=\sum_{i=1}^{n}D_O(v_i)$$

具有 N 个顶点的无向图，边的最大数目是 $N(N-1)/2$。有 $N(N-1)/2$ 条边的无向图称为完全图。

N 个顶点的有向图中，弧的最大数目是 $N(N-1)$。有 $N(N-1)$条弧的有向图称为有向完全图。

有很少条边或弧的图称为稀疏图,反之称为稠密图。

有时图的边或弧具有与它相关的数,这种与边或弧相关的数叫作“权”。这些权可以表示从一个顶点到另一个顶点的距离或耗费。这种带权的图通常称为网(network)。

无向图 $G=(V,E)$ 中,从顶点 v 到顶点 v' 的路径(path)是一个顶点序列:$(v=v_{i,1},v_{i,2},\cdots,v_{i,N}=v')$,其中 $(v_{i,j-1},v_{i,j})\in E,1<j\leqslant N$。如果 G 是有向图,则路径也是有向的,顶点序列应满足 $<v_{i,j-1},v_{i,j}>\in E,1<j\leqslant N$。

路径的长度是路径上边或弧的数目。

第一个顶点和最后一个顶点相同的路径称为回路或环。

序列中顶点不重复出现的路径称为简单路径。除了第一个顶点和最后一个顶点之外,其余顶点不重复出现的回路称为简单回路或简单环。

因为顶点可能有多个邻接点,所以,图中路径可能不唯一,回路也可能不唯一。

假设有两个图 $G=(V,E)$ 和 $G'=(V',E')$,如果 $V'\subseteq V$ 并且 $E'\subseteq E$,则称 G' 为 G 的子图。图 7-2(a)和(b)分别给出了 G_1 和 G_2 的一些子图实例。

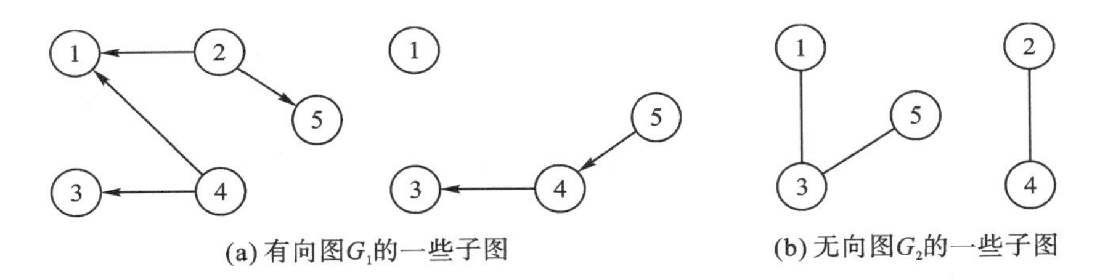

图 7-2　图 7-1 中 G_1 和 G_2 的子图示例

在无向图 G 中,如果从顶点 v 到顶点 v' 有路径,则称 v 和 v' 是连通的,如果对图中任意两个顶点 $v_i,v_j\in V$,v_i 和 v_j 都是连通的,则称 G 是连通图。图 7-1(b)中的 G_2 是一个连通图,而图 7-2(b)则是非连通图。

在非连通无向图中极大连通子图称为连通分量。例如,将图 7-2(b)看作一个无向图,则其有 2 个连通分量。

极大连通子图的包括了所有连通的顶点以及这些顶点相关联的所有边。

在有向图 G 中,如果对于每一对 $v_i,v_j\in V,v_i\neq v_j$,从 v_i 到 v_j 和从 v_j 到 v_i 都存在路径,则称 G 是强连通图。有向图中的极大强连通子图称作有向图的强连通分量。如图 7-1(a)中 G_1 不是强连通图,但它有 3 个强连通分量,如图 7-3(a)所示。

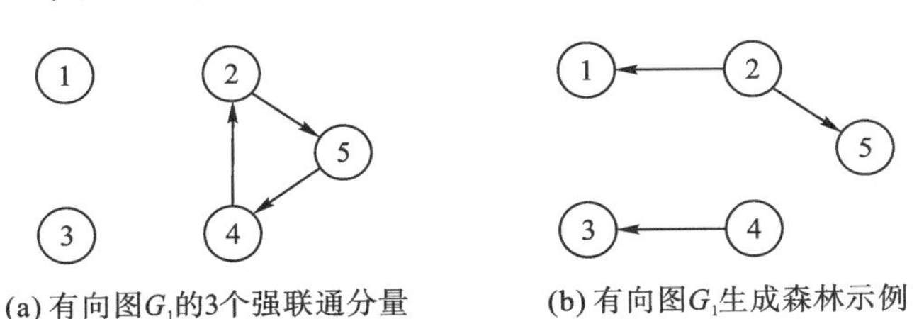

图 7-3　有向图的强联通分量与生成森林

一个连通图的生成树是一个极小连通子图，它含有图中全部顶点，但仅含有足以构成一棵树的 $N-1$ 条边。图 7-1(b)中 G_2 的生成树就是自己。

如果在一棵生成树上添加一条边，必定构成一环。因为这条边使得它依附的那两个顶点之间有了第二条路径。一棵有 N 个顶点的生成树有且仅有 $N-1$ 条边。若一个图有 N 个顶点而小于 $N-1$ 条边，则是非连通图；如果它多于 $N-1$ 条边，则一定有环。但恰有 $N-1$ 条边的图不一定是生成树。

如果一个有向图恰有一个顶点的入度为 0，其余顶点的入度均为 1，则是一棵有根树(参考第 6 章树形结构)。一个有向图的生成森林由若干棵有根树组成，该森林含有图中全部顶点，却仅含有足以构成若干棵不相交的有根树的弧。图 7-3(b)所示的就是由图 7-1(a)中有向图 G_1 生成的一种森林。

7.1.3 图的抽象数据类型定义

和其他结构一样，图的基本运算也是查找、插入和删除。为了给出含义确切的运算定义，在此需先明确一个"顶点在图中的位置"的概念。

从图的逻辑结构的定义来看，图中的顶点之间不存在全序的关系，任何一个顶点都可被看成是第一个顶点；另一方面，任一顶点的邻接点之间也不存在次序关系。但为了运算方便，我们需要将图中顶点按任意的顺序排列起来。由此，所谓"顶点在图中的位置"指的是该顶点在某种人为的排列中的位置(或序号)。同理，可对某个顶点的所有邻接点进行排队，在这个排队中自然形成了第 1 个或第 k 个邻接点。若某个顶点的邻接点的个数大于 k，则称第 $k+1$ 个邻接点为第 k 个邻接点的下一个邻接点，而最后一个邻接点的下一个邻接点为"空"。

下面是图的抽象数据类型定义。

```
ADT Graph
{  数据对象为 D:  D 是具有相同特性的数据元素的集合,称为顶点集。
   数据关系 R:  R={Edge},
        Edge={<x,y> | P(x,y)∧(x,y∈D),谓词 P(x,y)定义了弧<x,y>上的意义或
信息}
   基本操作集:
        createGraph(&g):创建图 g;
        locateVex(g, u):若图 g 中存在顶点 u,则返回该顶点在 g 中的位置;
        insertArc(&g,v1,v2):在图 g 中增添弧<v1,v2>;
        deleteArc(&g,v1,v2):在图 g 中删除弧<v1,v2>;
        insertVex(&g,v):在图 g 中增添新顶点 v;
        deleteVex(&g,v):在图 g 中删除顶点 v 及其相关的弧;
        setVex(&g,v,info):在图 g 中对 v 赋新值 info;
```

```
    setArc(&g,v1,v2,info):在图 g 中对<v1,v2>赋新值 info;
    firstAdjVex(g,v1):图 g 中 v 的第一个邻接顶点的位置;
    nextAdjVex(g,v1,v2):图 g 中 v1 的(相对于 v2 的)下一个邻接顶点的序号;
    traverseDFS(g,print):对图 g 进行深度优先遍历;
    traverseBFS(g,print):对图 g 进行广度优先遍历;
}ADT Graph
```

图的抽象数据类别中所列的操作只是一组常用的基本操作，真正在解决实际问题时，应该根据实际需要决定图结构的操作种类。

7.2　图的存储结构

图是一种复杂的数据结构，一个图的信息包括两部分，即图中顶点的信息以及描述顶点之间的关系(边或者弧的信息)。

图的存储结构要能反映图的顶点的数据信息和边(弧)所表示的逻辑关系。因此，采取分别存储顶点(弧)集和边集的办法。这和其他数据结构如线性表、树不同。

此外，由于图中任何两个顶点之间都可能存在关系(边或弧)，并无法通过存储位置(数组下标)直接表示这种任意逻辑关系。所以，图无法采用顺序存储结构。

图的常用存储结构有多种，如邻接矩阵、邻接表、邻接多重表和十字链表等。邻接矩阵是连续存储方式，后三种则是链式存储方式。

7.2.1　邻接矩阵

用一个一维数组存储图中顶点的信息，用一个二维数组(称为邻接矩阵)存储图中各顶点之间的邻接关系。

假设图 $G=(V,E)$ 有 n 个顶点，则邻接矩阵是一个 $n\times n$ 的方阵，图的邻接矩阵定义为

$$A_{ij}=\begin{cases}1, & \text{若} <v_i,v_j>\in E \text{ 或} (v_i,v_j)\in E \\ 0, & \text{否则}\end{cases}$$

网的邻接矩阵可定义为

$$A_{ij}=\begin{cases}w_{ij}, & \text{若} <v_i,v_j>\in E \text{ 或} (v_i,v_j)\in E \\ \infty, & \text{否则}\end{cases}$$

图 7－1(a)和(b)中 G_1 和 G_2 的邻接矩阵如图 7－4(a)所示，在图 7－4(b)中给出了一个网及其邻接矩阵的例子。

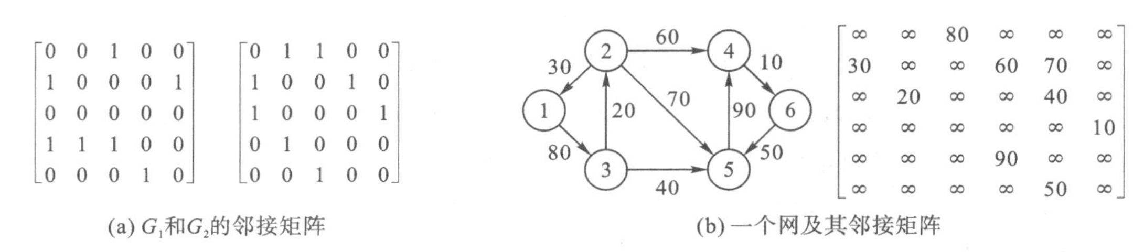

(a) G_1和G_2的邻接矩阵　　(b) 一个网及其邻接矩阵

图 7-4　图与网对应的邻接矩阵

显然,从图 7-4 可以看出如下性质:

(1)主对角线的特点:在图的邻接矩阵中,主对角线上元素为 0。

(2)对称性:无向图的邻接矩阵为对称矩阵;而有向图的邻接矩阵则不一定对称。

(3)顶点 v_i的度:无向图邻接矩阵中第 i 行(或第 i 列)的元素之和为顶点 v_i的度;有向图第 i 行的元素之和为顶点 v_i的出度 $D_O(v_i)$,第 j 列的元素之和为顶点 v_j的入度 $D_I(v_j)$。

(4)判断顶点 i 和 j 之间是否存在边:检查邻接矩阵中相应位置元素 A_{ij}是否为 1。

(5)求顶点 i 的所有邻接点:将数组中第 i 行元素扫描一遍,若 A_{ij}为 1,则顶点 j 为顶点 i 的邻接点。

(6)边数:邻接矩阵中元素为 1 的个数之和的一半为无向图的边数;邻接矩阵中元素为 1 的个数之和为有向图的边数。

在用邻接矩阵存储图时,除了用一个二维数组存储用于表示顶点间相邻关系的邻接矩阵外,还需用一个一维数组来存储顶点信息,另外还有图的顶点数和边数。

使用邻接矩阵存储的图,其类型定义如下:

```
#define MaxVertexNum 100                    // 最大顶点数
typedef int VertexType;                     // 顶点类型
typedef struct{
    VertexType  vex[MaxVertexNum];          // 顶点表
    EdgeType edges[MaxVertexNum][MaxVertexNum];     // 邻接矩阵,即边表
    int  n, e;                                      // 顶点数和边数
}MGraph;                                    // MGraph 是以邻接矩阵存储的图类型
```

使用邻接矩阵存储方式创建无向图,其具体实现的 C 语言代码如下:

```
void createMGraph(MGraph *G){
    int i,j,k;
    printf("请输入顶点数和边数:");
    scanf("%d%d",&(G->n),&(G->e));
    printf("请输入顶点序号:");
    for(i=0; i<G->n; i++)
        scanf("%d",&(G->vex[i]));
```

```
    for(i=0; i<G->n; i++)              // 初始化邻接矩阵
        for(j=0; j<G->n; j++)
            G->edges[i][j] = 0;
    for(k=0; k<G->e;k++){              // 建立邻接矩阵
        printf("请输入边(顶点序号 i,j):");
        scanf("%d%d",&i,&j);
        G->edges[i][j]=1;
        G->edges[j][i]=1;
    }
}
```

在图结构中，可以对顶点和边进行插入与删除操作。需要注意的是：对顶点进行删除操作时，应该保证同时删除与该顶点相关联的边。本节末的二维码展示了有向图创建邻接矩阵、输出邻接矩阵、插入和删除顶点、插入和删除弧等操作的实现代码；还展示了以邻接矩阵存储的无向图的基本操作。

7.2.2 邻接表

假设图 G 有 n 个顶点 e 条边，那么在图的邻接矩阵存储结构中，需要一个有 n 个元素的一维数组和一个有 n^2 个元素的二维数组（邻接矩阵），所以，其空间复杂度为 $O(n^2)$。如果一个图是稀疏图，则其邻接矩阵会有大量的 0 元素（稀疏矩阵）。如果对稀疏矩阵进行压缩存储，则在其上的基本运算就比较复杂。

邻接表存储的基本思想：对于图的每个顶点 v_i，将所有邻接于 v_i 的顶点链成一个单链表，称为顶点 v_i 的边表（对于有向图则称为出边表），所有边表的头指针和存储顶点信息的一维数组构成了顶点表。

在邻接表中，存在两类节点结构：顶点表节点和边表节点，如图 7-5 所示。

图 7-5 邻接表的节点结构

其中，adjvex 表示邻接点域，存储某顶点的邻接点在顶点表中的下标；next 表示指针域，指向边表中的下一个节点；vertex 表示数据域，存储顶点信息；firstedge 表示指针域，指向边表中的第一个节点。

在无向图中，顶点表节点和边表节点使用 C 语言进行类型定义如下：

```
typedef int VertexType;               //假定顶点域为整型
typedef int InfoType;                 //假定边表节点信息为整型
```

```
typedef struct node{                    //边表节点
    int adjvex;                         //邻接点域
    struct node  * next;                //指向下一个邻接点的指针域
}EdgeNode;
typedef struct vnode{                   //顶点表节点
    VertexType vertex;                  //顶点域
    EdgeNode  * firstedge;              //边表头指针
}VertexNode;
```

图 7－6 给出了无向图 G_2 的邻接表示意图。数组存储表头，顶点的邻接点构成单链表。

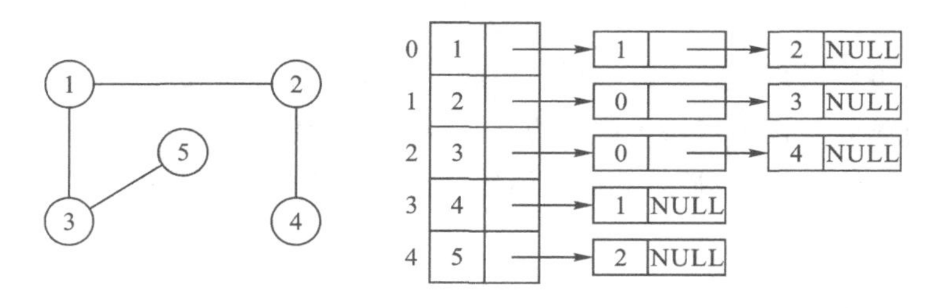

图 7－6　无向图 G_2 的邻接表存储示意图

从无向图的邻接表存储示意图，可以看出如下性质：

(1)顶点 i 的边表中的每个节点对应图中与顶点 i 相关联的一条边。

(2)顶点 i 的度：顶点 i 的边表中节点的个数。

(3)判断顶点 i 和顶点 j 之间是否存在边：测试顶点 i 的边表中是否存在节点 j。

(4)求顶点 i 的所有邻接点：遍历顶点 i 的边表，边表中所有节点的 adjvex 域对应的顶点均为顶点 i 的邻接点。

图 7－7 给出了有向图 G_1 的邻接表示意图。

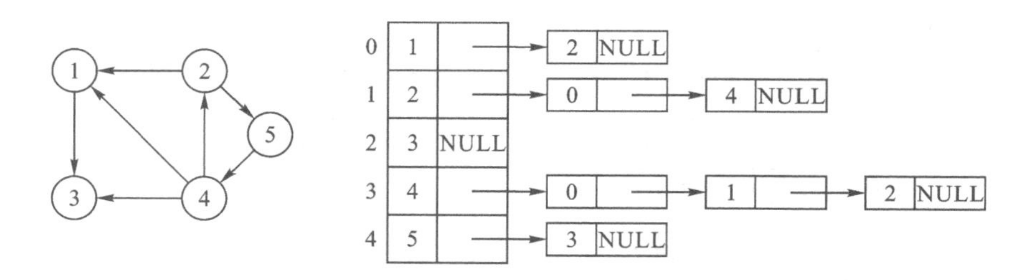

图 7－7　有向图 G_1 的邻接表存储示意图

类似地，从有向图的邻接表存储示意图，可以看出如下性质：

(1)出边表中的每个节点对应图中的一条出边。

(2)顶点 i 的出度：顶点 i 的出边表中节点的个数。

(3)顶点 i 的入度：遍历所有出边表，所有出边表中节点的 adjvex 域为 i 的节点个数。

(4)判断顶点 i 和顶点 j 之间是否存在边：测试顶点 i 的出边表中是否存在节点 j。

(5)求顶点 i 的所有邻接点:遍历顶点 i 的出边表,出边表中所有节点的 adjvex 域对应的顶点均为顶点 i 的邻接点。

在有向图中,顶点表节点和出边表节点用 C 语言进行类型定义如下:

```
typedef int InfoType;              //假定出边表节点信息为整型
typedef struct ArcNode
{   int adjVex;                    //该出边所指向的顶点在数组中的下标位置
    struct ArcNode *pNextArc;      //指针域,指向下一个出边表节点
    InfoType info;                 //出边表节点的信息(如果是网的话,可以存储权值)
}ArcNode;                          //出边表节点
typedef struct
{   VertexType data;               //顶点信息
    ArcNode *firstArc;             //第一个表节点的地址,指向第一条依附该顶点的弧
                                   //的指针
}VNode;                            //顶点节点,顶点节点数组
```

当表头节点不用数组存储,而用链表存储时,各表头节点要记住自己的直接后继表头节点的地址,所以,表头节点的存储结构如图 7-8 所示。

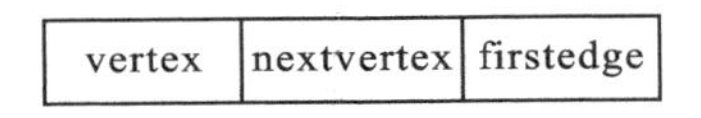

图 7-8　表头节点结构

其中,nextvertex 表示指针域,指向下一个表头节点。

有向图 G_1 的表头节点构成链表,其邻接表示意图如图 7-9 所示。

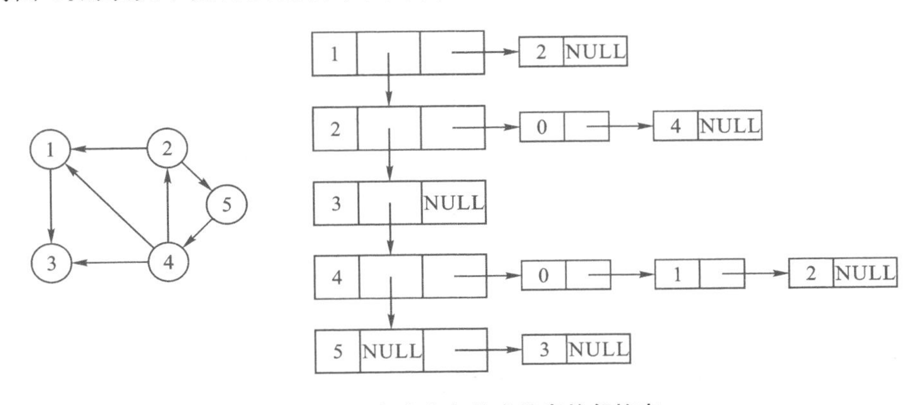

图 7-9　表头节点构成链表的邻接表

在有向图中,第 i 个链表中的节点数只是顶点 v_i 的出度。在所有链表中其邻接点域的值为 i 的节点的个数是顶点 v_i 的入度,为求入度,必须对整个邻接表扫描一遍。有时,为了便于求每个顶点的入度,尚需建立一个有向图的逆邻接表,即对每个顶点 v_i 建立以 v_i 为弧头的链表。例如,有向图 G_1 的逆邻接表如图 7-10 所示。

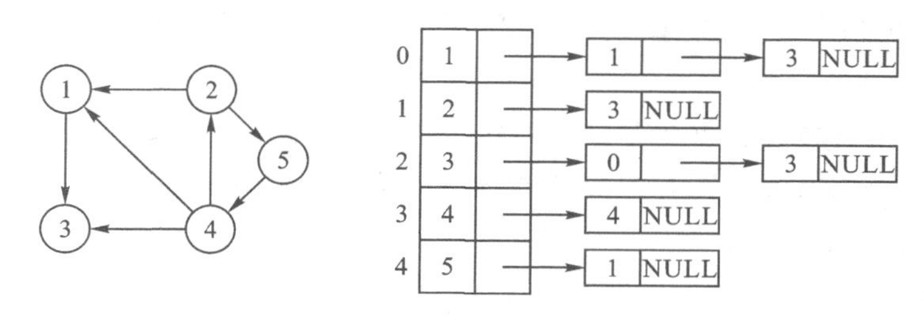

图 7-10　有向图 G_1 的逆邻接表存储示意图

如果这个图是网，由于网的边具有权值等信息，因此，边表还要加一个存储边上信息的域，这样，网的边表结构如图 7-11 所示。

info	adjvex	next

图 7-11　网的边表结构

其中，info 表示数据域，存储和边或弧有关的信息，如权值等。

在邻接表上容易找到任一顶点的第一个邻接点和下一个邻接点（如果存在），但要判定任意两个顶点（v_i 和 v_j）之间是否有边或弧相连，则需扫描第 i 个或第 j 个链表，因此不及邻接矩阵方便。

以邻接表方式存储图，除了定义边表节点类型和顶点表节点类型外，还需要知道图中顶点个数和边的个数。这样图的类型定义如下：

```
#define MaxVertexNum 100                    //最大顶点数为 100
typedef VertexNode AdjList[MaxVertexNum];     //AdjList 是邻接表类型
typedef struct{
    AdjList adjlist;                        //邻接表
    int n,e;                                //顶点数和边数
}ALGraph;                                   //ALGraph 是以邻接表方式存储的图类型
```

使用邻接表存储方式创建图的伪代码如下：

```
1 确定图的顶点个数和边的个数。
2 输入顶点信息，初始化该顶点的边表。
3 依次输入边的信息并存储在边表中：
    3.1 输入边所依附的两个顶点的序号 i 和 j；
    3.2 生成邻接点序号为 j 的边表节点 s；
    3.3 将节点 s 插入第 i 个边表的头部。
```

以邻接表方式存储图的具体实现代码如下：

```
void createALGraph(ALGraph *G){    //建立有向图的邻接表存储
    int i,j,k;
```

```
    EdgeNode *s;
    printf("请输入顶点数和边数(输入格式为:顶点数,边数):");
    scanf("%d%d",&(G->n),&(G->e));                  //读入顶点数和边数
    printf("请输入顶点信息(顶点序号):");
    for (i=0;i<G->n;i++){                            //建立有 n 个顶点的顶点表
        scanf("\n%c",&(G->adjlist[i].vertex));       //读入顶点信息
        G->adjlist[i].firstedge=NULL;                //顶点的边表头指针设为空
    }
    for (k=0;k<G->e;k++){                            //建立边表
        printf("请输入边的信息(顶点序号 i,j):");
        scanf("%d%d",&i,&j);                    //读入边<Vi,Vj>的顶点对应序号
        s=(EdgeNode *)malloc(sizeof(EdgeNode));      //生成新边表节点 s
        s->adjvex=j;                                 //邻接点序号为 j
        //将新边表节点 s 插入顶点 Vi 的边表头部
        s->next=G->adjlist[i].firstedge;
        G->adjlist[i].firstedge=s;
    }
}
```

由于图的遍历操作是图最基本、最重要的操作，因此在 7.3 小节中专门介绍。扫描右侧二维码可获取有向图创建邻接表、输出邻接表、插入和删除顶点、插入和删除弧等操作的实现代码，还有以邻接表存储的无向图的基本操作。

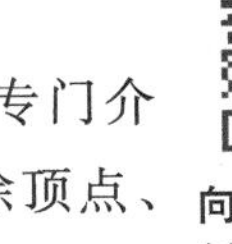

向图及无向图的创建及操作源码

7.2.3　其他存储方法

邻接多重表是无向图的另一种链式存储结构。在无向图的邻接表表示法中，每条边(v_i，v_j)是用两个表节点表示的，这给某些图的操作带来不便。比如检测某条边是否被访问过或删除一条边等，这些操作需要找到表示同一条边的两个节点。因此对无向图进行此类操作时，采用邻接多重表作为存储结构更为适宜。

在邻接多重表中，每一条边都只用一个节点表示，它由如图 7-12(a)所示的 5 个域组成。其中 mark 为标志域，可用以标记该条边是否被访问过；iVex 和 jVex 为该边依附的两个顶点在图中的位置；iLink 指向下一条依附于顶点 iVex 的边；jLink 指向下一条依附于顶点 jVex 的边。当然，如果无向图的边上还有其他信息要进行记录，可以再开一个 info 域，例如可以用其存储无向网的权值。图结构中每一个顶点也用一个头节点表示，由如图 7-12(b)所示的两个域组成。其中 data 域存储和该顶点有关的信息，firstEdge 域指示第一条依附于该顶点的边。图 7-12(c)就是图 7-1(b)中无向图 G_2 的邻接多重表。

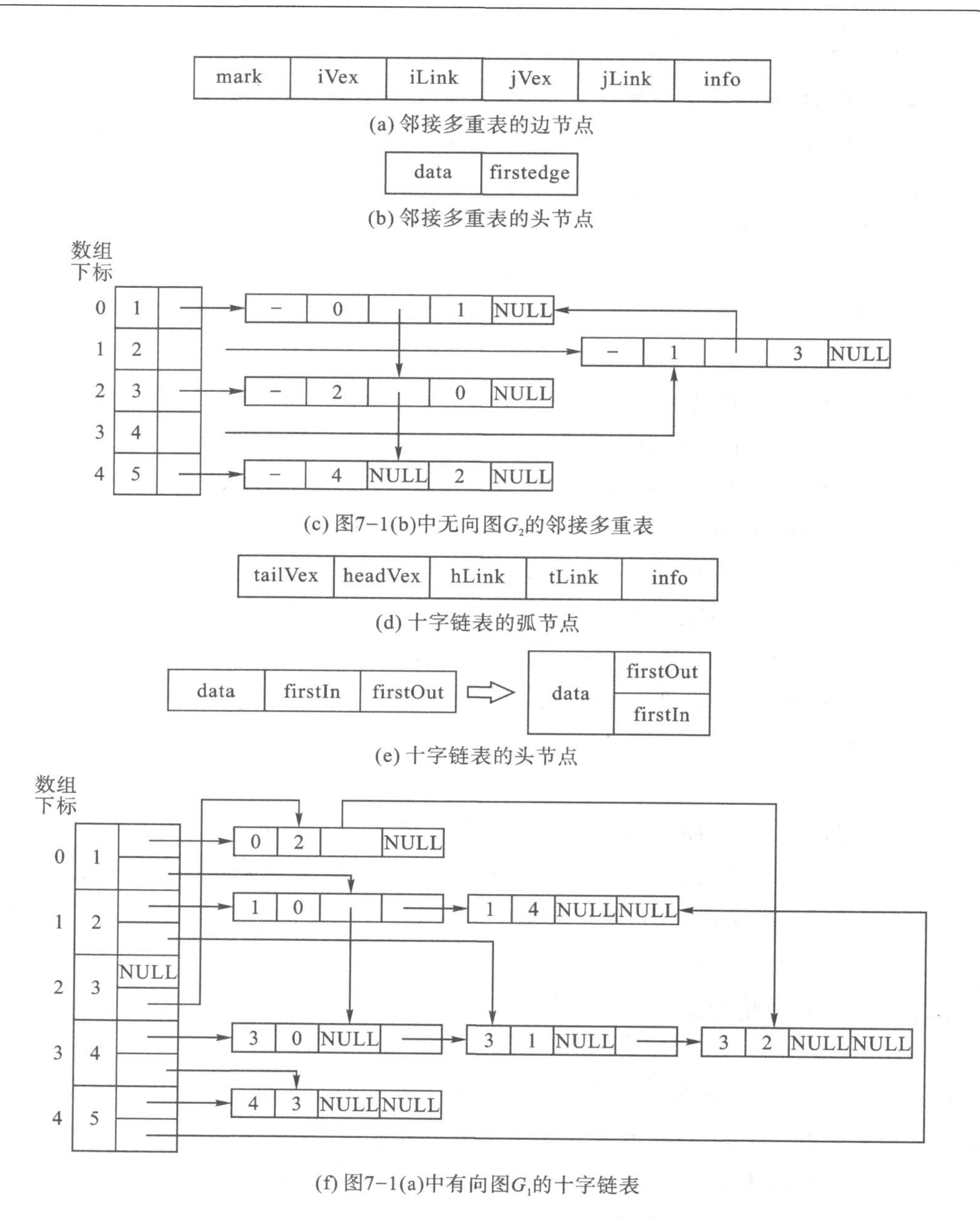

图 7-12　邻接多重表与十字链表的示例

在邻接多重表中，所有依附于同一顶点的边串联在同一链表中，由于每条边依附于两个顶点，则每个边节点同时链接在两个链表中。

十字链表也是有向图的一种链式存储结构，可以将十字链表看成是将有向图的邻接表和逆邻接表结合在一起得到的一种链表。在十字链表中，对应于有向图的每一条弧有一个节点，对应于每个顶点也有一个节点。弧节点的结构如图 7-12(d)所示，在弧节点中有 4 个域：尾域(tailVex)和头域(headVex)分别指示弧尾和弧头这两个顶点在图中的位置；链域 hLink 指向弧头相同的下一条弧，而链域 tLink 指向弧尾相同的下一条弧。这样，弧头相同的弧在同一链表上，弧尾相同的弧也在同一链表上。同邻接多重表中的边节点类似，如果有向图的弧上还有其他信息要进行记录，可以再开一个 info 域，可以用其存储有向网的权值。链表的头节点代表图中顶点，它由三个域组成：data 域存储和顶点有关的信息，如顶点的名称等；firstIn 和 firstOut 这两个链域，分别指向以该顶点为弧头和以该顶点为弧尾的第一个弧节点，如图 7-12(e)所示。例如，图 7-1(a)中有向图 G_1 的十字链表如图 7-12(f)所示。若将有向图的邻接矩阵看成是稀疏矩阵的话，则十字链表也可以看成是邻接矩阵的链表存储结构，只是在图的十字链表存储结构中，弧节点所在的链表不是循环链表，节点之间相对位置自然形成，不一定按顶点序号有序，表头节点(顶点节点)之间不是以链表相接，而是顺序存储的。

在十字链表中既容易找到以 v_i 为尾的弧，也容易找到以 v_i 为头的弧，因而容易求得顶点的出度和入度(若需要，可在建立十字链表的同时求出)。在某些有向图的应用中，十字链表是很有用的工具。

同步训练与拓展训练

一、同步训练

1. 最稀疏的图是(　　)，最稠密的图是(　　)。

A. 空图　　B. 零图　　C. 完全图　　D. 满图

2. 带权图指的是(　　)。

A. 顶点带权的无向图或有向图　　B. 边上带权的无向图或有向图

C. 有回路的无向图或有向图　　D. 无回路的无向图或有向图

3. 在无向图中，路径可能不唯一；在有向图中，路径是唯一的。(　　)

A. 正确　　B. 错误

4. 一个具有 n 个顶点的图，其子图可以有 $2n$ 个。(　　)。

A. 正确　　B. 错误

5. 若无向图 $G=(V,E)$ 有两个连通分量 $G_1=(V_1,E_1)$ 和 $G_2=(V_2,E_2)$，则有(　　)。

A. $|V_1|+|V_2|=|V|, |E_1|+|E_2|=|E|$

B. $|V_1|+|V_2|<|V|, |E_1|+|E_2|<|E|$

C. $|V_1|+|V_2|=|V|, |E_1|+|E_2|<|E|$

D. $|V_1|+|V_2|<|V|, |E_1|+|E_2|=|E|$

6. 若有向图 $G=(V,E)$ 有两个连通分量 $G_1=(V_1,E_1)$ 和 $G_2=(V_2,E_2)$，则有(　　)。

A. $|V_1|+|V_2|=|V|, |E_1|+|E_2|=|E|$

B. $|V_1|+|V_2|<|V|, |E_1|+|E_2|<|E|$

C. $|V_1|+|V_2|=|V|, |E_1|+|E_2|<|E|$

D. $|V_1|+|V_2|<|V|, |E_1|+|E_2|=|E|$

7. 在一个图中，所有顶点的度数之和等于图的边数的(　　)倍。

A. 1/2　　B. 1　　C. 2　　D. 4

8. 在一个有向图中，所有顶点的入度之和等于所有顶点的出度之和的(　　)倍。

A. 1/2　　B. 1　　C. 2　　D. 4

9. 无向图 G 有 16 条边，度为 4 的顶点有 3 个，度为 3 的顶点有 4 个，其余顶点的度均小于 3，则图 G 至少有(　　)个顶点。

A. 10　　B. 11　　C. 12　　D. 13

10. 下列关于无向连通图特性的叙述中，正确的是(　　)。

Ⅰ. 所有顶点的度之和是偶数。

Ⅱ. 边数大于顶点个数减一。

Ⅲ. 至少有一个顶点的度为 1。

A. 只有Ⅰ　　B. 只有Ⅱ　　C. Ⅰ和Ⅱ　　D. Ⅰ和Ⅲ

二、拓展训练

1. 图 7－13 是一个强连通图吗？画出该图中的强连通分量。

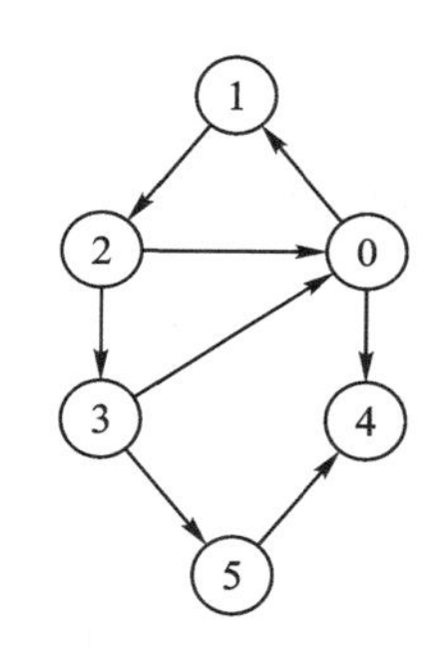

图 7－13　连通图示例

2. $n(n>2)$个顶点的强连通图至少有多少条边？这样的有向图是什么形状？

3. 假设不带权有向图采用邻接矩阵 **G** 存储，设计实现以下功能的算法：

(1)求出图中每个顶点的入度；

(2)求出图中每个顶点的出度；

(3)求出图中出度为 0 的顶点数。

4. 假设不带权有向图采用邻接表 G 存储，设计实现以下功能的算法：

(1)求出图中每个顶点的入度；

(2)求出图中每个顶点的出度；

(3)求出图中出度为 0 的顶点数。

5. 对于具有 n 个顶点的图 G：

(1)设计一个将邻接矩阵转换为邻接表的算法；

(2)设计一个将邻接表转换为邻接矩阵的算法；

(3)分析上述两个算法的时间复杂度。

6.(2021 年真题)已知无向连通图 G 由顶点集 V 和边集 E 组成,$|E|>0$,当 G 中度为奇数的顶点个数为不大于 2 的偶数时,G 存在包含所有边且长度为 $|E|$ 的路径(称为 EL 路径)。设 G 采用临接矩阵方式存储,类型定义如下:

```
typedef  struct{                          //图的定义
    int  numVertices, numEdges;           //图中实际顶点数、边数
    char  VerticesList[MAXV];             //顶点表,MAXV 为已定义常量
    int   Edge[MAXV][MAXV];               //邻接矩阵
}
```

请设计算法 int　IsExistEL(MGraph　G),判断 G 中是否存在 EL 路径,若存在,返回 1,否则返回 0。要求:

(1)给出算法设计思想;

(2)根据设计思想,采用 C 或 C++语言描述,关键之处给出注释;

(3)说出你所设计算法的时间复杂度和空间复杂度。

同步训练与拓展训练
参考答案

7.3　图的遍历

给定一个图 $G=(V,E)$ 和 $V(G)$ 中的任一顶点 v,我们希望从 v 出发,访问 G 中的所有顶点,且使每个顶点仅被访问一次,这一过程称为图的遍历。

由于图结构复杂,所以,图的遍历操作也较复杂:在图结构中,没有一个“自然”的首节点,图中任意一个顶点都可作为第一个被访问的节点;在非连通图中,从一个顶点出发,只能够访问它所在的连通分量上的所有顶点,因此,还需考虑如何选取下一个出发点,方便访问图中其余的连通分量;在图结构中,如果有回路存在,那么一个顶点被访问之后,有可能沿回路又回到该顶点;在图结构中,一个顶点可以和其他多个顶点相连,当这样的顶点访问过后,存在如何选取下一个要访问的顶点的问题。

在图中,任何两个顶点之间都可能存在边,顶点是没有确定的先后次序的,所以,顶点的编号不唯一。为了定义操作的方便,将图中的顶点按任意顺序排列起来,例如,按顶点的存储顺序,约定从编号小的顶点开始访问。

在非连通图中,从某个起点开始可能到达不了所有其他顶点,采用多次调用从某顶点出发遍历图的算法,实现分别遍历各连通分量,当各连通分量对应的子图完成遍历后,整个图也完成了遍历。

因图中可能存在回路,某些顶点可能会被重复访问,为了避免遍历因回路而陷入死循环,可附设访问标志数组 visited,用以标记顶点是否被访问过。

在图中,一个顶点可以和其他多个顶点相连,当这样的顶点访问过后,可通过深度优先遍历或广度优先遍历选取下一个要访问的顶点。

通常有两种遍历图的方法：深度优先搜索和广度优先搜索，它们对无向图和有向图都适用。

7.3.1 深度优先搜索

深度优先搜索(depth first search，DFS)的遍历过程：从图中某个顶点 v 出发，访问此顶点，然后依次从 v 的未被访问过的邻接点出发深度优先遍历图，直至图中所有和 v 有路径相通的顶点都被访问到，若此图中尚有顶点未被访问，则另选图中一个未被访问过的顶点作为起始点，重复上述过程，直至图中所有顶点都被访问过为止。这种搜索次序体现了优先向纵深发展的趋势，所以称为深度优先搜索法。

图 7－14 给出了无向图 G 进行深度优先的搜索过程。假定从顶点 v_1 出发，实心圆表示访问点。与 v_1 相邻接的有 3 个顶点 v_2、v_3 和 v_4，假定先访问 v_2，此时 v_2 为当前顶点。现在从 v_2 开始进行遍历，与 v_2 相邻的有两个顶点，当试图去访问 v_1 时，由于其已被访问，所以回溯到 v_2。这时 v_2 只能继续访问 v_5。v_5 成为当前顶点时，与其相邻的有 v_2 和 v_3。但当试图访问 v_2 时，由于 v_2 已被访问，所以回溯到 v_5，继续访问 v_3。v_3 的邻接顶点是 v_5 和 v_1。由于两个顶点都已被访问，所以从 v_3 出发的两次探索都会失败。v_3 只能回退到 v_5，但 v_5 也没有其他路径可以继续前进，所以又回退到 v_2。同样还要从 v_2 回退到 v_1，当当前顶点又是 v_1 时，可以向 v_4 试探。v_4 由于没有被访问，所以 v_4 成为当前顶点。与 v_4 相邻的只有一个顶点 v_1，而它已被访问，所以当 v_4 试探失败后，又回溯到顶点 v_1。此时 v_1 没有其他路径可以测试，遍历结束，顶点访问序列为 $v_1 \rightarrow v_2 \rightarrow v_5 \rightarrow v_3 \rightarrow v_4$。

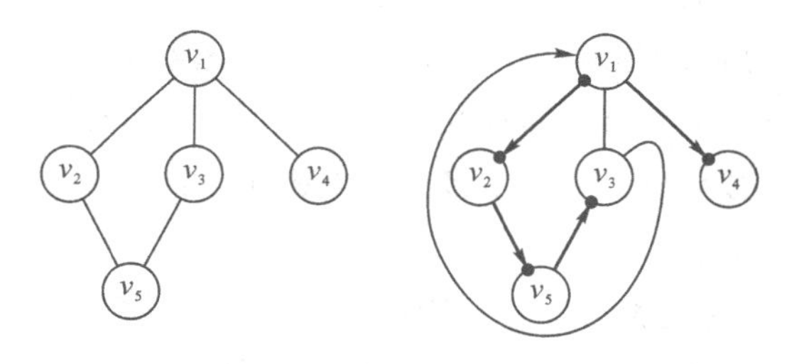

图 7－14　深度优先搜索过程的示意图

显然，上面的过程要使用递归，需要借助栈。为了在遍历过程中方便区分顶点是否已被访问，需要附设访问标志数组 visted[MaxVertexNum]，其初值为 0，一旦某个顶点被访问，则其相应的值设为 1。使用邻接表进行深度优先搜索，其算法的 C 语言描述如下：

```
void DFS(ALGraph g, int v0,int visted[]){
    EdgeNode *p;
    printf("%3d",g.adjlist[v0].vertex);          //访问顶点 v0
    visted[v0] = 1;                               //标记 v0 已被访问
```

```
    p = g.adjlist[v0].firstedge;                //取 v0 边表的头指针
    while(p){
        if(! visted[p->adjvex])DFS(g,p->adjvex,visted);
        p = p->next;
    }
}
void DFSTraverseG(ALGraph g){
    int v;
    int visted[MaxVertexNum];
    for(v=0; v<g.n; v++)  visted[v] =0;   //初始化标志数组
    for(v=0; v<g.n; v++)
     //v 未被访问过,从 v 开始进行深度优先搜索
        if( ! visted[v] )  DFS(g,v,visted);     }
```

还可以使用邻接矩阵进行深度优先搜索,其算法的 C 语言描述如下:

```
int FirstAdjVex(MGraph g, int v0){
    int j;
    for(j=0; j<g.n; j++)
        if(g.edges[v0][j] == 1) return j;
    return -1;
}
    int NextAdjVex(MGraph g, int v0, int w){
int j;
    for(j=w+1; j<g.n; j++)
        if(g.edges[v0][j] == 1) return j;
    return -1;
}
void DFS(MGraph g, int v0, int visted[]){
    int w;
    printf("%3d",g.vex[v0]);
    visted[v0] = 1;
    w = FirstAdjVex(g,v0);
    while(w != -1){
        if( ! visted[w] ) DFS(g,w,visted);
        w = NextAdjVex(g,v0,w);
```

```
    }
}
void TraverseG(MGraph g){
    int v;
    int visted[MaxVertexNum];                    //是否被访问的标志数组
    for(v=0; v<g.n; v++)  visted[v] =0;
    for(v=0; v<g.n; v++)
        if( ! visted[v] )  DFS(g,v,visted);
}
```

算法分析：在遍历图时，对图中每个顶点至多调用一次 DFS 过程，因为一旦某个顶点被标志成“已被访问”的状态，就不再从它出发进行搜索。因此，遍历图的过程实质上是对每个顶点查找其邻接点的过程，其耗费的时间取决于所采用的存储结构。采用邻接矩阵，查找每个顶点的邻接点所需时间为 $O(n^2)$，其中 n 是图中顶点数。采用邻接表，找邻接点所需时间为 $O(e)$，e 为无向图中的边数或有向图中弧的数目。因此，采用邻接表进行深度优先搜索，遍历图的时间复杂度为 $O(n+e)$。

7.3.2 广度优先搜索

广度优先搜索（breadth first search，BFS）遍历过程如下：假设从图中某个顶点 v_0 出发，在访问了 v_0 之后依次访问 v_0 的各个未曾访问过的邻接点，然后分别从这些邻接点出发广度优先搜索遍历图，直到图中所有被访问过的顶点的邻接点都被访问到。若此时图中尚有顶点未被访问，则另选图中一个未曾访问过的顶点作起始点，重复上述过程，直至图中所有顶点都被访问到为止。换句话说，广度优先搜索遍历图的过程，是以 v_0 为起始点，由近至远依次访问和 v_0 有路径相通且路径长度为 1，2，…的顶点。

图 7－15 给出了无向图 G 进行广度优先的搜索过程。在图 7－15 中，假定从顶点 v_1 开始进行遍历。按照广度优先的搜索策略，在访问完 v_1 后，依次访问 v_1 的邻接点 v_2、v_3 和 v_4。由于 v_2 先于 v_3 被访问，v_3 先于 v_4 被访问，所以，首先访问 v_2 的邻接点，然后访问 v_3 的邻接点，最后访问 v_4 的邻接点。访问 v_2 的邻接点：由于同 v_2 相邻接的顶点是 v_1 和 v_5，但是 v_1 已被访问，所以只能访问顶点 v_5。v_2 的邻接点 v_5 访问完后，开始访问 v_3 的邻接点。但与 v_3 邻接的两个顶点都已被访问，所以认为 v_3 邻接点访问完了，应该开始访问 v_4 的邻接顶点。同样，与 v_4 相邻接的顶点只有 v_1，而且已被访问。这样，当把 v_2、v_3 和 v_4 的邻接点全部访问完之后，开始进入下一层。在新的一层，开始访问 v_5 的邻接顶点。与 v_5 相邻的两个顶点全部已被访问，而且再没有与 v_5 同层的顶点，所以整个搜索过程结束，顶点访问序列为 $v_1 \rightarrow v_2 \rightarrow v_3 \rightarrow v_4 \rightarrow v_5$。

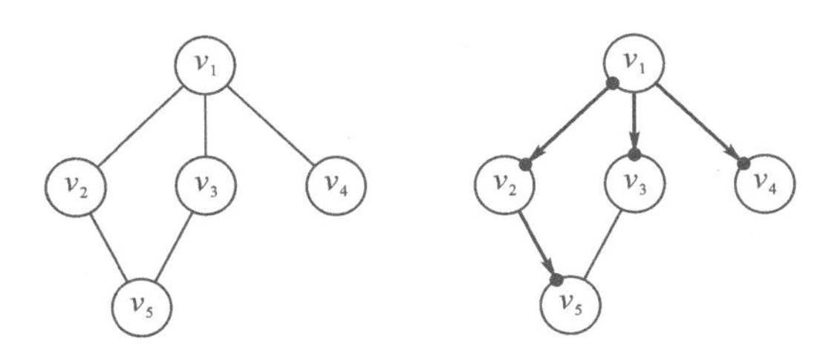

图 7-15　广度优先搜索过程的示意图

显然，为了依次访问路径长度为 2,3,… 的顶点，需要附设队列以存储被访问的路径长度为 1,2,… 的顶点。与深度优先搜索类似。在遍历过程中也需要一个访问标志数组 visted[MaxVertexNum]。使用邻接表进行广度优先搜索，其算法的 C 语言描述如下：

```
void BFS(ALGraph g, int v0,int visted[]){
    int v;
    EdgeNode *p;
    c_SeQueue*  Q=Init_SeQueue();
    printf(" %3d",g.adjlist[v0].vertex);              //访问顶点 v0
    visted[v0] = 1;                                   //标记 v0 已被访问
    In_SeQueue(Q , v0);
    while( ! Empty_SeQueue(Q) ){
        Out_SeQueue (Q , &v);
        p = g.adjlist[v].firstedge;                   //取 v 边表的头指针
        while(p){
            if(! visted[p->adjvex]){
                printf(" %3d",g.adjlist[p->adjvex].vertex);  //访问顶点 v0
                visted[p->adjvex] = 1;                       //标记 v0 已被访问
                In_SeQueue(Q ,p->adjvex);
            }
            p = p->next;
        }
    }
}
void BFSTraverseG(ALGraph g){
    int v;
    int visted[MaxVertexNum];
    for(v=0; v<g.n; v++)   visted[v] =0;       //初始化标志数组
    for(v=0; v<g.n; v++)
```

```
        //v 未被访问过,从 v 开始进行广度优先搜索
        if( ! visted[v] )  BFS(g,v,visted);
    }
```

同样,可以使用邻接矩阵进行广度优先搜索,其算法的 C 语言描述如下:

```
void BFS(MGraph g, int v0,int visted[]){
    int w,v;
    c_SeQueue *  Q=Init_SeQueue();
    printf(" %3d",g.vex[v0]);
    visted[v0] = 1;
    In_SeQueue(Q , v0);
    while( ! Empty_SeQueue(Q) ){
        Out_SeQueue (Q , &v);
        w = FirstAdjVex(g,v);
        while( w ! = -1 ){
            if( ! visted[w] ){
                printf(" %3d",g.vex[w]);
                visted[w] = 1;
                In_SeQueue(Q , w);
            }
            w = NextAdjVex(g,v,w);
        }
    }
}
void TraverseG(MGraph g){
    int v;
    int visted[MaxVertexNum];                     //是否被访问的标志数组
    for(v=0; v<g.n; v++)  visted[v] =0;
    for(v=0; v<g.n; v++)
        if( ! visted[v] )  BFS(g,v,visted);
}
```

分析此算法:每个顶点至多进队一次,遍历图的过程实质上是通过边或弧找邻接点的过程,因此其时间复杂度与深度优先搜索相同,两种方法不同之处仅在于对顶点搜索的顺序不同。

同步训练与拓展训练

一、同步训练

1. 图的广度优先遍历算法中使用队列作为起辅助数据结构，那么在算法执行过程中，每个顶点进入队次数最多为(　　)。

A. 1　　B. 2　　C. 3　　D. 4

2. 设图有 n 个顶点和 e 条边，采用邻接矩阵存储时，遍历图的顶点所需要的时间复杂度为(　　)；采用邻接表存储时，遍历图的顶点所需要的时间复杂度是(　　)。

A. $O(n)$　　B. $O(n\times n)$　　C. $O(n\times e)$　　D. $O(n+e)$

3. 图的深度优先搜索类似于树的(　　)遍历，图的广度优先搜索类似于树的(　　)遍历。

A. 前序　　B. 中序　　C. 后序　　D. 层次

4. 用邻接表表示图进行广度优先搜索时，通常借助(　　)结构来实现算法。

A. 栈　　B. 队列　　C. 树　　D. 图

5. 用邻接表表示图进行深度优先搜索时，通常借助(　　)结构来实现算法。

A. 栈　　B. 队列　　C. 树　　D. 图

6. 图的广度优先遍历搜索树的树高要比深度优先遍历搜索树的树高(　　)。

A. 小　　B. 相等　　C. 小或相等　　D. 大或相等

7. 对如图 7－16 所示的无向图进行遍历，在下列选项中，不是广度优先搜索历序列的是(　　)。

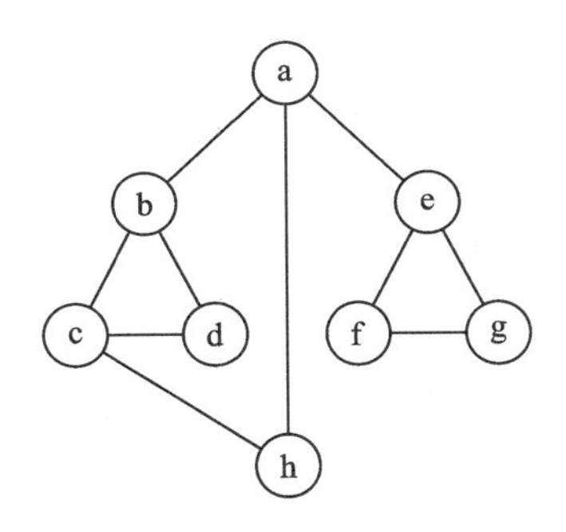

图 7－16　广度优先搜索无向图

A. h,c,a,b,d,e,g,f　　B. e,a,f,g,b,h,c,d

C. d,b,c,a,h,e,f,g　　D. a,b,c,d,h,e,f,g

8. 下列选项中,不是如图 7-17 所示图的深度优先搜索序列的是(　　)。

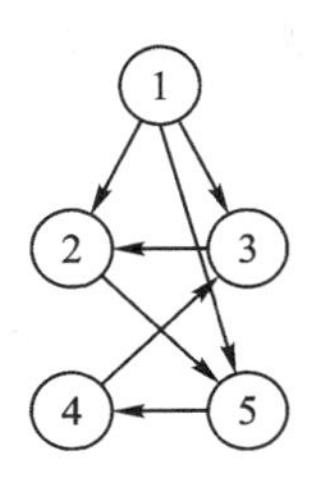

图 7-17　深度优先搜索有向图

A. 1,5,4,3,2　　　B. 1,3,2,5,4　　　C. 1,2,5,4,3　　　D. 1,2,3,4,5

9. 设有向图 $G=(V, E)$,顶点集 $V=\{v_0, v_1, v_2, v_3\}$,$E=\{<v_0, v_1>, <v_0, v_2>, <v_0, v_3>, <v_1, v_3>\}$,若从顶点 v_0 开始对图进行深度优先搜索,则可能得到的不同遍历序列个数是(　　)。

A. 2　　　B. 3　　　C. 4　　　D. 5

10. 已知图的邻接表如图 7-18 所示,则从顶点 vo 出发,按广度优先搜索的序列是(　　),按深度优先搜索的序列是(　　)。

A. 0,1,3,2　　　B. 0,2,3,1　　　C. 0,3,2,1　　　D. 0,1,2,3

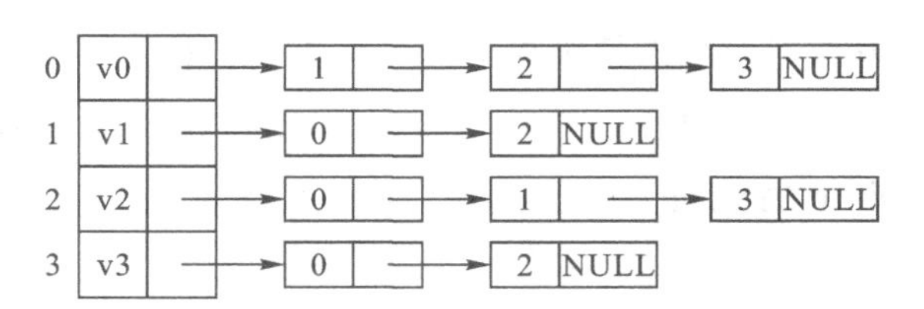

图 7-18　某图的邻接表

二、拓展训练

1. 假设图 G 采用邻接表存储,设计一个算法,判断无向图 G 是否连通。若连通,返回 true,否则返回 false。

2. 假设图 G 采用邻接表存储,设计一个算法判断图 G 中从顶点 u 到 v 是否存在简单路径(简单路径是指路径上的顶点不重复)。

3. 假设图 G 采用邻接表存储,设计一个算法输出图 G 中从顶点 u 到 v 的一条简单路径(假设图 G 中从顶点 u 到 v 至少有一条简单路径)。

4. 假设图 G 采用邻接表存储,设计一个算法,输出图 G 中从顶点 u 到 v 的长度为 l 的所有简单路径。

5. 假设图 G 采用邻接表存储,设计一个算法,求图中通过某顶点 k 的所有简单回路(若存在)。简单回路是指路径上的顶点不重复,但第一个顶点与最后一个顶点相同的回路。

6. 假设图 G 采用邻接表存储，设计一个算法，求不带权无向连通图 G 中从顶点 u 到顶点 v 的一条最短路径。
7. 假设图 G 采用邻接表存储，设计一个算法，求不带权无向连通图 G 中距离顶点 v 最远的一个顶点。

同步训练与拓展训练参考答案

7.4　生成树和最小生成树

7.4.1　生成树和最小生成树的概念

对连通图 G 来说，如果一棵树恰好有和 G 一样的顶点集合，而边集合是图 G 的边集合的子集，则称该树为图 G 的生成树(spanning tree)。按照7.3节中的深度优先搜索或者广度优先搜索算法遍历一个连通图，记录所经过的边与顶点的组合，即可得到该连通图的生成树。图的生成树不唯一。从不同的顶点出发进行遍历，可以得到不同的生成树。用不同遍历算法，得到的生成树也可能是不同的。

生成树是一个连通图在保持连通性的前提下边最少的子图。从应用角度出发，我们经常可以借助讨论带权连通图的“最小生成树”来解决现实生活中的问题。例如，如何以最小成本构建一个通信网络。

假设要在 n 个城市之间建立通信联络网，则连通 n 个城市只需要 $n-1$ 条线路。这时，自然会考虑这样一个问题，如何在最节省经费的前提下建立这个通信网。在每两个城市之间都可以设立一条线路，相应地都需要付出一定的经济代价。n 个城市之间，最多可能设立 $n(n-1)/2$ 条线路，如何在这些可能的线路中选择 $n-1$ 条线路，以使总的耗费最少呢？可以用连通网来表示 n 个城市以及 n 个城市之间可能设立的通信线路。其中，网的顶点表示城市，边表示两城市之间的线路，赋予边的权表示相应的代价。对于 n 个顶点的连通网可建立许多不同生成树，每一棵生成树都可以是一个通信网。现在，我们要选择这样一棵生成树，使它在所有生成树中总的耗费最小。这样一个问题就是构造连通网的最小代价生成树的问题，一棵生成树的代价就是树上各边的代价之和，最小代价生成树简称最小生成树(minimal spanning tree，MST)。

构造最小生成树有多种算法，其中大多利用了最小生成树的MST性质：假设 $N=(V,E)$ 是一个连通网，U 是顶点集 V 的一个非空子集，若(u,v)是一条具有最小权值(代价)的边，其中 $u\in U, v\in V-U$，则必存在一棵包含边(u,v)的最小生成树。

该性质表明，如果将一个连通无向图分割为互不相交的两部分，则从连接两部分的“割边”中选择权值最小的边，该边必定属于最小生成树。因此，根据该性质，每次在当前状态下找出权值最小的割边，一步一步创建最小生成树。创建最小生成树的过程就是运用贪婪算法思想

(目光很“短浅”,只是找出当前情况下的最优策略,因此不能完全保证是整体情况下的最优解)的过程,而且由于MST性质,使得求到的结果也是整体的最优解。

下面分别介绍求最小生成树的两种算法:克鲁斯卡尔(Kruskal)算法和普里姆(Prim)算法。两种算法虽然都基于MST性质,使用了贪婪算法的思想,但是构造最小生成树的具体过程却有差异。

7.4.2 Kruskal 算法

Kruskal 算法是 Kruskal 在 1956 年提出的,其思路很易理解。它是按边权值的递增顺序来构造最小生成树的,依次找出权值最低的边,而且规定每次新增的边不能使已生成的部分出现回路。对于 N 个顶点的连通图来说,当已找出 $N-1$ 条边时,过程结束。可以看出,在建造最小生成树的过程中,若某边是最小生成树中第 i 小的边,则它只有在第 1 小到第 $(i-1)$ 小的边全部被选完后,才会被加入到已生成的部分结果中去。算法实例如图 7-19 所示,其中的(a)为原连通图,(f)为其最小生成树。

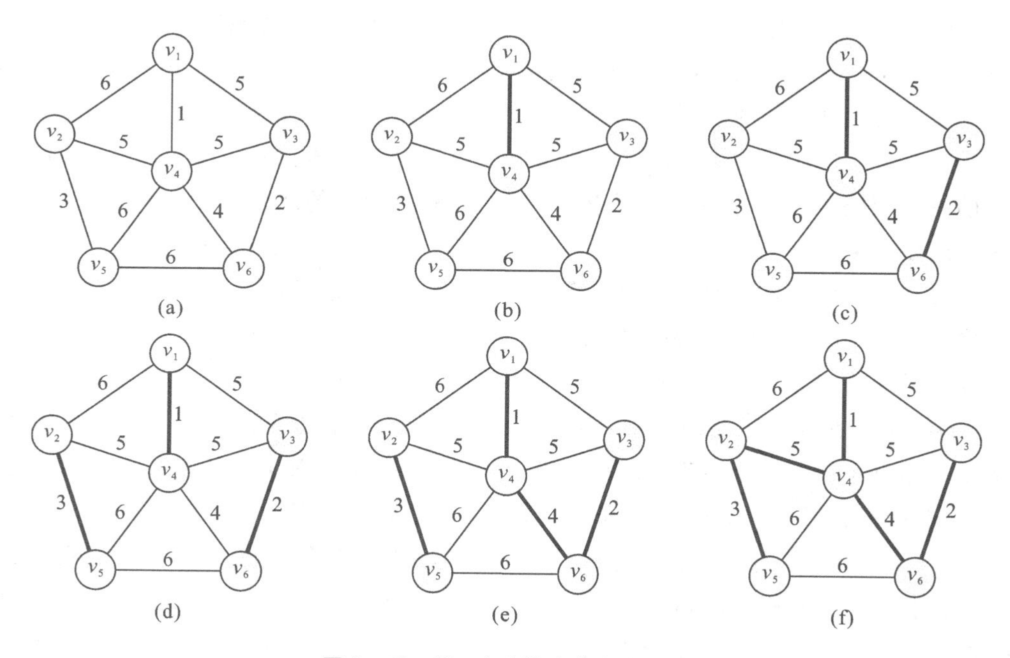

图 7-19 Kruskal **算法选边的过程**

要注意的是,该算法并不会保证每步生成的结果都是连通的,因此中间某些步骤的结果不一定是树。显然,算法的“贪婪”即每次都从原网的边集中还未被选中的那些边里挑选权值最小者。

下面介绍 Kruskal 算法的数据结构设计。因为 Kruskal 算法是依次对图中的边进行操作,因此,使用边集数组作为存储结构。

```
#define MaxVertexNum 100                    // 最大顶点数
typedef int VertexType;                     // 顶点类型
typedef int EdgeCost;                       // 边的权值
typedef struct{
    VertexType  v1;                         // 边的顶点序号
    VertexType  v2;                         // 边的顶点序号
    EdgeCost cost;                          // 边的权值
}EdgeType;                                  // 边类型
EdgeType edges[MaxEdgeNum];                 //边集数组
```

实现 Kruskal 算法的关键是如何选择权值最小的边，如何判断边的两个顶点是否位于两个连通分量。对于选择权值最小的边，可先对边集数组按边上的权值排序，这样可按边的权值从小到大依次判断边是否加入最小生成树。对于连通分量的判断，可以把每个连通分量的所有顶点，以树结构形式存储在集合中。如果两棵树（连通分量）的根节点相同，说明是同一棵树，即是同一个连通分量；根节点不相同，说明是两个不同的连通分量。所以，设置 set 数组记录各个顶点所属的连通分量。

Kruskal 算法的 C 语言实现如下：

```
int find(int set[],int v){                          //查找集合的树根节点
    int t;
    t = v;
    while(set[t] ! = -1)
        t = set[t];
    return t;
}
void Kruskal(EdgeType edges[],int n,int e){
    int i,num,vs1,vs2;                              //num 为计数器
    int set[MaxVertexNum];                          //记录各个顶点所属的连通分量
    for(i=0;i<n;i++)   set[i]=-1;                   //初始化
    for( i=0,num=0;  i<e  && num<n-1;  i++){
        vs1 = find(set,edges[i].v1);
        vs2 = find(set,edges[i].v2);
        if(vs1 ! = vs2){                            //属于不同的连通分量
            set[vs2]=vs1;                           //合并连通分量
            num++;
            printf("( %d, %d)",edges[i].v1,edges[i].v2);
        }
```

```
    }
}
```

算法的时间复杂度为 $O(n+e\log_2 e)$，其中 n 为顶点个数，e 为无向连通网中的边的个数。Kruskal 算法适用于求稀疏网的最小生成树。

7.4.3 Prim 算法

Prim 算法是 Prim 于 1957 年开发的，它采用另一种选择边的方法来求最小生成树。此算法每次加入的新边都会与已生成部分相邻接，将顶点逐个连通，如图 7-20 所示。

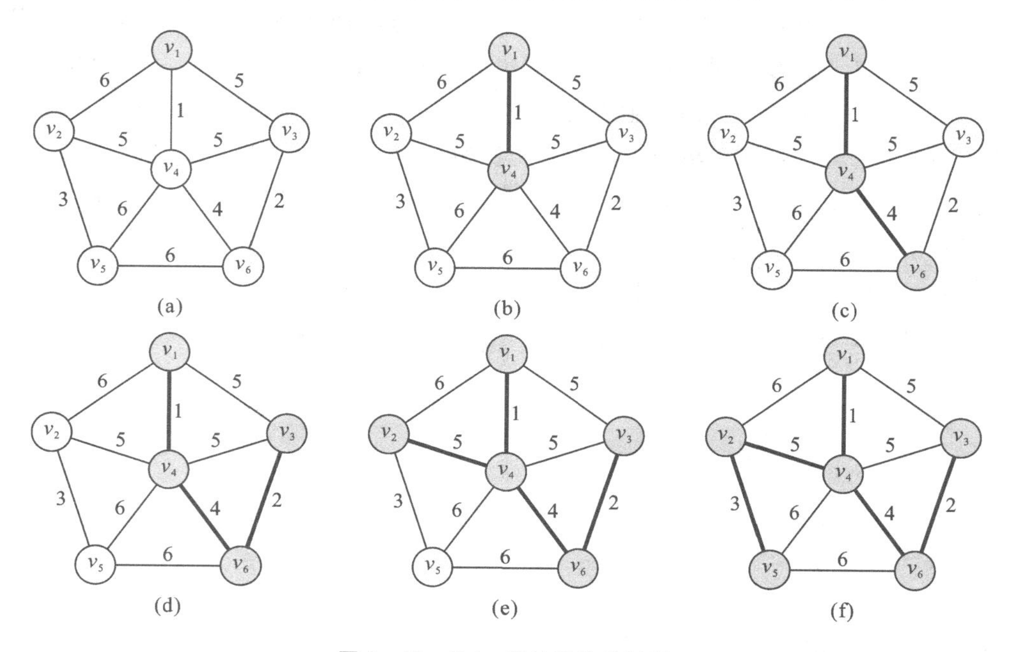

图 7-20 Prim 算法选边的过程

假设图 7-20(a)的网所对应的最小生成树为 T，任选某点作为起始点，如 v_1，将其放入 T，选出与 v_1 相关联的最小边(v_1, v_4)作为最小生成树的的一部分放入 T，如图 7-20(b)所示。这时 T 中已有 2 个顶点，与这两个顶点关联的所有边中选最小值(v_4, v_6)放入 T，T 中含有 3 个顶点，如图 7-20(c)所示。选出与 v_1、v_4 和 v_6 关联的最小边(v_6, v_3)放入 T，T 中含有 4 个顶点，如图 7-20(d)所示。选出与 T 中 4 个顶点关联的最小边，权值为 5 的有 3 条边。但是其中 2 条都不能选。因为边(v_1, v_3)和(v_3, v_4)的顶点已经在 T 中，如果选择了其中一条边，都会马上产生环路。所以选择边(v_4, v_2)放入 T，T 包含 5 个顶点，如图 7-20(e)所示。选出与 T 中 5 个顶点关联的最小边(v_2, v_5)放入 T，T 中含有全部顶点，此时最小生成树已生成，如图 7-20(f)所示。

现将算法叙述如下：

假设 $N=(V,E)$ 是连通网，T_E 是 N 上最小生成树中边的集合。算法从 $U=\{u_0 \mid u_0 \in V\}$，$T_E=\varnothing$ 开始，重复执行下述过程：在所有 $u \in U, v \in V-U$ 的边 $(u,v) \in E$ 中找一条权值最小的边 (u_0,v_0) 并入集合 T_E，同时 v_0 并入 U，直至 $U=V$ 为止。此时 T_E 中必有 $n-1$ 条边(图中顶点数为 n)，则 $T=(V,T_E)$ 为 N 的最小生成树。

显然，算法从空集合出发，逐步加入割边，其每一步都使当前生成的部分保持连通性且没有回路，同时还一定是最小生成树的一部分。每次选择最小的割边体现出了算法“贪婪”的特性。

由于在算法执行过程中，需要不断读取任意两个顶点之间边的权值，所以，此算法中图采用邻接矩阵存储。最短边类型定义如下：

```
typedef struct{
    VertexType  adjvex;    // 最短边在 U 集中那一端的顶点序号
    EdgeType mincost;      // 最短边权值
}minEdge;
```

设置候选最短边集 minEdge[MaxVertexNum]。minEdge[i]记录在 $V-U$ 集合中顶点 i 与集合 U 中各顶点之间最短边的权值，以及最短边的另一个顶点(在集合 U 中)。

设集合 $V-U$ 中顶点 v_k 到 U 中邻接顶点的最短边为 (v_k,v_i)，其权值为 w，则

$$\text{minEdge[k].mincost}=w,\ \text{minEdge[k].adjvex}=i$$

将顶点 v_k 从集合 $V-U$ 并入集合 U 中后，进行如下更新：

$$\text{minEdge[k].mincost}=\min\{\text{edges[k][j]},\text{minEdge[j].mincost} \mid v_j \in V-U\}$$

当 edges[k][j]<minEdge[j].mincost 时，minEdge[j].adjvex=k；否则，edges[k][j]值不调整。

Prim 算法的 C 语言描述如下：

```
int getMinEdge(MinEdge minEdge[],int n){  //求候选最短边集中的最短边
    int i,k;
    int mincost=INFINITY;
    k=0;
    for(i=1;i<n;i++)
        if(minEdge[i].mincost ! =0  && minEdge[i].mincost<mincost){
            mincost = minEdge[i].mincost;
            k = i;
        }
    return k;
}
void prim(MGraph *G){
    int i,j,k;
```

```
    MinEdge minEdge[MaxVertexNum];
    for(i=1;i<G->n;i++){                        //初始化
        minEdge[i].mincost=G->edges[0][i];
        minEdge[i].adjvex=0;
    }
    minEdge[0].mincost=0;                       //顶点0加入集合U
    for(i=1;i<G->n;i++){
        k=getMinEdge(minEdge,G->n);
        printf("(%d,%d)=%d",k,minEdge[k].adjvex,minEdge[k].mincost);
        minEdge[k].mincost=0;                   //顶点k加入集合U
        for(j=1; j<G->n; j++)
            if(G->edges[k][j]<minEdge[j].mincost){
                minEdge[j].mincost=G->edges[k][j];
                minEdge[j].adjvex=k;
            }
    }
}
```

对于 n 个顶点和 e 条边的连通网来说，上述算法初始化执行 $n-1$ 次，第二个循环要执行 $n-1$轮，每一轮中执行 2 个循环，getMinEdge 函数中的循环需要执行 $n-1$ 次，调整数组 minEdge[]值的循环需要执行 $n-1$ 次。故 Prim 算法的时间复杂度为 $O(n^2)$，与网中的边数无关，适用于求稠密网的最小生成树。

7.5 最短路径

7.5.1 从一个顶点到其余各顶点的最短路径——迪杰斯特拉(Dijkstra)算法

在生活中，会经常遇到求一个地方到其他地方的最短距离问题。例如，西安有一家公司，向全国各大城市发送货品。为了降低运输费用，快递公司需要知道西安到各大城市最短的行车路线和最短距离。类似的问题还有很多。图是描述这类问题的有效工具。在图论中，这类问题可描述为：给定带权有向图 G 和源点 v，求从 v 到 G 中其余各顶点的最短路径。或者说，从给定源点 v 出发，寻找到其他任意一个顶点的最短路径。

需要说明的是，带权有向图是网。在网和非网图中，最短路径的含义是不同的。在非网图中，最短路径是指两个顶点之间经过的边数最少的路径。在网中，最短路径是指两个顶点之间经过的边上权值之和最小的路径，并称路径上第一个顶点为源点，最后一个顶点为终点。

如图 7－21 所示为给定带权有向图 G 和源点 1，图 7－22 给出了从源点 1 到 G 中其余各顶点的最短路径和长度。从图中可以看出，顶点 1 到顶点 3 有一条路径，长度为 2；顶点 1 到顶点 4 有两条路径分别是(1,3,4)和(1,2,4)，前者长度为 3，后者长度为 8，因此，(1,3,4)是最短路径；顶点 1 到顶点 2 有一条路径，长度为 4；顶点 1 到顶点 5 有三条路径，分别是(1,3,4,5)、(1,2,4,5)和(1,5)，长度分别是 8、13 和 8。因此，(1,3,4,5)和(1,5)都是最短路径。

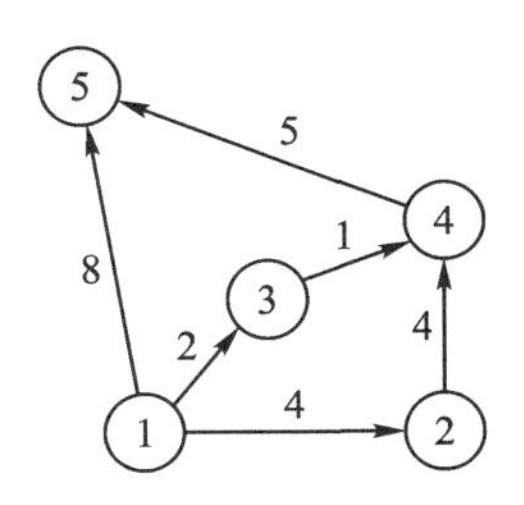

图 7－21　一个带权有向图 G

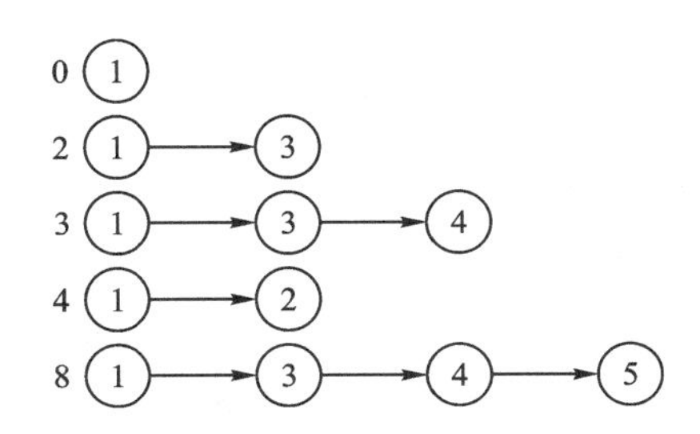

图 7－22　从顶点 1 到各顶点的最短路径和长度

同时还可以看出，从源点 1 出发，在直接到达的顶点范围里，到顶点 3 的路径最短；在经过一个顶点两步可到达的顶点范围里，到顶点 4 的是最短路径；在经过两个顶点三步可到达的顶点范围里，到顶点 2 的路径最短；其次，到顶点 5 的路径最短。如果按产生最短路径的先后次序排列，这些最短路径是按路径长度递增排列的。

如何求得这些最短路径？Dijkstra 提出了一个按路径长度递增的次序产生最短路径的算法。这是一个贪婪算法，可以分步生成最短路径，每一步产生到一个顶点的最短路径。

首先引入一个数组 dist，dist[i]表示当前所能找到的从源点 v 到顶点 v_i 的最短路径长度。它的初始值是从源点 v 到顶点 v_i 有向边的权值，如果没有有向边，权值为无穷大。

第一步，按照贪婪的思想，从 dist 数组中(不含 dist[1]即源点)找最小值，就产生了到一个顶点的最短路径。假设 dist[k]最小，则 (v,v_k) 为从源点 v 到顶点 v_k 的最短路径。

修改 dist[i]的值。执行了第一步后，从源点 v 到顶点 v_i 可能有 2 条路径：(v,v_k,v_i) 和 (v,v_i)，二者中较小的路径长度即为当前所能找到的从源点 v 到顶点 v_i 的最短路径长度。

第二步，依然按照贪婪的思想，从 dist 数组中(不含 dist[1]和 dist[k])找最小值(也就是从还没有产生最短路径的顶点中寻找最短路径)，就产生了到下一个顶点的最短路径，并修改 dist[i]的值。

以此类推，每进行一步，产生到一个顶点的最短路径。直至产生源点到所有顶点的最短路径。如果是具有 n 个顶点的有向图，则总共需要进行 $n-1$ 步。

一般情况下，若从源点 v 到某个顶点 v_i 的最短路径是 $(v,\cdots,v_a,\cdots,v_k,v_i)$，也就是说在源点 v 到 v_i 的最短路径上，顶点 v_i 的前面一个顶点是 v_k，那么其中的 $(v,\cdots,v_a,\cdots,v_k)$ 一定是源点 v 到 v_k 的最短路径。

这个问题可以用反证法来证明。假设 $(v,\cdots,v_a,\cdots,v_k,v_i)$ 是源点 v 到某个顶点 v_i 的最短路径，但 $(v,\cdots,v_a,\cdots,v_k)$ 不是源点 v 到 v_k 的最短路径。由于 $(v,\cdots,v_a,\cdots,v_k)$ 不是源点 v 到

v_k 的最短路径，设源点 v 到 v_k 的最短路径为$(v,\cdots,v_b,\cdots,v_k)$，则$(v,\cdots,v_b,\cdots,v_k,v_i)$是一条比$(v,\cdots,v_a,\cdots,v_k,v_i)$更短的新路径，与前面的假设矛盾，问题得证。

根据上面论述，可以使用 path[i]存放源点 v 到顶点 v_i 的最短路径上顶点 v_i 的前一个顶点编号，其中源点 v 是默认的。例如，从源点 1 到顶点 5 的最短路径是(1,3,4,5)，则最短路径表示为path[5]=4，path[4]=3，path[3]=1。当 path 求出后，通过反推求出从源点 v 到每一个顶点的最短路径。

下面介绍最短路径数据结构的设计。

图的存储结构：因为在该算法执行过程中，需要快速地求得任意两个顶点之间边上的权值，所以，图采用邻接矩阵存储。

数组 s[n]：存放源点和已经产生最短路径的顶点，可称为集合 S，初态为只有一个源点 v。为了与还没有产生最短路径的顶点相区别，s[i]=1 表明顶点 v_i 已经产生最短路径，s[i]=−1 表明顶点 v_i 还没有产生最短路径。

数组 dist[n]：元素 dist[i]表示从源点 v 到顶点 v_i的当前最短路径长度。若从源点 v 到顶点 v_i有弧，则 dist[i]为弧上的权值，否则 dist[i]为无穷大。

若当前产生最短路径的顶点为 v_k，则根据下式进行迭代。

$$\text{dist}[i] = \min\{\text{dist}[i], \text{dist}[k] + \text{arc}[k][i]\} \quad (1 \leqslant i \leqslant n)$$

若 dist[k]+arc[k][i]<dist[i]，说明$(v,\cdots,v_a,\cdots,v_k,v_i)$是当前的最短路径，修改 path[i]=k；否则，不修改 path[i]。

Dijkstra 算法用伪代码描述如下：

```
1 初始化数组 dist、s、path。
2 循环执行 n—1 步(次)：
    2.1 在 dist 中求最小值，其下标为 k；
    2.2 修改数组 dist，并修改 path。
3 输出最短路径。
```

Dijkstra 算法的 C 语言描述扫描右侧二维码可得。

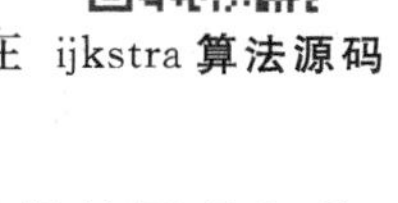
ijkstra 算法源码

算法分析：算法第一个 for 循环的时间复杂度是 $O(n)$；第二个 for 循环共进行 $n-1$ 次，每次执行时间是 $O(n)$。所以，总的时间复杂度是 $O(n^2)$。如果用带权邻接表作为有向图存储结构，则虽然修改 dist[j]时间可以减少，但由于在 dist 中，选择最小 dist[k]的时间不变，所以总的时间复杂度仍为 $O(n^2)$。

如果只希望找到从源点到某一特定的顶点的最短距离，从上面求的最短路径的原理来看，这个问题和求源点到其他所有顶点的最短路径一样复杂，其时间复杂度也是 $O(n^2)$。

下面对图 7－23 所示有向无环网 G 及其邻接矩阵使用 Dijkstra 算法，手工求出从 v_0 到其他各顶点的最短路径。体验 Dijkstra 算法执行过程，如图 7－24 所示。

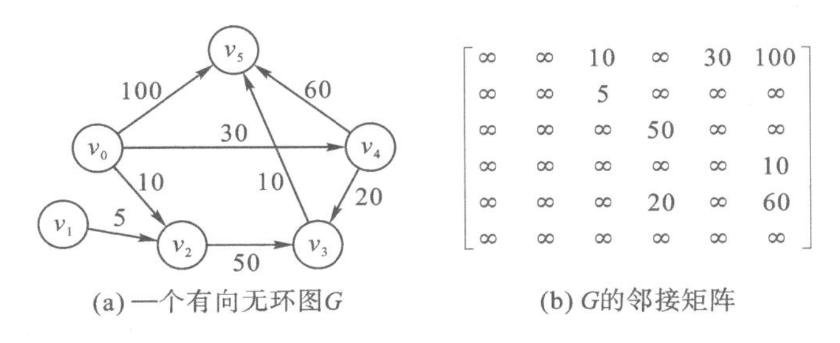

(a) 一个有向无环图G　　(b) G的邻接矩阵

图 7－23　一个有向无环网 G 及其邻接矩阵

顶点	从 v_0 到其他各顶点的 dist[i]值				
	$i=1$	$i=2$	$i=3$	$i=4$	$i=5$
v_1	∞	∞	∞	∞	∞
v_2	10(v_0,v_2)				
v_3	∞	60(v_0,v_2,v_3)	50(v_0,v_4,v_3)		
v_4	30(v_0,v_4)	30(v_0,v_4)			
v_5	100(v_0,v_5)	100(v_0,v_5)	90(v_0,v_4,v_5)	60(v_0,v_4,v_3,v_5)	
v_k	v_2	v_4	v_3		
最短路径	(v_0,v_2)	(v_0,v_2,v_4)	(v_0,v_2,v_4,v_3)	(v_0,v_2,v_4,v_3,v_5)	

图 7－24　使用 Dijkstra 算法求解各顶点最短路径的过程示意图

7.5.2　每对顶点之间的最短路径——弗洛伊德(Floyd)算法

问题描述:给定带权有向图 $G=(V, E)$,对任意顶点 $v_i,v_j\in V(i\neq j)$,求顶点 v_i到顶点 v_j的最短路径。

解决这个问题有以下两种方法:

(1)每次以一个顶点为源点,调用 Dijkstra 算法 n 次。显然,时间复杂度为 $O(n^3)$。

(2)Floyd 提出的求每一对顶点之间的最短路径算法,其时间复杂度也是 $O(n^3)$,但形式上要简单些。

Floyd 算法仍然从图的带权邻接矩阵出发,其基本思想:求从 v_i到 v_j的最短路径,假设从 v_i到 v_j的弧是当前最短路径。如果从 v_i到 v_j没有弧,则将其弧上权值看成∞。由于该路径不一定是最短路径,需要进行 n 次试探:

(1)考虑路径(v_i,v_0,v_j)是否存在,如果存在,则比较(v_i,v_j)和(v_i,v_0,v_j)的路径长度,取长度较短者作为从 v_i到 v_j的中间顶点的序号不大于 0 的最短路径。

(2)在路径上再增加一个顶点 v_1,因为(v_i,…,v_1),(v_1,…,v_j)分别是中间顶点的序号不大于 0 的最短路径,则将(v_i,…,v_1,…,v_j)和已经得到的从 v_i到 v_j中间顶点的序号不大于 0 的最短路径相比较，取长度较短者作为从 v_i 到 v_j 的中间顶点的序号不大于 1 的最短路径。

（3）一般情况下，在路径上再增加一个顶点 v_k，因为 $(v_i,\cdots,v_k)$，$(v_k,\cdots,v_j)$ 分别是中间顶点的序号不大于 $k-1$ 的最短路径，则将 $(v_i,\cdots,v_k,\cdots,v_j)$ 和已经得到的从 v_i 到 v_j 中间顶点的序号不大于 $k-1$ 的最短路径相比较，取长度较短者作为从 v_i 到 v_j 的中间顶点的序号不大于 k 的最短路径。

（4）依此类推，在经过 n 次迭代后，最后求得的必是从顶点 v_i 到顶点 v_j 的最短路径。

下面介绍该算法的数据结构设计。

（1）图的存储结构：因为在算法执行过程中，需要快速地求得任意两个顶点之间边上的权值，所以，图采用邻接矩阵存储。

（2）数组 dist[n][n]：存放从顶点 v_i 到顶点 v_j 的最短路径长度。

初始化：图的邻接矩阵，即 dist_{-1}[i][j]=edges[i][j]，表示初始的顶点 v_i 到顶点 v_j 中间不经过其他中间点的最短路径。

迭代：设 dist_{k-1}[i][j]已求出，如何得到 dist_k[i][j]$(0\leqslant k\leqslant n-1)$是该算法的关键，也是该算法中动态规划的主要思想，由 Floyd 算法基本思想可得：

$$\text{dist}_k[i][j]=\min\{\text{dist}_{k-1}[i][j],\ \text{dist}_{k-1}[i][k]+\text{dist}_{k-1}[k][j]\},0\leqslant k\leqslant n-1$$

从上述计算公式可见，dist_1[i][j]是从 v_i 到 v_j 的中间顶点的序号不大于 1 的最短路径的长度；dist_k[i][j]是从 v_i 到 v_j 的中间顶点的序号不大于 k 的最短路径的长度；dist_{n-1}[i][j]就是从 v_i 到 v_j 的最短路径的长度。

（3）数组 path[n][n]：存放在迭代过程中从顶点 v_i 到顶点 v_j 的最短路径。

初始化为 path[i][j]=i，在迭代过程中，设在路径上增加顶点 v_k，若最短路径发生变化，则根据下式进行替换：

$$\text{path}[i][j]=\text{path}[i][k]+\text{path}[k][j]$$

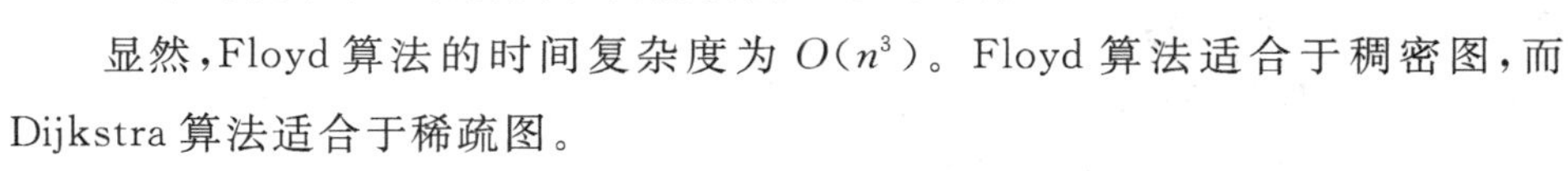

Floyd 算法的 C 语言实现扫描右侧二维码可得。

显然，Floyd 算法的时间复杂度为 $O(n^3)$。Floyd 算法适合于稠密图，而 Dijkstra 算法适合于稀疏图。

Floyd 算法源码

图 7-25 给出了一个简单的有向网及其邻接矩阵，使用 Floyd 算法求该有向网中每对顶点之间的最短路径，算法执行过程中数组 dist 和数组 path 的变化情况如图 7-26 所示。

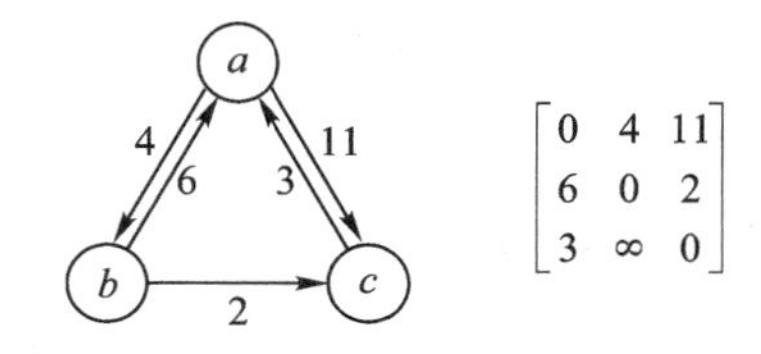

图 7-25　一个有向网 G 及其邻接矩阵

$$\text{dist}_{-1}:\begin{bmatrix}0&4&11\\6&0&2\\3&\infty&0\end{bmatrix}\quad \text{dist}_{0}:\begin{bmatrix}0&4&11\\6&0&2\\3&7&0\end{bmatrix}\quad \text{dist}_{1}:\begin{bmatrix}0&4&6\\6&0&2\\3&7&0\end{bmatrix}\quad \text{dist}_{2}:\begin{bmatrix}0&4&6\\5&0&2\\3&7&0\end{bmatrix}$$

$$\text{path}_{-1}:\begin{bmatrix}&ab&ac\\ba&&bc\\ca&&\end{bmatrix}\quad \text{path}_{0}:\begin{bmatrix}&ab&ac\\ba&&bc\\ca&cab&\end{bmatrix}\quad \text{path}_{1}:\begin{bmatrix}&ab&abc\\ba&&bc\\ca&cab&\end{bmatrix}\quad \text{path}_{2}:\begin{bmatrix}&ab&abc\\bca&&bc\\ca&cab&\end{bmatrix}$$

图 7－26　Floyd 算法过程中数组 dist 和数组 path 的变化情况示意图

7.6　AOV 网与拓扑排序

7.6.1　AOV 网

一个无环的有向图称为有向无环图(directed acyclic graph)，简称 DAG 图。有向无环图是描述一项工程或系统进行过程的有效工具。

通常，人们把计划、施工过程、生产流程、软件开发等都当成一个工程。除最简单的情况外，几乎所有的工程都可以分解为若干个称作活动的子工程。而这些活动之间通常受一定条件的约束，如其中某些活动必须在另外一些活动完成之后才能开始。

在一个表示工程的有向图中，用顶点表示活动，用有向边表示活动之间的优先关系，这样的有向图称为顶点表示活动的网，简称 AOV 网(activity on vertex network)。在 AOV 网中，若从顶点 i 到顶点 j 有一条有向路径，则 i 是 j 的前驱，j 是 i 的后继。若$<i,j>$是网中一条边，则 i 是 j 的的直接前驱，j 是 i 的直接后继。

AOV 网中的边表示活动之间存在着制约关系。例如，电子信息工程专业的学生必须完成一系列规定的基础课和专业课才能毕业。学生按照怎样的顺序来学习这些课程？这个问题可以被看作是一个大的工程，其活动就是学习每一门课程，课程之间存在着先修关系，如表 7－1 所示。这种制约关系可以用 AOV 网来表示，如图 7－27 所示。

表 7－1　电子信息工程的课程

课程编号	课程名称	先修课程
c_1	高等数学	无
c_2	大学物理	无
c_3	工程数学	c_1
c_4	电路分析	c_1、c_2
c_5	模拟电子技术	c_3、c_4
c_6	数字电路与逻辑设计	c_2、c_4
c_7	电子系统设计	c_4、c_5、c_6

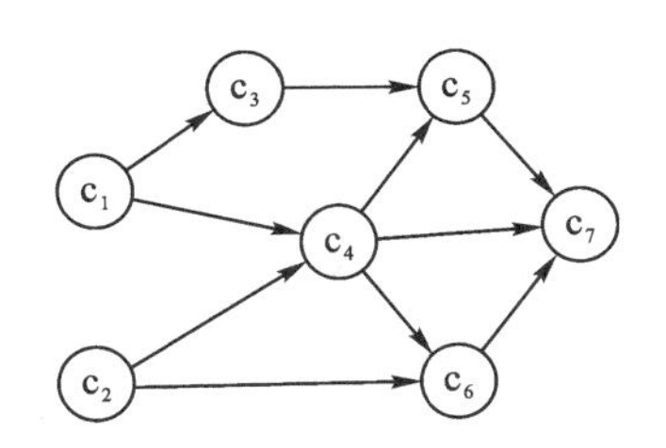

图 7－27　电子信息工程课程的 AOV 网

AOV 网特点：

(1)AOV 网中的边表示活动之间存在的某种制约关系。

(2)AOV 网中不能出现有向环。因为存在环意味着某项活动应以自己为先决条件，显然，这是荒谬的。

因此，对给定的有向图，应首先判断图中是否存在环。

一个有向无环图的所有顶点，可以排成一个线性序列，当这个线性序列满足以下条件时，称该序列是一个拓扑序列。

(1)图中每个顶点在序列中只出现一次。

(2)对图中任意一条有向边＜u,v＞，在该序列中顶点 u 一定位于顶点 v 之前。

检测有向图是否存在环的办法：对有向图构造其顶点的拓扑序列，若网中所有顶点都在它的拓扑序列中，则该有向图必为 AOV 网。

显然，一个 AOV 网的拓扑序列可能不唯一，例如图 7-27 所示的拓扑序列有 $c_1c_2c_4c_3c_5c_6c_7$、$c_1c_3c_2c_4c_5c_6c_7$ 等。

7.6.2 拓扑排序算法

拓扑排序：对一个有向图构造拓扑序列的过程称为拓扑排序。

对有向图进行拓扑排序的方法：

(1)从有向图中选择一个没有前驱的顶点并且输出；

(2)从有向图中删去该顶点，并且删去所有以该顶点为尾的弧；

(3)重复上述两步，直到全部顶点都被输出，或有向图中不存在没有前驱的顶点。

拓扑排序的结果有两种：

(1)有向图中全部顶点都被输出，则有向图中不存在环。例如图 7-27 所示的拓扑序列 $c_1c_2c_3c_4c_5c_6c_7$。

(2)有向图中顶点没有被全部输出，则有向图中存在环。例如图 7-28 所示的拓扑序列 $c_1c_2c_3$，说明有向图中存在环。为了实现拓扑排序，首先设计图的存储结构。因为在拓扑排序过程中，需要删除所有某个顶点为尾的弧，就包括两个操作：

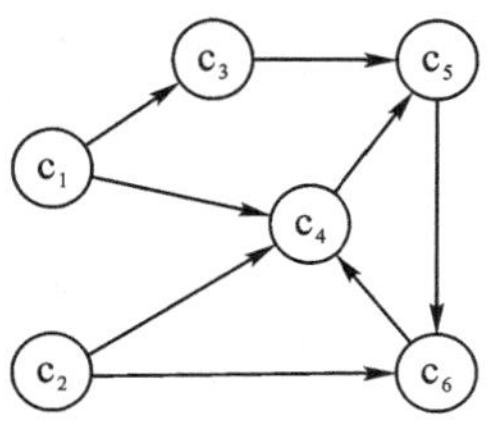

(1)需要找出所有以该顶点为尾的弧，所以图采取邻接表存储。

(2)删除所有以该顶点为尾的弧，在邻接表中对应的操作是将该顶点所有邻接点的入度减 1。

图 7-28　有环的有向图

在 AOV 网中，没有前驱的顶点意味着该顶点的入度为 0，所以需要在邻接表中查找入度为 0 的顶点。然而，在图的邻接表中对顶点入度的操作不方便，所以在顶点表中增加一个入度域。顶点表的结构如图 7-29 所示。

in	vertex	firstedge

图 7－29　顶点表的结构

其中，vertex 域和 firstedge 域作用与图的邻接表存储相同，in 域存储该顶点的入度。

算法需要多次查找没有前驱的顶点，为了避免每次查找时都去遍历顶点表，可设置一个栈。

入栈：凡是 AOV 网中入度为 0 的顶点都将其入栈；

出栈：输出没有前驱的顶点，只需将栈顶元素出栈即可。

拓扑排序算法的伪代码如下：

```
1 栈 S 初始化，累加器 count 初始化。
2 扫描顶点表，将没有前驱的顶点入栈。
3 当栈 S 非空时循环：
        3.1 vj＝退出栈顶元素，输出 vj，累加器加 1；
        3.2 将顶点 vj的各个邻接点的入度减 1；
        3.3 将新的入度为 0 的顶点入栈。
4 if (count<vertexNum) 输出有回路信息。
```

拓扑排序算法源码

拓扑排序算法的 C 语言描述扫描右侧二维码可得。

算法分析：一个 n 个顶点 e 条弧的 AOV 网，扫描顶点表将入度为 0 的顶点入栈，其时间复杂度为 $O(n)$。在拓扑排序过程中，若有向图无回路，则每个顶点进一次栈、出一次栈，入度减 1 的操作在 while 语句中共执行 e 次，所以整个算法的时间复杂度为 $O(n+e)$。

7.7　AOE 网与关键路径

7.7.1　AOE 网

在工程管理中，人们最关注的两个问题分别是：工程是否能顺利进行；估算整个工程完成所需要的最短时间和影响工程时间的关键活动。前一个问题可用拓扑排序解决，后一个问题需要找出工程的关键路径，关键路径上的活动所需要的完成时间就是完成工程的最短时间。关键路径通常是所有工程活动中最长的路径。关键路径上的活动如果延期，会直接导致工程延期。

AOE 网(activity on edge network)：用顶点表示事件，有向边表示活动，有向边上的权值表示活动持续时间的有向图。利用 AOV 网表示有向图，可以对活动进行拓扑排序，根据排序结果对工程活动的先后顺序做出安排。

AOE 网中没有入边的顶点称为始点(或源点),其入度为 0;没有出边的顶点称为终点(或汇点),其出度为 0。

图 7-30 给出一个非常简单的 AOE 网。顶点 v_0、v_1、v_2、v_3 分别表示一个事件;有向边 $<v_0,v_1>$、$<v_0,v_2>$、$<v_1,v_2>$、$<v_1,v_3>$、$<v_2,v_3>$ 分别表示一个活动,用 a_0、a_1、a_2、a_3、a_4 表示。

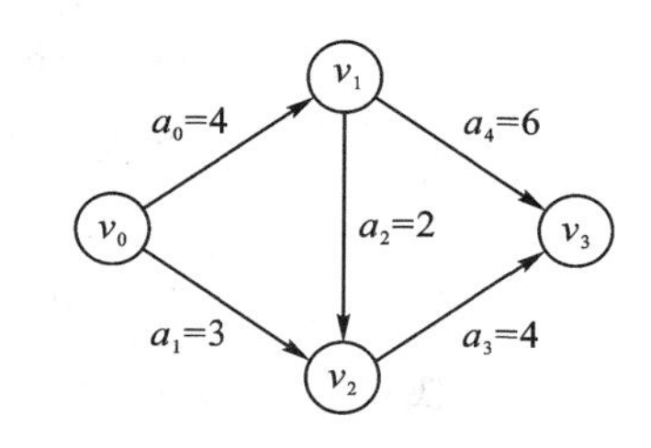

图 7-30 一个简单 AOE 网示例

事件仅代表一种状态,表示某些活动已经结束,另一些活动可以开始。其中,v_0 为始点,代表整个工程开始;v_1 表示活动 a_0 已经完成,活动 a_2 和 a_4 可以开始;v_2 表示活动 a_1 和 a_2 已经完成,活动 a_3 可以开始;v_3 为终点,表示活动 a_3 和 a_4 已经完成,整个工程结束。

AOE 网具有以下两个性质:

(1)只有在进入某顶点的各活动都已经结束,该顶点所代表的事件才能发生;

(2)只有在某顶点所代表的事件发生后,从该顶点出发的各活动才能开始。

AOE 网研究的问题:

(1)完成整个工程至少需要多少时间;

(2)哪些活动是影响工程的关键。

7.7.2 关键路径算法

1. 什么是关键路径

工程中一个活动何时开始依赖于其前期活动何时结束,只有所有的前期活动都结束后,这个活动才可以开始。前期活动都结束的时间就是这个活动的最早开始时间。与此同时,在不影响工期完工的前提下,有些活动的开始时间存在一些余量。在时间余量允许的范围之内,推迟一段时间开始活动也不会影响工程的最终完成时间。活动的最早开始时间加上这个时间余量就是活动的最晚开始时间。活动不能在最早开始时间之前开始,但也不能在最晚开始时间之后开始,否则会导致工期延误。

如果一个活动的时间余量为 0,即该活动的最早开始时间和最晚开始时间相同,则这个活动就是关键活动。由这些关键活动串起来的一条工程活动路径就是关键路径。根据关键路径的定义,一个工程段的关键路径可能不止一条。我们常说的关键路径是指工程时间最长的那条路径。

为了准确描述 AOE 网的上述概念,引入以下术语。

关键路径:AOE 网中从源点到终点的最长路径。

关键活动:关键路径上的活动。不按期完成关键活动就会影响整个工程的进度,换言之,要缩短整个工期,必须加快关键活动的进度。

例如在图 7－30 所示的 AOE 网中，整个工程的最短工期是最大路径长度 10，而不是最短路径长度 7。活动 a_0、a_2、a_3、a_4 是关键活动，如果活动 a_0 不能按期完成，就会影响整个工期，而缩短活动 a_1 的时间，不能缩短整个工期。

可见，想要找出关键路径，必须首先找出关键活动。为了在 AOE 网中找出关键路径，需要定义如下几个参量。

(1)事件 v_k 的最早发生时间 ve[k]：事件 v_k 的最早发生时间；

(2)事件 v_k 的最迟发生时间 vl[k]：在不推迟整个工期的前提下，事件 v_k 允许的最晚发生时间；

(3)活动 a_i 的最早开始时间 ae[i]：活动 a_i 能够开始的最早时间；

(4)活动 a_i 的最迟开始时间 al[i]：在不推迟整个工期的前提下，活动 a_i 必须开始的最晚时间。

然后，计算各个活动时间余量 al[i]－ae[i]，时间余量为 0 者即为关键活动。关键活动确定之后，关键活动所在的路径就是关键路径。

2. 计算参量

从上述分析可知，确定一个活动是否为关键活动，首先要计算活动的最早开始时间和最迟开始时间。

(1)事件 v_k 的最早发生时间 ve[k]。

ve[k]是指从始点开始到顶点 v_k 的最大路径长度。这个长度决定了所有从顶点 v_k 发出的活动能够开工的最早时间。根据 AOE 网的性质，只有进入 v_k 的所有活动 $<v_j, v_k>$ 都结束时，v_k 代表的事件才能发生；而活动 $<v_j, v_k>$ 的最早结束时间为 ve[j]＋len$<v_j, v_k>$。所以，计算 v_k 最早发生时间的方法如下：

$$\begin{cases} ve[0]=0 \\ ve[k]=\max\{ve[j]+len<v_j, v_k>\}\ (<v_j, v_k>\in p[k]) \end{cases}$$

其中，p[k]表示所有到达 v_k 的有向边集合；len$<v_j, v_k>$ 为有向边 $<v_j, v_k>$ 上的权值。

例如，在图 7－30 所示的 AOE 网中：

事件 v_0 的最早发生时间 ve[0]＝0；

事件 v_1 的最早发生时间 ve[1]＝max{ve[0]＋a_0}＝{0＋4}＝4；

事件 v_2 的最早发生时间 ve[2]＝max{ve[0]＋a_1，ve[1]＋a_2}＝{0＋3，4＋2}＝6；

事件 v_3 的最早发生时间 ve[3]＝max{ve[1]＋a_4，ve[2]＋a_3}＝{4＋6，6＋4}＝10。

(2)事件 v_k 的最迟发生时间 vl[k]。

若有向边 $<v_k, v_j>$ 代表从 v_k 出发的活动，为了不拖延整个工期，事件 v_k 的最迟发生时间必须保证：对于从事件 v_k 出发的所有活动 $<v_k, v_j>$，不推迟 v_j 的最迟时间 vl[j]。计算 vl[k]的方法如下：

$$\begin{cases} vl[n-1]=ve[n-1] \\ vl[k]=\min\{vl[j]-len<v_k-v_j>\}\ <v_k, v_j>\in s[k] \end{cases}$$

其中，s[k]为所有从 v_k 发出的有向边的集合。

在图 7-30 所示的 AOE 网中：

事件 v_3 的最迟发生时间 vl[3] =ve[3] =10；

事件 v_2 的最迟发生时间 vl[2] =min{vl[3]－a_3}={10－4}=6；

事件 v_1 的最迟发生时间 vl[1] =min{vl[3]－a_4，vl[2]－a_2}={10－6，6－2}=4；

事件 v_0 的最迟发生时间 vl[0] =min{vl[2]－a_1，vl[1]－a_0}={6－3，4－4}=0。

注意，计算事件的最早发生时间是按拓扑序列的顺序，而计算事件最迟发生时间是按逆拓扑序列的顺序。

(3)活动 a_i 的最早开始时间 ae[i]。

若活动 a_i 由有向边<v_k，v_j>表示，根据 AOE 网的性质，只有事件 v_k 发生了，活动 a_i 才能开始。也就是说，活动 a_i 的最早开始时间应等于事件 v_k 的最早发生时间，因此有

ae[i]=ve[k]

在图 7-30 所示的 AOE 网中，各个活动的最早开始时间为

ae[0]=ve[0]=0，ae[1]=ve[0]=0，ae[2]=ve[1]=4，

ae[3]=ve[2]=6，ae[4]=ve[1]=4

(4)活动 a_i 的最迟开始时间 al[i]。

若活动 a_i 由有向边<v_k，v_j>表示，则活动 a_i 的最迟开始时间要保证事件 v_k 的最迟发生时间不能拖后，因此有

al[i]=vl[j]－len<v_k，v_j>

在图 7-30 所示的 AOE 网中，各个活动的最早开始时间为

al[0]=vl[1]－a_0=4－4=0，al[1]=vl[2]－a_1=6－3=3，al[2]=vl[2]－a_2=6－2=4，

al[3]=vl[3]－a_3=10－4=6，al[4]=vl[3]－a_1=10－6=4

最后，计算各个活动时间余量 al[i]－ae[i]，可判断出 a_0、a_2、a_3、a_4 是关键活动，可以构成两条关键路径：(v_0，v_1，v_3)和(v_0，v_1，v_2，v_3)。

3. 求关键路径的算法

求关键路径算法的伪代码如下：

1 输入 e 条有向边<j,k>，建立 AOE 网的存储结构。

2 从源点 v_0 出发，令 ve[0]=0，按拓扑序列求其余各顶点的最早发生时间 ve[i](1≤i≤n－1)。如果得到的拓扑排序序列中顶点个数少于网中顶点数 n，则说明网中存在环，算法终止，否则继续。

3 从终点 v_{n-1} 出发，令 vl[n－1]=ve[n－1]，按逆拓扑序列求其余各顶点的最迟发生时间 vl[i](0≤i≤n－2)。

4 根据各顶点的 ve 和 vl 值，求每个活动 a_i 的最早开始时间 ae[i]和最迟开始时间 al[i]。若有 ae[i]=al[i]，则该活动为关键活动。

数据结构设计：顶点结构与 AOV 网相同，边节点增加一个活动时间域 duration。其结构

如图 7－31 所示。

adjvex	duration	next

图 7－31　关键路径算法中边节点结构

其中，adjvex 为邻接点域，duration 为活动时间域，next 为指向下一个邻接点的指针域。

关键路径算法的 C 语言描述扫描右侧二维码可得。

关键路径算法需要注意几个问题：

(1)只有减少关键活动的时间才可能缩短工期；

(2)只有减少所有关键路径上共有的关键活动的时间才能缩短工期；

(3)只有在不改变关键路径的前提下减少关键活动的时间才可能缩短工期。

关键路径算法源码

同步训练与拓展训练

一、同步训练

1. 无向图的生成树是该图的一个极小连通子图。(　　)

A. 正确　　B. 错误

2. Prim 算法采用(　　)作为存储结构。

A. 顺序存储　　B. 链式存储　　C. 邻接矩阵　　D. 邻接表

3. 对于如图 7－32 所示无向连通图：

(1)从 d 点出发，用 Prim 算法构造最小生成树，则最小生成树的代价是(　　)。

A. 15　　B. 17

C. 21　　D. 35

图 7－32　无向连通图示例

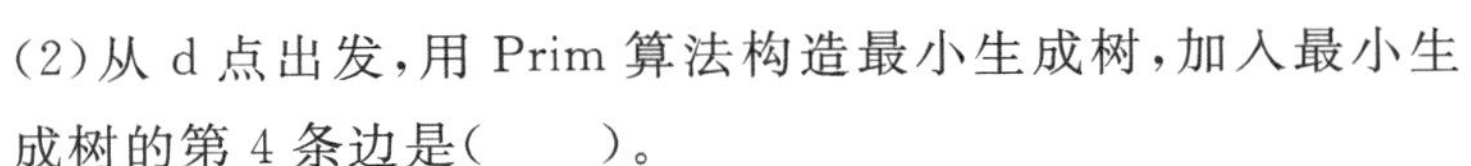

(2)从 d 点出发，用 Prim 算法构造最小生成树，加入最小生成树的第 4 条边是(　　)。

A. (f，e)2　　B. (b，e)3　　C. (f，b)3　　D. (a，b)5

(3)用 Kruskal 算法构造最小生成树，加入最小生成树的第 4 条边是(　　)。

A. (f，e)2　　B. (b，e)3　　C. (f，b)3　　D. (d，f)4

4. 下列关于最小生成树的说法中，正确的是(　　)。

Ⅰ. 最小生成树的代价之和唯一。

Ⅱ. 权值最小的边一定会出现在所有的最小生成树中。

Ⅲ. 用 Prim 算法从不同顶点开始得到的最小生成树一定相同。

Ⅳ. 使用 Prim 和 Kruskal 算法得到的最小生成树总不相同。

A. 仅Ⅰ　　B. 仅Ⅱ　　C. 仅Ⅰ，Ⅲ　　D. 仅Ⅱ，Ⅳ

5. 如果具有 n 个顶点的图是一个环，则它有（　　）棵生成树。

A. 1　　B. $n-1$　　C. n　　D. $2n$

6. 如果一个连通网 G 中各边权值互不相同，权值最小的边一定包含在 G 的（　　）生成树中。

A. 最小　　B. 任何　　C. 广度优先　　D. 深度优先

7. Dijkstra 算法采用（　　）作为存储结构。

A. 边集数组　　B. 多重链表　　C. 邻接矩阵　　D. 邻接表

8. 对于如图 7－33 所示有向图，用 Dijkstra 算法求最短路径，回答下列问题：

（1）从顶点 0 到 2 的最短路径长度是（　　）。

A. 30　　B. 25

C. 23　　D. 54

（2）求得的第 3 条最短路径是（　　）。

A. (0,4)　　B. (0,6,3)

C. (0,4,3)　　D. (0,6,3,5)

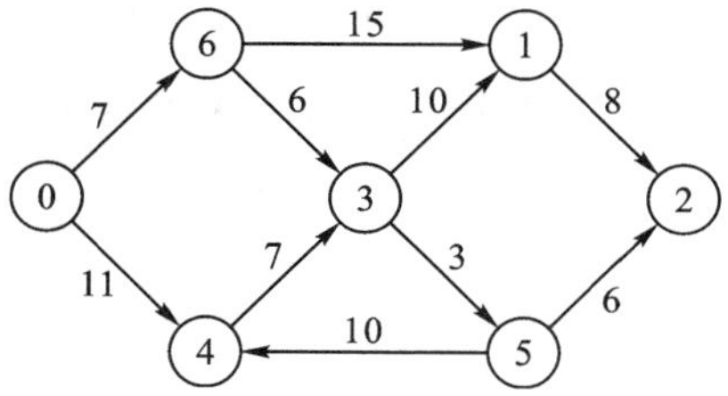

图 7－33　有向图示例

9. Floyd 算法采用（　　）作为存储结构。

A. 邻接矩阵　　B. 邻接表　　C. 边集数组　　D. 多重链表

10. Floyd 算法的时间复杂度是（　　）。

A. $O(n)$　　B. $O(n^2)$　　C. $O(n^3)$　　D. $O(n^4)$

11. Floyd 算法可以求任意两个顶点之间的最短路径。（　　）

A. 正确　　B. 错误

12. 设有向图的邻接矩阵存储如图 7－34(a)所示，使用 Floyd 算法第 2 次迭代结果如图 7－34(b)所示，请在括号中填值。

$$\begin{bmatrix} 0 & 3 & 8 & 9 \\ \infty & 0 & 2 & \infty \\ \infty & \infty & 0 & 6 \\ \infty & 2 & 6 & 0 \end{bmatrix} \qquad \begin{bmatrix} 0 & 3 & (\ ) & (\ ) \\ \infty & 0 & 2 & \infty \\ \infty & \infty & 0 & 6 \\ \infty & 2 & (\ ) & 0 \end{bmatrix}$$

(a) 有向图的邻接矩阵　　(b) Floyd算法第2次迭代结果

图 7－34　有向图的邻接矩阵及迭代结果

13. Dijkstra 算法是（　　）。

A. 按长度递减的顺序求出图的某顶点到其余点的最短路径

B. 按长度递增的顺序求出图的某顶点到其余点的最短路径

C. 通过深度先遍历求出图的某顶点到其余点的所有路径

D. 通过广度先遍历求出图的某顶点到其余点的最短路径

14. 当各边上权重（　　）时，可以使用广度优先搜索算法来解决单源最短路径问题。

A. 都相等　　B. 都不相等　　C. 不一定相等　　D. 都大于 0

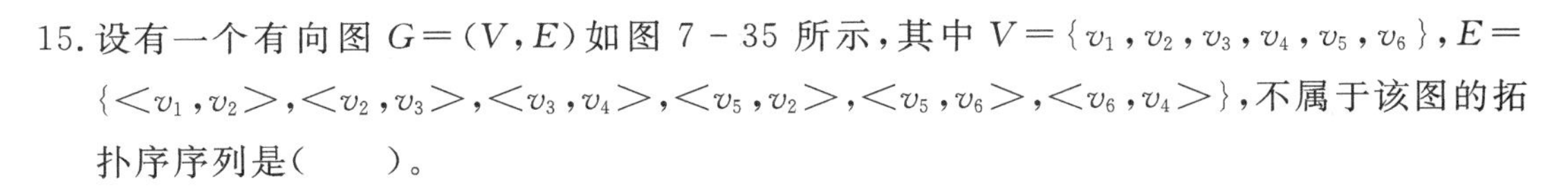

15. 设有一个有向图 $G=(V,E)$ 如图 7－35 所示，其中 $V=\{v_1,v_2,v_3,v_4,v_5,v_6\}$，$E=\{<v_1,v_2>,<v_2,v_3>,<v_3,v_4>,<v_5,v_2>,<v_5,v_6>,<v_6,v_4>\}$，不属于该图的拓扑序列是（　　）。

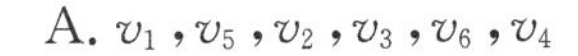

A. v_1,v_5,v_2,v_3,v_6,v_4

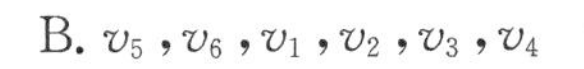

B. v_5,v_6,v_1,v_2,v_3,v_4

C. v_1,v_2,v_3,v_4,v_5,v_6

D. v_5,v_1,v_6,v_2,v_3,v_4

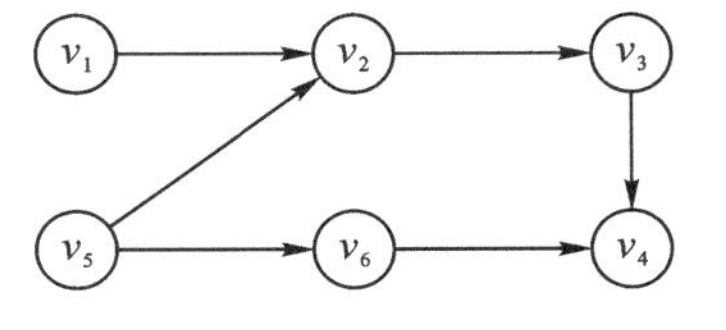

图 7－35　有向图 G 示例

16. 如果一个有向图具有拓扑序列，并且顶点按拓扑序列编号，那么它的邻接矩阵必定为（　　）。

A. 对称矩阵　　B. 三对角矩阵　　C. 上三角形矩阵　　D. 三角形矩阵

17. 若一个有向图中的部分顶点不能通过拓扑排序排到一个拓扑序列里，则可断定该有向图是一个（　　）。

A. 有根有向图

B. 强连通图

C. 含有多个入度为 0 的顶点的图

D. 含有顶点数大于 1 的强连通分量

18. 设有网具有 n 个顶点和 e 条边，如果用邻接表作为它的存储结构，则对该图进行拓扑排序的时间复杂度为（　　）。

A. $O(n)$　　B. $O(n+e)$　　C. $O(n^2)$　　D. $O(ne)$

19. 设有向图具有 n 个顶点和 e 条边，如果用邻接矩阵作为它的存储结构，则对该有向图进行拓扑排序的时间复杂度为（　　）。

A. $O(n\log_2 e)$　　B. $O(n+e)$　　C. $O(ne)$　　D. $O(n^2)$

20. 用深度优先搜索遍历一个有向无环图，并在深度优先搜索算法返回时输出当前顶点，则输出的顶点序列是（　　）的。

A. 拓扑有序　　B. 无序　　C. 逆拓扑有序　　D. 按顶点编号次序

21. 判断一个有向图是否存在回路，除可利用拓扑排序方法外，还可用（　　）。

A. 求关键路径的方法　　B. 求最短路径的 Dijkstra 方法

C. 广度优先遍历算法　　D. 深度优先遍历算法

22. 以下有关拓扑排序的说法中错误的是（　　）。

A. 拓扑排序成功仅限于有向无环图

B. 任何有向无环图的顶点都可以排到拓扑序列中，而且拓扑序列不唯一

C. 在拓扑序列中任意两个相继排列的顶点 v_i 和 v_j，在有向无环图中都存在从 v_i 到 v_j 的路径

D. 若有向图的邻接矩阵中对角线以下元素均为零，则该图的拓扑序列必定存在

23. 在如图 7 - 36 所示的 AOE 网中，关键路径长度为(　　)。

A. 23　　　B. 22　　　C. 16　　　D. 13

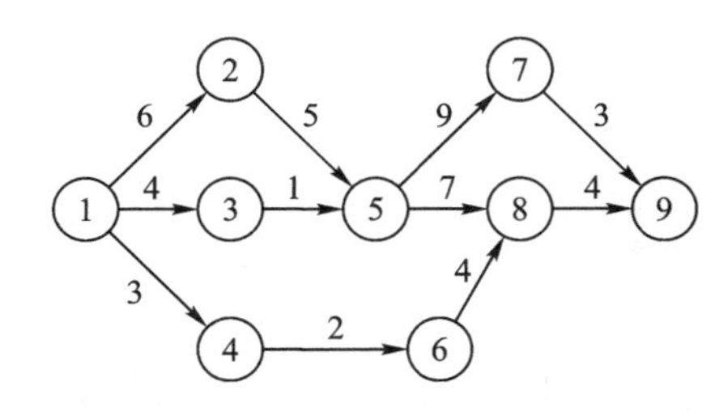

图 7 - 36　AOE 网示例 1

24. AOE 网络必须是(1)，AOE 中某边上的权重应是(2)，权重为零的边表示(　3　)。

(1)A. 完全图　　B. 汉密尔顿图　　C. 无环图　　D. 强连通图

(2)A. 实数　　B. 正整数　　C. 正数　　D. 非负数

(3)A. 为决策而增加的活动　　B. 为计算方便而增加的活动

C. 表示活动间的时间顺序关系　　D. 该活动为关键活动

25. 在下列有关关键路径的说法中错误的是(　　)。

A. 在 AOE 网络中可能存在多条关键路径

B. 关键活动不按期完成就会影响整个工程的完成时间

C. 任何一个关键活动提前完成，那么整个工程将会提前完成

D. 所有的关键活动都提前完成，那么整个工程将会提前完成

26. (2018 年真题)下列选项中不是图 7 - 37 的拓扑序列的是(　　)。

A. 1,5,2,3,6,4　　B. 5,1,2,6,3,4　　C. 5,1,2,3,6,4　　D. 5,2,1,6,3,4

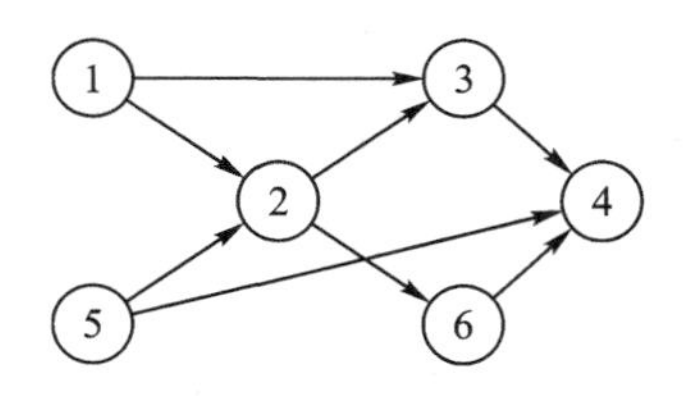

图 7 - 37　求有向图的拓扑序列

27. (2019 年真题)如图 7 - 38 所示的 AOE 网表示一项包含 8 个活动的工程。活动 d 的最早开始时间和最迟开始时间分别是(　　)。

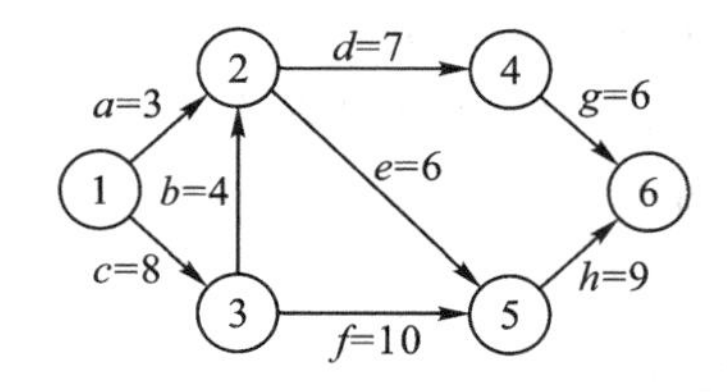

图 7 - 38　包含 8 个活动的 AOE 网

A. 3 和 7　　　　B. 12 和 12　　　　C. 12 和 14　　　　D. 15 和 15

28.（2020 年真题）已知无向图 G 如图 7－39 所示，使用 Kruskal 算法求图 G 的最小生成树，加到最小生成树中的边依次是（　　）。

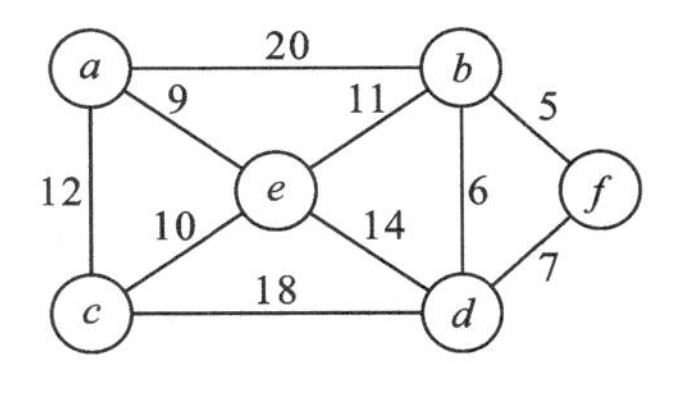

图 7－39　无向图 G

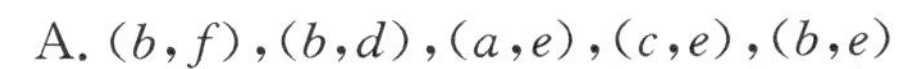
A. $(b,f),(b,d),(a,e),(c,e),(b,e)$

B. $(b,f),(b,d),(b,e),(a,e),(c,e)$

C. $(a,e),(b,e),(c,e),(b,d),(b,f)$

D. $(a,e),(c,e),(b,e),(b,f),(b,d)$

29.（2020 年真题）若使用 AOE 网估算工程进度，则下列叙述中正确的是（　　）。

A. 关键路径是从源点到汇点边数最多的一条路径

B. 关键路径是从源点到汇点路径长度最长的路径

C. 增加任一关键活动的时间不会延长工程的工期

D. 缩短任一关键活动的时间将会缩短工程的工期

二、拓展训练

1. 对于如图 7－40 所示的带权无向图，给出利用 Prim 算法（从顶点 0 开始构造）和 Kruskal 算法构造出的最小生成树的结果，要求结果按构造边的顺序列出。

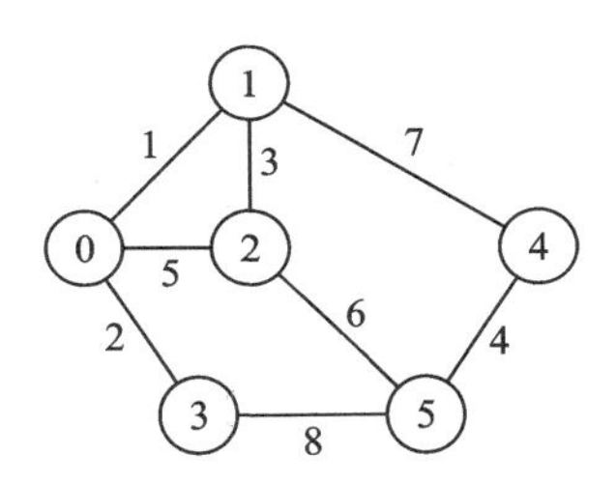

图 7－40　带权无向图

2. 对于一个顶点个数大于 4 的带权无向图，回答以下问题：

(1) 该图的最小生成树一定是唯一的吗？如果所有边的权值都不相同，那么其最小生成树一定是唯一的吗？

(2) 如果该图的最小生成树不是唯一的，那么调用 Prim 算法和 Kruskal 算法构造出的最小生成树一定相同吗？

(3) 如果图中有且仅有两条权最小的边，它们一定出现在该图的所有的最小生成树中吗？简要说明理由。

(4) 如果图中有且仅有 3 条权最小的边，它们一定出现在该图的所有的最小生成树中吗？简要说明理由。

3. 对于如图 7－41 所示的带权有向图，采用 Dijkstra 算法求出从顶点 0 到其他各顶点的最短路径及其长度，要求给出求解过程。

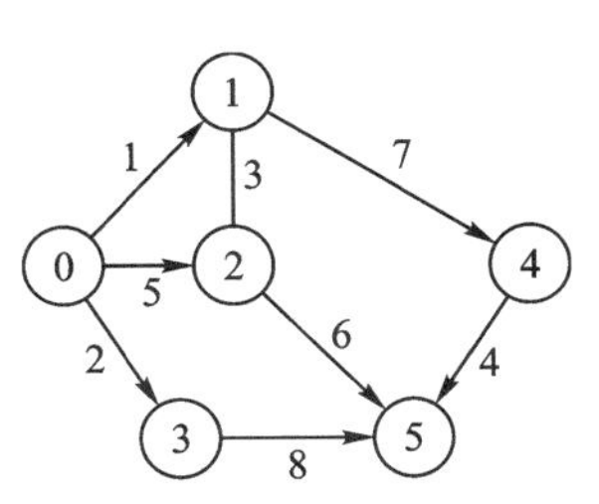

图 7－41　带权有向图

4. 设计一个算法，求解带权有向图的单源最短路径(single - destination shortest path)问题。所谓单源最短路径问题是指在一个带权有向图 G 中求从各个顶点到某一指定顶点 v 的最短路径。
5. 设不带权无向图 G 采用邻接表表示，设计一个算法求源点 i 到其余各顶点的最短路径。
6. 给出如图 7－42 所示的有向图 G 的全部可能的拓扑序列。

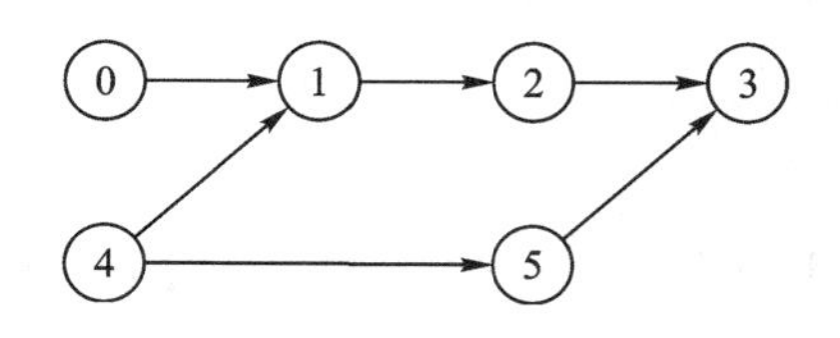

图 7－42　有向图 G

7. 回答以下有关拓扑排序的问题：

(1)给出如图 7－43 所示有向图的所有不同的拓扑序列。

(2)什么样的有向图的拓扑序列是唯一的？

(3)现要对一个有向图的所有顶点重新编号，使所有表示边的非 0 元素集中到邻接矩阵的上三角形部分。根据什么顺序对顶点进行编号可以实现这个功能？

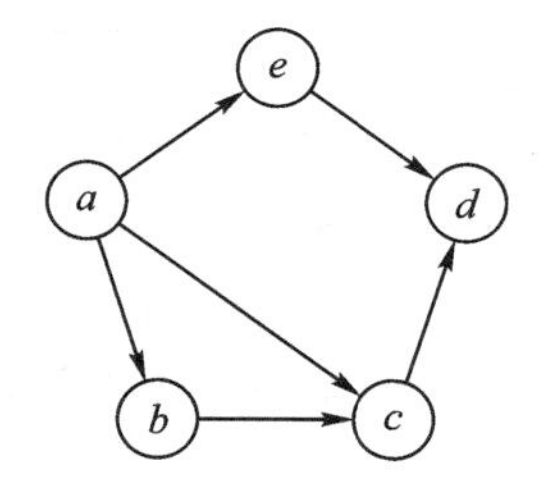

7－43　有向图拓扑排序

8. 已知有 6 个顶点(顶点编号为 0～5)的带权有向图 G，其邻接矩阵 $\mathbf{A}$ 为上三角形矩阵，按行为主序(行优先)保存在如下的一维数组中：

4	6	∞	∞	∞	5	∞	∞	∞	4	3	∞	∞	3	3

要求：

(1)写出图 G 的邻接矩阵。

(2)画出带权有向图 G。

(3)求图 G 的关键路径，并计算该关键路径的长度。

9. 对于图 7－44 所示的 AOE 网，回答下列问题：

(1)这个工程最早可能在什么时间结束？

(2)确定哪些活动是关键活动；画出由所有关键活动构成的图，指出哪些活动加速可使整个工程提前完成。

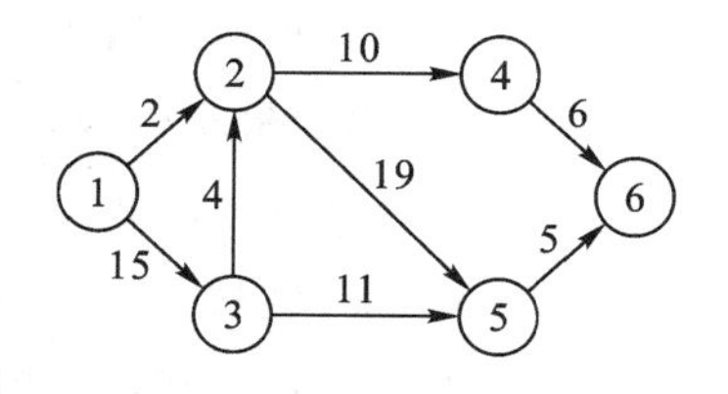

图 7－44　AOE 网示例 2

同步训练与拓展训练
参考答案

7.8 中国邮递员问题

中国邮递员问题是邮递员在某一地区的信件投递路程问题。邮递员每天从邮局出发，走遍该地区所有街道再返回邮局，问题是他应如何安排送信的路线可以使所走的总路程最短。这个问题由中国学者管梅谷教授在1960年首先提出，并给出了解法——“奇偶点图上作业法”。该问题被国际上统称为“中国邮递员问题”，用图论的语言描述，就是给定一个连通图G，每边e有非负权值，要求一条回路经过每条边至少一次，且满足总权值最小。

在当今的物流活动中，经常会遇到这样的问题，例如，每天在大街小巷穿梭的快递员、洒水车、垃圾车、各种零售点的送货车等，都需要解决一个行走的最短路程问题。

中国邮递员问题属于“一笔画”问题，即从某一点开始画画，笔不离纸，各条线路仅画一次，最后回到原来的出发点。它也属于“环游”问题。求解从带权连通图中一个点出发，遍历图中所有点(或边)回到起点的最短路径。其中遍历所有点的最短路径问题通常被叫作旅行商问题(the traveling salesperson problem)，或者“货郎担”问题。这个问题目前还不能在多项式时间内找到精确解，目前大部分的研究都集中在近似解求解算法方面。而遍历所有边的最短路径问题通常被叫作中国邮递员问题。如果邮递员所通过的街道都是单向道，则对应的图应为有向图。1973年，埃德蒙兹(Edmonds)和约翰逊(Johnson)证明中国邮递员问题也有多项式时间算法。帕帕季米特里乌斯(Papadimitrious)在1976年证明，如果既有双向道，又有单向道，则中国邮递员问题是NP困难问题。

把邮递员的投递区域看作一个连通的带权无向图G，其中顶点表示交叉路口，用边表示街道，边的权重表示对应街道的长度，那么解决中国邮递员问题，是在连通带权无向图G中，寻找经过每边至少一次且权和最小的回路。

如果图G是欧拉图，即在图中可以找到一条路径遍历所有的边一次且仅一次并回到起点，则这条回路即为邮递员最优投递路线；如果图G恰有两个奇数度顶点x和y，则存在一条x到y的欧拉路径(遍历图中所有边一次且仅一次的路径)，因此，由这条欧拉路径与x到y最短路相加，即是所求的最优投递路线。若图G不是欧拉图也没有欧拉路径，则图G有多个奇数度的节点，邮递员必定要折返。这时对应的图是一个多重边图，即两个顶点间有多条边(即边数大于1)，求最优投递路线更为困难。中国学者管梅谷教授提出了奇偶点图上作业法求最优路径，其操作步骤如下：

(1)把G中所有奇数度顶点配对，将每对奇数度顶点之间的一条路上的每边改为二重边，得到一个新图G_1，新图G_1中没有奇数度顶点，即G_1为多重欧拉图。

(2)若G_1中每一对顶点之间有多于2条边连接，则去掉其中的偶数条边，直到每一对相邻顶点至多由2条边连接，得到图G_2。

(3)检查G_2的每一个回路C，若C上重复边的权值和超过此圈权值和的一半，则把其中的重边改为单边，单边改为重边。直到所有回路都符合要求，得到图G_3。

(4)G_3 为 G 对应的欧拉回路，即为最优解。

例如，若图 G 如图 7－45(a)所示，首先检查奇数度顶点，有 v_2、v_4、v_5、v_7、v_9、v_{10}，把它们配成三对：v_2 与 v_5，v_4 与 v_7，v_9 与 v_{10}。选择每对顶点间的一条路径，改为重复边，如图 7－45(b)所示。这里我们选择的相应路径为 $v_2v_3v_4v_5$，$v_4v_5v_6v_7$，v_9v_{10}，添加的重复边权值设置与原边一致。此时 v_4 与 v_5 间的边多于两条，可删去偶数条边，最终留下一条边，相应顶点的度仍可保持偶数，如图 7－45(c)所示。

接下来检查并调整回路中的权重问题，调整单边和重复边。本例中我们需要调整的回路可能有四处。

(1)回路 $v_2v_3v_4v_{11}v_2$ 的总权值为 24，重复边的权值和为 14，大于该圈总权值的一半，于是去掉(v_2，v_3)和(v_3，v_4)的重复边，加入(v_2，v_{11})和(v_4，v_{11})的重复边；

(2)回路 $v_5v_6v_7v_{12}v_5$ 的总权值为 25，而重复边权值和为 15，去掉(v_5，v_6)和(v_6，v_7)的重复边，加入(v_5，v_{12})和(v_7，v_{12})的重复边；

(3)回路 $v_4v_5v_{12}v_{11}v_4$ 的总权值为 15，而重复边的权值和为 8，去掉(v_4，v_{11})和(v_5，v_{12})的重复边，加入(v_4，v_5)和(v_{11}，v_{12})的重复边。继续调整；

(4)回路 $v_1v_2v_{11}v_{12}v_7v_8v_9v_{10}v_1$ 的总权值为 36，而重复边的总权值为 20，去掉(v_2，v_{11})、(v_{11}，v_{12})、(v_{12}，v_7)和(v_9，v_{10})的重复边，加入(v_7，v_8)、(v_8，v_9)、(v_{10}，v_1)和(v_1，v_2)的重复边。

图 7－45(d)、(e)和(f)记录了调整的过程和结果。完成调整之后的图即为权值和最小的欧拉图，此时容易找到一条遍历每一条边一次且仅一次并回到起点的回路，此即为邮递员的最佳投递路线。

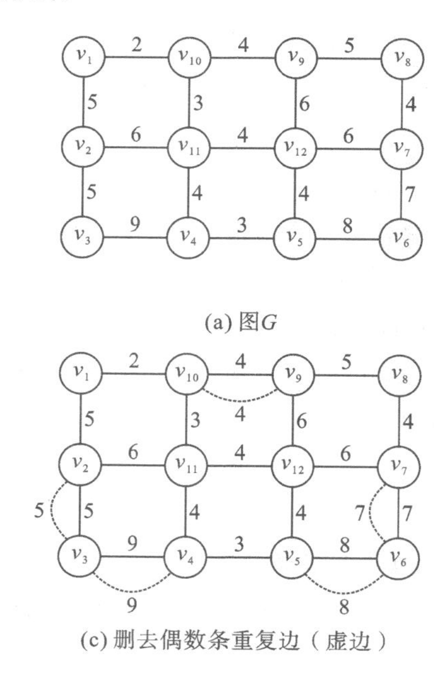

(a) 图G

(c) 删去偶数条重复边（虚边）

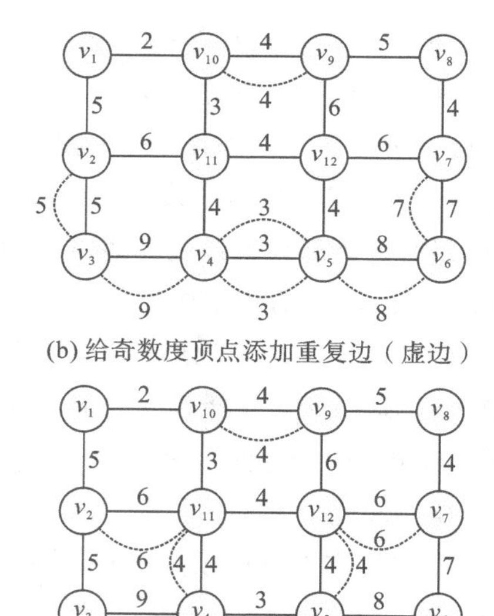

(b) 给奇数度顶点添加重复边（虚边）

(d) 考查回路的权值并调整

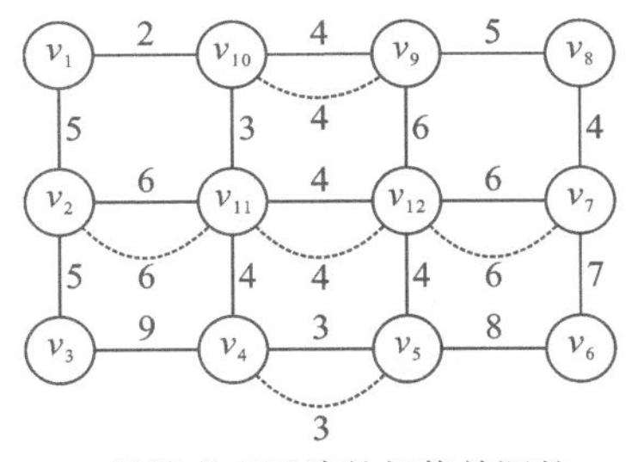

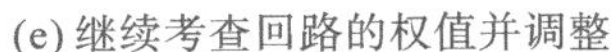

(e) 继续考查回路的权值并调整

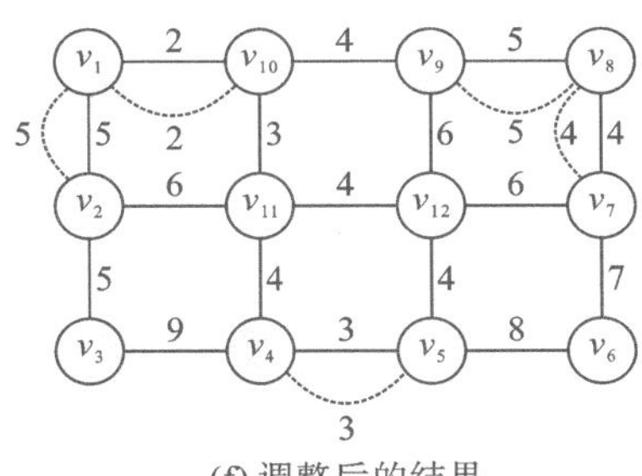

(f) 调整后的结果

图 7－45　奇偶点图上作业法步骤示例

该算法要考察每个回路上重复边权值和不大于该圈总权值和的一半，而在较大的图中，找回路的时间损耗较大，且对是否穷尽所有回路的判定也是比较困难和复杂的。后来有人在管梅谷的算法基础上做了改进。基于奇偶点图上作业法的基本算法，结合前文的最短路径算法，这里给出了求解中国邮递员问题的代码。其中在做奇数度点的匹配时，调用了 Floyd 算法来计算图中指定点间的最短路径，通过穷举、试探、回溯等方法，最终迭代产生中国邮递员问题的最优解。由于本问题中的图涉及多重边，无法直接使用邻接矩阵(因为邻接矩阵无法表达多重边的情况)，因此重新定义了一个二维数组来表示图结构，具体定义和算法实现代码扫描右侧二维码可得。

中国邮递员问题源码

第8章　排　序

8.1　排序的基本概念

排序的主要目的是加速查找,在一个有序的数据集上进行查找,通常比无序的数据集上进行查找要快得多。例如有序表的折半查找,查找效率较高。又如,二叉排序树、B－树和B＋树的构造过程就是一个排序过程。

排序(sorting)是计算机程序设计中的一种重要操作,其功能是将一个数据元素集合或序列重新排列成一个按关键字有序的序列。在排序问题中,通常将数据元素称为记录。

1. 排序的定义

设$\{R_1, R_2, \cdots, R_n\}$是由$n$个记录组成的集合,其相应的排序码是$\{K_1, K_2, \cdots, K_n\}$,所谓排序是将记录按排序码递增(或递减)排列。

排序码可以是主关键字,也可以是次关键字。只要能比较大小的数据项,都可被视为排序码。排序的输入是记录的集合,排序的输出是记录的序列。从操作上讲,可以将排序看作线性结构的一种操作,所以排序所基于的数据结构是线性表。

正序:待排序序列中的记录已按关键字排好序。

逆序(反序):待排序序列中记录的顺序与排好序的顺序相反。

趟:排序过程中,对尚未确定最终位置的所有元素进行一遍处理称为一"趟"。

2. 稳定性

假设$K_i=K_j(1\leqslant i,j \leqslant n,i\neq j)$,且在排序前的序列中$R_i$领先于$R_j$(即$i<j$),若在排序后的序列中$R_i$仍领先于$R_j$,则称所用的排序方法是稳定的,否则是不稳定的。

3. 排序的分类

(1)根据排序过程中所有记录是否全部放在内存中,排序方法分为如下两种:

内排序:待排序的记录在排序过程中全部存放在内存,称为内排序。本章介绍的是内排序。

外排序:如果排序过程中需要使用外存,称为外排序。

(2)根据排序方法是否建立在关键字比较的基础上,排序方法分为如下两种:

基于比较排序:主要通过关键字之间的比较和记录的移动实现。

本章介绍基于比较的内排序,分别是插入排序(直接插入排序和谢尔排序)、交换排序(冒泡排序和快速排序)、选择排序(直接选择排序和堆排序)、归并排序(二路归并递归算法和二路归并非递归算法)。

不基于比较排序:根据待排序数据的特点所采取的其他方法。

4. 记录序列的存储表示方法

对于待排序的记录序列,有三种常见的存储表示方法:

(1)顺序存储结构(向量结构),即待排序的记录存放在一组地址连续的存储单元中。

(2)链表结构,即待排序的记录存放在不连续的存储单元中。

(3)记录向量与地址向量结合,即待排序记录存放在一组地址连续的存储单元中,同时另设一个指示各个记录位置的地址向量。

本章讨论的排序算法主要采用顺序存储结构,并假定关键字为整型,采用一维数组实现,数组长度为 $n+1$(下标 0 留作他用)。另外,假定排序是将待排序的记录排列为升序序列。

```
#defineMAXSIZE  50     //记录数
typedef int KeyType;
typedefint DataType;
typedef struct {
     KeyType key;
     DataType other;
} RecType;
RecType r[MAXSIZE+1];
```

5. 排序算法的评价

(1)时间性能:排序算法在各种情况(最好、最坏、平均)下的时间复杂度。

基于比较的内排序在排序过程中的基本操作:

①比较,关键字之间的比较;

②移动,记录从一个位置移动到另一个位置。

(2)空间性能:排序过程中占用的辅助存储空间。

辅助存储空间指是除了存放待排序记录占用的存储空间之外,执行算法所需要的其他存储空间。

8.2　插入排序

8.2.1　直接插入排序

1. 直接插入排序的基本思想

先假定第 1 个记录为有序序列,然后从第 2 条记录开始,依次将一个记录插入到前面已经有序的序列中，直至将第 n 个记录插入，使全部记录有序。该基本思想描述如下：

```
for (i = 2; i <=n; i++)                //整个排序进行 n-1 趟插入
{
    插入 r[i];                         //第 i 趟直接插入排序
}
```

一般情况下，第 i 趟直接插入排序是将 r[i]插入到已经有序的序列 r[1…i-1]中，使其变成有序序列 r[1…i]，如图 8-1 所示。

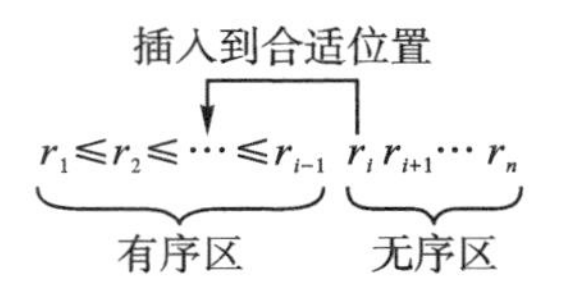

图 8-1 直接插入排序基本思想的示意图

可见，如何查找待插入记录的插入位置是插入排序需要解决的关键问题。

使用直接插入排序思想，对关键字序列{49,38,97,65,76,13,27,**49**}进行排序(相同的关键字用粗体区别)，观察待插入记录的插入位置，如图 8-2 所示。

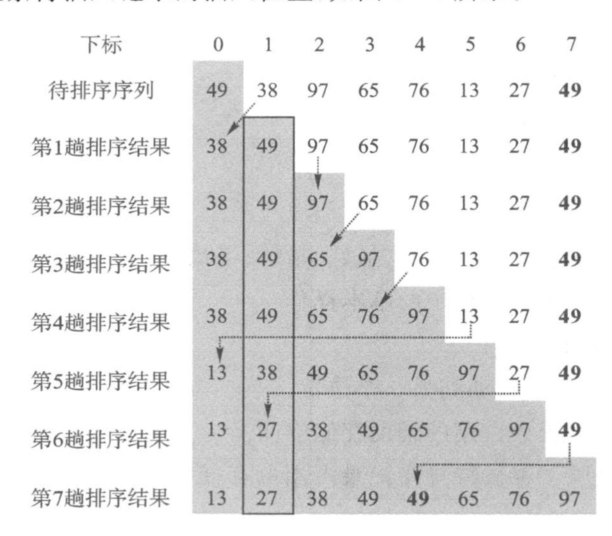

图 8-2 直接插入排序过程示意图(带灰色底纹的关键码序列为有序序列)

在有序区 r[1]~r[i-1]中插入记录 r[i]，查找的起始位置是 $i-1$，从 $i-1$ 开始往前查找的过程中，同时后移记录。因为记录的后移会丢失 r[i]的内容，因此，在寻找插入位置之前，需要暂存 r[i]的值；同时，在寻找插入位置的过程中，为了避免数组下标越界，在 r[0]处设置“哨兵”。算法描述如下：

```
r[0] = r[i];
for (j=i-1; r[0].key<r[j].key; j--)
    r[j+1] = r[j];
```

退出循环说明找到了插入位置，因为 r[j]刚刚比较完毕，所以 $j+1$ 为正确的插入位置，将待插入记录插入有序表中，即

```
r[j+1]=r[0];
```

由上面的分析，可给出完整的直接插入排序算法：

```
void insertSort(RecType r[], int n){
    int i,j;
    for (i=2;i<=n;i++) {
        r[0] = r[i];
        for (j=i-1; r[0].key<r[j].key; j--)
            r[j+1] = r[j];
        r[j+1] = r[0];
    }
}
```

2. 算法分析

1)时间复杂度分析

基于比较内排序的基本操作是关键字比较和记录移动。

(1)最好情况：待排序序列为正序。每趟只需与有序序列最后一个记录的关键字比较一次，移动两次记录。总的比较次数为 $n-1$，移动次数为 $2(n-1)$，因此时间复杂度为 $O(n)$。

(2) 最坏情况：待排序序列为逆序。在第 i 趟插入时，第 i 个记录必须与前面 $i-1$ 个记录的关键字和哨兵作比较，并且每比较一次就要进行一次记录移动，则比较次数为 $\sum_{i=2}^{n} i = \frac{(n+2)(n-1)}{2}$，移动次数为 $\sum_{i=2}^{n}(i+1) = \frac{(n+4)(n-1)}{2}$，因此时间复杂度为 $O(n^2)$。

(3) 平均情况：待排序序列为随机序列。插入第 i 个记录平均需要比较有序区全部记录的一半，则比较次数为 $\sum_{i=2}^{n} \frac{i-1}{2} = \frac{n(n-1)}{4}$，移动次数为 $\sum_{i=2}^{n} \frac{i+1}{2} = \frac{(n+4)(n-1)}{4}$，因此时间复杂度为 $O(n^2)$。

2)空间复杂度分析

该算法只需要一个记录的辅助空间。直接插入排序算法的空间复杂度为 $O(1)$。

3)算法的稳定性

由于记录的比较和移动是在相邻单元进行的，所以直接插入排序是一种稳定的排序方法。

4)结论

直接插入排序算法简单、容易实现，适用于待排序记录基本有序或待排序记录较少时。当待排序的记录个数较多时，大量的比较和移动操作使直接插入排序算法的效率降低。

8.2.2 缩小增量排序

在直接插入排序中，当待排序记录比较多或无序时，排序效率不高。

缩小增量排序又称谢尔排序(Shell sort)，是直接插入排序的一种改进。改进的出发点：

(1)待排序记录按关键字基本有序时，直接插入排序的效率可以大大提高；

(2)待排序记录数量 n 较小时，直接插入排序的效率也很高。

为了使待排序记录个数较少，可以采用分组的方法：将整个待排序记录序列分割成若干个子序列，则每个子序列中待排序的记录个数较少。

1. 缩小增量排序的基本思想

缩小增量排序的基本思想：将整个待排序记录分割成若干个子序列，在子序列内分别进行直接插入排序，待整个序列中的记录基本有序时，对全体记录进行直接插入排序。

在缩小增量排序中，需解决的关键问题：

(1)如何分割待排序记录，才能保证整个序列逐步向基本有序发展？

(2)子序列内如何进行直接插入排序？

基本有序和局部有序不同。基本有序是指已接近正序。例如，{1,2,8,4,5,6,7,3,9}；局部有序是指某些部分有序，例如，{6,7,8,9,1,2,3,4,5}。局部有序不能提高直接插入排序算法的时间效率。

如果逐段分割待排序序列，会使整个序列向局部有序发展。因此，采用跳跃分割的策略，将相距某个"增量"的记录组成一个子序列。这样，在子序列内分别进行直接插入排序后，其结果是基本有序，而不是局部有序。

使用缩小增量排序思想，对关键字序列{49,38,65,97,76,13,27,**49**,55,4}进行排序(相同的关键字用粗体区别)。观察分割待排序记录，如图 8-3 所示。

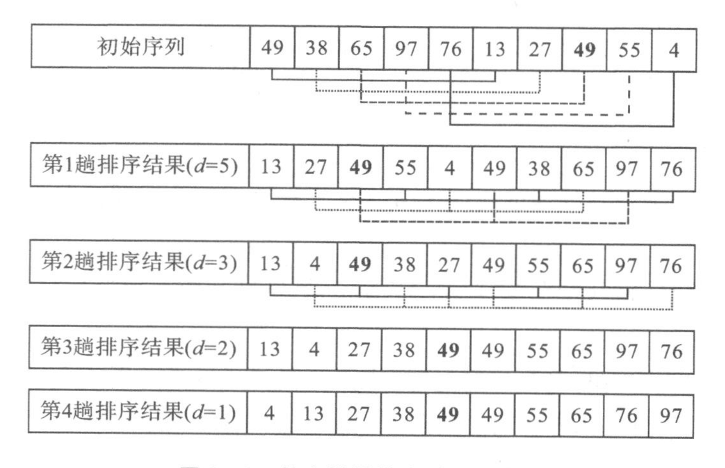

图 8-3 缩小增量排序过程示意图

从上面的例子可以看出，开始时增量的取值比较大，每个子系列中的记录个数较少，并且提供了记录跳跃移动的可能，效率较高。后来增量逐步缩小，每个子系列中的记录个数增加，但已基本有序，效率也较高。缩小增量排序最早提出的方法是 $d_1=\lfloor n/2\rfloor,\cdots,d_{i+1}=\lfloor d_i/2\rfloor$，且为质数，并且最后一个增量必须等于 1。算法描述如下：

```
for( d = n/2; d >= 1; d=d/2)
{
    以 d 为增量，在子序列中进行直接插入排序；
}
```

在每个子序列中，待插入记录和同一子序列中的前一个记录进行比较，在插入记录 r[i] 时，从 r[i-d]开始往前跳跃式(跳跃幅度为 d)查找待插入位置，在查找过程中，记录后移也是跳跃 d 个位置。r[0]只暂存单元，不是哨兵。当搜索位置 j≤0，或 r[0]≥r[j]时，表示插入位置已找到。

在整个序列中，前 d 个记录分别是 d 个子序列中的第一个记录，所以从第 $d+1$ 个记录开始进行插入。算法描述如下：

```
for( i=d+1; i<=n; i++)              //将 r[i]插入所属子序列中
{
    r[0]=r[i];                      //暂存待插入记录
    for( j=i-d; j>0 && r[0].key<r[j].key; j=j-d)
        r[j+d] = r[j];              //记录后移 d 个位置，确保仍在同一子序列
}
```

退出循环，说明找到了插入位置，因为 r[j]刚刚比较完毕，所以 $j+d$ 为正确的插入位置，将待插入记录插入，即

```
r[j+d] = r[0];
```

综上所述，完整的缩小增量排序算法描述如下：

```
void ShellSort(RecType r[], int n)
{
    int d,i,j;
    for( d = n/2;  d >= 1; d=d/2 )
    {
        for( i=d+1; i<=n; i++)
        {
            r[0]=r[i];
            for( j=i-d; j>0 && r[0].key<r[j].key; j=j-d)
                r[j+d] = r[j];
            r[j+d] = r[0];
        }
```

```
    }
}
```

2. 算法分析

1)时间复杂度分析

缩小增量排序开始时增量较大,每个子序列中的记录个数较少,从而排序速度较快;当增量较小时,虽然每个子序列中记录个数较多,但整个序列已基本有序,排序速度也较快。

缩小增量排序算法的时间性能是所取增量的函数,而到目前为止,尚未有人求得一种最好的增量序列。研究表明,缩小增量排序算法的时间复杂度在 $O(n^2)$ 和 $O(n\log_2 n)$ 之间。如果选定合适的增量序列,缩小增量排序所需的比较次数和记录的移动次数约为 $O(n^{1.3})$ 。

2)空间复杂度分析

该算法只需要一个记录辅助空间,用于暂存当前待插入的记录,空间复杂度为 $O(1)$。

3)稳定性

缩小增量排序算法是一个不稳定的排序方法。

同步训练与拓展训练

一、同步训练

1. 从未排序序列中依次取出元素与已排序序列中的元素进行比较,将其放入已排序序列的正确位置上,这种排序方法称为(　　)。

   A. 归并排序　　B. 冒泡排序　　C. 插入排序　　D. 选择排序

2. 折半查找有序表(4,6,10,12,20,30,50,70,88,100)。若查找表中元素 58,则它将依次与表中(　　)比较大小,查找结果是失败。

   A. 20,70,30,50　　B. 30,88,70,50

   C. 20,50　　D. 30,88,50

3. 当 n 条记录已按关键字反序时,用直接插入排序算法进行排序,需要比较的次数为(　　)。

   A. 0　　B. $n-1$

   C. $(n+2)(n-1)/2$　　D. $(n+4)(n-1)/2$

4. 下列排序算法中,(　　)不能保证每趟排序至少能将一个元素放到其最终的位置上。

   A. 谢尔排序　　B. 快速排序　　C. 冒泡排序　　D. 堆排序

5. (2009 年真题)若数据元素序列{11,12,13,7,8,9,23,4,5}是采用下列排序方法之一得到的第二趟排序后的结果,则该排序算法只能是(　　)。

   A. 冒泡排序　　B. 插入排序　　C. 选择排序　　D. 归并排序

6. (2012 年真题)对同一待排序序列分别进行折半插入排序和直接插入排序,两者之间可能的不同之处是(　　)。

   A. 排序的总趟数　　B. 元素的移动次数

C. 使用辅助空间的数量　　　　　　D. 元素之间的比较次数

7.(2014 年真题)用谢尔排序方法对一个数据序列进行排序时,若第一趟排序结果为 9,1,4,13,7,8,20,23,15,则该趟排序采用的是增量(间隔)可能是(　　)。

A. 2　　B. 3　　C. 4　　D. 5

8.(2015 年真题)谢尔排序的组内排序采用的是(　　)。

A. 直接插入排序　　　　　　B. 折半插入排序

C. 快速排序　　　　　　D. 归并排序

9.(2018 年真题)对初始数据序列(8,3,9,11,2,1,4,7,5,10,6)进行谢尔排序,若第一趟结果为(1,3,7,5,2,6,4,9,11,10,8),第二趟结果为(1,2,6,4,3,7,5,8,11,10,9),则两趟排序采用的增量(间隔)依次是(　　)。

A. 3,1　　B. 3,2　　C. 5,2　　D. 5,3

10.(2019 年真题)选择一个排序算法时,除算法的时空效率,下列因素中,还需要考虑的是(　　)。

Ⅰ. 数据的规模　　　　　　Ⅱ. 数据的存储方式

Ⅲ. 算法的稳定性　　　　　　Ⅳ. 数据的初始状态

A. 仅Ⅲ　　B. 仅Ⅰ、Ⅱ　　C. 仅Ⅱ、Ⅲ、Ⅳ　　D. Ⅰ、Ⅱ、Ⅲ、Ⅳ

二、拓展训练

1. 设待排序的关键字序列为{12,2,16,30,28,10,**16**,20,6,18},试分别写出使用以下排序方法,每趟排序结束后关键字序列的状态:

(1)直接插入排序;

(2)谢尔排序(增量选取 5,3,1)。

2. 设一个数组 a[1…n],其关键字是互不相同的 n 个整数,且每个元素的关键字均在 $1\sim n$ 之间。设计一个算法在 $O(n)$ 时间内将 a[]中元素递增排序,将排序结果放在另一个同样大小的数组 b[]中。

3. 在 r[n+1]处设置“哨兵”,改写直接插入排序算法。其中,$n<$MAXSIZE。

4. 直接插入排序算法的基本操作是向有序表插入一个记录,插入位置通过对有序表中记录按关键字逐个比较得到。在有序表使用折半查找确定插入位置,就得到了折半插入排序方法,可以提高效率。试编写程序,写出折半插入排序算法。

5. 设待排序的关键字序列为{13,6,3,31,9,27,5,11},试写出使用直接插入排序方法,每趟排序结束后关键字序列的状态,并分析直接插入排序方法的时间复杂度。

6. 设待排序的关键字序列为 (49,38,65,97, 76, 13, 27,**49**, 55, 0, 4),试写出使用谢尔排序(增量取 5、3、1)方法,每趟排序结束后关键字序列的状态。

同步训练与拓展训练
参考答案

8.3 交换排序

8.3.1 冒泡排序

1. 冒泡排序的基本思想

冒泡排序(bubble sort)的基本思想:相邻记录的关键字进行比较,若前面记录的关键字大于后面记录的关键字,则将它们交换,否则不交换。即,设待排序记录顺序存放在 R_1,R_2,R_3,…,R_n 中,依次比较(R_1,R_2),(R_2,R_3),…,(R_{n-1},R_n),不满足顺序则交换,结果,最大者在 R_n 中。这叫一趟冒泡。

此后,再对存放在 R_1,R_2,R_3,…,R_{n-1} 中 $n-1$ 个记录作同样处理,结果,最大者在 R_{n-1} 中。

……

$n-1$ 趟冒泡能完成排序。冒泡排序基本思想如图 8-4 所示。

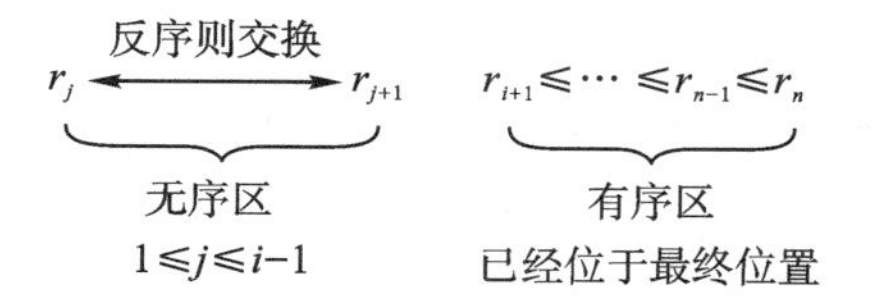

图 8-4 冒泡排序基本思想的示意图

使用冒泡排序思想,对 10 个关键字的序列{49,38,55,97,4,13,27,**49**,65,76}进行排序(相同的关键字用粗体区别),如图 8-5 所示。

初始序列	49	38	55	97	4	13	27	**49**	65	76
第1趟排序结果	38	49	55	4	13	27	**49**	65	76	97
第2趟排序结果	38	49	4	13	27	**49**	55	65	76	97
第3趟排序结果	38	4	13	27	49	**49**	55	65	76	97
第4趟排序结果	4	13	27	38	49	**49**	55	65	76	97
第5趟排序结果	4	13	27	38	49	**49**	55	65	76	97
第6趟排序结果	4	13	27	38	49	**49**	55	65	76	97
第7趟排序结果	4	13	27	38	49	**49**	55	65	76	97
第8趟排序结果	4	13	27	38	49	**49**	55	65	76	97
第9趟排序结果	4	13	27	38	49	**49**	55	65	76	97

图 8-5 冒泡排序过程示意图(带灰色底纹的关键字序列为有序序列)

从上面冒泡排序过程中可以看出，第 2、3 趟冒泡排序没有必要进行，因为相关的关键字 76 和 65 已经其在最终位置上。同样，第 5 趟冒泡排序，以及第 6、7、8、9 趟冒泡排序都没有必要进行。

在冒泡排序中，需要解决的关键问题：

(1)在一趟冒泡排序中，若有多个记录位于最终位置，为了避免重复比较这些记录，应如何处理？

(2)为了使位于最终位置的记录不参与下一趟排序，如何确定冒泡排序的范围？

(3)如何判别冒泡排序的结束？

对上面的关键字序列进行手工冒泡排序，不进行不必要的冒泡排序(如第 2、3 趟冒泡排序)，给每趟移到最终位置的关键字加灰色底纹，并思考关键问题的解决办法，如图 8－6 所示。

初始序列	49	38	55	97	4	13	27	**49**	65	76
第1趟排序结果	38	49	55	4	13	27	**49**	65	76	97
第2趟排序结果	38	49	4	13	27	**49**	55	65	76	97
第3趟排序结果	38	4	13	27	49	**49**	55	65	76	97
第4趟排序结果	4	13	27	38	49	**49**	55	65	76	97

图 8－6　冒泡排序(改进)过程示意图(带灰色底纹的关键字序列为有序序列)

设变量 exchange 记载每次记录交换的位置，则一趟排序后，exchange 记载的一定是这趟排序中记录最后一次交换的位置，此位置之后的所有记录是有序的。该算法描述如下：

```
if( r[j].key > r[j+1].key ){
    temp = r[j] ;   r[j] = r[j+1];   r[j+1] =temp;   //交换 r[j]和 r[j+1]
    exchange = j;                                   //记录每一次记录交换的位置
}
```

设 bound 位置的记录是无序区中最后一个记录，则每趟冒泡排序的排序范围是 r[1]～r[bound]。该算法描述如下：

```
for( j=1; j<bound; j++)//在无序区进行一趟冒泡排序
    if( r[j].key > r[j+1].key ){
        temp = r[j] ;   r[j] = r[j+1];   r[j+1] = temp; //交换 r[j]和 r[j+1]
        exchange = j;                                  //记录每一次记录交换的位置
    }
```

在一趟排序后，exchange 位置之后的记录一定是有序的，所以下一趟冒泡排序中，无序区最后一个记录的位置是 exchange，即

```
bound=exchange;
```

判别冒泡排序的结束条件是在一趟排序过程中没有进行交换记录的操作。因此，在每趟冒泡排序开始之前，设 exchange 的初值为 0。在该趟排序过程中，只要有记录交换，exchange

的值就会大于0。这样,每一趟比较完毕,就可以通过exchange的值是否为0来判别是否有记录的交换,从而判别整个冒泡排序是否结束。该算法描述如下:

```
while(exchange ! = 0){
    bound=exchange;
    exchange=0;
    执行一趟冒泡排序;
}
```

冒泡排序至少要进行一趟,第一趟冒泡排序的范围是r[1]~r[n],所以exchange的初值应该为n,由前面分析过程,可以得到完整的冒泡排序算法。

```
void BubbleSort(RecType r[], int n){
    int j,exchange,bound;
    RecType  t;
    exchange=n;
    while(exchange){
        bound=exchange;
        exchange=0;
        for( j=1; j<bound; j++)
            if(r[j].key>r[j+1].key){
                t=r[j];
                r[j]= r[j+1];
                r[j+1]=t;
                exchange=j;
            }
    }
}
```

2.算法分析

1)时间复杂度分析

冒泡排序算法执行时间取决于排序的趟数,排序趟数取决于待排序序列的初始排列。

最好情况:待排序序列为正序,算法只执行一趟,进行了$n-1$次关键字的比较,不需要移动记录,时间复杂度为$O(n)$。

最坏情况:待排序的序列为反序,算法执行$n-1$趟,第$i(1\leqslant i<n)$趟排序执行了$n-i$次关键字的比较和$n-i$次记录的交换,这样比较次数为$\sum_{i=1}^{n-1}(n-i)=\frac{n(n-1)}{2}$,移动次数为$3\sum_{i=1}^{n-1}(n-i)=\frac{3n(n-1)}{2}$。因此,时间复杂度为$O(n^2)$。

平均情况：待排序序列为随机排列，此时冒泡排序算法时间复杂度与最坏情况的时间复杂度具有相同的数量级。

2)空间复杂度分析

冒泡排序只需一个记录的辅助空间，用来作为记录交换的暂存单元，所以空间复杂度为$O(1)$。

3)稳定性

冒泡排序是一种稳定的排序方法，因为比较和交换是在相邻单元进行的。

8.3.2　快速排序

在冒泡排序中，记录的比较在相邻单元中进行，每次交换只能右移一个单元，因此，总的比较次数和移动次数较多。考虑每次交换若能向右移动多个单元，可减少比较次数和移动次数。

快速排序是对冒泡排序的一种改进。改进的出发点是增大记录比较和移动的距离，将关键字较大的记录，从前面直接移动到后面，关键字较小的记录从后面直接移动到前面，从而减少总的比较次数和移动次数。

1. 快速排序的基本思想

快速排序的基本思想：选一个轴值，将待排序记录划分成两部分，左侧记录均小于或等于轴值，右侧记录均大于或等于轴值，然后分别对这两部分重复上述过程，直到整个序列有序，如图 8－7 所示。

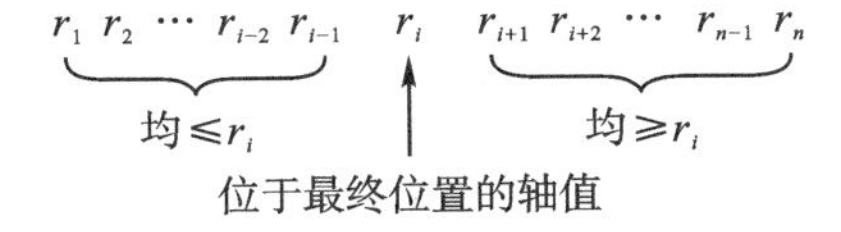

图 8－7　快速排序基本思想示意图

在快速排序中，需要解决的关键问题如下：

(1)如何选择轴值？

(2)在待排序序列中如何进行分区(通常叫作一次划分)？

(3)如何处理分区得到的两个待排序子序列？

(4)如何判别快速排序的结束？

轴值作为一次划分的基准，决定两个子序列的长度。选择轴值有多种办法：

①选取第一个记录的关键字；

②选取中间记录的关键字；

③比较待排序序列的第一个记录、最后一个记录和中间记录的关键字，选取值居中的关键字。

采取不同的方法选择一个合适的轴值后，可以调换到第一个记录的位置，在下面讨论中选取第一个记录关键字作为轴值。

在一次划分的过程中，如何将较小的记录移动到轴值前面，将较大的记录移动到轴值的后面。回忆和复习第 2 章例 2－4 的内容。例 2－4 中，交换 2 个记录，是通过 3 个赋值语句实现，这样，需要移动 3 次记录。如果需要连续多次交换两个记录，总的移动次数也比较可观。现采用一个改进算法，其一次划分的伪代码如下：

1 初始化下标，i＝1，j＝n。

2 记录基准，r[0]＝r[1]。

3 循环直至 i≥j：

3.1 下标 j 从大到小扫描查找 r[j].key＜r[0].key，并且 i＜j，找到后 r[i]＝r[j]；

3.2 下标 i 从小到大扫描查找 r[i].key＞r[0].key，并且 i＜j，找到后 r[j]＝r[i]。

4 若 i＝j，r[i]＝r[0]或 r[j]＝r[0]。

下面对关键字序列{33，88，26，72，12，56，33，48，66，0}进行一次划分，如图 8－8 所示。

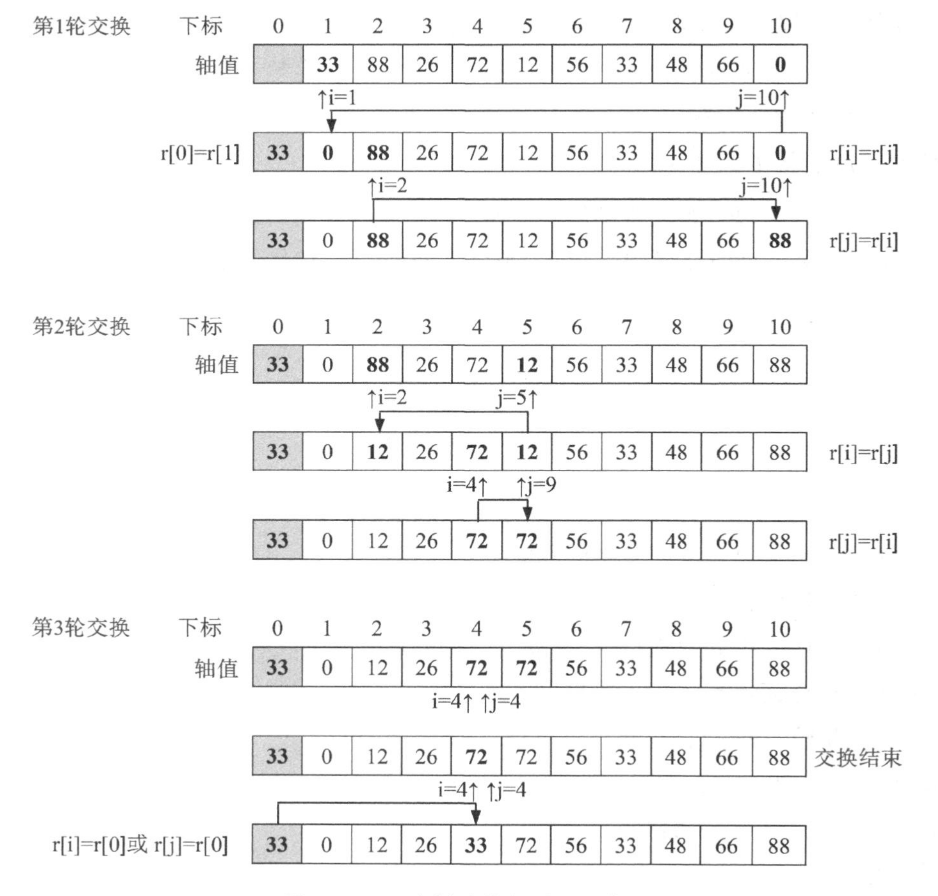

图 8－8 一次划分执行过程示意图

整个快速排序的过程可递归进行。对待排序序列进行一次划分之后，再分别对左右两个子序列进行快速排序，以此类推，直到每个分区都只有一个记录为止，如图 8－9 所示。

下标	0	1	2	3	4	5	6	7	8	9	10
初始序列		**33**	88	26	72	12	56	33	48	66	**0**
第1次划分之后		0	12	26	**33**	72	56	33	48	66	88
分别进行快速排序		**0**	12	26		66	56	33	48	**72**	88
			12	26		48	56	33	**66**		**88**
				26		33	**48**	56			
						33		**56**			
最终结果		0	12	26	33	33	48	56	66	72	88

图 8－9　快速排序执行过程示意图

综上所述，可以给出快速排序算法的 C 语言描述如下：

```
int Partiton(RecType r[], int low, int high){
    r[0] = r[low];
    while(low<high){
        while(low<high && r[high].key> r[0].key) high--;
        r[low] = r[high];
        while(low<high && r[low].key < r[0].key) low++;
        r[high] = r[low];
    }
    r[low] =r[0];
    return low;
}
void QSort(RecType r[], int low, int high){
    int pivotloc;
    if(low < high)    {
        pivotloc = Partiton(r,low,high);
        QSort(r, low, pivotloc-1);
        QSort(r, pivotloc+1, high);
    }
}
```

2. 算法分析

1)时间复杂度分析

快速排序算法的时间性能取决于快速排序递归的深度，可以用递归树来描述递归算法的执行深度。待排序记录序列{4,1,3,2,6,5,7}的快速排序递归树，如图 8－10 所示。

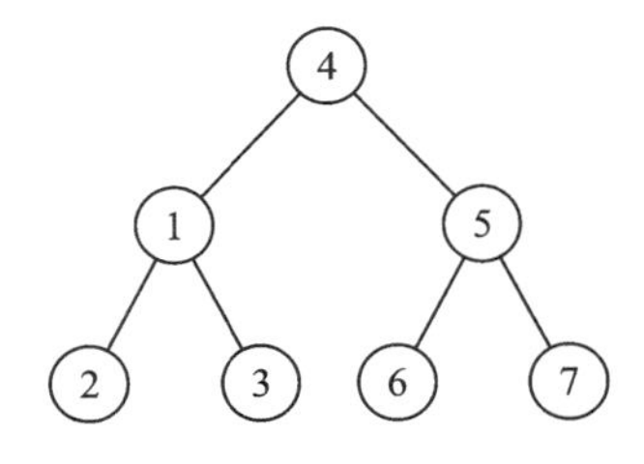

图 8－10　序列{4,1,3,2,6,5,7}的快速排序递归树

从图 8－10 可以看出，快速排序算法的时间性能取决于快速排序递归深度，而快速排序递归深度取决于每次划分选用的轴值。

(1)最好情况:每次划分选用的轴值均是中值,则划分后得到长度相同的两个子序列。在具有 n 个记录的序列中,一次划分需要对整个待划分序列扫描一遍,所需时间为 $O(n)$。设 $T(n)$是对 n 个记录的序列进行排序的时间,则有

$$\begin{aligned} T(n) &\leqslant 2T(n/2)+n \\ &\leqslant 2(2T(n/4)+n/2)+n=4T(n/4)+2n \\ &\leqslant 4(2T(n/8)+n/4)+2n=8T(n/8)+3n \\ &\cdots \\ &\leqslant nT(1)+n\log_2 n \end{aligned}$$

因此,此时算法的时间复杂度为 $O(n\log_2 n)$。

(2)最坏情况:待排序记录序列为正序或逆序,每次划分只得到一个比上一次划分少一个记录的子序列(另一个子序列为空)。此时,需要执行 $n-1$ 次递归调用,且第 i 次划分需要经过 $n-i$ 次关键字的比较才能找到第 i 个记录(即轴值)的位置,因此,比较次数为

$$\sum_{i=1}^{n-1}(n-i)=\frac{1}{2}n(n-1)$$

记录的移动次数小于等于比较次数。因此,此时算法的时间复杂度为 $O(n^2)$。

(3)平均情况。

设轴值的关键字为第 k 小($1\leqslant k\leqslant n$),则有

$$T(n)=\frac{1}{n}\sum_{k=1}^{n}(T(k-1)+T(n-k))+n=\frac{2}{n}\sum_{k=1}^{n}T(k)+n$$

可以用归纳法证明,其数量级为 $O(n\log_2 n)$。

2)空间复杂度分析

由于快速排序算法是递归的,需要一个栈来存放每一层递归调用的必要信息,其最大容量应与递归调用的深度一致。

最好情况:进行 $\log_2 n$ 次递归调用,栈的深度为 $O(\log_2 n)$。

最坏情况:进行 $n-1$ 次递归调用,栈的深度为 $O(n)$。

平均情况:栈的深度为 $O(n)$。

3)稳定性

因为记录的比较和交换是跳跃式的,因此,快速排序是一种不稳定的排序方法。

4)结论

快速排序算法的平均性能是迄今为止所有内排序算法中最好的,适用于待排序记录个数很多且原始记录随机排列的情况。

同步训练与拓展训练

一、同步训练

1. 对 n 个不同的关键字由小到大进行冒泡排序,在下列(　　)情况下比较的次数最多。

A. 从小到大排列好的　　B. 从大到小排列好的

C. 元素无序　　D. 元素基本有序

2. 对 n 个不同的排序码进行冒泡排序，在元素无序的情况下比较的次数最多为(　　)。

A. $n+1$　　B. n　　C. $n-1$　　D. $n(n-1)/2$

3. 快速排序在下列(　　)情况下最易发挥其长处。

A. 被排序的数据中含有多个相同排序码

B. 被排序的数据已基本有序

C. 被排序的数据完全无序

D. 被排序的数据中的最大值和最小值相差悬殊

4. 对 n 个关键字进行快速排序，在最坏情况下，算法的时间复杂度是(　　)。

A. $O(n)$　　B. $O(n^2)$　　C. $O(n\log_2 n)$　　D. $O(n^3)$

5. 若一组记录的排序码为{46，79,56,38,40,84}，则利用快速排序的方法，以第一个记录为基准得到的一次划分结果为(　　)。

A. 38,40,46,56,79,84　　B. 40,38,46,79,56,84

C. 40,38,46,56,79,84　　D. 40,38,46,84,56,79

6. (2010 年真题)采用递归方式对顺序表进行快速排序，下面关于递归次数的叙述中，正确的是(　　)。

A. 递归次数和初始数据排列次序无关

B. 每次划分后先处理较长的分区可以减少递归次数

C. 每次划分后先处理较短的分区可以减少递归次数

D. 递归次数与每次划分后得到的分区处理顺序无关

7. (2010 年真题)对一组数据{2,12,16,88,5,10}进行排序，若前三趟排序结果如下：

第一趟：{2,12,16,5,10,88}

第二趟：{2,12,5,10,16,88}

第三趟：{2,5,10,12,16,88}

则采用的排序方法可能是(　　)。

A. 冒泡排序法　　B. 谢尔排序法　　C. 归并排序法　　D. 基数排序法

8. (2011 年真题)为实现快速排序算法，待排序序列宜采用的存储方式是(　　)。

A. 顺序存储　　B. 散列存储　　C. 链式存储　　D. 索引存储

9. (2013 年真题)下列选项中，不可能是快速排序第 2 趟排序结果的是(　　)。

A. {007,110,119,114,911,120,122}　　B. {007,110,119,114,911,122,120}

C. {007,110,911,114,119,120,122}　　D. {110,120,911,122,114,007,119}

10. (2019 年真题)排序过程中，对尚未确定最终位置的所有元素进行一遍处理称为一"趟"。下列序列中，不可能是快速排序第二趟结果的是(　　)。

A. 5，2，16，12，28，60，32，72　　B. 2，16，5，28，12，60，32，72

C. 2，12，16，5，28，32，72，60　　D. 5，2，12，28，16，32，72，60

二、拓展训练

1. 设待排序的关键字序列为{12,2,16,30,28,10,**16**,20,6,18},试分别写出使用以下排序方法,每趟排序结束后关键字序列的状态:

   (1)冒泡排序;

   (2)快速排序。

2. 在冒泡排序中,初始关键字序列 r[1].key 最大,则序列如{8,1,2,3,4,5,6,7},只需扫描2趟;而 r[n].key 最小,则序列如{2,3,4,5,6,7,8,1},需要扫描 $n-2$ 趟。如果冒泡排序采用从后向前扫描,则对于 r[n].key 最小情况也只需扫描2趟。因此,相邻2趟相反方向扫描的冒泡排序称为双向冒泡排序。请设计该算法。

3. 奇偶交换排序:第1趟对所有奇数 i,比较 a[i]和 a[i+1],第2趟对所有偶数 i,比较 a[i]和 a[i+1],若 a[i]>a[i+1],则两者交换。第3趟对所有奇数,第4趟对所有偶数……依次类推,直至整个序列有序。请设计该算法。

4. 借助于快速排序的算法思想,在一组无序的记录中查找给定关键字值等于 key 的记录。设此组记录存放于数组 r[1…n]中。若查找成功,则输出该记录在 r[]数组中的位置及其值,否则显示“not found”信息。请简要说明算法思想并编写算法。

5. 设有顺序放置的 n 个桶,每个桶中装有一粒砾石,每粒砾石的颜色是红、白、蓝之一。设计算法,重新安排这些砾石,使得所有红色砾石在前,所有白色砾石居中,所有蓝色砾石居后,重新安排时对每粒砾石的颜色只能看一次,并且只允许交换操作来调整砾石的位置。

6. 对于给定的含有 n 个元素的无序数据序列(所有元素的关键字不相同),利用快速排序方法求这个序列中第 $k(1\leqslant k\leqslant n)$ 小元素的关键字。

同步训练与拓展训练参考答案

8.4 选择排序

8.4.1 直接选择排序

1. 直接选择排序算法的基本思想

直接选择排序又称简单选择排序,其算法的基本思想:从待排序的记录序列中选择关键字最小的记录并将它与序列中的第一个记录交换位置;然后从不包括第一个位置上的记录序列中选择关键字最小的记录并将它与序列中的第二个记录交换位置;如此重复,直到序列中只剩下一个记录为止。此过程如图 8-11 所示。

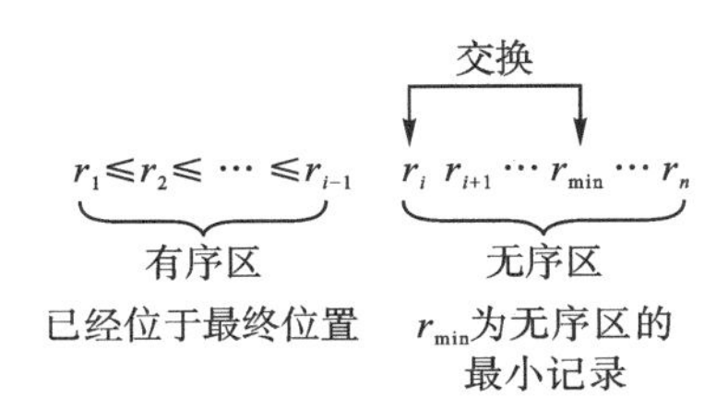

图 8-11　直接选择排序基本思想的示意图

直接选择排序算法的关键问题：

(1)直接选择排序进行多少趟？

(2)第 i 趟直接选择排序完成什么工作？

对于具有 n 个记录的无序表进行直接选择排序需要遍历 $n-1$ 次。第 i 次从无序表中第 i 个记录开始，找出后序关键字中最小的记录，然后放置在第 i 的位置上。使用直接选择排序思想，对关键字序列{49,38,97,65,76,13,27,**49**}进行排序(相同的关键字用粗体区别)，如图 8-12 所示。

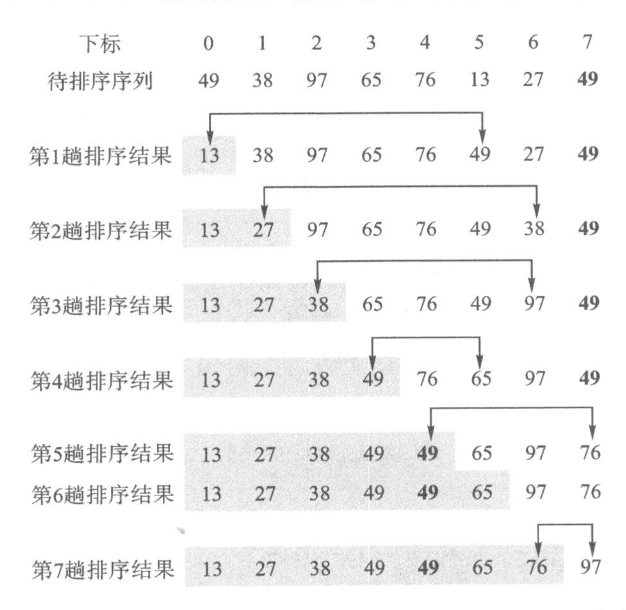

图 8-12　直接选择排序过程示意图(带灰色底纹的关键字序列为有序序列)

设置一个整型变量 index，用于记录在一趟比较过程中关键字最小的记录位置。第 i 趟直接选择排序的待排序区间是 r[i]～r[n]，开始将 index 设定为当前无序区的第一个位置，然后用 r[index]与无序区的其他记录比较，若发现有比 r[index]小的记录，则将 index 改为这个新的最小记录的位置，一趟比较结束后，index 中保留的就是本趟选中关键字最小的记录位置。该算法描述如下：

```
index = i;
for(j=i+1;j<=n;++j)
    if(r[j].key < r[index].key)   index = j;
```

第 i 趟直接选择排序的待排序区间是 r[i]～r[n]，则 r[i]是无序区的第一个记录，所以，将 index 所记载关键字的最小记录与 r[i]交换。该算法描述如下：

```
if(index ! = i)
{   x=r[i]; r[i]=r[index]; r[index]=x; }
```

综上所述，直接选择排序算法的 C 语言描述如下：

```
voidselectSort(RecType r[],int n){
    inti,j,index;
    RecType t;
    for(i=1;i<=n-1;++i){
        index = i;
        for(j=i+1;j<=n;++j)
            if(r[j].key < r[index].key)  index = j;
        if(index ! = i)
        {   t=r[i]; r[i]=r[index]; r[index]=t; }
    }
}
```

2. 算法分析

1)时间复杂度分析

直接选择排序的比较次数与待排序序列的初始状态无关，并且记录移动次数较少。

最好情况：待排序序列为正序时，移动次数为 0 次。

最坏情况：待排序序列为逆序时，移动次数为 $3(n-1)$ 次。

比较次数：由于比较次数与待排序序列的初始状态无关，所以，无论何种情况，关键字的比较次数相同，第 i 趟排序需要进行 $n-i$ 次关键字的比较，而直接选择排序需要进行 $n-1$ 趟排序，所以，总的比较次数为

$$\sum_{i=1}^{n-1}(n-i)=(n-1+\cdots+2+1)=\frac{n(n-1)}{2}$$

因此，该算法总的时间复杂度为 $O(n^2)$，这是直接选择排序算法最好、最坏和平均的时间性能。

2)空间复杂度分析

直接选择排序只需要一个记录辅助空间，用来记录交换的暂存单元，空间复杂度为 $O(1)$。

3)稳定性

直接选择排序是一种稳定的排序方法。

8.4.2 堆排序

在直接选择排序中，没有把每一趟的比较结果保存下来。在后一趟的比较中，有许多比较在前一趟已经做过了。但由于前一趟排序时没有保存这些比较结果，所以，后一趟排序时又重

复执行这些比较操作，因而记录的比较次数比较多。

堆排序(heap sort)是直接选择排序的一种改进，改进的出发点是减少关键字的比较次数。堆排序保存了每趟比较的部分结果。在找出关键字最小记录的同时，也找出关键字较小的记录，减少了在后面选择中的比较次数，从而提高了整个排序的效率。

堆排序用堆保存了部分比较结果。下面介绍堆的定义，如何用堆保存每一趟的比较结果，以及如何利用堆进行排序。

1. 堆的定义

设 r[1…n]中 n 个关键字序列 $k_1, k_2, k_3, \cdots, k_n$ 称为堆，当且仅当该序列满足如下性质之一(简称为堆性质)：

(1)$k_i \leqslant k_{2i}$ 且 $k_i \leqslant k_{2i+1}$；

(2)$k_i \geqslant k_{2i}$ 且 $k_i \geqslant k_{2i+1}$ $(1 \leqslant i \leqslant \lfloor n/2 \rfloor)$。

满足第 1 种情况的堆称为小根堆，满足第 2 种情况的堆称为大根堆。

堆也可视为一棵完全二叉树。例如关键字序列{91,47,85,24,36,53,30,12}的大根堆对应的完全二叉树如图 8－13(a)所示，关键字序列{12,36,24,85,47,30,53,91}的小根堆对应的完全二叉树如图 8－13(b)所示。

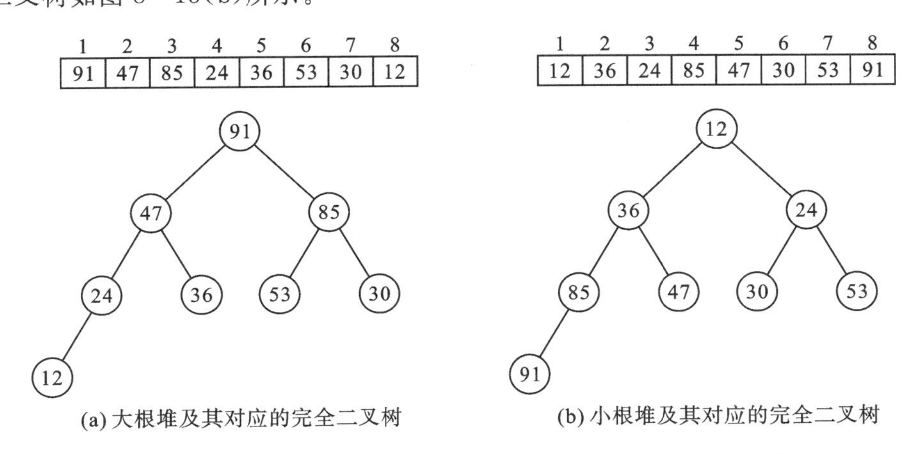

图 8－13　堆及其对应的完全二叉树

下面主要讨论大根堆。从大根堆的定义可以看出：

(1)堆顶(根节点)一定是堆中所有节点的最大值；

(2)较大节点可能更靠近堆顶；

(3)堆的顺序存储结构可视为一棵完全二叉树的顺序存储。

2. 堆排序的基本思想

堆排序是利用大根堆进行排序的方法。其基本思想：首先将待排序的记录序列构造成一个大根堆。此时，选出堆中所有记录的最大值即堆顶记录。然后，将它从堆中移走，并将剩余的记录再调整成堆，这样又找到了次大的记录。以此类推，直到最终只有一个记录为止。堆排序基本思想如图 8－14 所示。

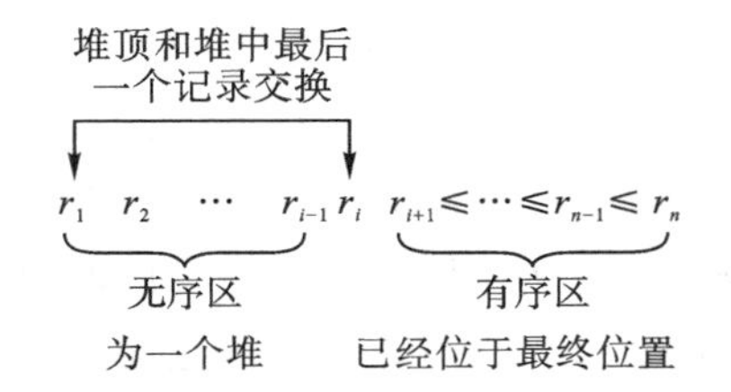

图 8-14　堆排序基本思想的示意图

在堆排序中需要解决的关键问题：

(1)如何将一个无序序列构造成一个堆，即如何初始建堆？

(2)输出堆顶记录后，如何调整剩余记录成为一个新的堆，即如何重建堆？

3. 重建堆

重建堆是堆排序的核心操作。在一棵完全二叉树中，根节点的左右子树均是堆，如果调整根节点可以使整个完全二叉树成为一个堆。图 8-15(a)是一棵完全二叉树，且根节点的左右子树是堆。输出堆顶 91，将堆底 36 送入堆顶。这样，破坏了堆的性质。为了将整个二叉树调整为堆，首先将根节点与左右子树的根节点比较，根据堆的性质，交换根节点 36 与左右子树中的大值，即交换 36 和 85，如图 8-15(b)所示。经过一次交换，破坏了原来左子树的堆性质，需要对左子树再进行调整，如图 8-15(c)所示。调整后堆如图 8-15(d)所示。这个自堆顶至叶子的调整过程称为“筛选”。

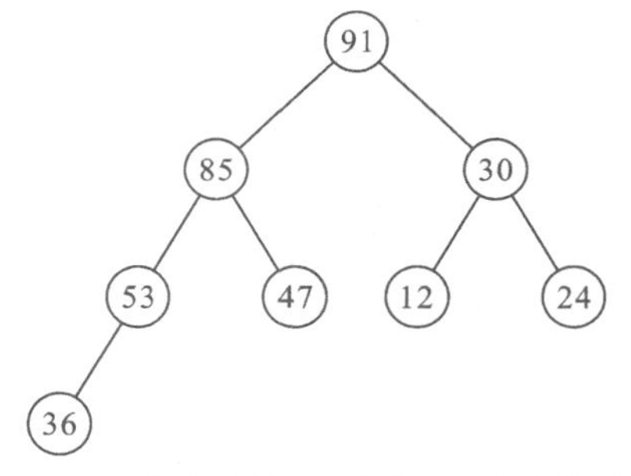

(a) 输出堆顶91，将堆底36送入堆顶

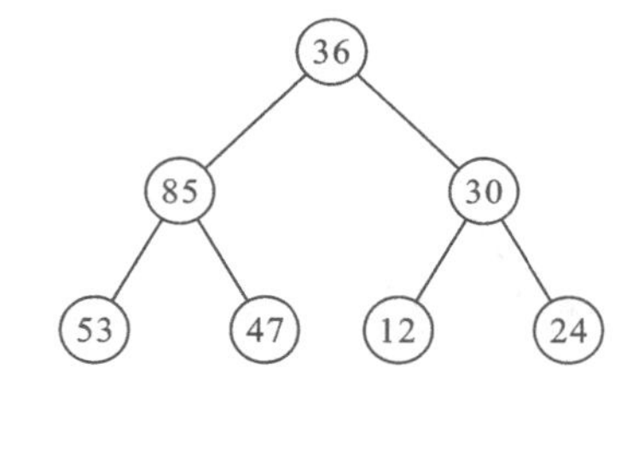

(b) 堆性质被破坏，根节点与左右子树中的大值交换，即36和85交换

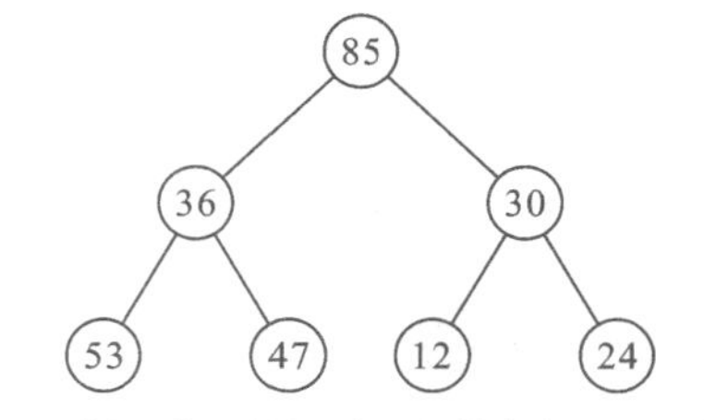

(c) 左子树不满足堆性质，根节点与左右子树中的大值交换，即36和53交换

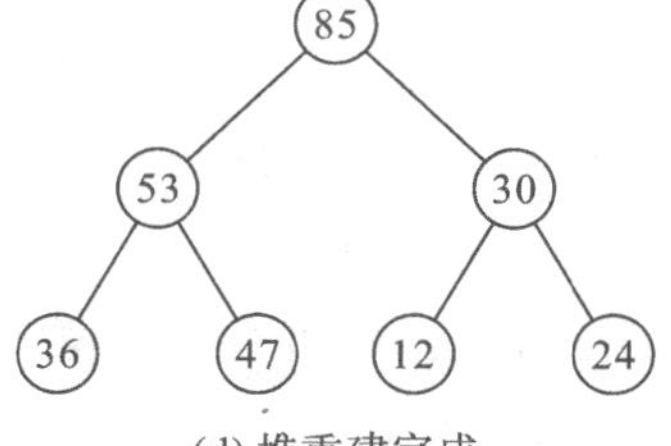

(d) 堆重建完成

图 8-15　堆重建的调整过程

假设当前要选出的节点编号为 k，堆中最后一个节点的编号为 m，并且节点的左右子树均是堆(即 r[k+1]～r[m]满足堆的性质)，则筛选算法的伪代码描述如下：

1 设 i 和 j 分别指向当前要筛选的节点和要筛选节点的左孩子。

2 执行下列操作，直到节点 i 被交换到叶节点：

  2.1 如果节点 i 有右孩子，则将 j 指向节点 i 的左右孩子中关键字较大的节点；

  2.2 如果节点 i 的关键字比节点 j 的关键字大，则筛选完毕，否则：

    2.2.1 交换 r[i]和 r[j]；

    2.2.2 令 i=j，转步骤 2 继续进行筛选。

筛选算法的 C 语言描述扫描下页二维码可得。

4. 建立初始堆

对于一个初始无序序列，建堆的过程就是一个反复进行筛选的过程。一棵具有 n 个节点的完全二叉树，最后一个非终端节点是第$\lfloor n/2 \rfloor$个元素。所以，筛选只能从第$\lfloor n/2 \rfloor$个元素开始。先检查第$\lfloor n/2 \rfloor$个元素为根的子树是否符合堆性质，如果不符合，则该子树的根与其左右孩子交换，使该子数成为堆。如果符合堆性质，则检查以第$\lfloor n/2 \rfloor-1$ 个元素为根的子树，重复上述过程，直至树根也符合堆的性质为止。

检查子树是否为堆的过程与重建堆的过程是一样的。由于这个过程是由底向上检查的，所以也称该筛选过程为上筛。例如，对无序表{53,36,30,91,47,12,24,85}建立初始堆，如图 8 - 16 所示。

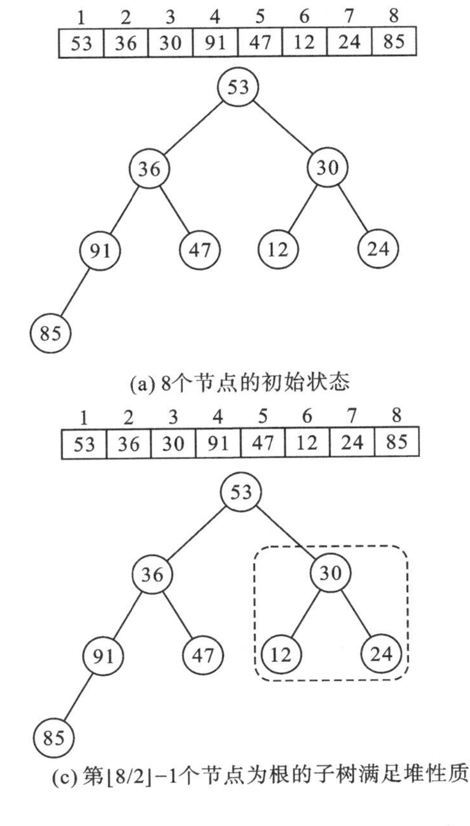

(a) 8个节点的初始状态

(c) 第⌊8/2⌋-1个节点为根的子树满足堆性质

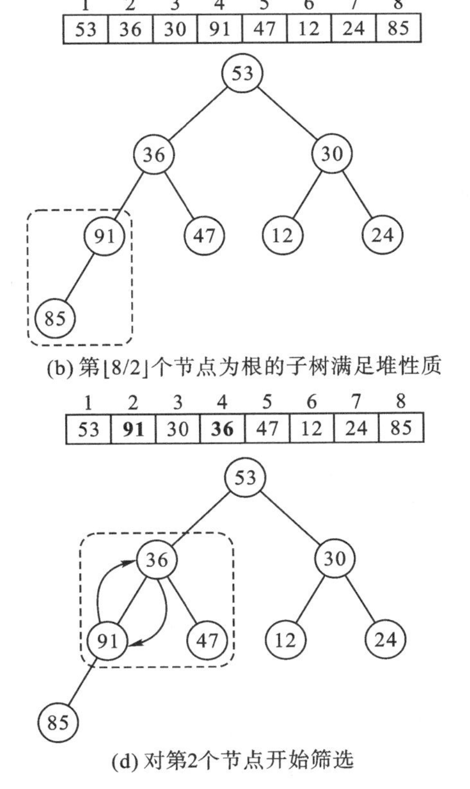

(b) 第⌊8/2⌋个节点为根的子树满足堆性质

(d) 对第2个节点开始筛选

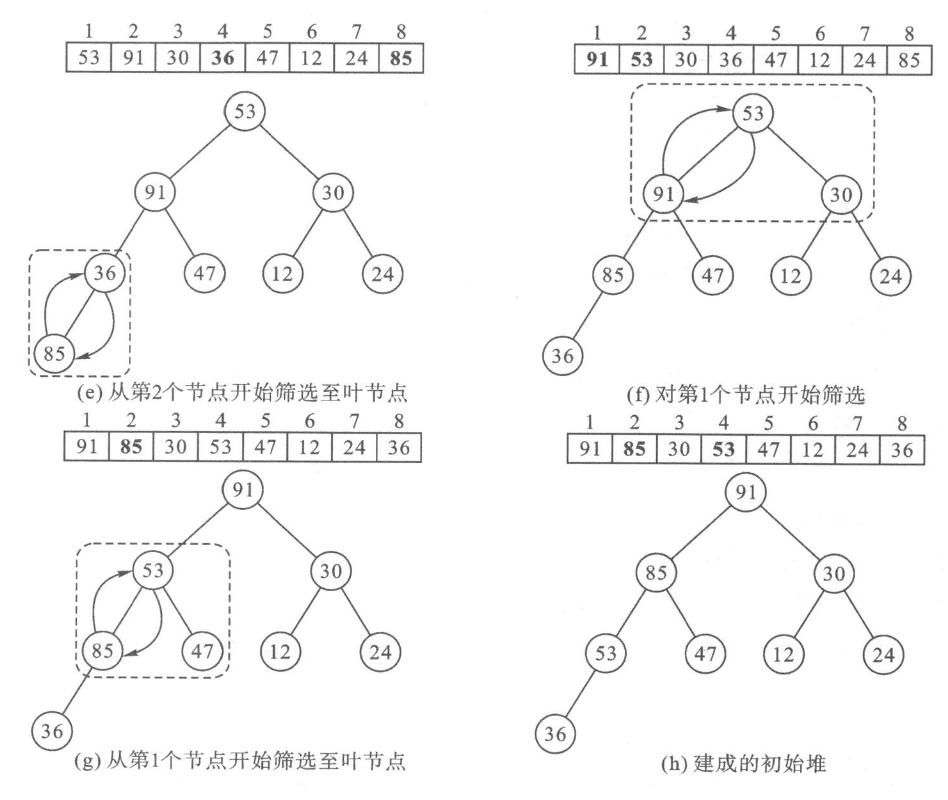

图 8－16　建立初始堆的过程

5. 堆排序

设有 n 个记录的序列，其堆排序的伪代码如下：

1 建立初始堆，令 i＝n。

2 根节点和第 i 个节点交换，再调整前 i—1 个节点为堆。

3 i——。

4 重复步骤 2、3，直至 i＝2 为止。

5 逆序输出堆排序的最终结果。

堆排序算法的 C 语言源码扫描右侧二维码可得。

堆排序算法源码

6. 算法分析

1)时间复杂度

堆排序的时间主要由建立初始堆和反复重建堆这两部分时间构成，它们均是通过调用 shift 函数实现的。

建立初始堆是调$\lfloor n/2 \rfloor$次 shift 函数，总的时间开销为 $O(n)$。

第 i 次取堆顶记录，重建堆需要时间为 $O(\log_2 n)$，并且需要取 $n-1$ 次堆顶记录。因此，重建堆的时间复杂度为 $O(n\log_2 n)$。

实际上，堆排序和直接选择排序算法一样，其时间性能与初始序列的顺序无关。也就是说，堆排序算法的最好、最坏和平均时间复杂度都是$O(n\log_2 n)$。

2)空间复杂度

在堆排序算法中，只需要一个用来交换的暂存单元。因此，堆排序算法的空间复杂度为$O(1)$。

3)稳定性

由于记录的比较和交换是跳跃式的，因此，堆排序是一种不稳定的排序方法。

4)结论

由于建立初始堆所需要的比较次数较多，因此，堆排序不适于待排序记录个数较少的情况。堆排序适用于待排序记录个数较多、原始记录任意排列(包括反序)的情况。

同步训练与拓展训练

一、同步训练

1.从未排序序列中挑选元素，并将其依次放入已排序序列(初始时为空)一端的方法，称为(　　)。

A.归并排序　　B.冒泡排序　　C.插入排序　　D.选择排序

2.下列关键字序列中，(　　)是堆。

A.16,72,31,23,94,53　　B.94,23,31,72,16,53

C.16,53,23,94,31,72　　D.16,23,53,31,94,72

3.堆是一种(　　)排序。

A.插入　　B.选择　　C.交换　　D.归并

4.堆的形状是一棵(　　)。

A.二叉排序树　　B.满二叉树　　C.完全二叉树　　D.平衡二叉树

5.若一组记录的排序码为(46,79,56,38,40,84)，则利用堆排序的方法建立的初始堆为(　　)。

A.79,46,56,38,40,84　　B.84,79,56,38,40,46

C.84,79,56,46,40,38　　D.84,56,79,40,46,38

6.数据表中有10000个元素，如果仅要求求出其中最大的10个元素，则采用(　　)算法最节省时间。

A.冒泡排序　　B.快速排序　　C.简单选择排序　　D.堆排序

7.(2017年真题)下列排序方法中，若将顺序存储更换为链式存储，则算法的时间效率会降低的是(　　)。

Ⅰ.插入排序　Ⅱ.选择排序　Ⅲ.冒泡排序　Ⅳ.谢尔排序　Ⅴ.堆排序

A.仅Ⅰ、Ⅱ　　B.仅Ⅱ、Ⅲ　　C.仅Ⅲ、Ⅳ　　D.仅Ⅳ、Ⅴ

8.(2018 年真题)在将数据序列(6,1,5,9,8,4,7)建成大根堆时,正确的序列变化过程是(　　)。

A. 6,1,7,9,8,4,5→6,9,7,1,8,4,5→9,6,7,1,8,4,5→9,8,7,1,6,4,5

B. 6,9,5,1,8,4,7→6,9,7,1,8,4,5→9,6,7,1,8,4,5→9,8,7,1,6,4,5

C. 6,9,5,1,8,4,7→9,6,5,1,8,4,7→9,6,7,1,8,4,5→9,8,7,1,6,4,5

D. 6,1,7,9,8,4,5→7,1,6,9,8,4,5→7,9,6,1,8,4,5→9,7,6,1,8,4,5→9,8,6,1,7,4,5

9.(2020 年真题)对大部分元素已有序的数组进行排序时,直接插入排序比简单选择排序效率更高,其原因是(　　)。

Ⅰ.直接插入排序过程中元素之间的比较次数更少

Ⅱ.直接插入排序过程中所需要的辅助空间更少

Ⅲ.直接插入排序过程中元素的移动次数更少

A. 仅Ⅰ　　B. 仅Ⅲ　　C. 仅Ⅰ、Ⅱ　　D. Ⅰ、Ⅱ和Ⅲ

10.(2020 年真题)下列关于大根堆(至少含 2 个元素)的叙述中,正确的是(　　)。

Ⅰ.可以将堆视为一棵完全二叉树

Ⅱ.可以采用顺序存储方式保存堆

Ⅲ.可以将堆视为一棵二叉排序树

Ⅳ.堆中的次大值一定在根的下一层

A. 仅Ⅰ、Ⅱ　　B. 仅Ⅱ、Ⅲ　　C. 仅Ⅰ、Ⅱ和Ⅳ　　D. 、Ⅲ和Ⅳ

11.(2021 年真题)将关键字 6,9,1,5,8,4,7 依次插入初始为空的大根堆 H 中,得到的 H 是(　　)。

A. 9,8,7,6,5,4,1　　B. 9,8,7,5,6,1,4

C. 9,8,7,5,6,4,1　　D. 9,6,7,5,8,4,1

二、拓展训练

1.设待排序的关键字序列为{12,2,16,30,28,10,**16**,20,6,18},试分别写出使用以下排序方法,每趟排序结束后关键字序列的状态:

(1)直接选择排序;

(2)堆排序。

2.假设有 n 个关键字不同的记录存于顺序表中,要求不经过整体排序而从中选出从大到小排序的前 $m(m\ll n)$ 个元素。试采用直接选择排序算法实现此选择过程。

3.已知$(k_1,k_2,k_3,\cdots,k_p)$是堆,设计算法,使$(k_1,k_2,k_3,\cdots,k_p,k_{p+1})$调整为堆。要求算法时间复杂度为 $O(\log_2 n)$。

同步训练与拓展训练
参考答案

8.5 归并排序

归并的含义是将两个或两个以上的有序序列合并成一个有序序列。最简单的归并是直接将两个有序序列合并成一个有序序列，即二路归并。

8.5.1 二路归并

这里讨论在同一个数组中，对相邻位置的两个有序序列进行合并，即 r[1…mid]和 r[mid+1…high]是 2 个有序序列，合并为一个有序序列，并存储在数组 r[1…high]中。

求解这个二路归并问题。首先回忆并复习第 2 章例 2-1 题，即两个升序的有序表 A 和 B，合并为一个升序有序表 C。这个二路归并和例 2-1 的归并方法是一样的，区别是二路归并的 2 个有序序列存储在同一个数组中，结果也存储在该数组中。

相邻的 2 个有序序列可视为 2 个独立的有序表。在归并过程中，可能会破坏原来的有序序列，所以，动态申请临时空间(即数组)r1，将归并结果暂存在临时数组 r1 中。等到合并完成后，再将归并结果 r1 的内容复制到数组 r 中，如图 8-17 所示。

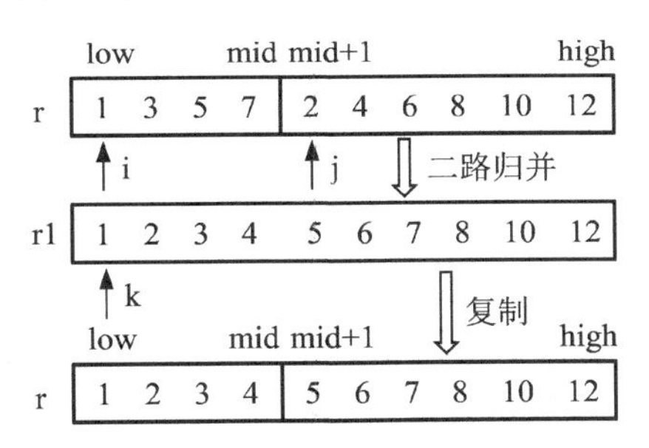

图 8-17　二路归并示意图

二路归并的伪代码如下：

1 动态申请临时空间 r1。

2 i,j,k 分别指向 2 个有序表 r[1…mid]和 r[mid+1…high]及临时空间的第 1 个位置。

3 若 2 个有序表 r[1…mid]和 r[mid+1…high]都没有结束，即 i<= mid && j<= high：

  3.1 若 r[i].key<=r[j].key，则 r1[k++]=r[i++]；

  3.2 否则，r1[k++]=r[j++]。

4 若有序表 r[1…mid]没有结束，即 i<=mid，剩余部分复制到 r1 中。

5 若有序表 r[mid+1…high]没有结束，即 j<=high，剩余部分复制到 r1 中。

6 归并结果 r1 的内容复制到数组 r 中。

二路归并的 C 语言描述如下：

```
int merge( RecType r[], int low,int mid, int high){
```

```
    int i,j,k;
    RecType *r1;
    r1=(RecType *)malloc((high-low+1)*sizeof(RecType));
    if(!r1){printf("malloc fail!");    return 0;}
    i=low; j=mid+1; k=0;
    while( i<= mid && j<= high )
        if( r[i].key<=r[j].key )r1[k++]=r[i++];
        else r1[k++]=r[j++];
    while(i<=mid) r1[k++]=r[i++];
    while(j<=high) r1[k++]=r[j++];
    for(k=0,i=low; i<=high; k++,i++) r[i]=r1[k];
    free(r1);
    return 1;
}
```

8.5.2 自底向上归并排序

1. 自底向上归并排序的基本思想

利用二路归并可以实现排序。其基本思想：假设初始的序列含有 n 个记录，可以看成 n 个有序的子序列，每个子序列的长度为 1，然后两两归并，得到 $\lceil n/2 \rceil$ 个长度为 2 或 1 的有序子序列；再两两归并，如此重复直到得到一个长度为 n 的有序序列为止。这种排序方法称为自底向上的二路归并排序。

在二路归并排序中，需要解决的关键问题：

(1)如何利用二路归并完成一趟归并？

(2)如何控制二路归并排序的结束？

利用二路归并排序思想，对关键字序列{49,97,65,38,**49**,27,13}进行排序(相同的关键字用粗体区别)，如图 8-18 所示。

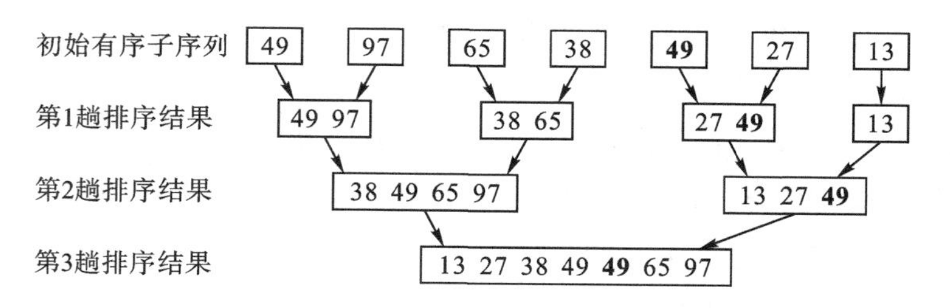

图 8-18 自底向上归并排序示意图

2. 自底向上归并的排序方法

在某趟二路归并中，设各个子序列的长度为 length，最后一个子序列的长度可能小于 length，则二路归并数组 r[1⋯n]中共有$\lceil n/\text{length}\rceil$个有序子序列：

r[1⋯length]，r[length+1⋯2×length]，⋯，r[⌈n/length⌉×length+1⋯n]

$\lceil n/\text{length}\rceil$可以是奇数，也可以是偶数。若是奇数，意味着最后一个子序列不和其他子序列进行归并（即本趟轮空）；若是偶数，意味着最后一个子序列的长度可能小于 length。

在一趟二路归并过程中，设参数 i 指向待归并序列的第一个记录，根据上述情况，具体可分为以下三种状态（如图 8－19 所示）：

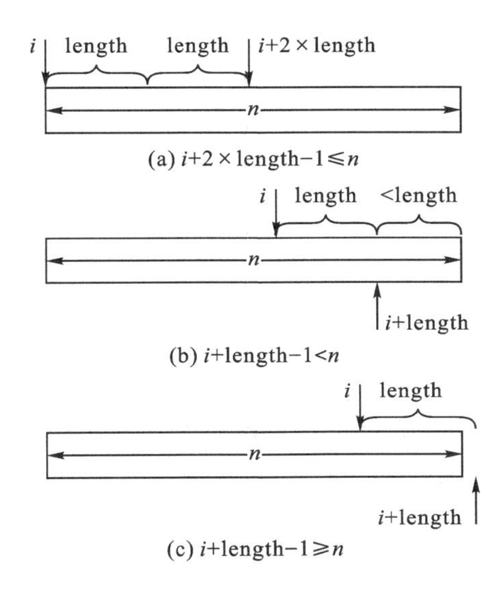

图 8－19　一趟二路归并的三种状态

(1)若 $i+2\times\text{length}-1\leqslant n$，表示待归并的两个相邻有序子序列的长度均为 length。执行一次归并，由于归并步长为 2×length，所以，归并完成后，将 i 更新为 $i+2\times\text{length}$，准备下一趟归并。

(2)若 $i+\text{length}-1<n$，表示仍有两个相邻有序子序列，一个序列长度为 length，另一个序列长度小于 length，则执行这两个有序子序列的归并，完成后退出本趟归并。

(3)若 $i+\text{length}-1\geqslant n$，表示只剩一个有序子序列，且存储在 r 数组中。该子序列不需要归并（轮空），退出本趟归并。

一趟二路归并算法的 C 语言描述如下：

```
void mergePass(RecType r[], int length,int n)    //一趟归并
{
    int i;
    for(i=1; i+2 * length-1<=n; i=i+2 * length)
```

```
        merge(r,i,i+length-1,i+2*length-1);
    if(i+length-1 < n)
        merge(r,i,i+length-1,n);
}
```

在进行二路归并排序时,第1趟归并排序对应 length=1,第2趟归并排序对应 length=2,依此类推。每一次 length 增大1倍,但 length 总是小于 n,所以总趟数为$\lceil \log_2 n \rceil$。对应的算法描述如下:

```
void bottomUpMergeSort(RecType r[], int n)    //自底向上二路归并排序
{
    int length;
    for(length=1; length<=n; length=2*length)    //进行 log2n 趟归并
        mergePass(r,length,n);
}
```

3. 算法分析

1)时间复杂度

一趟归并将 r[1…n]中相邻长度为 length 的有序序列进行两两归并,结果先放到 r1 中,最后再存入数组 r 中,这需要将待排序序列中的所有记录扫描 2 遍,因此耗费时间 $O(n)$。整个自底向上二路归并排序需要进行$\lceil \log_2 n \rceil$趟排序,因此,总的时间代价为 $O(n\log_2 n)$。这是自底向上二路归并排序算法最好、最差、平均的时间性能。

2)空间复杂度

自底向上二路归并排序在归并过程中,需要暂时存放归并结果,其占用的存储空间与原始记录序列一样大。因此,空间复杂度为 $O(n)$。

3)稳定性

由一趟归并算法 if 语句的条件(r[i]. key<=r[j]. key)可知,自底向上二路归并排序是一种稳定的排序方法。

8.5.3 自顶向下归并排序

1. 自顶向下归并排序的基本思想

采用分治法,将待排序的序列 r[1…n]分解为两个子序列,再对两个子序列依次用同样的方法进行排序,待两个子序列均有序时,将两个子序列归并为一个序列。自顶向下归并排序是用递归的方法实现二路归并排序。

使用二路归并排序递归实现的方法,对关键字序列{49,97,65,38,**49**,27,13}进行排序(相

同的关键字用粗体区别)，如图 8-20 所示。

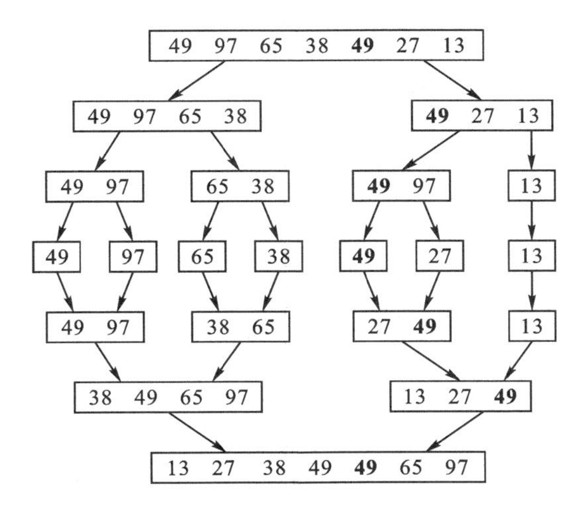

图 8-20　自顶向下归并排序递归实现示意图

2. 自顶向下归并的排序方法

设归并排序的当前区间是 r[low…high]，自顶向下归并排序的伪代码如下：

1 分解：将当前区间一分为二，即求分裂点 mid=[(low+high)/2]。

2 求解：递归地对两个子区间 r[low…mid]和 r[mid+1…high]进行归并排序，递归的终结条件：子区间长度为 1。

3 组合：将已排序的两个子区间 r[low…mid]和 r[mid+1…high]归并为一个有序的区间 R[low…high]。

该算法的 C 语言描述如下：

```
void topDownMergeSort(RecType r[], int low, int high){    //自顶向下二路归并排序
    int mid;
    if(low < high){
        mid = (low+high)/2;
        topDownMergeSort(r, low, mid);
        topDownMergeSort(r, mid+1, high);
        merge(r,low,mid,high);
    }
}
```

3. 算法分析

1)时间复杂度

自顶向下归并排序每进行一次归并完成一趟排序，所以共进行 $n-1$ 趟排序，时间复杂度

为 $O(n\log_2 n)$。

2)空间复杂度

该算法的辅助空间为 $O(n)$,不是就地排序。若以单链表为存储结构,很容易给出就地的归并排序算法。

3)稳定性

自顶向下归并排序是一种稳定的排序方法。

同步训练与拓展训练

一、同步训练

1. n 条记录用自底向上归并排序方法进行排序,初始时有序区的个数为(　　)个。

A. 0　　B. 1　　C. $n-1$　　D. n

2. n 条记录用自底向上归并排序方法进行排序,需要进行的趟数为(　　)。

A. n 趟　　B. $n-1$ 趟　　C. $\lceil \log_2 n \rceil$趟　　D. $\lfloor \log_2 n \rfloor$趟

3. n 条记录用自底向上的归并排序方法进行排序,其时间复杂度为(　　)。

A. $O(\log_2 n)$　　B. $O(n)$　　C. $O(n\log_2 n)$　　D. $O(n^2)$

4. n 条记录用自顶向下归并排序方法进行排序,初始时有序区的个数为(　　)个。

A. 0　　B. 1　　C. $n-1$　　D. n

5. 自顶向下归并排序是(　　)的排序方法。

A. 稳定　　B. 不稳定

C. 时而稳定时而不稳定　　D. 前 3 个选项都不对

6. 在下面的排序方法中,辅助空间为 $O(n)$ 的是(　　)。

A. 谢尔排序　　B. 堆排序　　C. 选择排序　　D. 归并排序

7. 下列排序算法中(　　)在一趟结束后不一定能选出一个元素放在其最终位置上。

A. 选择排序　　B. 冒泡排序　　C. 归并排序　　D. 堆排序

8. 下列四种排序方法,在排序中关键字比较次数同记录初始排列无关的是(　　)。

A. 直接插入　　B. 二分法插入　　C. 快速排序　　D. 归并排序

9. 若需在 $O(n\log_2 n)$ 的时间内完成对数组的排序,且要求排序是稳定的,则可选择的排序方法是(　　)。

A. 快速排序　　B. 堆排序　　C. 归并排序　　D. 直接插入排序

10. (2017 年真题)在内部排序时,若选择了归并排序而没有选择插入排序,则可能的理由是(　　)。

Ⅰ. 归并排序的程序代码更短

Ⅱ.归并排序的占用空间更少

Ⅲ.归并排序的运行效率更高

A.仅Ⅱ　　B.仅Ⅲ　　C.仅Ⅰ、Ⅱ　　D.仅Ⅰ、Ⅲ

二、拓展训练

1.设待排序的关键字序列为{12,2,16,30,28,10,**16**,20,6,18},试写出使用自底向上二路归并排序方法,每趟排序结束后关键字序列的状态。

2.有关键字序列(265,301,751,129,937,863,742,694,076,438),写出执行自顶向下归并排序方法时各趟排序结束后关键字序列的状态。

3.二路归并排序的另一种算法思想:先对待排序序列扫描一遍,找出并划分为若干个最大有序子序,将这些子序作为初始归并段进行归并。请在链表结构上设计该算法。

同步训练与拓展训练参考答案

8.6 分配排序

前面介绍的排序方法主要是通过关键字的比较和记录的移动这两种操作来实现排序的,分配类排序则利用分配和收集两种基本操作,基数类排序就是典型的分配类排序。

8.6.1 箱排序

1.箱排序基本思想

箱排序(bin sort)的基本思想:设置若干个箱子,依次扫描排序的记录R[0],R[1],…,R[$n-1$],把关键字等于k的记录全都装入第k个箱子里(称为分配),然后按序号依次将非空的箱子首尾连接起来(称为收集)。

2.箱排序实现方法及注意事项

箱排序主要有两种实现方法:

(1)每个箱子设为一个链队列。当一记录装入某箱子时,应进行入队操作将其插入该箱子尾部;而收集过程则是对箱子进行出队操作,依次将出队的记录放到输出序列中。

(2)若输入的待排序记录是以链表形式给出时,出队操作可简化为将整个箱子链表链到输出链表的尾部,只需要修改输出链表尾节点中的指针域,令其指向箱子链表的头,然后修改输出链表的尾指针,令其指向箱子链表的尾即可。

注意事项:

(1)箱排序中,箱子的个数取决于关键字的取值范围。

若R[0…n-1]中关键字的取值是0~$m-1$的整数,则必须设置m个箱子,因此箱排序要求关键字的类型是有限类型，否则可能要无限个箱子。

(2)箱子的类型应设计成链表。

一般情况下每个箱子中存放多少个关键字相同的记录是无法预料的，故箱子的类型设计成链表为宜。

(3)为保证排序是稳定的，分配及收集过程必须按先进先出原则进行。

3. 算法分析

分配过程的时间复杂度为 $O(n)$，收集过程的时间复杂度为 $O(m)$（采用链表来存储输入的待排序记录）或 $O(m+n)$，因此，箱排序的时间复杂度为 $O(m+n)$。若箱子个数 m 的数量级为 $O(n)$，则箱排序的时间复杂度是线性的，即 $O(n)$。

8.6.2 桶排序

桶排序(bucket sort)是箱排序的变种，桶排序的关键字必须是[0,1)上的实数。

1. 桶排序实现方法

把[0,1)划分为 n 个大小相同的子区间，每一个子区间是一个桶，然后将 n 个记录分配到各个桶中。因为关键字序列是均匀分布在[0,1)上的，所以一般不会有很多个记录落入同一个桶中。由于在同一个桶中，记录的关键字不尽相同，所以必须采用关键字比较的排序方法（通常用插入排序）对各个桶进行排序，然后依次将各非空桶中的记录连接（收集）起来即可。

2. 桶排序算法的 C 语言描述

```
#define  M 10                                   //m表示桶的个数
    //对r[0…n-1]进行桶排序，假设R[i].key≤100的非负整数
void BucketSort(RecType  r[N]){
    RecType B[M][N+1];
    int i,k,p=0,j[M]={0};      //j[i]为计数器，记录桶B[i]中记录个数
    for(i=0;i<N;i++)                              //分配过程
        B[r[i].key/10][++j[r[i].key/10]] = r[i];
    for(i=0;i<M;i++)                              //排序过程
        if(j[i]>0)                                //桶B[i]非空
            insertSort(B[i],j[i]);
    for(i=0;i<M;i++)            //收集过程
        if(j[i]>0)
            for(k=1;k<=j[i];k++,p++)
```

```
            r[p]=B[i][k];
}
```

说明：

(1)将区间[0,1)扩大为[0,100)，即假设 R[i].key 是小于等于 100 的非负整数，这样，只需设置 10 个桶 B[i]($0 \leqslant i < 10$)，B[i]用于存放十位为 i 的记录，为了与其他排序算法统一，B[i]采用顺序存储结构。

(2)为了能够顺利调用直接插入排序算法，对每个桶 B[i]均从下标为 1 的元素 B[i][1]开始存放，B[i][0]作为哨兵。

(3)由于每个桶 B[i]记录个数 j[i]可能不同，所以直接插入排序函数增加一个表示记录个数的参数。

3. 算法分析

1)时间性能

桶排序在平均情况下，即每个桶均匀分布 n/m 条记录，时间复杂度是 $O(n^2/m)$；在最好情况下，即每个桶只有一条记录，时间复杂度是线性的，即 $O(n)$；但在最坏情况下，即 n 条记录全落入了同一个桶，时间复杂度是 $O(n^2)$。

2)空间性能

桶排序采用顺序存储结构需要 $n \times m$ 个辅助空间，空间复杂度是 $O(m \times n)$；采用链式存储结构需要 n 个辅助空间，空间复杂度 $O(n)$。

3)稳定性

桶排序的稳定性与桶内所选排序方法有关，如果桶内所选排序方法是稳定的，那么桶排序方法就是稳定的；如果桶内所选排序方法是不稳定的，那么桶排序方法就是不稳定的。

8.6.3　基数排序

1. 最高位优先法和最低位优先法

基数排序(radix sort)是对箱排序的改进和推广。例如，一副扑克牌的排序就是使用基数排序的方法。扑克牌是根据花色和面值这两个关键字进行排序的。若规定花色和面值的顺序如下：

花色：梅花 < 方块 < 红桃 < 黑桃

面值：A < 2 < 3 < … < 10 < J < Q < K

并进一步规定花色的优先级高于面值，则一副扑克牌从小到大的顺序为：梅花 A，梅花 2，…，梅花 K；方块 A，方块 2，…，方块 K；红桃 A，红桃 2，…，红桃 K；黑桃 A，黑桃 2，…，黑桃 K。

通常采用下列两种方法对扑克牌进行排序。

(1)先按花色分成有序的4堆,然后再按面值对每一堆从小到大排序,最后将各堆依次叠放在一起得到一副有序的扑克牌。这种方法称为最高位优先法。

(2)先按面值从小到大把牌摆成13叠(每叠4张牌),然后将每叠牌按面值的次序叠放(收集)到一起,再对这些牌按花色摆成(分配)4叠,每叠有13张牌,最后把这4叠牌按花色的次序叠放(收集)到一起,于是就得到了一副有序的扑克牌。这种方法称为最低位优先法。

可见,最低位优先法比最高位优先法简单。最高位优先排序必须将一副扑克牌分成若干子堆,然后各子堆内排序,即将记录序列逐层分割成若干子序列,然后各子序列独立排序;最低位优先排序不必分成子堆,先按面值对整副扑克牌进行排序,再按花色对整副扑克牌进行排序,即不必分割记录序列,每个关键字都对整个序列进行排序,且可通过若干次“分配”和“收集”实现排序。

一般情况下,假设有 n 个记录的序列 $(R_1, R_2, \cdots, R_n)$,且每个记录 R_i 的排序码中含有 d 个关键字 $(k_{i,0}, k_{i,1}, \cdots, k_{i,d-1})$,则称序列对排序码 $(k_0, k_1, \cdots, k_{d-1})$ 有序是指对于序列中任意两个记录 R_i 和 R_j $(1 \leqslant i \leqslant j \leqslant n)$ 满足词典次序有序关系

$$(k_{i,0}, k_{i,1}, \cdots, k_{i,d-1}) < (k_{j,0}, k_{j,1}, \cdots, k_{j,d-1})$$

其中,k_0 称为最高位关键字,k_{d-1} 称为最低位关键字。

实现分配排序有两种方法:第一种是先对最高位关键字 k_0 排序,然后依次对关键字 k_1, $k_2, \cdots, k_{d-1}$ 排序,之后形成有序序列,这种方法称为最高位优先法(most significant digit first)。第二种是先对最低位关键字 k_{d-1} 排序,然后依次对关键字 $k_{d-2}, \cdots, k_1, k_0$ 排序,之后形成有序序列,这种方法称为最低位优先法(least significant digit first)。

2. 链式基数排序思想

采用链式基数排序首先把每个排序码看成是一个 d 元组:

$$K_i = (K_{i,0}, K_{i,1}, \cdots, K_{i,d-1})$$

其中,每个 $K_{i,j}$ 都是集合 $\{C_0, C_1, \cdots, C_{r-1}\}$ $(C_0 < C_1 < \cdots < C_{r-1})$ 中的值,即 $C_0 \leqslant K_{i,j} \leqslant C_{r-1}$ $(0 \leqslant i \leqslant n-1, 0 \leqslant j \leqslant d-1)$,其中 r 称为基数。排序时先按 $K_{i,d-1}$ 从小到大将记录分配到 r 个堆中,然后依次收集,再按 $K_{i,d-2}$ 从小到大将记录分配到 r 个堆中,如此反复,直到对 $K_{i,0}$ 进行分配、收集,得到的便是排好序的序列。

例如,排序码是十进制整数,则按个、十等位进行分解,基数 $r=10, C_0=0, C_9=9$, d 为排序码中最长整数的位数。又如,排序码是小写的英文字符串,则基数 $r=26, C_0='a', C_{25}='z'$, d 为字符串最大长度。

下面以关键字序列{278,109,063,930,589,184,505,269,008,083}为例,说明链式基数排序的过程,如图8-21所示。

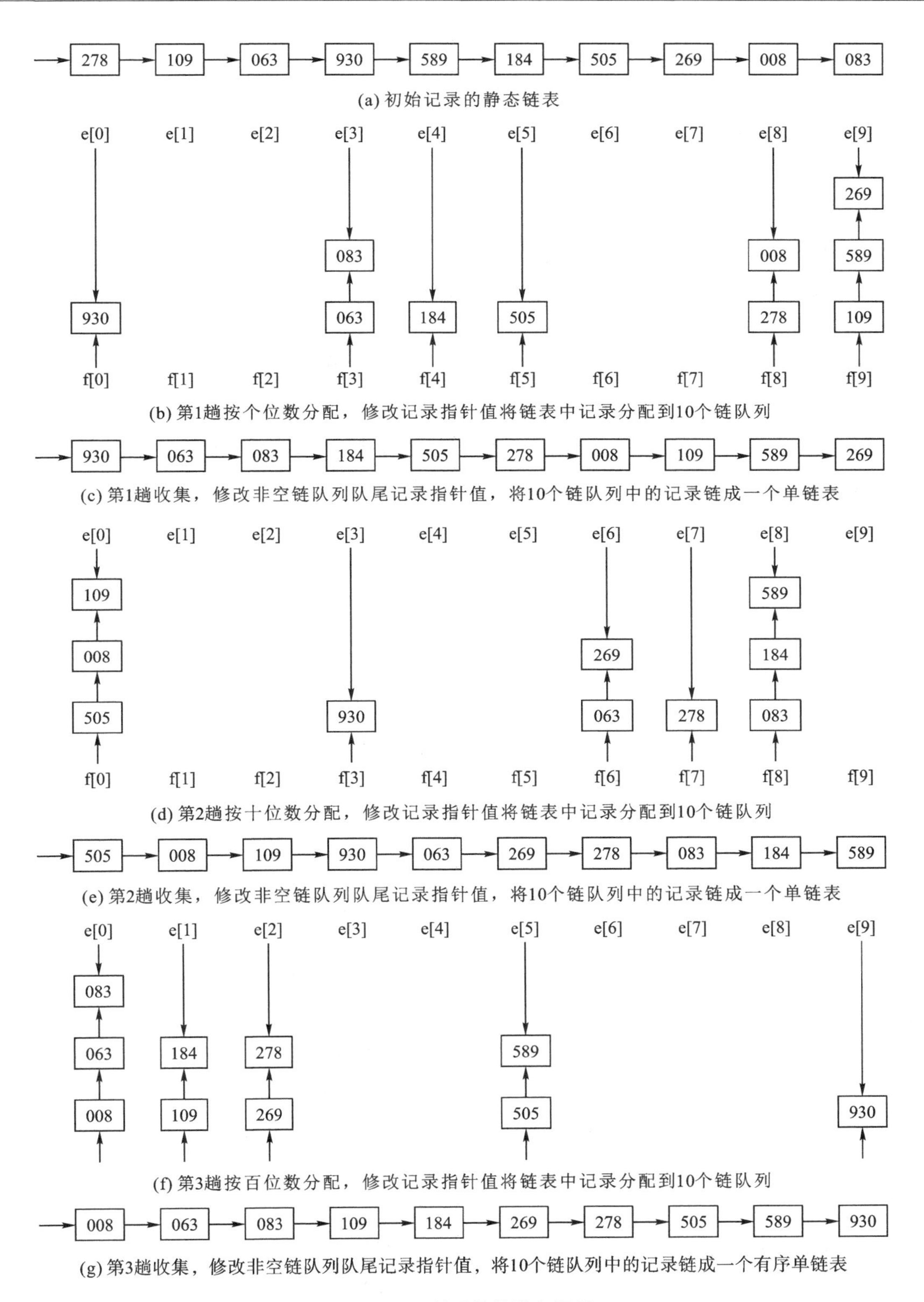

图 8-21　链式基数排序示例

3. 链式基数排序的算法

(1)数据类型。

(2)分配算法 voiddistribute(NodeType *r, int i, ArrType f, ArrType e)。

(3)收集算法 voidcollect(NodeType *r, int i, ArrType f, ArrType e)。

(4)排序算法 voidradixSort(SLList *L)。

链式基数排序算法源码扫描右侧二维码可得。

链式基数排序算法源码

4. 算法分析

1)时间复杂度

设待排序序列有 n 个记录，d 个关键字，基数为 r。基数排序算法中，时间主要耗费在修改指针上。一趟分配的时间复杂度为 $O(n)$，一趟收集的时间复杂度为 $O(r)$，一趟排序的时间为 $O(r+n)$。总共要进行 d 趟排序，基数排序的时间复杂度是 $O(d(r+n))$。当 n 较大、d 较小，特别是记录的信息量较大时，基数排序非常有效。

2)空间复杂度

基数排序需要 $2\times r$ 个指向链队列的辅助空间，以及用于静态链表的 n 个指针。因此，空间复杂度为 $O(n+r)$。

3)稳定性

基数排序是一种稳定的排序方法。

同步训练与拓展训练

一、同步训练

1. 下面的排序算法中，稳定的是(　　)

A. 直接选择排序　　B. 堆排序　　C. 快速排序　　D. 基数排序

2. 一趟箱排序是指对记录进行(　　)操作。

A. 分配　　B. 收集　　C. 分配和收集　　D. 分配或收集

3. 桶排序是(　　) 的箱排序。

A. 记录的关键字为整数　　B. 记录的关键字为字符

C. 记录的关键字为实数　　D. 记录的关键字为[0,1)范围内实数

4. 桶排序分配过程完成后，按桶编号由小到大依次收集，而对桶中含有的多条记录需要(　　)。

A. 直接收集　　B. 比较排序后收集

C. 桶排序后收集　　D. 箱排序后收集

5. 含有 n 条记录 m 个桶的桶排序的平均时间复杂度为(　　)。

A. $O(n^2)$　　B. $O(n^2/m)$　　C. $O(n)$　　D. $O(m)$

6. 基数排序是对含有(　　)记录进行排序的排序方法。

A. 单关键字　　B. 多关键字

C. 单关键字或多关键字　　D. 既有单关键字又有多关键字

7. 对 n 条记录进行基数排序,如果每条记录关键字的最多位数为 d,关键字的每个分量的取值范围为$[C_0,C_{r-1}]$,则(　　)是箱子的个数,即基数。

A. n　　B. d　　C. r　　D. $r-1$

8. 对每条记录关键字最多位数为 d、基数为 r 的 n 条记录进行基数排序的时间复杂度为(　　)。

A. $O(n)$　　B. $O(d(n+r))$　　C. $O(n+d)$　　D. $O(n+r)$

9. (2021 年真题)设数组 S[] = {93, 946, 372, 9, 146,151, 301, 485, 236, 327, 43, 892},采用最低位优先基数排序法将 S 排列成升序序列。第 1 趟分配、收集后,元素 372 之前、之后紧邻的元素分别是(　　)。

A. 43,892　　B. 236,301　　C. 301,892　　D. 485,301

二、拓展训练

1. 对关键字序列{55,46,13,05,94,17,42}进行链式基数排序,写出每一趟排序后的结果。

2. (2021 年真题)已知某排序算法如下:

```
void  cmpCountSort(int a [],int b [],int n)
{
    int  i,j,*count;
    count=(int *)malloc(sizeof(int)*n);
    //C++语言:count=new int [n];
    for(i=0;i<n;i++)     count[i]=0;
    for(i=0;i<n-1;i++)
        for(j=i + 1;j <n;j ++)
            if(a[i]<a[j])   count[j]++;
            else  count[i]++;
    for(i=0;i<n;i++)  b[count[i]]= a [i];
    free(count) ;     //C++语言:delete count;
}
```

请回答下列问题:

(1)若有 int　a[ ] = { 25 ,-10 ,25 ,10, 11, 19 } , b[6],则调用 cmpCountSort (a, b, 6)后数组 b 中的内容是什么?

(2)若 a 中含有 n 个元素,则算法执行过程中,元素之间的比较次数是多少?

(3)该算法是稳定的吗?若是,则阐述理由;否则,修改为稳定排序算法。

同步训练与拓展训练参考答案

8.7 排序算法的比较

排序在计算机程序设计中非常重要，上面介绍的各种排序方法各有优缺点，适用的场合也各不相同。一般应从以下几个方面综合考虑。

1. 时间复杂度和空间复杂度

各种排序方法的时间复杂度和空间复杂度如表 8－1 所示。

表 8－1 各种排序方法时间和空间性能的比较

排序方法	时间复杂度			空间复杂度	稳定性
	平均情况	最好情况	最坏情况		
直接插入排序	$O(n^2)$	$O(n)$	$O(n^2)$	$O(1)$	稳定
谢尔排序	$O(n\log_2 n)\sim O(n^2)$	$O(n^{1.3})$	$O(n^2)$	$O(1)$	不稳定
冒泡排序	$O(n^2)$	$O(n)$	$O(n^2)$	$O(1)$	稳定
快速排序	$O(n\log_2 n)$	$O(n\log_2 n)$	$O(n^2)$	$O(\log_2 n)\sim O(n)$	不稳定
直接选择排序	$O(n^2)$	$O(n^2)$	$O(n^2)$	$O(1)$	稳定
堆排序	$O(n\log_2 n)$	$O(n\log_2 n)$	$O(n\log_2 n)$	$O(1)$	不稳定
归并排序	$O(n\log_2 n)$	$O(n\log_2 n)$	$O(n\log_2 n)$	$O(n)$	稳定
基数排序	$O(d(r+n))$	$O(d(r+n))$	$O(d(r+n))$	$O(n+r)$	稳定

从平均情况来看，基数排序最佳，适用于 n 很大且关键字序列较小的情况；快速排序次之，适用于 n 很大且关键字无序的情况；归并排序的时间性能与堆排序相同，但它需要的辅助存储空间更多。

归并排序的空间复杂度为 $O(n)$；快速排序最好情况和平均情况空间复杂度为 $O(\log_2 n)$，最差情况空间复杂度为 $O(n)$；在基数排序中，如果将待排序记录的静态链表视为输入数据，则基数排序空间复杂度为 $O(r)$；其他排序空间复杂度为 $O(1)$。

2. 稳定性

各种排序方法的稳定性如表 8－1 所示。

(1)稳定方法：直接插入排序、冒泡排序、直接选择排序、归并排序和基数排序。

(2)不稳定方法：谢尔排序、快速排序和堆排序。

3. 记录本身除关键字外的其他信息量的大小

记录本身信息量越大，表明占用的存储空间就越多，移动记录花费的时间就越多。记录本身信息量大对直接插入排序和冒泡排序影响大；对直接选择排序影响小；对改进的算法（基数排序、快速排序、堆排序和谢尔排序)影响不大。

4. 关键字分布情况

(1)待排序记录为正序时,直接插入排序和冒泡排序时间复杂度为 $O(n)$。快速排序在正序和反序情况下,时间复杂度最差,达到 $O(n^2)$。

(2)基数排序、归并排序、堆排序和直接选择排序不受关键字分布情况的影响。

综合考虑以上因素,可以得出如下结论:

(1)若排序记录的数目 n 较小(如 $n \leqslant 50$)时,可采用直接插入排序或直接选择排序。由于直接插入排序所需的记录移动操作较直接选择排序多,因而当记录本身信息量较大时,用直接选择排序比较好。

(2)若记录的初始状态已经按关键字基本有序,可采用直接插入排序或冒泡排序。

(3)若排序记录的数目 n 较大,则可采用时间复杂度为 $O(n\log_2 n)$ 的排序方法(如快速排序、堆排序或归并排序等)。快速排序的平均性能最好,在待排序序列已经按关键字随机分布时,快速排序最适合。快速排序在最坏情况下的时间复杂度是 $O(n^2)$,而堆排序在最坏情况下的时间复杂度不会发生变化,并且所需的辅助空间少于快速排序。但这两种排序方法都是不稳定的排序,若需要稳定的排序方法,则可采用归并排序。

(4)基数排序可在 $O(dn)$(d 为关键字的个数,当 n 远远大于 d 时)时间内完成对 n 个记录的排序,但基数排序只适合于字符串和整数这种有明显结构特征的关键字。当 n 很大、d 较小时,可采用基数排序。

第 9 章　查　找

9.1　查找的基本概念

查找，也称检索。在日常生活中，随处可见查找的实例，例如查找某人的地址、电话号码，查某单位 20 岁以上职工等，都属于查找范畴。

1. 关键字定义

关键字是可以标识一个数据元素（或记录、节点、顶点）的某个数据项，关键字的值称为键值。

例如，描述一个考生的信息，可以包含：考号、姓名、性别、年龄、家庭住址，电话号码、成绩等关键字，但有些关键字不能唯一标识一个数据元素，而有的关键字可以唯一标识一个数据元素。如考生信息中，姓名不能唯一标识一个数据元素（每个考生考号是唯一的，不能相同的），如图 9－1 所示。

主关键字
次关键字
键值

考号	姓名	性别	年龄	家庭住址	电话号码	成绩
001	丁一	女	18	陕西西安	135××××678	88
002	倪二	男	19	陕西汉中	133××××321	92
003	张三	男	18	陕西延安	131××××678	86
…	…	…	…	…	…	…

图 9－1　关键字的有关概念

主关键字是能唯一标识一个数据元素的关键字。

次关键字是不能唯一标识一个数据元素的关键字，也称为辅助关键字。

在查找问题中，通常将数据元素称为记录。有了以上定义，可以定义查找的概念。

查找是在相同类型的记录构成的集合中找出满足给定条件的记录。

在实际应用中，给定的查找条件可能是多种多样的。为了突出查找主题，把查找条件限制为“匹配”，即查找关键字等于给定值的记录。

若表中有这样的记录称查找成功，可给出成功标志。例如，输出该记录或指出该记录在表中的位置；若表中不存在这样的记录，则称查找不成功或查找失败，可给出失败标志。例如，空指针或0，或将被查找的记录插入查找集合中。

2. 静态查找与动态查找

静态查找是指不涉及插入和删除操作的查找。静态查找在查找不成功时，只返回一个不成功标志，查找结果不会改变查找集合。

静态查找适合于一旦形成查找集合，便只对其进行查找，而不进行插入和删除，或经过一段时间的查找之后，集中地进行插入和删除等修改操作。

动态查找是指涉及插入和删除操作的查找。动态查找在查找不成功时，要将被查找的记录插入查找集合中，查找结果可能会改变查找集合。

动态查找适合于查找与插入、删除操作在同一阶段进行。

在某些应用中，查找操作是最主要操作，为了提高查找效率，需要专门为查找操作设置数据结构，这种面向查找操作的数据结构称为查找结构。

从逻辑上讲，查找所基于的数据结构是集合，即查找集合中记录之间没有关系，但为了获得较高的查找性能，在存储时可以将集合组织成表、树等结构。本章讨论的查找结构如下。

(1)线性表：适合于静态查找，主要适用顺序查找技术和折半查找技术。

(2)树表：适合用于动态查找，主要适用二叉排序树、B－树、B＋树等查找技术。

(3)散列表：静态查找和动态查找均使用，主要使用散列技术。

此外，若查找过程都在内存中进行，称为内查找；若查找过程需要访问外存，称为外查找。

3. 查找算法的性能

衡量一种查找算法的优劣，主要是看要找的值与关键字的比较次数。与比较次数有关的因素：查找算法、查找集合的规模、待查找关键字在查找集合中的位置。

同一查找集合、同一查找算法，待查关键字所处的位置不同，比较次数往往不同。所以，查找算法的时间复杂度是问题规模 n 和待查关键字在查找集合中的位置 k 的函数。

将查找算法进行关键字比较次数的数学期望值定义为平均查找长度。

将找到给定值与关键字的比较次数的平均值来作为衡量一个查找算法好坏的标准，用平均查找长度(average search length，ASL)表示。计算公式为

$$L_{AS}=\sum_{i=1}^{n}p_i c_i$$

其中，n 为问题规模，查找集合中的记录个数；p_i 为查找第 i 个记录的概率；c_i 为查找第 i 个记录所需的关键字比较次数。

显然，c_i 与算法密切相关，取决于算法；p_i 与算法无关，取决于具体应用。如果 p_i 是已知的(通常假设等概率)，则 ASL 只是问题规模 n 的函数。对于查找不成功的情况，平均查找长度即为查找失败时对应的关键字的比较次数。

9.2 线性表的查找

9.2.1 顺序查找

1. 顺序查找的基本思想

顺序查找是一种最简单的查找方法，它的基本思想：从表的一端开始，顺序扫描线性表，依次将扫描到的记录关键字和待找的值 k 相比较，若相等，则查找成功；若整个表扫描完毕，仍未找到关键字等于 k 的记录，则查找失败。

顺序查找既适用于顺序表，也适用于链表。若用顺序表，查找时可从前往后扫描，也可从后往前扫描；但若采用单链表，则查找时只能从前往后扫描。另外，顺序查找的表中元素可以是无序的。

2. 顺序查找算法实现

顺序查找算法的C语言实现如下：

```
typedef  int  InfoType;
typedef  int  KeyType;      //设定关键字类型为整型
typedef  struct
{  InfoType  data;
   KeyType  key;
}RecType;
//在表中查找关键字键值为k的元素,n是表的长度
int  seq_search (RecType  r[ ], int n, int k) //记录从下标为1处开始存放
{
    int i;
    for (i=1; i<=n && r[i].key! =k;i++);      //从表头开始向后扫描
    if(i<=n) return i;                        //查找成功,返回记录序号
    else return 0;                            //查找失败,返回0
}
```

顺序查找的缺点：每次比较后都要判断查找位置是否越界，降低了查找速度。

顺序查找的改进方法：设置“哨兵”，“哨兵”就是待查值，将它放在查找方向的“尽头”，免去在查找过程中每一次比较都要判断查找位置是否越界，从而提高了查找速度。改进算法的C语言描述如下：

```
int  seq_search (RecType  r[ ], int n, int k)  //记录从下标为1处开始存放
{
    int i=n;
```

```
    r[0].key=k;                    //设置 r[0].key 为“哨兵”
    while( r[i].key! =k)  i-- ;    //从表尾开始向前扫描
    return i;
}
```

3. 顺序查找性能分析

对于具有 n 个记录的顺序表，查找第 i 个记录时需要进行 $n-i+1$ 次关键字的比较。设每个记录的查找概率相等，则在查找成功时，顺序查找的平均查找长度为

$$L_{AS} = \frac{1}{n}\sum_{i=1}^{n}(n-i+1) = \frac{n+1}{2}$$

在查找不成功时，关键字的比较次数是 $n+1$ 次，则查找失败的平均查找长度为 $n+1$。

顺序查找的优点：算法简单，对表结构无任何要求，无论是用数组还是用链表来存放节点，也无论节点之间是否按关键字有序或无序，它都同样适用。

顺序查找的缺点：查找效率低，当 n 较大时，不宜采用顺序查找，而必须寻求更好的查找方法。

如果记录的查找概率不相等，为了提高查找效率，查找表需依据查找概率越高、比较次数越少，查找概率越低、比较次数越多的原则来存储数据元素。

9.2.2　折半查找

1. 折半查找的基本思想

折半查找，也称二分查找，是一种高效率的查找方法，但要求表中元素必须按关键字有序（升序或降序）排列。不妨假设表中元素为升序排列。

折半查找的基本思想：n 个元素的递增数据集合 R={r[1], r[2], …, r[n]}(r[i]≤r[i+1])，根据给定元素 k 进行折半查找。首先将待查值 k 与有序表的中点 mid 上的关键字 r[mid]. key进行比较，若相等，则查找成功；否则，若 r[mid]. key<k，则在 r[mid+1]到 r[n]中继续查找。每通过一次关键字的比较，区间的长度就缩小一半，区间的个数就增加一倍，如此不断进行下去，直到找到关键字为 k 的元素；若当前的查找区间为空表示查找失败。

折半查找算法伪代码如下：

1　设置初始区间 :low=1;high=n。

2　当 low>high 时，表空，返回查找失败信息。

3　若 low≤high，循环执行 3.1 至 3.4 操作，否则查找失败：

　3.1　取中点：mid=⌊(low+high)/2⌋;

　3.2　若 k=r[mid].key，查找成功，返回数据元素在表中位置；

　3.3　若 k<r[mid].key，在左半区查找，high=mid-1；转 3；

　3.4　若 k>r[mid].key，在右半区查找，low=mid+1；转 3。

2. 折半查找算法实现

折半查找算法的 C 语言描述如下：

```
int  bin_search(RecType  r[ ], int n, int k)        //记录从下标为 1 处开始存放
{
    int low=1, high=n, mid;
    while(low<=high)
    {
        mid=(low +high)/2;                             //取区间中点
        if (r[mid].key == k) return (mid);             //查找成功
        if (r[mid].key>k)
            high=mid-1;                                //在左子区间中查找
        else  low=mid+1;                               //在右子区间中查找
    }
    return 0;                                          //查找失败
}
```

例 9-1　设有序表关键字排列为 8,12,18,20,23,29,30,35,38,42,46,49,52,在表中查找关键字为 12 和 21 的记录。

解　记录关键字为 12 的查找过程如图 9-2 所示,记录关键字为 21 的查找过程如图 9-3 所示。

0	1	2	3	4	5	6	7	8	9	10	11	12	13
	8	12	18	20	23	29	30	35	38	42	46	49	52

low=1↑　　1 设置初始区间　　high=13↑

0	1	2	3	4	5	6	7	8	9	10	11	12	13
	8	12	18	20	23	29	30	35	38	42	46	49	52

2 表空测试，非空　　↑mid=7　　3.1 区间[1，13]取中点 mid

0	1	2	3	4	5	6	7	8	9	10	11	12	13
	8	12	18	20	23	29	30	35	38	42	46	49	52

low=1↑　　high=6↑　　3.3　12<r[mid].key,在左半区查找

0	1	2	3	4	5	6	7	8	9	10	11	12	13
	8	12	18	20	23	29	30	35	38	42	46	49	52

↑mid=3　　3　low≤high:　3.1　区间[1，6]取中点 mid

0	1	2	3	4	5	6	7	8	9	10	11	12	13
	8	12	18	20	23	29	30	35	38	42	46	49	52

low=1↑　↑high=2　　3.3　12<r[mid].key,在左半区查找

0	1	2	3	4	5	6	7	8	9	10	11	12	13
	8	12	18	20	23	29	30	35	38	42	46	49	52

↑mid=1　　3　low≤high:　3.1　区间[1，2]取中点 mid

0	1	2	3	4	5	6	7	8	9	10	11	12	13
	8	12	18	20	23	29	30	35	38	42	46	49	52

low=2↑↑high=2　　3.4　12>r[mid].key,在右半区查找

3　low≤high:　3.1　区间[2，2]取中点 mid;　3.2　12=r[mid].key，查找成功

图 9-2　记录关键字为 12 的折半查找过程

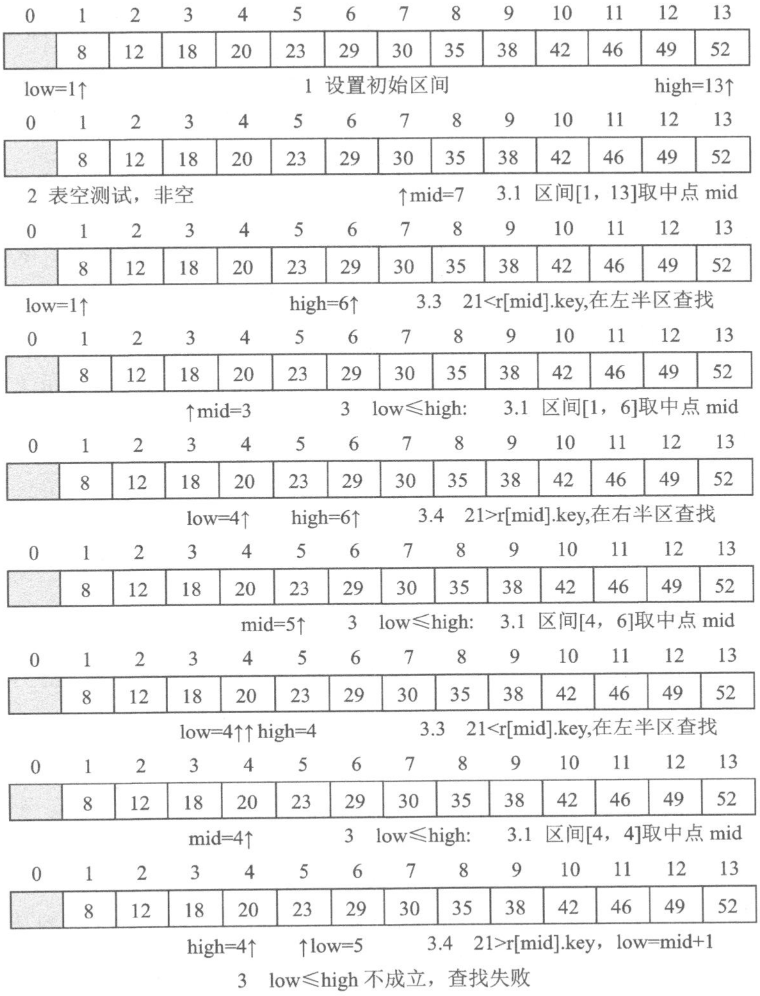

0	1	2	3	4	5	6	7	8	9	10	11	12	13
	8	12	18	20	23	29	30	35	38	42	46	49	52

low=1↑　　1 设置初始区间　　high=13↑

0	1	2	3	4	5	6	7	8	9	10	11	12	13
	8	12	18	20	23	29	30	35	38	42	46	49	52

2 表空测试，非空　　↑mid=7　　3.1 区间[1，13]取中点 mid

0	1	2	3	4	5	6	7	8	9	10	11	12	13
	8	12	18	20	23	29	30	35	38	42	46	49	52

low=1↑　　high=6↑　　3.3　21<r[mid].key,在左半区查找

0	1	2	3	4	5	6	7	8	9	10	11	12	13
	8	12	18	20	23	29	30	35	38	42	46	49	52

↑mid=3　　3　low≤high:　　3.1 区间[1，6]取中点 mid

0	1	2	3	4	5	6	7	8	9	10	11	12	13
	8	12	18	20	23	29	30	35	38	42	46	49	52

low=4↑　　high=6↑　　3.4　21>r[mid].key,在右半区查找

0	1	2	3	4	5	6	7	8	9	10	11	12	13
	8	12	18	20	23	29	30	35	38	42	46	49	52

mid=5↑　　3　low≤high:　　3.1 区间[4，6]取中点 mid

0	1	2	3	4	5	6	7	8	9	10	11	12	13
	8	12	18	20	23	29	30	35	38	42	46	49	52

low=4↑↑ high=4　　3.3　21<r[mid].key,在左半区查找

0	1	2	3	4	5	6	7	8	9	10	11	12	13
	8	12	18	20	23	29	30	35	38	42	46	49	52

mid=4↑　　3　low≤high:　　3.1 区间[4，4]取中点 mid

0	1	2	3	4	5	6	7	8	9	10	11	12	13
	8	12	18	20	23	29	30	35	38	42	46	49	52

high=4↑　　↑low=5　　3.4　21>r[mid].key，low=mid+1

3　low≤high 不成立，查找失败

图 9－3　记录关键字为 21 的折半查找过程

3. 折半查找的性能分析

为了分析折半查找的性能，用二叉树来描述折半查找过程。把当前查找区间的中点作为根节点，左子区间和右子区间分别作为根的左子树和右子树，左子区间和右子区间再按类似的方法，由此得到的二叉树称为描述折半查找过程的判定树或比较树。判定树中查找成功对应的节点称为内部节点，查找失败对应的节点称为外部节点。长度为 n 的折半查找判定树的构造方法如下：

(1)当 $n=0$ 时，折半查找判定树为空。

(2)当 $n>0$ 时，折半查找判定树的根节点是有序表中序号为 mid=$\lfloor (n+1)/2 \rfloor$的节点，根节点的左孩子是有序表 r[1]～r[mid－1]相应的折半查找判定树，根节点的右子树是 r[mid＋1]～r[n]相对应的折半查找判定树。

(3)构造外部节点:对内部节点中的每个单分支节点添加一个作为它孩子的外部节点,使其变成双分支节点;对于内部节点的每个叶节点添加两个作为它孩子的外部节点,使其变成双分支节点。

判定树刻画了所有查找情况下进行折半查找的比较过程。注意折半查找判定树的形态只与元素个数 n 相关,而与输入实例中的关键字取值无关。

例如,例 9-1 有序表关键字排列为:8,12,18,20,23,29,30,35,38,42,46,49,52,其判定树如图 9-4 所示。图中的圆形节点表示内部节点,内部节点中的数字表示该记录在有序表中的下标。长方形节点表示外部节点,外部节点中的两个值表示查找不成功时,关键字等于给定值的记录所对应的记录序号范围。如外部节点中"$i\sim j$"表示被查找值 k 是介于 r[i]. key 和 r[j]. key 之间的。"—1"表示 k 小于 r[1]. key 对应的外部节点,"13—"表示 k 大于 r[13]. key 对应的外部节点。

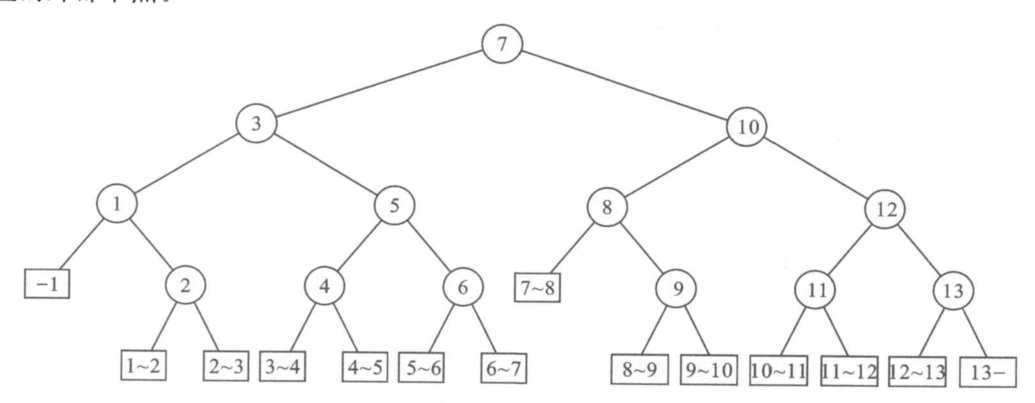

图 9-4 具有 13 个关键字序列的折半查找判定树

显然,查找有序表的中间记录 r[7](在第 1 层),只需要比较 1 次;查找表中记录 r[3]或 r[10](在第 2 层),需要比较 2 次。以此推理,可得:查找在二叉树第 k 层节点所在记录,需要比较 k 次(根节点为第 1 层)。第 k 层节点数最多为 2^{k-1} 个。则查找成功时,折半查找的时间复杂度如下。

最好情况:比较 1 次。

最坏情况:n 个节点的折半查找判定树最大深度为$\lfloor \log_2 n \rfloor+1$,因此,比较次数最多为$\lfloor \log_2 n \rfloor+1$。

平均情况:假设深度为 k 的折半查找判定树有 n 个节点,为便于讨论,设 $n=2^k-1$(满二叉树),且每个节点查找概率相等,则平均查找长度为

$$L_{\mathrm{AS}}=\sum_{i=1}^{n} p_i c_i=\frac{1}{n}\sum_{j=1}^{k} j\times 2^{j-1}=\frac{1}{n}(1\times 2^0+2\times 2^1+\cdots+k\times 2^{k-1})\approx \log_2(n+1)-1$$

所以,折半查找的平均时间复杂度为 $O(\log_2 n)$。

从判定树中可以看出,查找失败的过程是走了一条从根节点到外部节点的路径,和给定值进行比较的次数等于该路径上内部节点的个数,因此,查找不成功时和给定值比较的次数最多

也不超过树的深度。

注意，上述比较次数是指和给定值比较的关键字的个数，如比较 1 次表示给定值和 1 个关键字进行比较。实际上，这样简化计算并不影响算法的时间复杂度。后文都采取这种假设。

虽然折半查找的效率高，但要求查找表按关键字有序。另外，折半查找需要确定查找的区间，因此，要求查找表的存储结构具有随机存取特点，所以折半查找只适顺序表查找，不适于链表查找。但不能说折半查找不能用于链表，只能说采用顺序表结构，折半查找的算法设计更方便、效率更高。

例 9－2　给定 13 个记录的有序表（8，12，18，20，23，29，30，35，38，42，46，49，52），采用折半查找，请回答：

（1）若查找给定值为 20 的记录，将依次与表中哪些记录比较？

（2）若查找给定值为 33 的记录，将依次与表中哪些记录比较？

（3）假定查找表中每个记录的查找概率相等，查找成功时的平均查找长度和查找失败时的平均查找长度各多少？

解　对应的折半查找判定树如图 9－5 所示，节点序号换为记录的关键字。

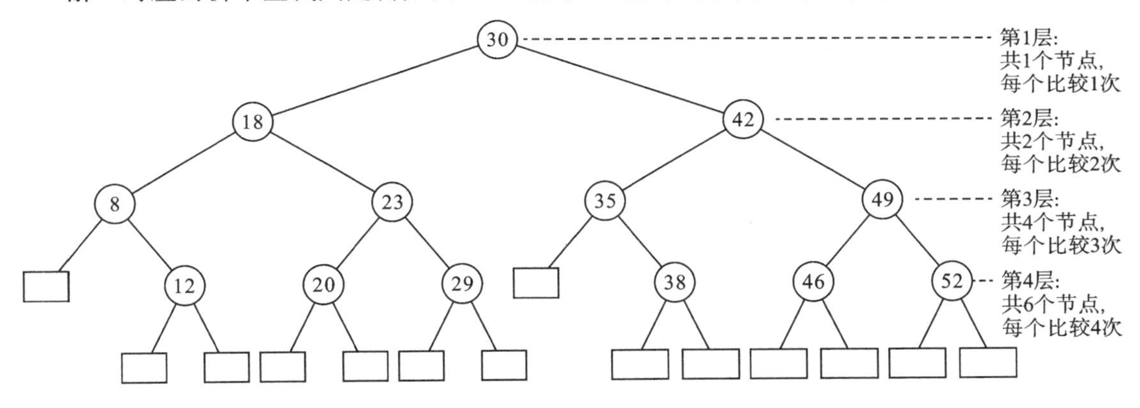

图 9－5　13 个关键字序列的折半查找判定树

（1）若查找给定值为 20 的记录，依次与表中 30、18、23、20 记录比较，共比较 4 次。

（2）查找给定值为 33 的记录，依次与 30、42、35 记录比较，共比较 3 次。

（3）查找成功时会找到图中某个内部节点，则成功时的平均查找长度

$$L_{AS成功}=\frac{1\times1+2\times2+4\times3+6\times4}{13}=3.15$$

查找失败时会找到图中某个外部节点，则失败时的平均查找长度

$$L_{AS失败}=\frac{2\times3+12\times4}{14}=3.85$$

9.2.3　分块查找

分块查找又称索引查找，是对顺序查找的一种改进，性能介于顺序查找和折半查找之间。

分块查找要求查找表分成若干个子表，并对查找表建立索引表。

假设查找表有 n 个元素，分成 b 个子表(也称块)，前 $b-1$ 块中元素数目 $s=\lfloor n/b \rfloor$，最后一块中元素数目小于等于 s。块内元素可以无序，但块间必须有序，这里假设块间为递增排列，即第 $i+1$ 块中的任一元素大于第 i 块中的任一元素($i<b$)，整个查找表是“分块有序”的。

索引表是 b 个索引项的集合，每个索引项对应查找表中的一个块。索引项包括两个字段：关键字字段和指针字段。关键字字段存储对应块中关键字的最大值，指针字段存储对应块的地址。这要求索引表按关键字有序排列，即索引项有序。

例如，设有一个线性表采用顺序表存储，其中包含 23 个记录，其关键字序列为(2,7,6,9,10,22,34,18,20,28,40,38,54,67,46,70,77,68,80,99,94,92,83)。假设将 23 个记录分成 5 块，前四块有 5 个记录，最后一块有 3 个记录。该线性表分块查找的存储结构如图 9－6 所示。可见，索引表中的关键字是有序的，每一块内记录的关键字是无序的。

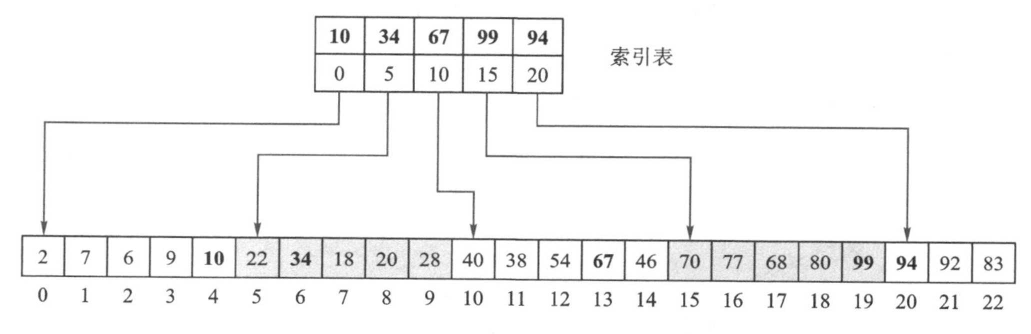

图 9－6　分块查找的存储结构示意图

分块查找的步骤：

(1)用给定值在索引表中检索索引项，确定给定值在哪个查找分块。

(2)对查找分块进行顺序查找，找到表明查找成功，否则，查找失败。

因为索引表是有序表，所以采用折半查找或顺序查找，块内记录无序，只能采用顺序查找。索引表类型定义如下：

```
typedef  struct
{
    KeyType  key;
    int low,high;
}IdxType;
```

分块查找的 C 语言实现如下：

```
int Blksearch(RecType r[], IdxType idx[], int bn, int k)
{   //索引项从下标为 1 处开始存放
    int low=1, high=bn, mid,i,j;
    while(low<=high)                          //索引表折半查找
```

```
    {
        mid=(low +high)/2;                          //取块区间的中心块
        if (idx[mid].key == k){ low=mid;  break;  } //找到查找块
        if (idx[mid].key>k)
            high=mid-1;                         //在 idx[low]~idx[mid-1]区间查找
        else  low=mid+1;                        //在 idx[mid+1]~idx[high]区间查找
    }
    if(low <= bn)                                   //确定查找块
    {
        i = idx[low].low;
        j = idx[low].high;
    }
    while(i<=j && r[i].key != k)                    //块内顺序查找
        i++;
    if(i>j)     return 0;                           //查找失败
    else        return i;                           //查找成功
}
```

算法分析:分块查找的主要代价是一个辅助索引数组增加了存储空间,以及初始线性表增加了分块排序运算。另外,当大量的插入、删除运算使块中节点数分布很不均匀时,查找速度将会下降。实际上,分块查找进行了两次查找,所以,整个算法的平均查找长度是两次查找平均查找长度之和。

假设有 n 个记录,分成 b 块,每块有 s 个记录。又假设表中每个记录的查找概率相等,则每个索引项的查找概率为 $1/b$,块内每个记录的查找概率为 $1/s$。若用顺序查找法,确定待查找记录所在的块,则有:

$$L_b = \frac{1}{b}\sum_{j=1}^{b} j = \frac{b+1}{2}, L_s = \frac{1}{s}\sum_{i=1}^{s} i = \frac{s+1}{2}$$

$$L_{AS} = L_b + L_s = \frac{b+s}{2} + 1$$

将 $b=\frac{n}{s}$ 代入,得:

$$L_{AS} = \frac{1}{2}\left(\frac{n}{s} + s\right) + 1$$

若用折半查找法确定待查记录所在的块,则有:

$$L_b = \log_2(b+1) - 1$$

$$L_{AS} = L_b + L_s = \log_2(b+1) - 1 + \frac{s+1}{2} \approx \log_2\left(\frac{n}{s}+1\right) + \frac{s}{2}$$

可见,平均查找长度不仅和表的总长度 n 有关,而且和所分的子表个数 b 有关。在表长 n

确定的情况下，b 取 $\sqrt{n}$ 时，$L_{AS}=\sqrt{n}+1$ 达到最小值。

分块查找的优点是在线性表中插入和删除一个节点时，只需要找到该节点所属的块，然后在块内进行插入和删除。由于块内节点无序，所以插入和删除比较容易，不需要移动大量的节点。插入可以在块尾进行，如果待删除记录不是块中最后一个记录时，可将块内最后一个记录移到被删除记录的位置。

同步训练与拓展训练

一、同步训练

1. 对 n 个元素的表进行顺序查找时，若查找每个元素的概率相同，则平均查找长度为（　　）。

A. $(n-1)/2$　　B. $n/2$　　C. $(n+1)/2$　　D. n

2. 适用于折半查找的表的存储方式及元素排列要求为（　　）。

A. 链接方式存储，元素无序　　B. 链接方式存储，元素有序

C. 顺序方式存储，元素无序　　D. 顺序方式存储，元素有序

3. 当在一个有序的顺序表上查找一个数据时，既可用折半查找，也可用顺序查找，但前者比后者的查找速度（　　）。

A. 必定快　　B. 不一定

C. 在大部分情况下要快　　D. 取决于表递增还是递减

4. 折半查找有序表(4,6,10,12,20,30,50,70,88,100)。若查找元素 58，则它将依次与表中（　　）比较大小，查找结果是失败。

A. 20,70,30,50　　B. 30,88,70,50

C. 20,50　　D. 30,88,50

5. 对有 22 个记录的有序表进行折半查找，当查找失败时，至少需要比较（　　）次关键字。

A. 3　　B. 4　　C. 5　　D. 6

6. 如果要求一个线性表既能较快的查找，又能适应动态变化的要求，最好采用（　　）查找法。

A. 顺序查找　　B. 折半查找　　C. 分块查找　　D. 哈希查找

7. 对具有 n 个元素的有序表采用折半查找，则算法的时间复杂度为（　　）。

A. $O(n)$　　B. $O(n^2)$　　C. $O(1)$　　D. $O(\log_2 n)$

8. 在索引查找中，若用于保存数据元素的主表的长度为 n，它被均分为 k 个子表，每个子表的长度均为 n/k，则索引查找的平均查找长度为（　　）。

A. $n+k$　　B. $k+n/k$　　C. $(k+n/k)/2$　　D. $(k+n/k)/2+1$

9. 在索引查找中，若用于保存数据元素的主表的长度为 144，它被均分为 12 个子表，每个子表的长度均为 12，则索引查找的平均查找长度为（　　）。

A. 13　　B. 24　　C. 12　　D. 79

10. 对于长度为 18 的顺序存储的有序表,若采用折半查找,则查找第 15 个元素的比较次数为(　　)。

A. 3　　B. 4　　C. 5　　D. 6

11. 对于顺序存储的有序表(5,12,20,26,37,42,46,50,64),若采用折半查找,则查找元素 26 的比较次数为(　　)。

A. 2　　B. 3　　C. 4　　D. 5

12. (2010 年真题)已知一个长度为 16 的顺序表 L,其元素按关键字有序排列,若采用折半查找法查找一个不存在的元素,则比较次数最多的是(　　)。

A. 4　　B. 5　　C. 6　　D. 7

13. 分块查找方法将表分为多块,并要求(　　)。

A. 块内有序　　B. 块间有序　　C. 各块等长　　D. 链式存储

14. (2015 年真题)下列选项中,不能构成折半查找中关键字比较序列的是(　　)。

A. 500,200,450,180　　B. 500,450,200,180

C. 180,500,200,450　　D. 180,200,500,450

15. 在有 $n(n>1000)$ 个元素的升序数组 A 中查找关键字 x。查找算法的伪代码如下:

```
k=0;
while( k<n 且 A[k] <x )  k=k+3;
if( k<n 且 A[k] ==x )  查找成功;
else if( k-1<n 且 A[k] ==x )  查找成功;
else if( k-2<n 且 A[k] ==x )  查找成功;
else  查找失败
```

本算法与折半查找算法相比,有可能具有更少比较次数的情形是(　　)。

A. 当 x 不在数组中　　B. 当 x 接近数组开头处

C. 当 x 接近数组结尾处　　D. 当 x 位于数组中间位置

二、拓展训练

1. 假定查找有序表 A[25]中每一元素的概率相等,试分别求出进行顺序、折半查找每一元素时的平均查找长度。

2. 已知一个顺序存储的有序表为(15,26,34,39,45,56,58,63,74,76),试画出对应的折半查找判定树,求出其平均查找长度。

3. 有序表按关键字排列如下:7,14,18,21,23,29,31,35,38,42,46,49,52,画出折半查找过程的判定树,求出其平均查找长度。

4. 假定对有序表(3,4,5,7,24,30,42,54,63,72,87,95)进行折半查找,试回答下列问题:

(1)画出描述折半查找过程的判定树;

(2)若查找元素 54,需依次与哪些元素比较?

(3)若查找元素 90,需依次与哪些元素比较?

(4)假定每个元素的查找概率相等,查找成功时的平均查找长度是多少?

5.(2013 年真题)设包含 4 个数据元素的集合 $S=\{$“do”,“for”,“repeat”,“while”$\}$,各元素的查找概率依次为:$p_1=0.35$,$p_2=0.15$,$p_3=0.15$,$p_4=0.35$。将 S 保存在一个长度为 4 的顺序表中,采用折半查找法,查找成功时的平均查找长度为 2.2。请回答:

(1)若采用顺序存储结构保存 S,且要求平均查找长度更短,则元素应如何排列,应使用何种查找方法,查找成功时的平均查找长度是多少?

(2)若采用链式存储结构保存 S,且要求平均查找长度更短,则元素应如何排列,应使用何种查找方法,查找成功时的平均查找长度是多少?

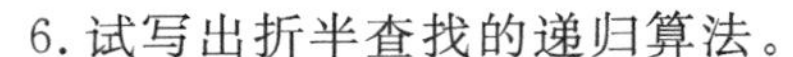

6.试写出折半查找的递归算法。

同步训练与拓展训练参考答案

9.3 树表查找

9.3.1 二叉查找树

1.二叉查找树的定义

一个大型的查找集合,假设用顺序表存储,且顺序表是无序表,那么插入记录操作很简单,只需要将其放入表的末端;删除记录操作也很简单,只需要将表中最后一个记录和被删除记录交换。在一个无序表中,只能进行顺序查找,其平均查找时间为 $O(n)$。对于一个大型的查找集合,用此方法查找速度太慢了,如何提高效率呢?如果将记录按照某个关键字进行排序,那么单链表存储有序表,不会提高查找效率。顺序表存储有序表,可使用折半查找,平均查找时间只需 $O(\log_2 n)$。但插入和删除需要时间,因为需要移动大量记录。有没有一种存储数据的方法,使得记录的插入、删除与查找操作都能够很快完成呢?

二叉查找树(binary search tree),它或者是一棵空树,或者是一棵具有如下特征的非空二叉树:

(1)若它的左子树非空,则左子树上所有节点的关键字均小于根节点的关键字;

(2)若它的右子树非空,则右子树上所有节点的关键字均大于等于根节点的关键字;

(3)左、右子树本身又都是一棵二叉查找树。

可见,二叉查找树首先是一颗二叉树,其次是有序,即记录之间满足一定的次序关系。中序遍历二叉查找树,可以得到一个按关键字有序的序列,因此,二叉查找树也称二叉排序树。例如,查找集合{63,55,90,42,58,70,10,45,67,83}的两颗二叉查找树,如图 9-7 所示。

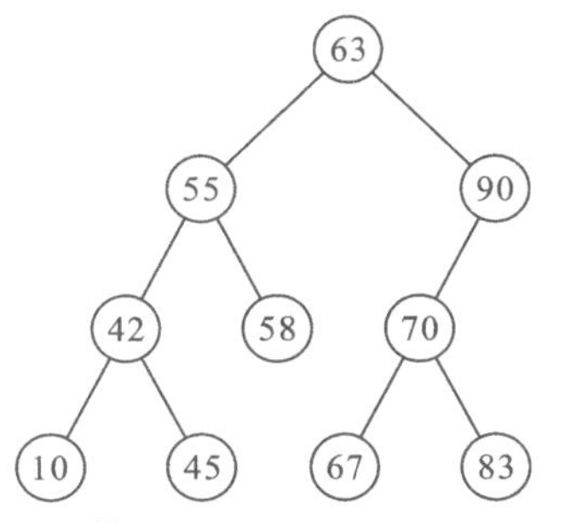

(a) 按63,55,90,58,70,42,10,45,83,67的顺序构造的二叉查找树

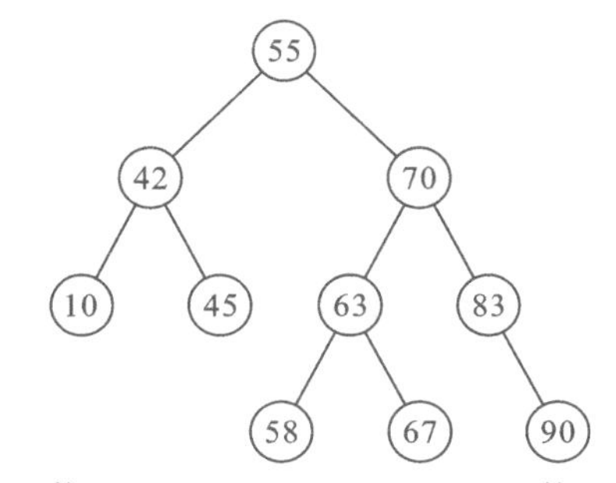

(b) 按55,42,10,70,63,58,83,67,90,45的顺序构造的二叉查找树

图 9－7　二叉查找树示例

构造二叉查找树的目的并非为了排序，而是用它来加速查找。因为一个有序集合上的查找速度往往比无序集合上要快得多。

2. 二叉查找树的抽象数据类型

二叉查找树的存储结构与二叉树的二叉链表存储结构相同，不同的是操作集合，需要重新定义抽象数据类型。

```
ADT  BSTree{
    数据对象 D：一个所有数据元素具有相同特性的有限集合；
    数据关系 R：R 满足二叉树的条件，且满足：DL 所有数据元素的值小于树根（或子树根）的值，并且 DR 所有数据元素的值大于或等于树根（或子树根）的值；
    基本操作集 P：
        EmptyBST(T)：销毁二叉查找树 BSTree；
        searchBST(T,X)：在 BSTree 中查找值为 X 的节点，查找成功返回 T，否则返回 NULL；
        searchMax(T)：在 BSTree 中查找最大值的元素，成功返回 T，否则返回 NULL；
        searchMin(T)：在 BSTree 中查找最小值的元素，成功返回 T，否则返回 NULL；
        insertBST(T,X)：在 BSTree 中插入值为 X 的节点，插入成功返回 T，否则返回 NULL；
        deleteBST(T,X)：在 BSTree 中删除值为 X 的节点，成功返回 T，否则返回 NULL；
}ADT  BSTree
```

3. 二叉查找树的存储结构

和第 6 章类似，可用一个二叉链表来存储一棵二叉查找树，具体结构定义：

```
typedef  struct  node
{   int key;                            //代表关键字
    struct  node *lch, *rch;            //代表左、右孩子
}BSTNode;
```

采用递归定义方法定义二叉查找树，因此，二叉查找树的操作使用递归设计比较方便。

4. 二叉查找树的销毁

销毁二叉查找树 BSTree 的 C 语言实现如下：

```
BSTNode *EmptyBST(BSTNode * root)
{
    if(root != NULL)
    {
        EmptyBST(root->lch);
        EmptyBST(root->rch);
        free(root);
    }
    return NULL;
}
```

5. 二叉查找树的查找

二叉查找树的查找思想：二叉查找树为空，则查找失败，否则，先拿根节点关键字值与待查关键字值进行比较，若相等，则查找成功；若根节点关键字值大于待查关键字值，则进入左子树，否则，进入右子树；重复该过程，直至找到匹配的节点，查找成功；或者子树为空，查找失败。在二叉查找树中查找给定关键字值 k 的伪代码如下：

1 若 root 是空树，则查找失败；

2 若 k=root->data，则查找成功；

3 若 k<root->data，则在 root 的左子树上查找；

4 若 k>root->data，则在 root 的右子树上查找。

二叉查找树查找的 C 语言实现如下：

```
BSTNode  *searchBST(BSTNode *root, int k)
{
    if(root == NULL)    return  NULL;
    if(root->key == k)    return  root;
    else if(root->key >= k)  return  searchBST(root->lch, k);
    else return  searchBST(root->rch, k);
}
```

二叉查找树查找的非递归实现 C 语言描述如下：

```
//在以 root 为根指针的二叉查找树中查找关键字值为 k 的节点
BSTNode  *searchBST(BSTNode *root, int k)
{
    BSTNode  *p;
    p=root;
```

```
    while(p != NULL)
    {
        if(p->key == k) return p;              //查找成功
        else if(p->key >= k)  p=p->lch;        //进入左子树查找
        else p=p->rch;                          //进入右子树查找
    }
    return NULL;
}
```

在二叉查找树中查找关键字等于给定值的节点的过程，是走了一条从根节点到该节点的路径，和给定值比较次数等于给定值节点在二叉树中的层数。比较次数最少为 1 次，最多不超过树的深度。

二叉查找树的查找性能取决于二叉查找树的形状，而二叉查找树的形状不唯一，取决于各个记录插入二叉查找树的先后次序。具有 n 个节点的二叉查找树的深度，最好为 $\log_2 n$（完全二叉树），最坏为 n（斜树）。因此，二叉查找树查找的最好时间复杂度为 $O(\log_2 n)$，最坏的时间复杂度为 $O(n)$，一般情形下，其时间复杂度在 $O(\log_2 n)$ 和 $O(n)$ 之间，比顺序查找效率好，但比折半查找效率差。

二叉查找树中查找最大值的递归实现 C 语言描述如下：

```
BSTNode  *searchMax(BSTNode *root)
{
    if(root == NULL)     return  NULL;
    if(root->rch == NULL)  return  root;
    else return  searchMax(root->rch);
}
```

二叉查找树中查找最小值的递归实现 C 语言描述如下：

```
BSTNode  *searchMin(BSTNode *root)
{
    if(root == NULL)     return  NULL;
    if(root->lch == NULL)  return  root;
    else return  searchMin(root->lch);
}
```

6. 二叉查找树的插入和创建

在二叉查找树中插入一个新节点，应保证插入新节点后的二叉树仍然是二叉查找树。在二叉查找树中插入一个新节点，首先要找到插入位置，然后再插入，即先查找后插入。在左子树、右子树上查找与在整棵树上的查找过程相同。找到插入位置后，操作只是修改指针。插入的新节点一定是叶节点，不会破坏原有结构之间的链接关系。

一个关键字值为 k 的给定元素，将其插入二叉查找树中的伪代码如下：

1 若二叉查找树为空树，则插入的新节点为新的根节点。

2 否则，重复步骤 3，直至要插入的子树为空，此时将 k 作为该子树的根节点。

3 若 k＝根节点的关键字值，则该元素已是树中的节点，不需重复插入，直接返回。若 k＜根节点的关键字值，则 k 插入左子树中；若 k＞根节点的值，则 k 插入右子树中。

在二叉查找树中插入关键字值为 k 的节点的 C 语言实现如下：

```
BSTNode  *insertBST(BSTNode *bt, int k)
{
    BSTNode  *s;
    if(bt == NULL)
    {
        s = (BSTNode *)malloc(sizeof(BSTNode));
        s->key = k;
        s->lch = s->rch = NULL;
        return s;
    }
    else if(bt->key > k) bt->lch = insertBST(bt->lch,k);
    else if(bt-><k)bt->rch = insertBST(bt->rch,k);
    return bt;
}
```

二叉查找树的创建过程就是不断插入新节点的过程。假设查找集合存储在数组 a 中，首先创建一个空的二叉查找树，然后数组中的元素依次插入二叉查找树中即可。

```
BSTNode  *root=NULL;
for(i=1; i<=n;i++) root = insertBST(root,a[i]);
```

注意：在插入过程中，插入节点的次序不同，所构造的二叉查找树的形状不同。所以，同一个查找集合，可能有不同的二叉查找树形状，不同的二叉查找树可能具有不同的深度。

例 9-3 已知节点的关键字序列为{4,5,7,2,1,3,6}，将节点按顺序插入一棵初始为空的二叉查找树中，画出该二叉查找树，给出查找关键字 6 的比较次数并计算在等概率情况下查找成功和查找失败的平均查找长度。

分析：由于节点关键字序列的顺序已经确定，故得到的二叉查找树是唯一的。

解 生成的二叉查找树如图 9-8 所示。

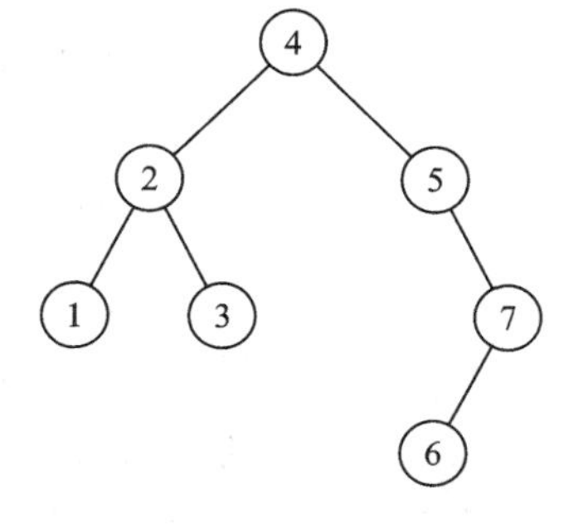

图 9-8 二叉搜索树

从图 9-8 的二叉查找树可知，查找 6 需比较 4 次，在查找成功时会找到图中某个内部节点，则查找成功的平均查找长度：

$L_{AS成功}=(1+2+2+3+3+3+4)/7=18/7\approx 2.57$

在查找失败时会找到图中某个外部节点，则查找失败的平均查找长度：

$$L_{AS失败}=(2\times1+3\times5+4\times2)/7=25/7\approx3.57$$

7. 二叉查找树的删除

删除二叉查找树中一个节点，要求该二叉树仍保持二叉查找树的特性。从二叉查找树删除一个节点，也是先查找后删除。被删除的可能是叶节点，也可能是分支节点。若是分支节点，就破坏了二叉查找树原有节点之间的链接关系，需要修改指针，使节点删除的图后仍是一个二叉查找树。

不失一般性，设待删除节点为 p，其双亲节点为 f，且 p 是 f 的左孩子。删除节点的过程如下：

1 查找待删节点，若查找失败，直接返回。

2 若找到删除的节点，则有 3 种可能：

2.1 若节点是叶节点，直接删除该节点；

2.2 若节点 p 只有左孩子而无右孩子，则 f－>lch=p－>lch，如图 9－9 所示；

2.3 若节点 p 只有右孩子而无左孩子，则 f－>lch=p－>rch，如图 9－10 所示；

2.4 若节点 p 同时存在左孩子和右孩子，根据二叉查找树的特性，先从左孩子中选择关键字最大的节点，替换被删节点的值，然后删除关键字最大节点；或先从右孩子中选择关键字最小的节点，替换被删节点的值，然后删除关键字最小节点，如图 9－11 所示。

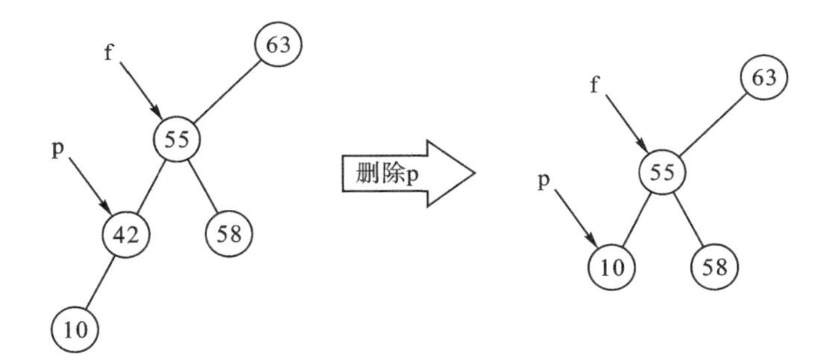

图 9－9　节点 p 只有左孩子而无右孩子，删除节点 p 的示意图

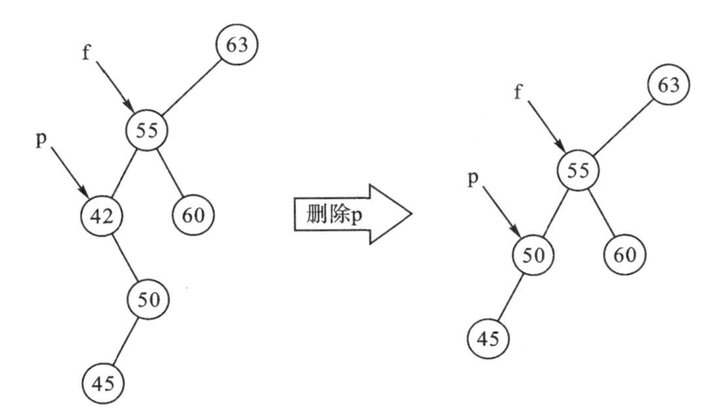

图 9－10　节点 p 只有右孩子而无左孩子，删除节点 p 的示意图

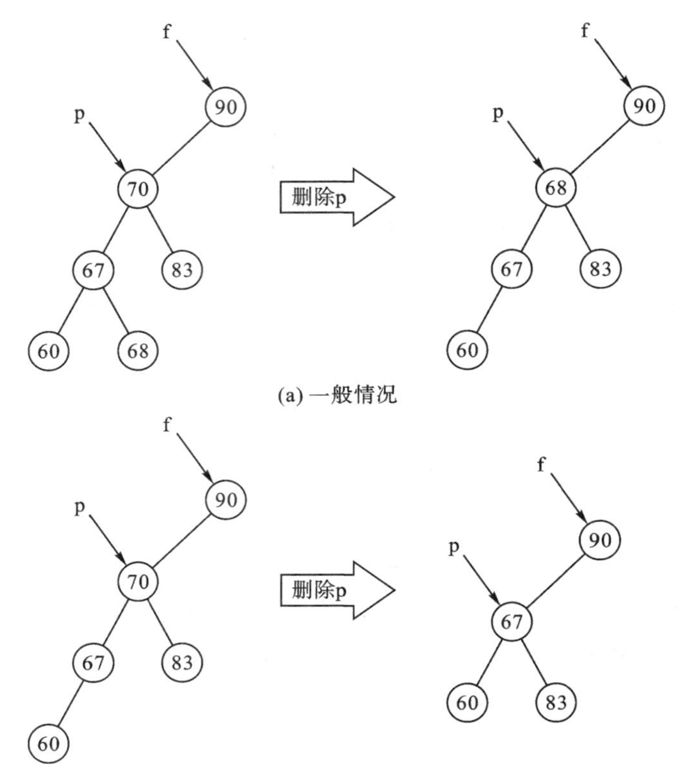

图 9-11　节点 p 有左孩子和右孩子，删除节点 p 的示意图

二叉查找树删除节点的 C 语言描述扫描右侧二维码可得。

二叉查找树源码

二叉查找树以二叉链表方式存储，在找到合适的插入、删除位置后，仅需修改链接指针，不用移动元素，因此，插入和删除操作的时间性能较好。

9.3.2　平衡二叉树

二叉查找树的查找性能取决于二叉查找树的形状(深度)。具有 n 个节点的二叉查找树在查找情况最好时为一颗完全二叉树，深度为$\lfloor \log_2 n \rfloor+1$，时间复杂度为 $O(\log_2 n)$。查找情况最坏时为一颗斜树，深度为 n，时间复杂度为 $O(n)$。为了提高和保证查找效率，人们研究了各种平衡方法，在二叉查找树中插入和删除节点时，将该树调整为完全二叉树的形状。这样，这棵树既是二叉查找树，又是完全二叉树。从而保证了在该树上进行查找操作时，在最坏情况下的时间复杂度也是 $O(\log_2 n)$。

但是，这种调整的代价太大。观察到完全二叉树节点的左右子树等深，但也有个别节点左右子树深度相差 1。因此，放宽严格的等深限制，允许所有节点的左右子树深度相差 1，从而以比较小的代价，维护一棵深度尽可能小的二叉查找树。

调整二叉查找树的方法较多，比较著名有平衡二叉树。若一棵二叉树中每个节点的左、右子树的深度之差的绝对值不超过 1，则称这样的二叉树为平衡二叉树。节点的左子树深度减去右子树深度的值，称为该节点的平衡因子（balance factor）。也就是说，一棵二叉树中，所有节点的平衡因子只能为 0、1、−1 时，则该二叉树就是一棵平衡二叉树，否则就不是一棵平衡二叉树。如图 9－12 所示的两棵二叉查找树，是平衡二叉树；而如图 9－13 所示两棵二叉查找树，不是平衡二叉树。

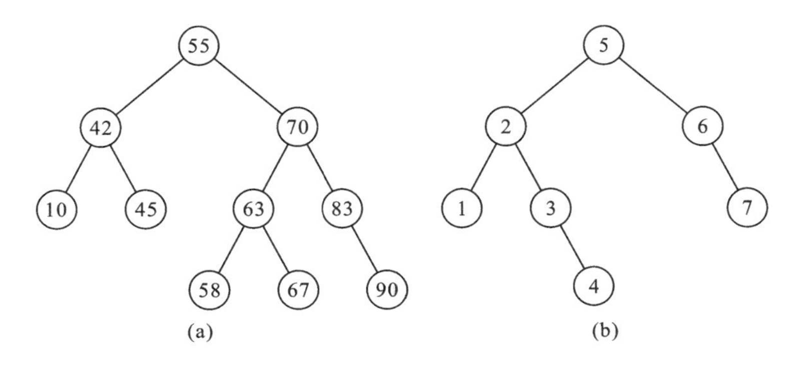

图 9－12　平衡二叉树示例

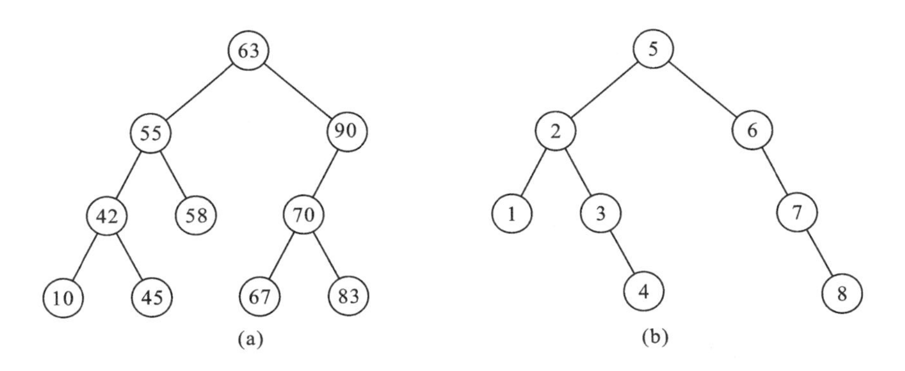

图 9－13　非平衡二叉树示例

一般情况下，一棵平衡二叉树总是二叉查找树，因为脱离了二叉查找树来讨论平衡二叉树是没有意义的。所以，平衡二叉树是在二叉查找树的基础上增加了树形约束。向一个平衡二叉树（如图 9－14 所示）插入一个节点，变成不平衡二叉树。观察其平衡因子，发现只影响了其祖先的平衡因子（如图 9－15 所示）。距离插入节点最近的且平衡因子的绝对值大于 1 的节点称为最小不平衡节点。以最小不平衡节点为根的子树称为最小不平衡子树，如图 9－15 所示以节点 6 为根的子树。平衡调整最小不平衡子树，产生新的平衡二叉树（如图 9－16 所示）。

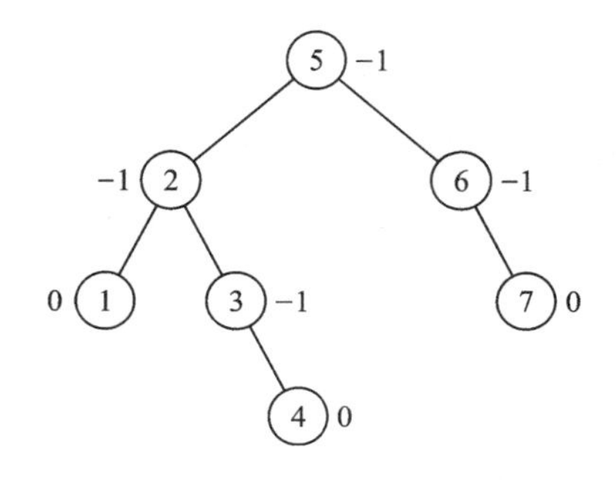

图 9-14　待插入节点的平衡二叉树

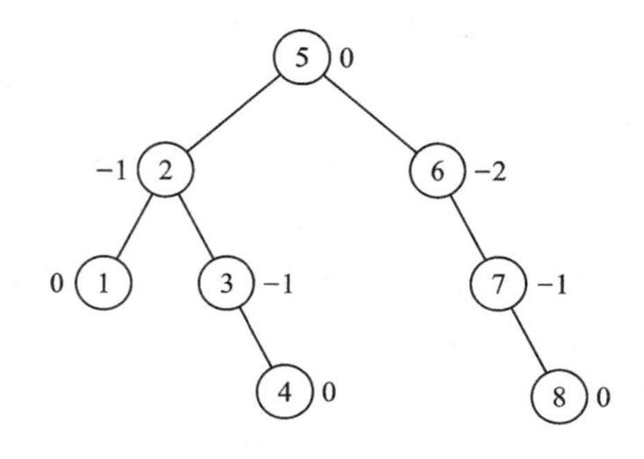

图 9-15　插入节点 8 后的不平衡二叉树

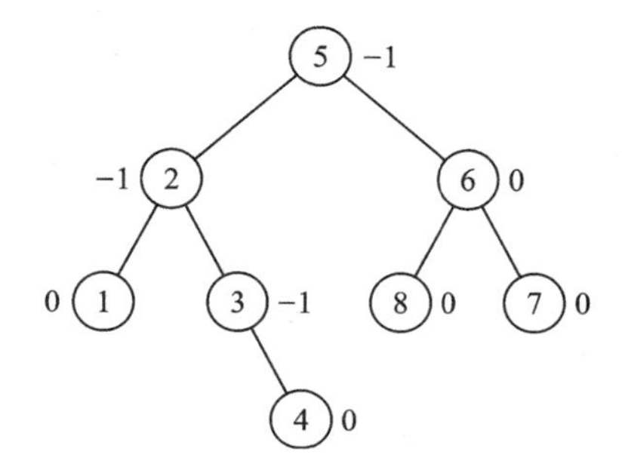

图 9-16　平衡调整后的平衡二叉树

构造平衡二叉树是从空树开始，不断插入新节点，边插入边判断，一旦失去平衡，就立即进行平衡调整，使之成为新的平衡二叉树。

调整最小不平衡子树分四种情况：

1)LL 型的处理(左左型)

设以序列{5,4,3}构造平衡二叉树。如图 9-17 所示，在节点 5 的左孩子 4 上插入一个左孩子节点 3，使节点 5 的平衡因子由 1 变成了 2，成为不平衡的二叉树。新插入节点 3 与最小不平衡节点 5 之间的关系是 LL 型。平衡调整：以节点 4 为根，顺时针旋转节点 5，使之成为节点 4 的右子树，待插入节点 3 作为节点 4 的左子树。

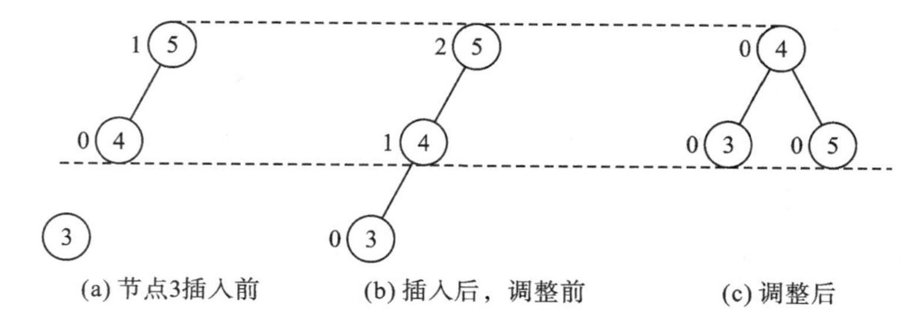

图 9-17　序列{5,4,3}平衡调整

B 为节点 A 的右子树，E、D 分别为节点 C 的左、右子树，B、D、E 三个子树深度为 h，待插入节点 x 的平衡二叉树，如图 9－18(a)所示。插入节点 x 后的不平衡的二叉树，如图 9－18(b)所示。平衡调整：

(1)以节点 C 为新根，顺时针旋转节点 A，使之成根 C 的右孩子。

(2)根 C 的右子树成为节点 A 的左子树。

平衡调整后的新平衡二叉树，如图 9－18(c)所示。

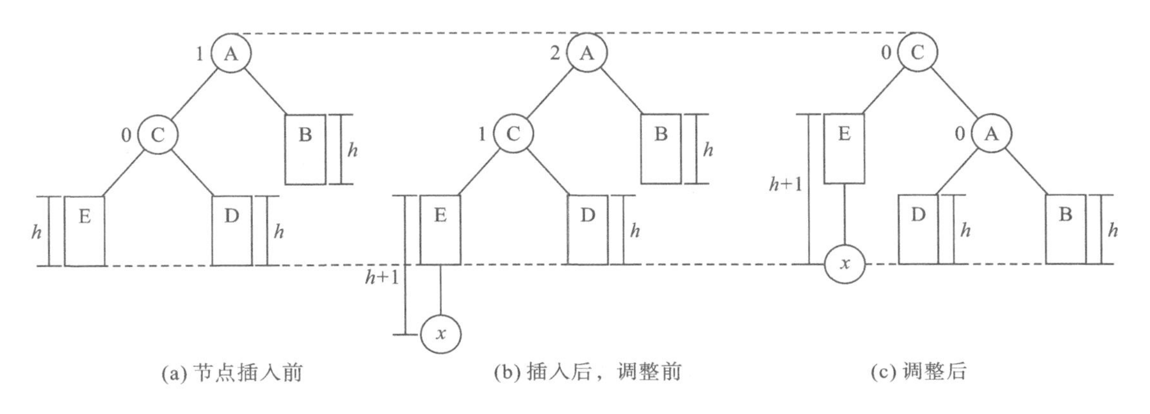

图 9－18　LL 型平衡旋转

可见，平衡调整只调整最小的不平衡子树，只改变了最小不平衡子树中的节点，调整前后最小不平衡子树的深度不变，不会影响其他节点的平衡因子，不涉及最小的平衡子树之外的节点，因而代价较小。

2)RR 型的处理(右右型)

设以序列{5,6,7}构造平衡二叉树。如图 9－19 所示，在节点 5 的右孩子 6 上插入一个右孩子节点 7，使节点 5 的平衡因子由－1 变成了－2，成为不平衡的二叉树。新插入节点 7 与最小不平衡节点 5 之间的关系是 RR 型。平衡调整：以节点 6 为根，逆时针旋转节点 5，使之成为节点 6 的左子树，待插入节点 7 作为节点 6 的右子树。

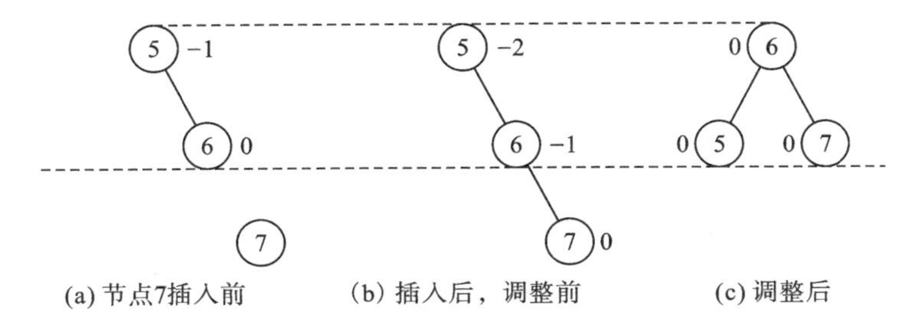

图 9－19　序列{5,6,7}平衡调整

B 为节点 A 的左子树，D、E 分别为节点 C 的左、右子树，B、D、E 三个子树深度为 h，待插入节点 x 的平衡二叉树，如图 9－20(a)所示。插入节点 x 后的不平衡的二叉树，如图 9－20(b)所示。平衡调整：

(1)以节点 C 为新根，逆顺时针旋转节点 A，使之成根 C 的左孩子。

(2)根 C 的左子树成为节点 A 的右子树。

平衡调整产生新的平衡二叉树，如图 9－20 所示。

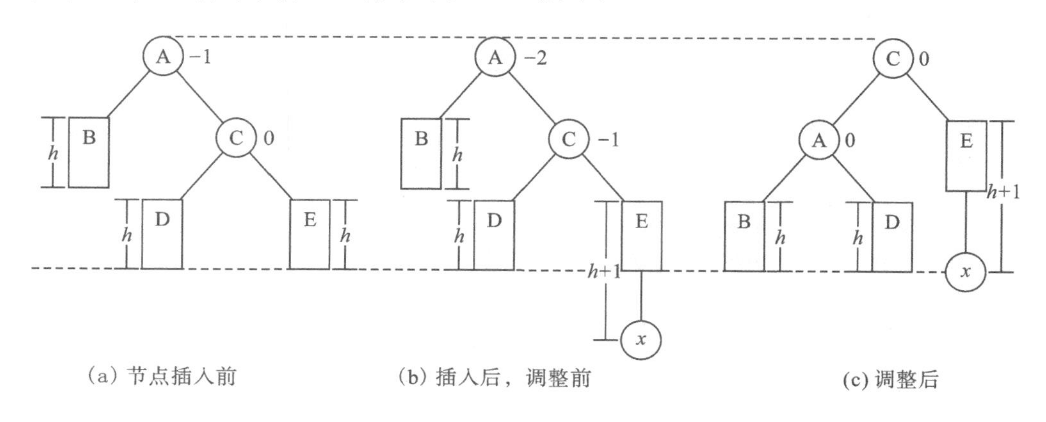

图 9－20　RR 型平衡旋转

3)LR 型的处理(左右型)

设以序列{5,3,4}构造平衡二叉树。如图 9－21 所示，在节点 5 的左孩子 3 上插入一个右孩子节点 4，使节点 5 的平衡因子由 1 变成了 2，成为不平衡的二叉树。新插入节点 4 与最小不平衡节点 5 之间的关系是 LR 型。平衡调整：根节点 5 暂时不动，逆时针旋转根的左子树，使新插节点 4 成为根节点 5 的左子树，这是第一次调整。然后按 LL 型进行第二次调整。

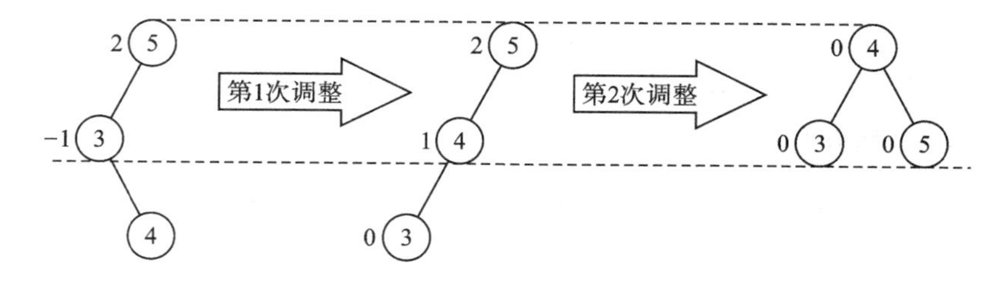

图 9－21　序列{5,3,4}平衡调整

如图 9－22 所示插入前的平衡二叉子树，节点 x 可能有 2 处插入位置，都造成节点 A 的平衡因子由 1 变成了 2，成为不平衡的二叉子树。新插入节点 x 与最小不平衡节点 A 之间的关系是 LR 型。平衡调整：

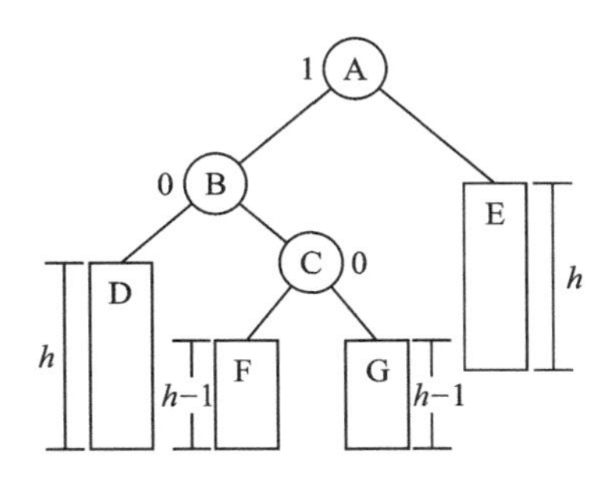

图 9－22　插入前的平衡二叉树

(1)根节点 A 暂时不动，逆时针旋转根的左子树；

(2)在左子树中以节点 C 为根，节点 B 旋转成为节点 C 的左孩子，节点 C 的左子树成为 B 的右子树；

(3)C 成为根节点 A 的左子树。

这是第一次调整，然后按 LL 型进行第二次调整，如图 9－23 所示。

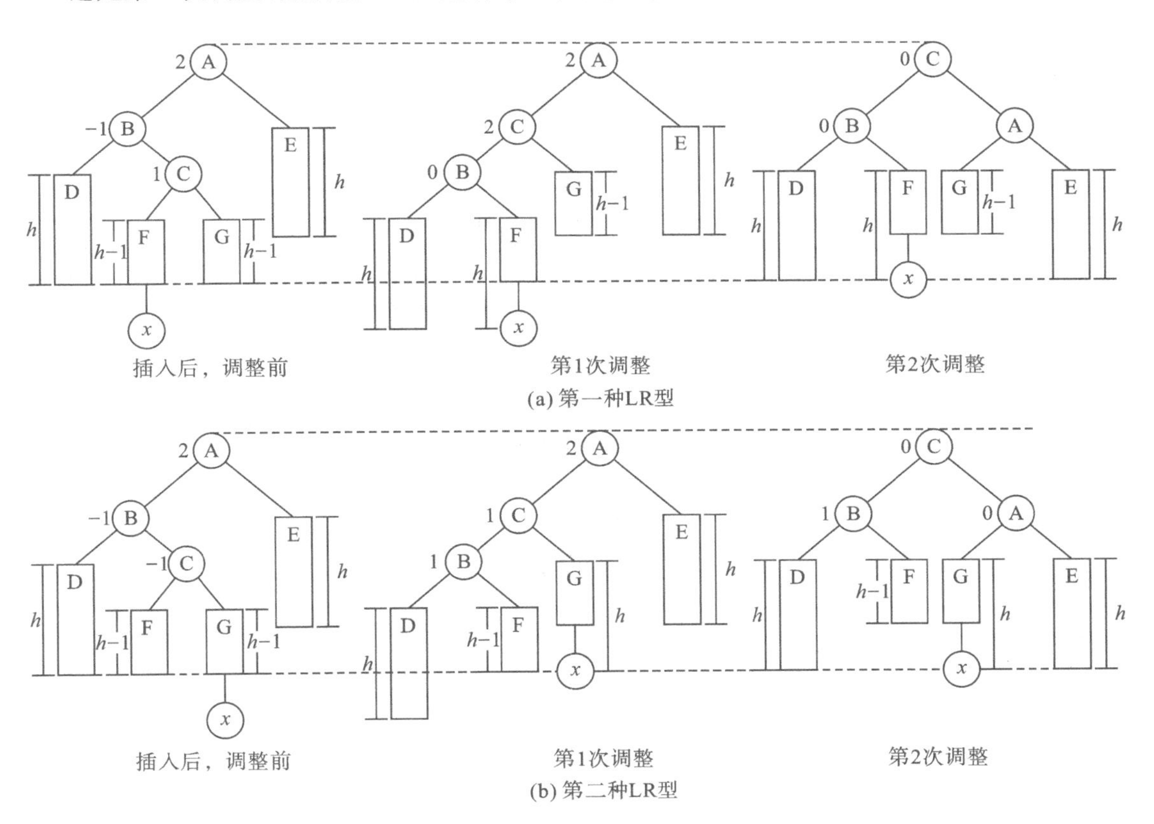

图 9－23　LR 型平衡旋转

4)RL 型的处理(右左型)

设以序列{5,7,6}构造平衡二叉树。如图 9－24 所示,在节点 5 的右孩子 7 上插入一个左孩子节点 6,使节点 5 的平衡因子由－1 变成了－2,成为不平衡的二叉树。新插入节点 6 与最小不平衡节点 5 之间的关系是 RL 型。平衡调整:根节点 5 暂时不动,顺时针旋转根的右子树,使新插节点 6 成为根节点 5 的右子树,这是第一次调整。然后按 RR 型进行第二次调整。

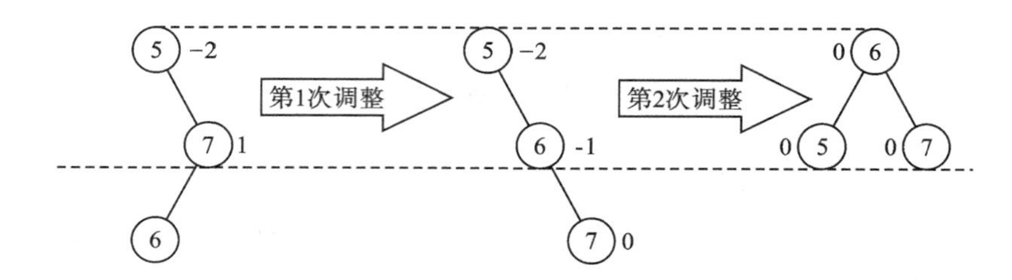

图 9－24　序列{5,7,6}平衡调整

如图 9－25 所示插入前的平衡二叉子树。节点 x 可能有 2 处插入位置,都造成节点 A 的平衡因子由－1 变成了－2,成为不平衡的二叉树。新插入节点 x 与最小不平衡节点 A 之间的关系是 RL 型。平衡调整:

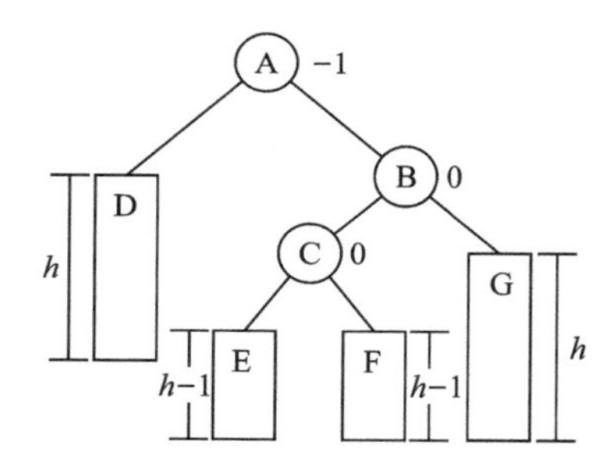

图 9－25　插入前的平衡二叉树

(1)根节点 A 暂时不动,顺时针旋转根的右子树;

(2)在右子树中以节点 C 为根,节点 B 旋转成为节点 C 的右孩子,节点 C 的右子树成为 B 的左子树;

(3)C 成为根节点 A 的右子树。

这是第一次调整,然后按 RR 型进行第二次调整,如图 9－26 所示。

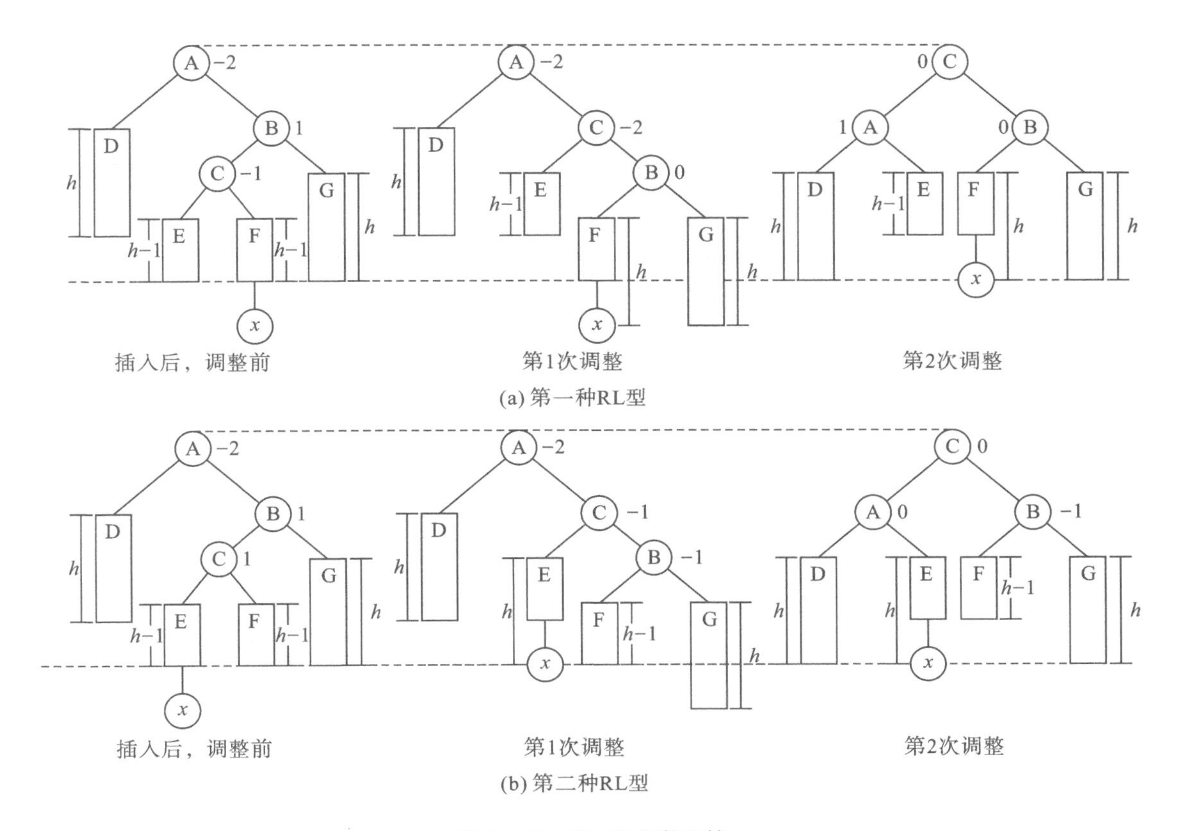

图 9-26　RL 型平衡旋转

例 9-4　给定一个关键字序列{4,5,7,2,1,3,6}，试生成一棵平衡二叉树。

分析：平衡二叉树实际上也是一棵二叉查找树，故可以按建立二叉查找树的思想建立，在建立的过程中，若遇到不平衡，则进行相应平衡处理，最后就可以建成一棵平衡二叉树。具体生成过程如图 9-27 所示。

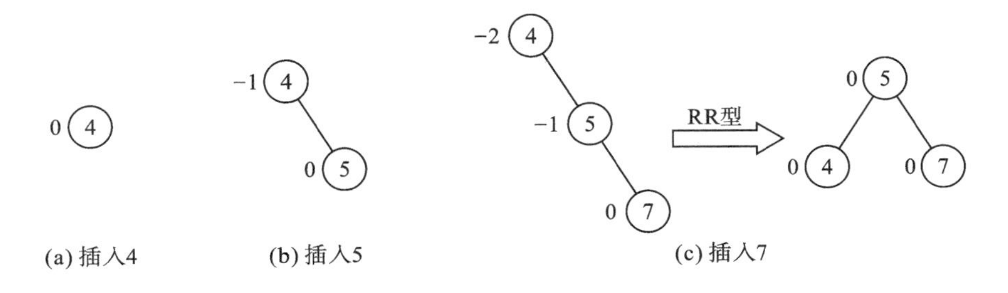

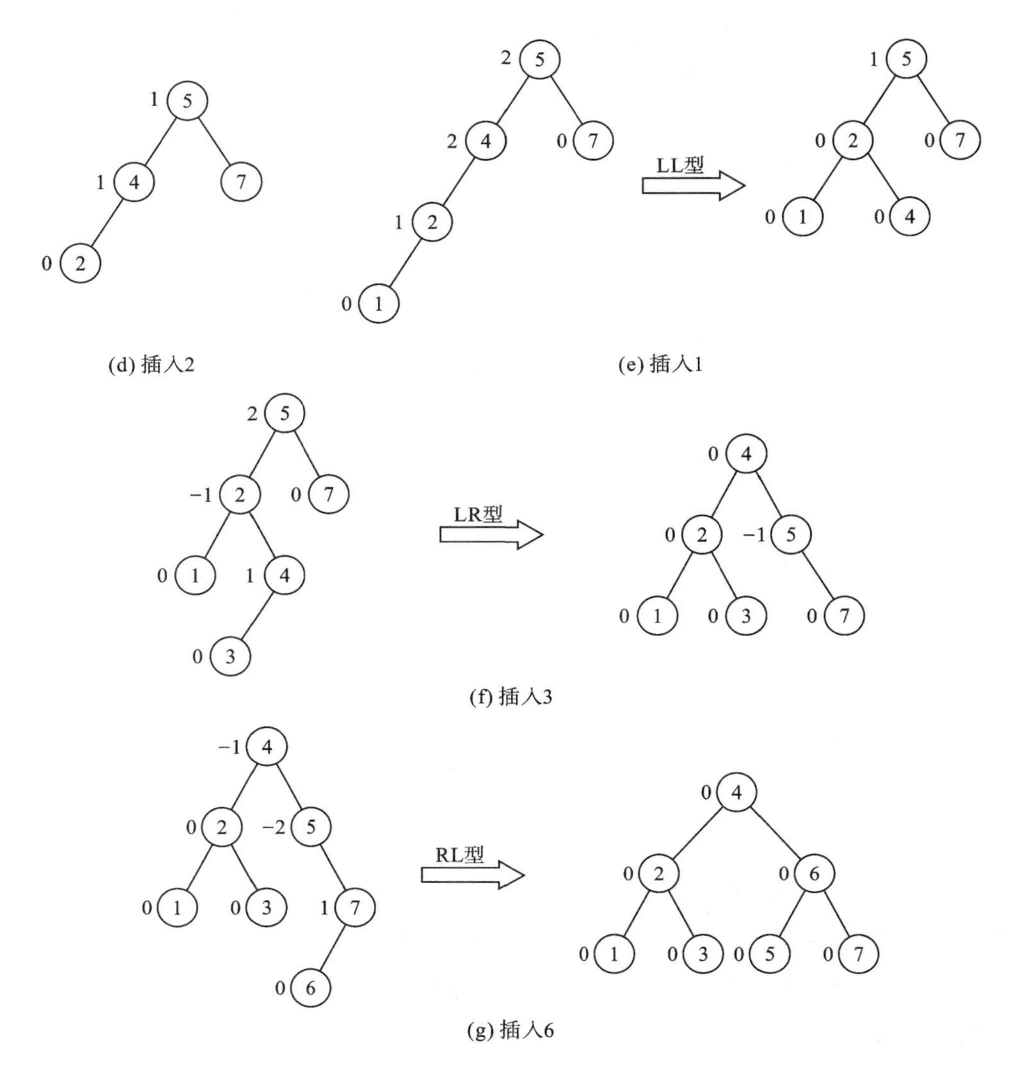

图 9-27　一棵平衡二叉树的生成过程

9.3.3　B—树

1. B—树的定义

查找具有 n 个节点的平衡二叉树的时间复杂度为 $O(\log_2 n)$，查找二叉查找树最好情况下的时间复杂度也同样为 $O(\log_2 n)$。这是因为最好情况下二叉查找树的深度与平衡二叉树相同。深度越深，与关键字比较次数就越多，查找效率就越低。如果节点数量 n 特别巨大，平衡二叉树的深度就比较大。如何降低深度提高查找效率？

平衡二叉树也称 2 路查找树，每个节点只能存储 1 个关键字和 2 个孩子指针。假设一棵树的根节点存储 1 个关键字和 2 个孩子指针(根节点可以存储多个关键字),其余每个节点存储 2 个关键字和 3 个孩子指针,称为 3 路查找树。例如图 9－28 所示为一棵 3 路查找树。

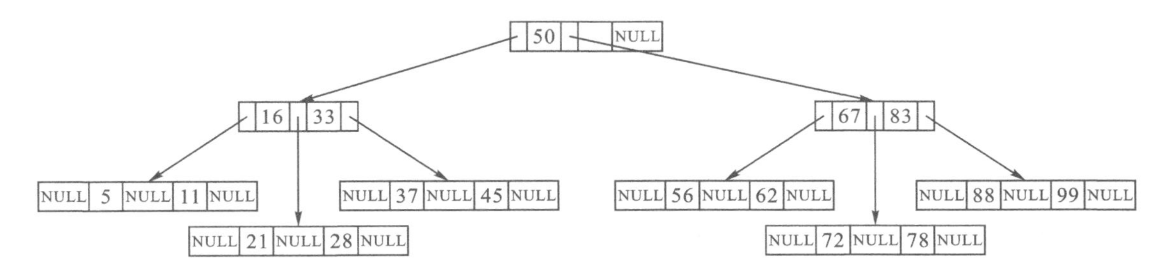

图 9－28　一棵 3 路查找树

在不同深度下,平衡二叉树和 3 路查找树能查找关键字的最多个数如表 9－1 所示。

表 9－1　平衡二叉树和 3 路查找树能查找关键字的最多个数

树的深度	平衡二叉树最多的关键字个数	3 路查找树最多的关键字个数
1	$2^1-1=1$	1
2	$2^2-1=3$	$1+2\times2\times3^{2-2}=2\times3^{2-1}-1=5$
3	$2^3-1=7$	$1+2\times2\times(3^{2-2}+3^{3-2})=2\times3^{3-1}-1=17$
4	$2^4-1=15$	$1+2\times2\times(3^{2-2}+3^{3-2}+3^{4-2})=2\times3^{4-1}-1=53$
5	$2^5-1=31$	$1+2\times2\times(3^{2-2}+3^{3-2}+3^{4-2})=2\times3^{5-1}-1=161$
…	…	…
10	$2^{10}-1=1023$	$1+2\times2\times(3^0+3^1+\cdots+3^{10-2})=2\times3^{10-1}-1=39365$
…	…	…
h	2^h-1	$1+2\times2\times(3^0+3^1+\cdots+3^{h-2})=2\times3^{h-1}-1$

对于深度 $h=10$ 的平衡二叉树,关键字个数最多为 1023,即最多能查找 1023 个元素。

对于深度 $h=10$ 的 3 路查找树,关键字个数最多为 39365,即最多能查找 39365 个元素。平衡二叉树要查找 39365 个元素,深度至少为 16。

可见,对于给定的关键字数 n,增加节点中关键字个数,即提高查找树的路数 m,可以降低树的深度,改善树的查找性能。下面讨论一种称为 B－树的 m 路查找树。在 B－树中引入"失败"节点,一个失败节点是当查找关键字值 x 不在树中时才能到达的节点。失败节点也称外部节点。

一棵 m 阶 B－树是一棵 m 路查找树,它或者是空树,或者是满足下列性质的树:

(1)树中每个节点至多有 m 棵子树;

(2)若根节点不是叶节点,则根节点至少有 2 棵子树,即有 $2\sim m$ 棵子树;

(3)除根节点和叶节点以外,所有节点至少有$\lceil m/2 \rceil$棵子树,即有$\lceil m/2 \rceil \sim m$棵子树;

(4)除失败节点以外,所有节点包含下列数据 :

n	A_0	K_1	A_1	K_2	A_2	…	K_n	A_n

其中:$K_i(i=1,\cdots,n)$为关键字,且$K_i < K_{i+1}$;$A_i(i=0,\cdots,n)$为指向子树根节点的指针,且指针A_{i-1}所指子树中所有节点的关键字均小于$K_i(i=1,2,\cdots,n)$,A_n所指子树中所有节点的关键字均大于K_n;n为关键字的个数,且$\lceil m/2 \rceil -1 \leqslant n \leqslant m-1$。

事实上,每个节点中还应包含指向每个关键字的记录的指针。

(5)所有的失败节点都位于同一层,并且不带任何信息。

查找失败节点可看作是外部节点,实际上这些节点不存在,指向这些节点的指针为空。通常在计算一颗B一树的深度时,失败节点层也要计算在内。

注意,B一树的这种定义说明:实际数据存储在所有节点(失败节点除外)上,且关键字不重复。

例9-5 一颗4阶的B一树,深度为4,如图9-29所示。

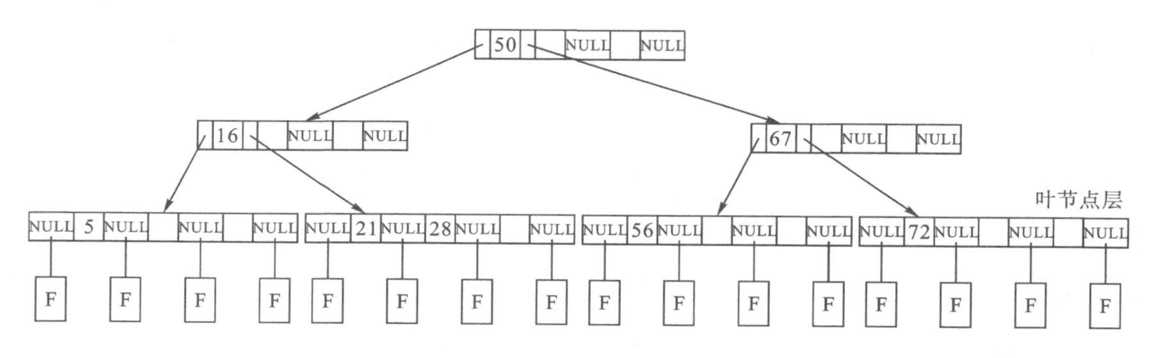

图9-29 一棵4阶B一树

(1)树中每个节点至多有$m=4$棵子树;

(2)根节点有2棵子树;

(3)除根节点和叶节点以外的所有节点至少有$\lceil m/2 \rceil=2$棵子树,即有2～4棵子树。

(4)所有节点中包含下列数据:

n	A_0	K_1	A_1	K_2	A_2	K_3	A_3

事实上,这个节点结构是事先定义且固定的。有些(K,A)可能不存在,不能只根据关键字的个数去判断B一树的阶数。关键字个数n满足$\lceil m/2 \rceil -1 \leqslant n \leqslant m-1$,即$1 \leqslant n \leqslant 3$。图9-29中多数节点只有$\lceil m/2 \rceil -1=1$个关键字。"半满"节点可以给后续的添加节点、删除节点留有余地,不会频繁触发不平衡,进而执行分裂或合并操作。

节点内的关键字是有序的，且指针 A_{i-1} 所指子树中所有节点的关键字均小于 K_i($i=1,2,3$)，A_3 所指子树中所有节点的关键字均大于 K_3。树中没有重复关键字。

(5)所有失败节点都位于同一层(第 4 层)。说明失败节点深度相同，树深平衡，这样能保证：在相同节点个数的树结构中，此树深度最小，查找效率较高。

B一树具有平衡、有序、多路的特点。在 B一树中，所有失败节点都在最后一层，因此左右子树深度为 0，体现了平衡特性。B一树具有中序有序的特性，即左子树＜根＜右子树。多路是指可以有多个分支，m 阶 B一树中的节点最多可有 m 个分支，所以称为 m 阶平衡查找树。

2. B一树的查找

B一树的查找过程：

(1)在 B一树上找节点：按照指针所指子树，查找节点。

(2)在节点中找关键字：若在节点内找到，则查找成功。

(3)重复上述两步，到达外部节点时，查找失败。

通常 B一树是存储在外存(磁盘等)上，在 B一树上找节点是在外存上进行的——根据指针定位节点在外存的位置，并读取节点信息；节点内查找操作是在内存中进行的。也就是说，在外存中找到节点后，先将节点信息读入内存，然后再对节点内的关键字有序表进行顺序查找或折半查找。在磁盘上读取节点信息比在内存中(节点内)查找关键字慢几个数量级，所以，在磁盘上读取节点信息的次数是决定 B一树查找效率的主要因素。

在 B一树上进行查找，查找成功所需的时间取决于关键字所在的层次，查找不成功所需的时间取决于树的深度。

设在 m 阶 B一树中，失败节点位于第 $h+1$ 层。在这棵 B一树中最少有多少个关键字？或者说，m 阶 B一树中有 n 个关键字，最大深度是多少？从 B一树的定义知，第 1 层有 1 个节点；第 2 层至少有 2 个节点；第 3 层至少有 $2\lceil m/2\rceil$ 个节点；第 4 层至少有 $2\lceil m/2\rceil^2$ 个节点；依此类推，第 h 层至少有 $2\lceil m/2\rceil^{h-2}$ 个节点。所有这些节点都不是失败节点。

若树中关键字有 n 个，则失败节点数为 $n+1$。因此，有

$$n+1=\text{失败节点数}=\text{位于第 } h+1 \text{ 层的节点数}=2\lceil m/2\rceil^{h-1}$$

即

$$h-1=\log_{\lceil m/2\rceil}\left(\frac{n+1}{2}\right)$$

所以，m 阶 B一树中最少有 $2\lceil m/2\rceil^{h-1}+1$ 个关键字；含有 n 个关键字的 m 阶 B一树最大深度是 $\log_{\lceil m/2\rceil}\left(\frac{n+1}{2}\right)+1$。

这样，在含有 n 个关键字的 m 阶 B一树中，所有非失败节点所在层次都小于等于深度，即

$$h\leqslant\log_{\lceil m/2\rceil}\left(\frac{n+1}{2}\right)+1$$

这就是说，在含有 n 个关键字的B一树中进行查找，从根节点到关键字所在节点的路径上涉及的节点数不超过$\log_{\lceil m/2\rceil}\left(\frac{n+1}{2}\right)+1$。例如，若B一树的阶数 $m=199$，关键字总数 $n=1999999$，则B一树的高度 h 不超过 $\log_{100}1000000+1=4$。

如果提高B一树的阶数 m，即增加节点中关键字个数，可以减少树的高度，从而减少读入节点的次数，因而可减少读磁盘的次数。事实上，由于内存可使用空间的限制，当 m 很大超出内存工作区容量时，节点不能一次读入内存，增加了读盘次数，也增加了节点内查找的难度。

因此，B一树的查找时间与B一树的阶数 m 和B一树的高度 h 直接相关。

3. B一树的插入

B一树是从空树开始，逐个插入关键字而生成的。按照先查找再插入的方式进行。查找定位关键字应插在哪个节点上，通常返回该节点的指针。插入位置是在某个叶节点上，B一树中每个叶节点（根节点除外）的关键字个数 n 的范围是$\lceil m/2\rceil-1\leqslant n\leqslant m-1$。如果在关键字插入后，节点中的关键字个数没有超出上限 $m-1$，则直接插入到该节点上；否则，该节点上关键字个数至少达到了 m 个，造成该节点上的子树超过了 m 个，这与B一树定义不符，需要进行调整，即节点需要“分裂”。实现节点“分裂”的方法：

设节点 A 中已经有 $m-1$ 个关键字，当再插入一个关键字后节点的状态为

$$(m,\ A_0,\ K_1,\ A_1,\ K_2,\ A_2,\ \cdots,\ K_m,\ A_m),\ K_i<K_{i+1},\ 1\leqslant i<m$$

这时必须把节点 A 分裂成两个节点 p 和 q，它们包含的信息分别如下：

节点 p：

$$(\lceil m/2\rceil-1,\ A_0,\ K_1,\ A_1,\ \cdots,K_{\lceil m/2\rceil-1},A_{\lceil m/2\rceil-1})$$

节点 q：

$$(m-\lceil m/2\rceil,\ A_{\lceil m/2\rceil},\ K_{\lceil m/2\rceil+1},\ A_{\lceil m/2\rceil+1},\ \cdots,\ K_m,\ A_m)$$

位于中间的关键字 $K_{\lceil m/2\rceil}$与指向新节点 q 的指针形成一个二元组（$K_{\lceil m/2\rceil}$，q），将该二元组插入 p、q 节点的双亲节点中——提升，且 $K_{\lceil m/2\rceil}$的左指针指向 p，右指针指向 q。

这种分裂可能一直向上传递，如果根节点需要分裂，树的深度增加一层。此时，新根只有1个关键字和2棵子树。

B一树插入过程的伪代码如下：

1 定位：确定关键字key应该插入哪个终端节点并返回该节点的指针p。

2 若p中的关键字个数小于m－1，则直接插入关键字key。

3 否则，节点p的关键字个数溢出，执行“分裂—提升”过程。

例9-6 以关键字序列{20,54,69,84,71,30,78,25,93,41,7,76,51,66,68,53,3,79,35,12,15,65}创建一棵5阶B一树，过程如图9-30所示。

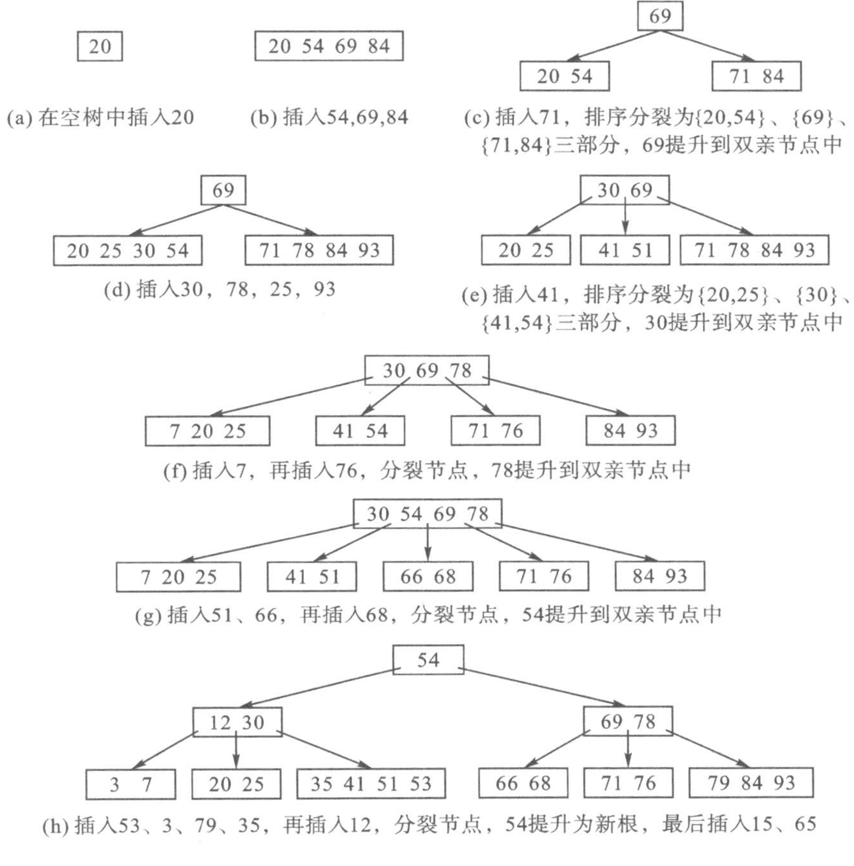

图 9-30　创建一棵 5 阶 B—树的过程

在插入新关键字时，需要自底向上分裂节点，最坏情况下从被插关键字所在节点到根的路径上的所有节点都要分裂。

B—树插入算法的 C 语言实现源码扫描右侧二维码可得。

B—树源码

4. B—树的删除

在 B—树上删除一个关键字时，首先需要查找定位——找到这个关键字所在的节点，然后删去这个关键字。如果该节点不存在，则删除失败；否则该关键字要么在叶节点上，要么在分支节点上。现分别讨论。

如果被删关键字在叶节点上，删去该关键字。如果删除后破坏了叶节点 B—树性质，则需要调整该叶节点，此时，叶节点中关键字个数为$\lceil m/2\rceil-2$。调整分如下两种情况：

(1) 兄弟关键字个数较多($n>\lceil m/2\rceil-1$)，可从兄弟处“借”，即该叶节点从双亲节点“借”一个关键字 K_i，双亲节点从兄弟节点“借”一个关键字替换 K_i。图 9-31 演示叶节点向左兄弟节点“借”一个关键字。双亲节点从左兄弟节点中“借”最大关键字 K_n 替换 K_i，叶节点的关键字及指针全部后移，双亲节点的 K_i 充当叶节点的 K_1，左兄弟节点的 A_n 充当叶节点的 A_0。

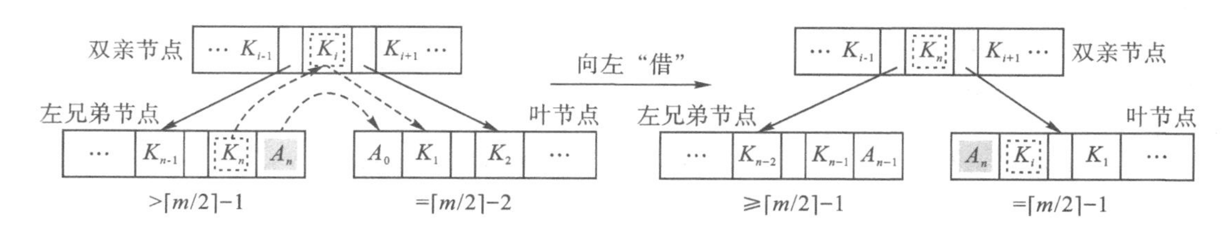

图 9-31　叶节点向左兄弟节点“借”一个关键字的示意图

(2)兄弟节点关键字减少($n=\lceil m/2\rceil-1$),叶节点有$\lceil m/2\rceil-2$ 个关键字。该叶节点、兄弟节点和双亲节点相应的关键字合并为一个节点。如果节点破坏了双亲节点 B—树性质,双亲节点也要调整。图 9-32 演示叶节点和左兄弟节点合并为一个新节点。双亲节点的关键字 K_i下移到左兄弟节点后面,并且叶节点的关键字及指针全部左移到 K_i后面。释放叶节点,删除双亲节点的 K_i 及指针 A_i。

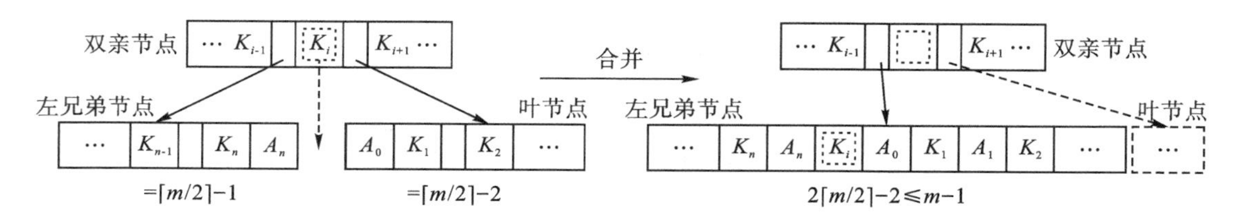

图 9-32　叶节点和左兄弟节点合并为一个新节点的示意图

如果被删关键字在分支节点上,被删关键字与左、右指针指向的节点,构成了变形的二叉查找树,即左孩子节点的关键字小于被删关键字,右孩子节点的关键字大于被删关键字。借鉴二叉查找树删除具有左右孩子节点的办法,以右孩子子树中的最小关键字 x 来代替被删关键字,然后在 x 所在的节点中删除 x。

假定在 m 阶 B—树中删除关键字 key,删除过程伪代码如下:

1 定位:确定关键字 key 在哪个节点并返回该节点的指针 q。

　　假定 key 是节点 q 中的第 i 个关键字 K_i,有以下两种情况:

2 若节点 q 是叶节点:

　2.1 判断是否下溢,如果叶节点中关键字的个数大于⌈m/2⌉—1,则直接删除;

　2.2 否则,删除操作涉及兄弟节点:

　　2.2.1 兄弟节点的关键字个数大于⌈m/2⌉—1,则向兄弟节点借一个关键字;并且借来的关键字“上移”到双亲节点,双亲节点相应关键字“下移”;

　　2.2.2 兄弟节点的关键字个数不大于⌈m/2⌉—1,则执行“合并”兄弟节点操作;删除空节点,并将双亲节点中的相应关键字“下移”到合并节点中;如果双亲节点的关键字个数发生下溢,则双亲节点也要进行借关键字或合并操作。

3 若节点 q 不是叶节点,则用 A_i 所指子树中的最小值 x 替换 K_i,删除 x。

注意,如果根节点的两个孩子节点进行合并,则 B—树就会减少一层。

B—树删除算法的 C 语言实现代码扫描上页二维码可见。

9.3.4 B+树

B+树可以看作是B-树的一种变形,在实现文件索引结构方面比B-树使用得更普遍。

一棵 m 阶B+树满足下列性质:

(1)树中每个非叶节点最多有 m 棵子树;

(2)根节点或者没有子树,或者至少有2棵子树;

(3)除根节点外,其他的非叶节点至少有 $\lceil m/2 \rceil$ 棵子树;

(4)有 n 棵子树的节点恰好有 n 个关键字;

(5)所有的叶节点都处于同一层次上,包含了全部关键字及指向相应数据对象存放地址的指针,且叶节点本身按关键字从小到大顺序链接;

(6)所有非叶节点(可看成是索引的索引)中仅包含它的各个子节点(即下级索引的索引块)中最大关键字及指向子节点的指针,其结构如图9-33所示:

A_1	K_1	A_2	K_2	…	A_m	K_m

图9-33 B+树非叶节点结构

其中,A_i是第 i 个子节点的指针;K_i是第 i 个子节点的关键字,一般是第 i 个子节点中的最大关键字。节点中的关键字满足:

$$K_1 < K_2 < K_3 < \cdots < K_m$$

A_i 指向子节点中的任何一个关键字 x,满足:

$$x < K_i$$

(7)所有叶节点的结构如图9-34所示:

K_1	D_1	K_2	D_2	…	K_n	D_n	P_{next}

图9-34 B+树中叶节点结构

其中,D_i是一个数据指针(指向磁盘上的值等于 K_i的真实记录或者包含记录 K_i的磁盘文件块;K_i是一个关键字;P_{next}表示B+树中指向下一个叶节点的指针。

叶节点中的关键字满足:

$$K_1 < K_2 < K_3 < \cdots < K_n$$

叶节点中的子树棵数 n 可以多于 m,可以少于 m,视关键字字节数及对象地址指针字节数而定,这里以 $n=m$ 讨论。子树最少 $\lceil m/2 \rceil$ 棵,最多 m 棵,应满足 $n \in [\lceil m/2 \rceil, m]$。

在B+树中有两个头指针:一个指向B+树的根节点,一个指向关键字最小的叶节点。B+树有两种查找运算:一种是沿叶节点链顺序查找,另一种是从根节点开始,进行自顶向下,直至叶节点的随机查找。例如,一棵3阶B+树如图9-35所示。

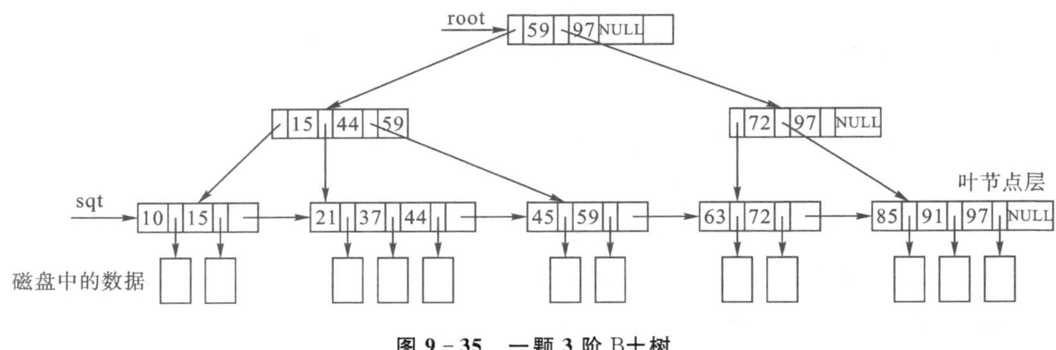

图 9-35　一颗 3 阶 B+树

m 阶 B－树与 m 阶 B＋树的主要区别如下：

(1)在 B＋树中，具有 n 个关键字的节点含有 n 棵子树，即每个关键字对应一棵子树；而在 B－树中，具有 n 个关键字的节点含有 $n+1$ 棵子树。

(2)在 B＋树中，除根节点以外，每个节点的关键字个数 n 的取值范围是$\lceil m/2 \rceil \leqslant n \leqslant m$，根节点 n 的取值范围是 $2 \leqslant n \leqslant m$；而在 B－树中，除根节点外，其他所有节点的关键字个数 n 的取值范围是$\lceil m/2 \rceil - 1 \leqslant n \leqslant m-1$，根节点 n 的取值范围是 $2 \leqslant n \leqslant m-1$。

(3)在 B＋树中，所有叶节点包含全部关键字，即其他非叶节点中的关键字包含在叶节点中；而在 B－树中关键字是不重复的。

(4)在 B＋树中，所有非叶节点仅起到索引的作用，即节点中每个索引项只含有对应子树的最大关键字和指向该子树的指针，不含有该关键字对应记录的存储地址；而 B－树中每个关键字对应一个记录的存储地址。

(5)B＋树有两个头指针，一个指向根节点，另外一个指向关键字最小的叶节点，所有叶节点链接成一个不定长的线性链表。所以，B＋树可以进行随机查找和顺序查找；而 B－树只能进行随机查找。

(6)在 B＋树中，叶节点和非叶节点的存储结构不一样；而 B－树中节点的存储结构是相同的。

在 B＋树上进行随机查找、插入和删除的过程基本上与 B－树类似。只是在查找过程中，如果非叶节点上的关键字等于给定值，查找并不停止，而是继续沿右指针向下，一直查到叶节点上的这个关键字。

由于 B＋树中非叶节点不存储数据，而只存储叶节点中关键字的索引。所以，任何关键字的查找必须走一条从根节点到叶节点的路径。所有关键字查询的路径长度相同，导致每一个数据的查询效率相当。

B＋树的查找分析类似于 B－树。

B＋树的插入仅在叶节点上进行，每插入一个关键字后都要判断节点中的子树棵数是否超出范围。当插入后节点中的子树棵数 $n>m$ 时，需要将叶节点分裂为两个节点，它们的关键字个数分别为$\lceil (m+1)/2 \rceil$和$\lfloor (m+1) \rfloor/2$，并且它们的双亲节点中应同时包含这两个节点的最大关键字和节点地址。此后，问题归于在非叶节点中的插入了。

在非叶节点中关键字的插入与叶节点的插入类似，但非叶节点中的子树棵数的上限为 m，超出这个范围就需要进行节点分裂。

在进行根节点分裂时，因为没有双亲节点，就必须创建新的双亲节点，作为树的新根。这样树的高度就增加一层了。

B+树的删除仅在叶节点上进行。当在叶节点上删除一个关键字后，节点中的子树棵数仍然不少于$\lceil m/2 \rceil$，这属于简单删除，其上层索引可以不改变。

如果删除的关键字是该节点的最大关键字，但因在其上层的副本只是起了一个引导查找的"分界关键字"的作用，所以上层的副本仍然可以保留。

如果在叶节点中删除一个关键字后，该节点中的子树棵数 n 小于节点子树棵数的下限$\lceil m/2 \rceil$，必须进行节点的调整或合并工作。

如果右兄弟节点的子树棵数已达到下限$\lceil m/2 \rceil$，没有多余的关键字可以移入被删关键字所在的节点，这时必须进行两个节点的合并。将右兄弟节点中的所有关键字移入被删关键字所在节点，再将右兄弟节点删去。

节点的合并将导致双亲节点中关键字的减少，有可能减到非叶节点中子树棵数的下限$\lceil m/2 \rceil$以下，这样将引起非叶节点的调整或合并。

如果根节点的最后两个子节点合并，树的层数就会减少一层。

由于B+树节点不存储数据信息，节点信息的容量变小，一次性读入内存中的节点数变多，意味着读写次数也就降低了，因此，磁盘读写代价更低，提高了性能。此外，B+树便于范围查询且查询效率更加稳定，这些因素促成了B+适合应用在文件索引和数据库索引中。

同步训练与拓展训练

一、同步训练

1. 折半搜索与二叉查找树的时间性能(　　)。

   A. 相同　　B. 完全不同

   C. 有时不相同　　D. 数量级都是 $O(\log_2 n)$

2. 分别以下列序列构造二叉查找树，与用其他三个序列所构造的结果不同的是(　　)。

   A. (100,80, 90, 60, 120,110,130)　　B. (100,120,110,130,80, 60, 90)

   C. (100,60, 80, 90, 120,110,130)　　D. (100,80, 60, 90, 120,130,110)

3. 在一棵平衡二叉查找树中，每个节点的平衡因子的取值范围是(　　)。

   A. −1～1　　B. −2～2　　C. 1～2　　D. 0～1

4. 在平衡二叉树中插入一个节点后造成了不平衡，设最低的不平衡节点为A，并已知A的左孩子的平衡因子为0，右孩子的平衡因子为1，则应作(　　)型调整以使其平衡。

   A. LL　　B. LR　　C. RL　　D. RR

5. 下列关于 m 阶 B—树的说法错误的是(　　)。

A. 根节点至多有 m 棵子树

B. 所有叶节点都在同一层次上

C. 非叶节点至少有 $m/2$ (m 为偶数)或 $m/2+1$(m 为奇数)棵子树

D. 根节点中的数据是有序的

6. 下面关于 B—和 B+树的叙述中,不正确的是(　　)。

A. B—树和 B+树都是平衡的多叉树

B. B—树和 B+树都可用于文件的索引结构

C. B—树和 B+树都能有效地支持顺序检索

D. B—树和 B+树都能有效地支持随机检索

7. m 阶 B—树是一棵(　　)。

A. m 叉查找树　　　　B. m 叉平衡查找树

C. $m-1$ 叉平衡查找树　　　　D. $m+1$ 叉平衡查找树

8. 从具有 n 个节点的二叉查找树中查找一个元素时,在平均情况下的时间复杂度大致为(　　)。

A. $O(n)$　　B. $O(1)$　　C. $O(\log_2 n)$　　D. $O(n^2)$

9. 从具有 n 个节点的二叉查找树中查找一个元素时,在最坏情况下的时间复杂度为(　　)。

A. $O(n)$　　B. $O(1)$　　C. $O(\log_2 n)$　　D. $O(n^2)$

10. (2009 年真题)在以下选项所示的二叉查找树中,满足平衡二叉树定义的是(　　)。

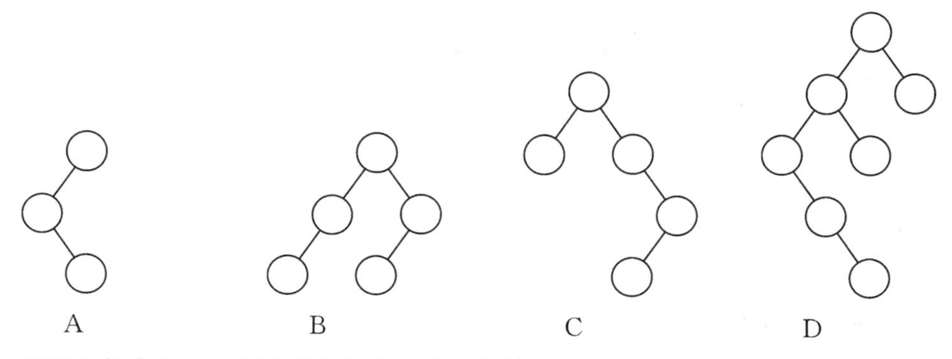

11. (2011 年真题)对于下列关键字,不可能构成某二叉查找树中一条查找路径的序列是(　　)。

A. 95,22,91,24,94,71　　　　B. 92,20,91,34,88,35

C. 21,89,77,29,36,38　　　　D. 12,25,71,68,33,34

12. (2011 年真题)在任意一棵非空二叉查找树 T1 中,删除某节点 v 之后形成二叉查找树 T2,再将 v 插入 T2 形成二叉查找树 T3。下列关于 T1 和 T3 的叙述中,正确的是(　　)。

Ⅰ.若 v 是 T1 的叶节点,则 T1 与 T3 不同

Ⅱ.若 v 是 T1 的叶节点,则 T1 与 T3 相同

Ⅲ.若 v 不是 T1 的叶节点,则 T1 与 T3 不同

Ⅳ.若 v 不是 T1 的叶节点,则 T1 与 T3 相同

A. 仅Ⅰ、Ⅱ　　B. 仅Ⅰ、Ⅳ　　C. 仅Ⅱ、Ⅲ　　D. 仅Ⅱ、Ⅳ

13.(2010 年真题)在如图 9-36 所示的平衡二叉树中插入关键字 48 后得到一棵新平衡二叉树,在新平衡二叉树中,关键字 37 所在节点的左、右孩子节点中保存的关键字分别是(　　)。

A. 13,48　　B. 24,48

C. 24,53　　D. 24,90

图 9-36　平衡二叉树示例 1

14.(2012 年真题)若平衡二叉树的高度为 6,且所有非叶节点的平衡因子均为 1,则该平衡二叉树的节点总数为(　　)。

A. 12　　B. 20　　C. 32　　D. 33

15.(2013 年真题)若将关键字 1、2、3、4、5、6、7 依次插入初始为空的平衡二叉树 T 中,则 T 中平衡因子为 0 的分支节点的个数是(　　)。

A. 0　　B. 1　　C. 2　　D. 3

16.(2015 年真题)现有一棵无重复关键字的平衡二叉树,对其进行中序遍历可得到一个降序序列。下列关于该平衡二叉树的叙述中,正确的是(　　)。

A. 根节点的度一定为 2　　B. 树中最小元素一定是叶节点

C. 最后插入的元素一定是叶节点　　D. 树中最大元素一定无左子树

17.(2009 年真题)下列叙述中,不符合 m 阶 B-树定义要求的是(　　)。

A. 根节点最多有 m 棵子树　　B. 所有的叶节点都在同一层上

C. 各节点内关键字均升序或降序排列　　D. 叶节点之间通过指针链接

18.(2013 年真题)有一棵 3 阶 B-树,如图 9-37 所示。删除关键字 78 得到一棵新 B-树,其最右叶节点中所含的关键字是(　　)。

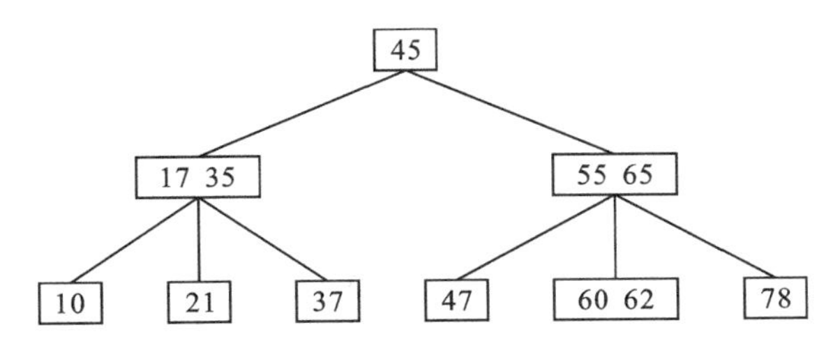

图 9-37　3 阶 B-树示例 1

A. 60　　B. 60,62　　C. 62,65　　D. 65

19.(2013 年真题)在一株高度为 2 的 5 阶 B-树中,所含关键字的最少有(　　)个。

A. 5　　B. 7　　C. 8　　D. 14

20.(2014 年真题)在一棵具有 15 个关键字的 4 阶 B一树中,含关键字的节点最多有(　　)个。

A. 5　　B. 7　　C. 8　　D. 14

21.(2016 年真题)B+树不同于 B一树的特点之一是(　　)。

A. 能支持顺序查找　　B. 节点中含有关键字

C. 根节点至少有两个分支　　D. 所有叶节点都在同一层上

22.(2017 年真题)下列应用中,适合使用 B+树的是(　　)。

A. 编译器中的词法分析　　B. 关系数据库系统中的索引

C. 网络中的路由表快速查找　　D. 操作系统的磁盘空闲块管理

23.(2018 年真题)已知二叉排序树如图 9-38 所示,元素之间应满足的大小关系是(　　)。

A. $x_1 < x_2 < x_5$　　B. $x_1 < x_4 < x_5$

C. $x_3 < x_5 < x_4$　　D. $x_4 < x_3 < x_5$

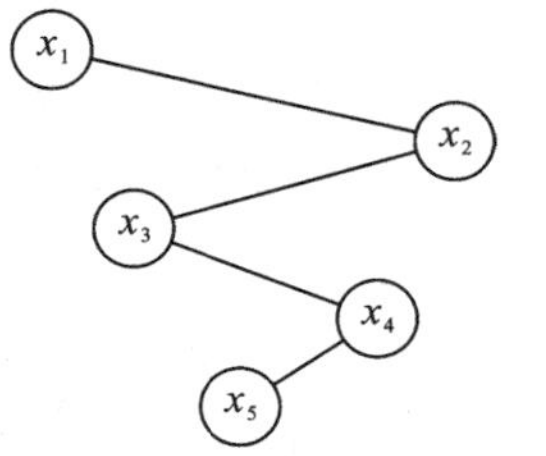

图 9-38　二叉查找树示例 1

24.(2018 年真题)高度为 5 的 3 阶 B一树含有的关键字个数至少是(　　)。

A. 15　　B. 31

C. 62　　D. 242

25.(2019 年真题)在任意一棵非空二叉查找树 T1 中,删除某节点 v 之后形成二叉查找树 T2,再将 v 插入 T2 形成二叉排序树 T3。下列关于 T1 和 T3 的叙述中,正确的是(　　)。

Ⅰ.若 v 是 T1 的叶节点,则 T1 与 T3 可能不相同

Ⅱ.若 v 不是 T1 的叶节点,则 T1 与 T3 一定不相同

Ⅲ.若 v 不是 T1 的叶节点,则 T1 与 T3 一定相同

A. 仅Ⅰ　　B. 仅Ⅱ　　C. 仅Ⅰ、Ⅱ　　D. 仅Ⅰ、Ⅲ

26.(2020 年真题)下列给定的关键字输入序列中,不能生成如图 9-39所示二叉查找树的是(　　)。

A. 4 ,5 ,2 ,1, 3　　B. 4 ,5 ,1, 2, 3

C. 4, 2, 5, 3, 1　　D. 4, 2, 1, 3, 5

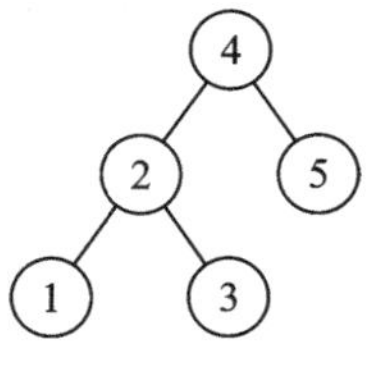

图 9-39　二叉查找树示例 2

27.(2020 年真题)依次将关键字 5, 6, 9, 13, 8,2, 12, 15 插入初始为空的 4 阶 B一树后,根节点中包含的关键字是(　　)。

A. 8　　B. 6,9

C. 8,13　　D. 9,12

28.(2021 年真题)在一棵高度为 3 的 3 阶 B一树中,根为第 1 层,若第 2 层中有 4 个关键字,则该树的节点个数最多是(　　)。

A. 11　　B. 10　　C. 9　　D. 8

29.（2021 年真题）给定平衡二叉树如图 9－40 所示，插入关键字 23 后，根中的关键字是（　　）。

A. 16　　B. 20

C. 23　　D. 25

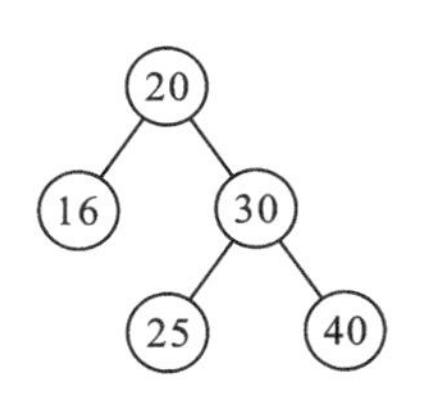

图 9－40　平衡二叉树示例 2

二、拓展训练

1. 假定一个线性表为(38,52,25,74,68,16,30,54,90,72)，画出按线性表中元素的次序生成的一棵二叉查找树，求出其平均查找长度。

2. 在一棵空的二叉查找树中依次插入关键字序列为 12,7,17,11,16,2,13,9,21,4，请画出所得到的二叉查找树。

3. 记录的关键字序列为：63,90,70,55,67,42,98,83,10,45,58，请画出构造一棵二叉查找树的过程。

4. 已知如下所示长度为 12 的表(Jan, Feb, Mar, Apr, May, June, July, Aug, Sep, Oct, Nov, Dec)：

(1)试按表中元素的顺序依次插入一棵初始为空的二叉查找树，画出插入完成之后的二叉查找树，并求其在等概率的情况下查找成功的平均查找长度；

(2)若对表中元素先进行排序构成有序表，求在等概率的情况下对此有序表进行折半查找时查找成功的平均查找长度；

(3)按表中元素顺序构造一棵平衡二叉树，并求其在等概率的情况下查找成功的平均查找长度。

5. 对图 9－41 所示的 3 阶 B—树，依次执行下列操作，画出各步操作的结果：

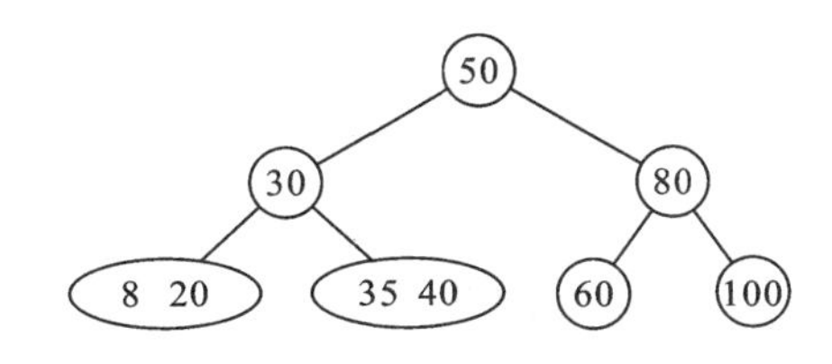

图 9－41　3 阶 B—树示例 2

(1)插入 90；(2)插入 25；(3)插入 45；(4)删除；(5)删除 80。

6. 试设计一个判别给定二叉树是否为二叉查找树的算法，设此二叉树以二叉链表作为存储结构，且树中节点的关键字均不同。

7. 已知二叉查找树采用二叉链表存储结构，根节点的指针为 T，链节点的结构为(lchild, data, rchild)，其中 lchild, rchild 分别为指向该节点左、右孩子节点的指针，data 域存放节点的数据信息。请写出递归算法，从小到大输出二叉查找树中所有数据值大于等于 x 的节点的数据。要求先找到第一个满足条件的节点后，再依次输出其他满足条件的节点。

8. 已知二叉树 T 的节点形式为(lch,key,count,rch),在树中查找值为 X 的节点,若找到,则记数(count)加 1,否则,作为一个新节点插入树中,插入后仍为二叉查找树,写出其非递归算法。
9. 假设一棵平衡二叉树的每个节点都标明了平衡因子 b,试设计一个算法,求平衡二叉树的高度。
10. (2016 年真题)如果一棵非空 $k(k\geqslant 2)$ 叉树 T 中每个非叶节点都有 k 个孩子,则称 T 为正则 k 叉树。请回答下列问题并给出推导过程:
(1)若 T 有 m 个非叶节点,则 T 中的叶节点有多少个?
(2)若 T 的高度为 h(单节点的树 $h=1$),则 T 的节点数最多为多少,最少为多少?

同步训练与拓展训练
参考答案

9.4 散列查找

9.4.1 散列表的基本概念

散列查找,也称为哈希(Hash)查找。它既是一种查找方法,又是一种存储方法,称为散列存储。

散列查找,与前面介绍的查找方法完全不同,前面介绍的所有查找都是基于待查关键字 k 与表中元素进行比较,确定 k 在存储结构中的位置(存储地址);散列查找是通过构造散列函数来得到待查关键字 k 的存储地址,按理论分析不需要比较的一种查找方法。

散列函数 H 是关键字和存储地址之间建立的一个确定的对应关系(函数关系),通过计算得到待查关键字的地址。如查找关键字为 k 的元素,只需计算出函数值 $H(k)$,代表关键字 k 在存储区中的地址,而存储区为一块连续的内存单元,可用一个一维数组(或链表)来表示。这种采用散列技术存储查找集合的连续存储空间称为哈希表或散列表。由散列函数所得到的存储地址称为散列地址。

例如,假设有一批关键字序列 18,75,60,43,54,90,46,给定散列函数 $H(k)=k \bmod 13$,存储区的内存地址从 0 到 15,则可以得到每个关键字的散列地址如下:

$H(18)=18 \bmod 13=5$,$H(75)=75 \bmod 13=10$,$H(60)=60 \bmod 13=8$,

$H(43)=43 \bmod 13=4$,$H(54)=54 \bmod 13=2$,$H(90)=90 \bmod 13=12$,

$H(46)=46 \bmod 13=7$

于是,根据散列地址,可以将上述 7 个关键字序列存储到一个一维数组 HT(哈希表或散列表)中,如图 9-42 所示。

0	1	2	3	4	5	6	7	8	9	10	11	12	13	14	15
		54		43	18		46	60		75		90			

图 9-42　存储关键字序列 18,75,60,43,54,90,46 的散列表

上面讨论的散列表是一种理想的情形，即每一个关键字对应一个唯一的地址。但是有可能出现这样的情形，两个不同的关键字有可能对应同一个内存地址，即两个记录关键字不等，但它们的散列函数的值相同，这样，将导致后放的关键字无法存储，这种现象叫作冲突(collision)。把相互发生冲突的关键字互称为“同义词”。

在散列存储中，冲突是很难避免的。冲突发生与处理和下面三个因素有关。

(1)装填因子 α：所谓装填因子是指散列表中已存入的元素个数 n 与散列表的大小 m 的比值，即 $\alpha=n/m$。当 α 越小时，发生冲突的可能性越小；α 越大(最大为 1)时，发生冲突的可能性就越大。但是，为了减少冲突的发生，不能将 α 变得太小，这样将会造成大量存储空间的浪费，因此必须兼顾存储空间和冲突两个方面。

(2)散列函数：使用散列方法，首先要构造一个好的散列函数。如果所构造的散列函数比较差，则发生冲突的可能性较大。散列函数设计的原则：

①确定：相同的关键字，散列函数的值总是相同，即同一地址。

②快速：散列函数的计算要简单，这样查找时间开销小，时间复杂度能达到 $O(1)$。

③均匀：散列函数计算得到的散列地址能均匀分布在整个地址空间中，从而减少冲突。

(3)解决冲突的方法：若发生冲突，则必须采取特殊的方法来解决冲突，才能使散列查找顺利进行。

在实际应用中，即使设计了理想的散列函数，冲突也不可能完全避免，而且发生概率可能高于人们的想象。为了说明这一点，考虑下面概率问题。在一个教室中最少应有多少学生，才能使得至少有两人生日相同的概率不小于 1/2?

假设教室中有 k 人，第一个人的生日为一个特定天，第二个人不在该日出生的概率是 $\left(1-\frac{1}{365}\right)$，第三个人与前两个人不同生日的概率是 $\left(1-\frac{2}{365}\right)$，第 k 个人与前 $k-1$ 个人不同生日的概率是 $\left(1-\frac{k-1}{365}\right)$，所以 k 个人都不同生日的概率是：

$$\left(1-\frac{1}{365}\right)\left(1-\frac{2}{365}\right)\left(1-\frac{3}{365}\right)\cdots\left(1-\frac{k-1}{365}\right)=\frac{365!}{(365-k)!\ 365^k}$$

k 个人至少有两个人生日相同的概率是：

$$1-\frac{365!}{(365-k)!\ 365^k}$$

按照概率不小于 1/2，计算得 $k\approx1.18\times365^{\frac{1}{2}}\approx22.54$，即随机选择 23 人，至少有两人生日相同的概率不小于 1/2。假定散列地址空间为 365，当关键字个数 $k=23$ 时，概率 $P(365,23)=0.5073$，即两个关键字 key 发生冲突的概率不小于 1/2。随着关键字数量的增多，发生冲突的概率增大。当 $k=100$ 时，概率 $P(365,100)=0.9999997$，即可以确定发生冲突。因此，必须提前制定好解决冲突的方法，以备使用。

9.4.2 散列函数的构造方法

散列函数的构造目标是使散列地址尽可能均匀地分布在散列空间内，同时使计算尽可能简单，冲突次数少。常用的散列函数构造方法有如下几种。

1. 直接定址法

直接定址法可表示为

$$H(k)=a\times k+b$$

其中，a、b 均为常数。

例如，关键字集合为{10，30，50，70，80，90}，选取的散列函数为 $H(k)=k/10$，散列表如图 9－43 所示。

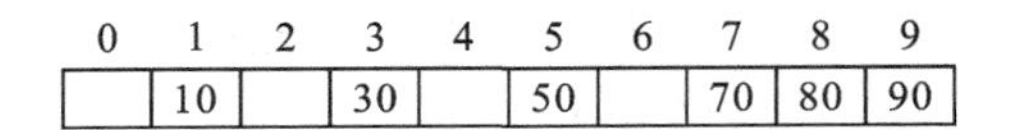

0	1	2	3	4	5	6	7	8	9
	10		30		50		70	80	90

图 9－43 直接定址法建立的散列表

这种方法计算特别简单，并且不会发生冲突，但当关键字分布不连续时，会出现很多空闲单元，将造成大量存储单元的浪费。

直接定址法适用于事先知道关键字，关键字集合不是很大且连续性较好的情形。

2. 数字分析法

对关键字进行分析，分析关键字各位上数字的变化情况，取变化比较随机的位上数字作为散列地址。

例如，如下的关键字序列：

9 9 3 4 6 5 3 2

9 9 3 7 2 2 4 2

9 9 3 8 7 4 3 3

9 9 3 0 1 3 6 7

9 9 3 2 2 8 1 7

9 9 3 3 8 9 6 7

9 9 3 5 4 1 5 7

9 9 3 6 8 5 3 7

9 9 3 6 8 5 3 2

…

通过对上述关键字序列分析，发现从左至右前 3 位相同，第 8 位只可取 2、3、7，因此，这四位不可取。中间的四位的数字变化多些，可看成是随机的，若规定地址取 3 位，则散列函数可取该关键字的第 4、5、6 位。于是有：

$H(99346532)=465$

$H(99372242)=722$

$H(99387433)=874$

$H(99301367)=013$

$H(99322817)=228$

3. 平方取中法

平方取中法取关键字平方后的中间几位为散列地址。这是一种比较常用的散列函数构造方法，但在选定散列函数时不一定知道关键字的全部信息，取其中哪几位也不一定合适，而一个数平方后的中间几位数和数的每一位都相关，因此，可以使用随机分布的关键字得到散列地址。

随机给出一些关键字，并取平方后的第 2 到 4 位为散列地址，如表 9－2 所示。

表 9－2　平方取中法得到的散列函数地址

关键字	(关键字)^2	散列地址
0100	0 010000	010
1100	1 210000	210
1200	1 440000	440
1160	1 345600	345
2061	4 247721	247

平方取中法适用于：事先不知道关键字的分布且关键字的位数不是很大的情形。

4. 折叠法

将关键字分割成位数相同的几部分(最后一部分的位数可以不同)，然后取这几部分的叠加和(舍去进位)作为散列地址，称为折叠法。

例如，假设关键字为某人身份证号码 430104681015355，则可以用 4 位为一组进行叠加，即有 5355＋8101＋1046＋430＝14932，舍去高位，则有 $H(430104681015355)=4932$ 为该身份证关键字的散列地址。

当关键字位数很多，而且关键字中每一位数字分布大致均匀时，适合采用折叠法。

5. 除留余数法

该方法是用关键字序列中的关键字 k 除以一个整数 p，所得余数作为散列地址，即

$$H(k)=k \bmod p$$

其中，$p \leqslant m$，m 为散列表长度。

除留余数法计算简单，适用范围广，是一种常用的散列函数构造方法。这种方法的关键是

选取较理想的 p 值，使得每一个关键字通过该函数转换后映射到散列空间上任一地址的概率都相等，从而尽可能减少发生冲突的可能性。一般情形下，p 取一个素数较理想，并且要求装填因子 α 最好在 0.6～0.9，所以 p 最好取 $1.1n$～$1.7n$ 的一个素数，其中 n 为散列表中待装元素个数。除留余数法适用于不要求事先知道关键字的分布时构造散列地址。

6. 随机法

选择一个随机函数，取关键字的随机函数值为它的散列地址，即 $H(k)=\text{random}(k)$，其中，random()不能是一般的随机函数，固定的参数必须返回确定的值。当关键字长度不等时，采用此方法构造散列地址比较恰当。

9.4.3 解决冲突的方法

由于散列存储是将大的关键值的取值空间映射到小的地址空间中，故不可避免地会产生冲突，下面给出常见的解决冲突方法。

1. 开放定址法

开放定址法就是从发生冲突的那个单元开始，按照一定的次序，从散列表中找出一个空闲的存储单元，把发生冲突的待插入关键字存储到该单元中，从而解决冲突。在散列表未满时，处理冲突需要的“下一个”空地址在散列表中解决。

开放定址法利用下列公式求“下一个”空地址：

$$H_i=(H(k)+d_i) \bmod m, i=1,2,\cdots k(k\leqslant m-1)$$

其中，$H(k)$为散列函数；m 为散列表长度；d_i为增量序列。

根据 d_i的取法，解决冲突时具体使用以下一些方法。

1)线性探测法

假设散列表的地址为 $0\sim m-1$，则散列表的长度为 m。若一个关键字在地址 d 处发生冲突，则依次探测 $d+1, d+2, \cdots, m-1$（当达到表尾 $m-1$ 时，又从 $0,1,2,\cdots$开始探测）等地址，直到找到一个空闲位置来装冲突处的关键字，这种方法称为线性探测法。假设发生冲突时的地址为 $d_0=H(k)$，则探测下一位置的公式为 $d_i=(d_{i-1}+1) \bmod m$ $(1\leqslant i\leqslant m-1)$，最后将冲突位置的关键字存入地址 d_i中。

例 9-7　给定关键字序列为 19,14,23,1,68,20,84,27,55,11,10,79，散列函数 $H(k)=k \bmod 13$，散列表空间地址为 0～12。试用线性探测法建立散列表，并求出等概率情况下查找成功和失败的平均查找长度。

解　依题意，$m=13$，线性探测法的下一个地址计算公式为

$$d_0=H(k)$$

$$d_i=(d_{i-1}+1) \bmod m, 1\leqslant i\leqslant m-1$$

其计算过程如下：

$H(19)=6$，$H(14)=1$，$H(23)=10$，没有冲突，直接存入散列地址，探测1次。

$H(1)=1$，冲突：

$d_0=1$，$d_1=(d_0+1) \bmod m=(1+1)\%13=2$，冲突解决，存入散列地址，探测2次。

$H(68)=3$，$H(20)=7$，没有冲突，直接存入散列地址，探测1次。

$H(84)=6$，冲突：

$d_0=6$，$d_1=(6+1) \bmod 13=7$，冲突；

$d_2=(7+1) \bmod 13=8$，冲突解决，存入散列地址，探测3次。

$H(27)=1$，冲突：

$d_0=1$，$d_1=(1+1) \bmod 13=2$，冲突；

$d_2=(2+1) \bmod 13=3$，冲突；

$d_3=(3+1) \bmod 13=4$，冲突解决，存入散列地址，探测4次。

$H(55)=3$，冲突：

$d_0=3$，$d_1=(3+1) \bmod 13=4$，冲突；

$d_2=(4+1) \bmod 13=5$，冲突解决，存入散列地址，探测3次。

$H(11)=11$，没有冲突，直接存入散列地址，探测1次。

$H(10)=10$，冲突：

$d_0=10$，$d_1=(10+1) \bmod 13=11$，冲突；

$d_2=(11+1) \bmod 13=12$，冲突解决，存入散列地址，探测3次。

$H(79)=1$，冲突：

$d_0=1$，$d_1=(1+1) \bmod 13=2$，$d_2=(2+1) \bmod 13=3$，$d_3=(3+1) \bmod 13=4$，

$d_4=(4+1) \bmod 13=5$，$d_5=(5+1) \bmod 13=6$，$d_6=(7+1) \bmod 13=8$，均冲突；

$d_7=(8+1) \bmod 13=9$，冲突解决，存入散列地址，探测8次。

建立的散列表如图9-44所示。

0	1	2	3	4	5	6	7	8	9	10	11	12
	14	1	68	27	55	19	20	84	79	23	11	10

图9-44　线性探测法建立的散列表

等概率情况下查找成功的平均查找长度等于关键字的探测次数之和除以关键字个数，则

$$L_{AS成功}=\frac{1+1+1+2+1+1+1+3+4+3+3+8}{12}=\frac{29}{12}\approx 2.416$$

查找失败时，根据查找失败位置计算平均次数。根据散列函数 $k \bmod 13$，初始只可能在0～12的位置。若例9-7中再插入一关键字 k 且 $H(k)=1$，则需要比较13次，才找到空闲位置0，结束比较。等概率情况下，查找0～12位置查找失败的查找次数如表9-3所示。

表 9-3　等概率情况下，查找 0～12 位置查找失败的查找次数

$H(k)$	0	1	2	3	4	5	6	7	8	9	10	11	12
查找次数	1	13	12	11	10	9	8	7	6	5	4	3	2

查找失败的平均查找长度为

$$L_{AS失败}=查找次数/散列地址个数$$
$$=\frac{1+13+12+11+10+9+8+7+6+5+4+3+2}{13}$$
$$=\frac{91}{13}=7$$

2）二次探测法

为了改进线性探测的堆积现象，探测地址采用跳跃方式。二次探测法规定，若在 d 地址发生冲突，下一次探测位置为 $d+1^2, d-1^2, d+2^2, d-2^2, \cdots$，直到找到一个空闲位置为止。

例 9-8　对给定的关键字序列 47，7，29，11，16，92，22，8，3，给定散列函数为 $H(k)=k \bmod 11$，试用二次探测法建立散列表，并求出等概率情况下查找成功和失败的平均查找长度。

解　依题意，$m=11$，二次探测法的下一个地址计算公式为

$$d_0= H(k)$$
$$d_{i+1}=(d_0+d_i) \bmod m, d_i=1^2, -1^2, 2^2, -2^2, \cdots, k^2, -k^2 (k\leqslant m/2)$$

其计算过程如下：

$H(47)=3$，$H(7)=7$，没有冲突，直接存入散列地址，探测 1 次。

$H(29)=7$，冲突：

$d_0=7$，$d_1=(d_0+1^2) \bmod m=(7+1) \bmod 11=8$，冲突解决，存入散列地址，探测 2 次。

$H(11)=0$，$H(16)=5$，$H(92)=4$，没有冲突，直接存入散列地址，探测 1 次。

$H(22)=0$，冲突：

$d_0=0$，$d_1=(0+1^2) \bmod 11=1$，冲突解决，存入散列地址，探测 2 次。

$H(8)=8$，冲突：

$d_0=8$，$d_1=(8+1^2) \bmod 11=9$，冲突解决，存入散列地址，探测 2 次。

$H(3)=3$，冲突：

$d_0=3$，$d_1=(3+1^2) \bmod 11=4$，冲突；

$d_2=(3-1^2) \bmod 11=2$，冲突解决，存入散列地址，探测 3 次。

建立的散列表如图 9-45 所示。

0	1	2	3	4	5	6	7	8	9	10
11	22	3	47	92	16		7	29	8	

图 9-45　二次探测法建立的散列表

等概率情况下查找成功的平均查找长度等于关键字的探测次数之和除以关键字个数，则

$$L_{AS成功}=\frac{1+1+2+1+1+1+2+2+3}{9}=\frac{14}{9}\approx1.556$$

查找失败时，根据查找失败位置计算平均次数。根据散列函数 k mod 11，初始只可能在 0～10 的位置。等概率情况下，查找 0～10 位置查找失败的查找次数如表 9－4 所示。

表 9－4　等概率情况下，查找 0～10 位置查找失败的查找次数

$H(k)$	0	1	2	3	4	5	6	7	8	9	10
次数	3	6	4	5	7	2	1	3	6	2	1

$$\begin{aligned}L_{AS失败}&=查找次数/散列地址个数\\&=\frac{3+6+4+5+7+2+1+3+6+2+1}{11}\\&=\frac{40}{11}\approx3.636\end{aligned}$$

开放地址法充分利用了散列表的空间，但在解决一个冲突时，可能造成下一个冲突。另外，用开放地址法解决冲突不能随便对节点进行删除。

2. 链地址法

链地址法也称拉链法，是把发生冲突的同义词用一个单链表链接起来，若干组同义词可以组成若干个单链表。

例 9－9　对给定的关键字序列 19，14，23，1，68，20，84，27，55，11，10，79，给定散列函数为 $H(k)=k$ mod 13，试用链地址法建立散列表。

解　对于给定的关键字，以尾插法和链地址法建立的散列表，如图 9－46 所示。

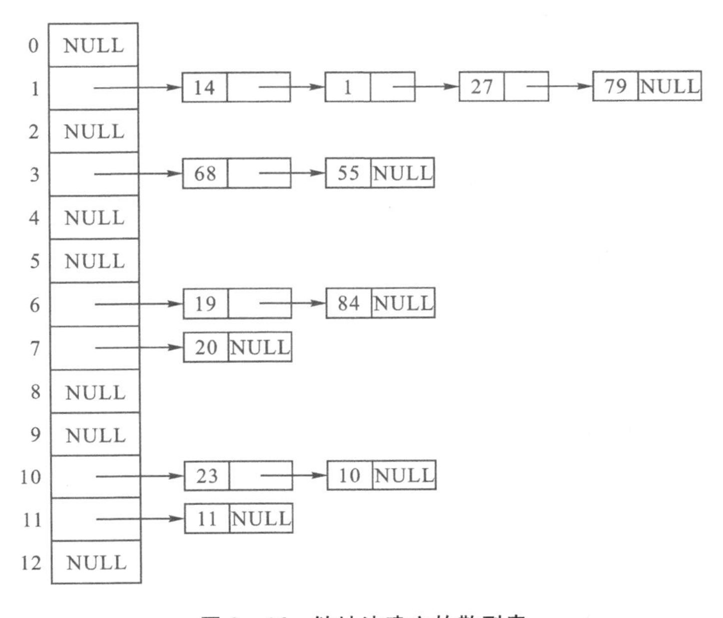

图 9－46　链址法建立的散列表

9.4.4 散列表的建立、查找、插入和删除

1. 散列表的类型定义

散列表的建立、查找插入和删除算法源码

散列表类型定义的C语言描述扫描右侧二维码可得。

散列表中空闲空间分为两种情况：一是该空间从未被使用（占用）；二是该空间被占用后，又被删除造成空闲。查找时需要区分这两种情况，所以设置了“－1”“－2”这两种标志。

2. 散列表的建立

创建散列表是为散列表分配一个指定长度的数组空间，初始化数组，并返回空间起始地址，这里数组采用动态分配。

散列表的建立算法为 HashTable * CreateHashTable(int num)，源码扫描本页二维码可得。

3. 散列表的查找

散列表的查找算法伪代码如下：

1 根据关键字 key，计算散列地址 pos。

2 执行下列操作，直至散列表为空：

  2.1 若 pos 位置上的关键字＝key，查找成功，记录位置 pos，执行 3；

  2.2 否则，采用线性探测法计算下一个位置：

    2.2.1 若 pos 是未占用位置，设置 firstUnoccupied＝pos，执行 3；

    2.2.2 否则，若是删除位置，如果是第 1 次出现删除标记，设置 firstIsDelete＝pos。

3 若没有遍历完散列表（即表不空），说明表中要么有 key，要么有未占用位置：

  3.1 若是直接发现未占用位置，插入位置为 firstUnoccupied；

  3.2 否则，插入位置为 firstIsDelete。

4 否则，说明表中没有关键字 key 或未占用位置：

  4.1 若有删除标记，firstIsDelete 位置可以插入记录；

  4.2 散列表已经满了。

注意：本算法是采用线性探测法解决冲突的。若采用其他冲突解决方法，算法要进行相应修改。

该算法输入散列表 hashTable 和待查关键字 key，查找成功返回 1，查找失败返回 0。查找成功时，position 记录关键字 key 在散列表中的位置；查找失败时，position 记录关键字 key 在散列表中的插入位置；如果散列表已经满了，position 为－1。

散列表的查找算法为 searchHashTable(HashTable * hashTable, KeyType key, int * position)，源码扫描本页二维码可得。

4. 散列表的插入

散列表的插入算法伪代码如下：

1 调用查找函数，获得插入位置。

2 若函数返回1，说明关键字已经存在，不能插入。

3 若 position=-1，说明表满，不能插入。

4 否则，关键字插入 position 位置。

散列表的插入算法为 insertHashTable(HashTable * hashTable, RecType record)，源码扫描上页二维码可得。

5. 散列表的删除

散列表的删除算法伪代码如下：

1 调用查找函数，获得删除位置。

2 若函数返回1，说明关键字已经存在，执行删除操作，设置删除标记。

3 否则，删除失败。

散列表的删除算法为 deleteHashTable(HashTable * hashTable, KeyType key)，源码扫描上页二维码可得。

9.4.5 查找及性能分析

按理论分析，散列查找只要散列函数构造得好，它的时间复杂度可以为 $O(1)$，它的平均查找长度能达到1，但实际上由于冲突的存在，它的平均查找长度将会比1大。下面将分析几种方法的平均查找长度。

1. 线性探测法的性能分析

由于线性探测法解决冲突是线性地查找空闲位置的，平均查找长度与表的大小 m 无关，只与所选取的散列函数 H、装填因子 α 的值及冲突处理方法有关，这时查找成功的平均查找长度为 $\frac{1}{2}\left(1+\frac{1}{1-\alpha}\right)$。

2. 链地址法的性能分析

由于链址法查找就是在单链表上查找，查找单链表中第一个节点的次数为1，第二个节点次数为2，其余依次类推。它的平均查找长度为 $1+\frac{\alpha}{2}$。

例 9-10　给定关键字序列 11,78,10,1,3,2,4,21，试分别用顺序查找、折半查找、二叉查找树查找、平衡二叉树查找、散列查找(用线性探测法、二次探测法和链地址法)来实现查找，试画出它们的对应存储形式(顺序查找的顺序表、折半查找的判定树、二叉查找树查找的二叉查找树、平衡二叉树查找的平衡二叉树、三种散列查找的散列表)，并求出在等概率情况下每一种查找中查找成功的平均查找长度。散列函数 $H(k)=k \bmod 11$。

解 顺序查找的顺序表(一维数组)如图 9-47 所示。

0	1	2	3	4	5	6	7	8	9	10
11	78	10	1	3	2	4	21			

图 9-47 顺序存储的一维数组

从图 9-47 可以得到顺序查找中查找成功的平均查找长度为

$$L_{AS成功}=\frac{1+2+3+4+5+6+7+8)}{8}=4.5$$

折半查找的判定树(中序序列为从小到大排列的有序序列)如图 9-48 所示。

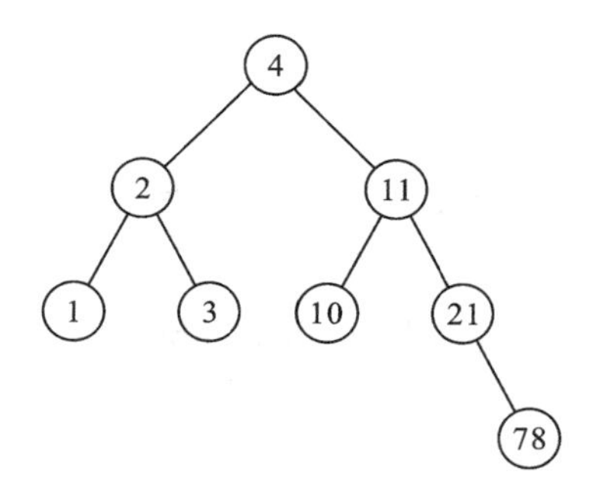

图 9-48 折半查找的判定树

从图 9-48 可以得到折半查找中查找成功的平均查找长度为

$$L_{AS成功}=\frac{1+2\times 2+3\times 4+4}{8}=2.625$$

二叉查找树(关键字顺序已确定,该二叉查找树应唯一)如图 9-49 所示,平衡二叉树(关键字顺序已确定,该平衡二叉树应唯一)如图 9-50 所示。

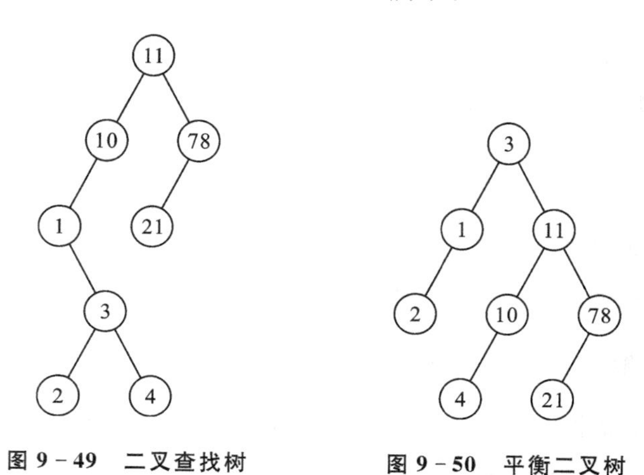

图 9-49 二叉查找树　　**图 9-50 平衡二叉树**

从图 9-49 可以得到二叉查找树中查找成功的平均查找长度为

$$L_{AS成功}=\frac{1+2\times2+3\times2+4+5\times2}{8}=3.125$$

从图 9-50 可以得到平衡二叉树中查找成功的平均查找长度为

$$L_{AS成功}=\frac{1+2\times2+3\times3+4\times2}{8}=2.75$$

线性探测法解决冲突建立的散列表如图 9-51 所示。

散列地址	0	1	2	3	4	5	6	7	8	9	10
关键字	11	78	1	3	2	4	21				10
探测次数	1	1	2	1	3	2	8				1

图 9-51　线性探测法解决冲突建立的散列表

从图 9-51 可以得到散列表查找成功的平均查找长度为

$$L_{AS成功}=\frac{1+1+2+1+3+2+8+1}{8}=2.375$$

二次探测法解决冲突建立的散列表如图 9-52 所示。

散列地址	0	1	2	3	4	5	6	7	8	9	10
关键字	11	78	1	3	4		2			21	10
探测次数	1	1	2	1	1		4			3	1

图 9-52　二次探测法解决冲突建立的散列表

从图 9-52 可以得到散列表查找成功的平均查找长度为

$$L_{AS成功}=\frac{1+1+2+1+1+4+3+1}{8}=1.75$$

链地址法解决冲突建立的散列表如图 9-53 所示。

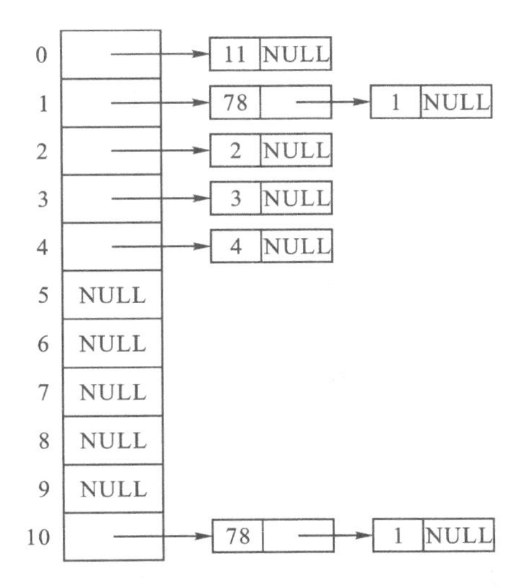

图 9-53　链地址法解决冲突建立的散列表

从图 9-53 可以得到散列表查找成功的平均查找长度为

$$L_{\text{AS成功}}=\frac{1\times6+2\times2}{8}=1.25$$

可见,同一个散列函数,线性探测法、二次探测法和链地址法构造的散列表,其平均查找长度可能不同。

在一般情况下,假设散列函数是均匀的,则可以证明:不同的冲突解决方法得到的散列表,其平均查找长度不同。表 9-5 列出了冲突处理方法与散列表的平均查找长度。从表 9-5 中可以看到:散列表平均查找长度是装填因子 α 的函数,不是关键字个数的函数,查找性能是 $O(1)$。因此,在设计散列表时,可以选择合适的 α,以控制散列表的平均查找长度。在实际应用中,开放定址法的装填因子通常取 0.5～0.9,保证存储结果半满,这时整体时空性能较好。

表 9-5　冲突处理方法与散列表的平均查找长度

处理冲突的方法	平均查找长度	
	查找成功时	查找不成功时
线性探测法	$\frac{1}{2}\left(1+\frac{1}{1-\alpha}\right)$	$\frac{1}{2}\left(1+\frac{1}{(1-\alpha)^2}\right)$
二次探测法	$-\frac{1}{\alpha}\ln(1+\alpha)$	$\frac{1}{1-\alpha}$
链地址法	$1+\frac{\alpha}{2}$	$\alpha+e^{-\alpha}$

同步训练与拓展训练

一、同步训练

1. 若根据查找表(23,44,36,48,52,73,64,58)建立散列表,采用 $h(K)=K \bmod 13$ 计算散列地址,则元素 64 的散列地址为(　　)。

   A. 4　　B. 8　　C. 12　　D. 13

2. 若根据查找表(23,44,36,48,52,73,64,58)建立散列表,采用 $h(K)=K \bmod 7$ 计算散列地址,则散列地址等于 3 的元素个数为(　　)。

   A. 1　　B. 2　　C. 3　　D. 4

3. 若根据查找表建立长度为 m 的散列表,采用线性探测法处理冲突,假定对一个元素第一次计算的散列地址为 d,则下一次计算的散列地址为(　　)。

   A. d　　B. $d+1$　　C. $(d+1)/m$　　D. $(d+1) \bmod m$

4. 下面关于散列查找的说法,正确的是(　　)。

   A. 散列函数构造得越复杂越好,因为这样随机性好、冲突小

   B. 除留余数法是所有散列函数构造方法中最好的

   C. 不存在特别好与坏的散列函数,要视情况而定

D. 散列表的平均查找长度有时也和记录总数有关

5. 下面关于散列查找的说法，不正确的是(　　)。

A. 采用链地址法处理冲突时，查找一个元素的时间是相同的

B. 采用链地址法处理冲突时，若插入规定总是在链首，则插入任一个元素的时间是相同的

C. 用链地址法处理冲突，不会引起二次聚集现象

D. 用链地址法处理冲突，适合表长不确定的情况

6. 设散列表长为 14，散列函数是 $H(k)=k \bmod 11$，表中已有数据的关键字为 15，38，61，84 共四个，现要将关键字为 49 的元素加到表中，用二次探测法解决冲突，则放入的位置是(　　)。

A. 8　　B. 3　　C. 5　　D. 9

7. 采用线性探测法处理冲突，可能要探测多个位置，在查找成功的情况下，所探测的这些位置上的关键字(　　)。

A. 不一定都是同义词　　B. 一定都是同义词

C. 一定都不是同义词　　D. 都相同

8. (2011 年真题)为了提高散列表的查找效率，可以采取的正确措施是(　　)。

Ⅰ. 增大装填(载)因子

Ⅱ. 设计冲突(碰撞)少的散列函数

Ⅲ. 处理冲突(碰撞)时避免产生聚集(堆积)现象

A. 仅Ⅰ　　B. 仅Ⅱ　　C. 仅Ⅰ、Ⅱ　　D. 仅Ⅱ、Ⅲ

9. (2014 年真题)用哈希(散列)方法处理冲突(碰撞)时可能出现聚集(堆积)现象，下列选项中，会受堆积现象直接影响的是(　　)。

A. 存储效率　　B. 散列函数

C. 装填(装载)因子　　D. 平均查找长度

10. (2018 年真题)现有长度为 7、初始为空的散列表 HT，散列函数 $H(k)=k \bmod 7$，采用线性探测法解决冲突。将关键字序列 22，43，15 依次插入 HT 后，等概率情况下查找成功的平均查找长度是(　　)。

A. 1.5　　B. 1.6　　C. 2　　D. 3

11. (2019 年真题)现有长度为 11 且初始为空的散列表 HT，散列函数是 $H(k)=k \bmod 7$，采用线性探测法解决冲突。将关键字序列 87，40，30，6，11，22，98，20 依次插入 HT 后，等概率情况下查找失败的平均查找长度是(　　)。

A. 4　　B. 5.25　　C. 6　　D. 6.29

二、拓展训练

1. 假定一个待散列存储的线性表为(32，75，29，63，48，94，25，46，18，70)，散列地址空间为 HT[13]，若采用除留余数法构造散列函数和线性探测法处理冲突，试求出每一元素的

散列地址，画出最后得到的散列表，求等概率情况下，查找成功时的平均查找长度。

2. 假定一个待散列存储的线性表为(32,75,29,63,48,94,25,46,18,70)，散列地址空间为HT[11]，若采用除留余数法构造散列函数和链地址法处理冲突，试求出每一元素的散列地址，画出最后得到的散列表，求等概率情况下，查找成功时的平均查找长度。

3. 假定一个待散列存储的线性表为(32,75,29,63,48,94,25,36,18,70,49,80)，散列地址空间为HT[12]，若采用除留余数法构造散列函数和链地址法处理冲突，试画出最后得到的散列表，并求等概率情况下，查找成功时的平均查找长度。

4. 设散列表的地址范围为0～17，散列函数为 $H(k)=k \bmod 16$。用线性探测法处理冲突，输入关键字序列：(10,24,32,17,31,30,46,47,40,63,49)，构造散列表，试回答下列问题：

(1)画出散列表的示意图。

(2)若查找关键字63，需要依次与哪些关键字进行比较？

(3)若查找关键字60，需要依次与哪些关键字比较？

(4)假定每个关键字的查找概率相等，求查找成功时的平均查找长度。

5. 设有一组关键字(9,1,23,14,55,20,84,27)，采用散列函数 $H(k)=k \bmod 7$，表长为10，用开放地址法的二次探测法处理冲突。要求：对该关键字序列构造散列表，并计算等概率情况下查找成功的平均查找长度。

6. 设散列函数 $H(K)=3\,K \bmod 11$，散列地址空间为0～10，对关键字序列(32,13,49,24,38,21,4,12)，按下述两种解决冲突的方法构造散列表，并分别求出等概率情况下查找成功时和查找失败时的平均查找长度：

(1)线性探测法；

(2)链地址法。

7. 设有一组关键字(9,01,23,14,55,20,84,27)，采用散列函数 $H(k)=k \bmod 7$，表长为10，用开放地址法的二次探测法处理冲突。要求：对该关键字序列构造散列表，并计算等概率情况下查找成功时的平均查找长度。

8. (2010年真题)将关键字序列{7,8,30,11,18,9,14}散列存储到散列表中，散列表的存储空间是一个下标从0开始的一维数组，散列函数为 $H(k)=(k\times 3) \bmod 7$，处理冲突采用线性探测法，要求装载因子为0.7。问题：

(1)请画出所构造的散列表；

(2)分别计算等概率情况下，查找成功和查找失败时的平均查找长度。

同步训练与拓展训练
参考答案

参考文献

[1]严蔚敏，吴伟民. 数据结构：C 语言版[M]. 北京：清华大学出版社，2007.

[2]王红梅，王贵参. 数据结构：从概念到 C++实现[M]. 北京：清华大学出版社，2020.

[3]李春葆. 数据结构教程[M]. 5 版. 北京：清华大学出版社，2017.

[4]张瑞霞，张敬伟. 数据结构与算法[M]. 北京：清华大学出版社，2018.

[5]李冬梅，田紫微. 数据结构[M]. 2 版. 北京：清华大学出版社，2022.

[6]李冬梅，田紫微. 数据结构习题解析与实验指导[M]. 2 版. 北京：人民邮电出版社，2022.

[7]瞿有甜. 数据结构与算法[M]. 北京：清华大学出版社，2015.

[8]殷人昆. 数据结构精讲与习题详解：考研辅导与答疑解惑[M]. 北京：清华大学出版社，2012.

[9]维斯. 数据结构与算法分析：C 语言描述[M]. 冯舜玺，译. 北京：机械工业出版社，2020.

[10]赵文静. 数据结构与算法[M]. 北京：科学出版社，2005.